全国电力 十四五”规划教材



# 土木工程施工


主　编　田忠喜

副主编　赵庆双　汤美安　孟庆春

参　编　孟昭博　张绪涛　张保良　倪振强

刘万荣　杨秀英　董　慧　袁立群



中国电力出版社

CHINA ELECTRIC POWER PRESS

## 内 容 提 要

本书突出理论与实践相结合，参照最新规范和技术规程，将“思政”元素和课程内容有机融合，注重价值塑造、知识传授和能力培养，扩充立体教学资源，增强教学过程的实践性、开放性和职业性，融“教、学、做”为一体，能够服务慕课、翻转课堂等教学模式，配合任务驱动、项目导向等教学方法的实施，把教材教法有机结合，可促进教师教育素养提高，具有较强的可操作性。

全书基于“课程思政”与专业教学协同设计，共十四章，阐述土石方工程、桩基础工程、砌筑工程、模板工程、钢筋工程、混凝土工程、预应力混凝土工程、结构安装工程、道路工程、桥梁工程、地下工程、脚手架工程、防水工程和装饰装修工程的施工。

本书可作为土木类相关专业土木工程施工课程教材和教学参考书，也可供从事建筑设计与建筑施工的技术人员和土建专业成人高等教育师生参考。

**图书在版编目（CIP）数据**

土木工程施工 / 田忠喜主编．—北京：中国电力出版社，2022.3
ISBN 978-7-5198-6330-2

Ⅰ．①土…　Ⅱ．①田…　Ⅲ．①土木工程－工程施工－高等学校—教材　Ⅳ．① TU7

中国版本图书馆 CIP 数据核字（2021）第 272251 号

---

出版发行：中国电力出版社
地　　址：北京市东城区北京站西街 19 号（邮政编码 100005）
网　　址：http://www.cepp.sgcc.com.cn
责任编辑：熊荣华（010-63412543）　关　童
责任校对：黄　蓓　郝军燕
装帧设计：郝晓燕
责任印制：吴　迪

---

印　　刷：北京天宇星印刷厂
版　　次：2022 年 3 月第一版
印　　次：2022 年 3 月北京第一次印刷
开　　本：787 毫米 ×1092 毫米　16 开本
印　　张：16.25
字　　数：412 千字
定　　价：52.00 元

---

# 前　言

为在课程教学中落实立德树人根本任务，将价值塑造、知识传授和能力培养三者融为一体，贯彻教育部《高等学校课程思政建设指导纲要》，聊城大学建筑工程学院土木工程教学团队围绕土木类专业的人才培养目标，遵循学生认知发展规律，适应“课程思政”教学改革发展需求，提炼课程思政因素，合理取舍教学内容而编写基于“课程思政”与专业教学协同设计的《土木工程施工》。

本书内容上实现理论与实践紧密结合，参照最新工程规范和技术规程，添加大量工程现场图片、视频等数字资源，形式上图文并茂、形象生动，有助于学生对工程施工知识的获取、专业技术能力和创新能力的培养，又强化学生工程伦理教育，激发学生的国家意识和国家情怀。

本书适用于土木类专业或者其他相近专业。本书可作为全日制应用型大学及高（中）等学校土木工程、工程管理、工程造价、建筑工程技术等专业工程地质课程教材和教学参考书，也可供从事建筑设计与建筑施工的技术人员和土建专业成人高等教育师生参考。

全书共十四章，第一章土石方工程，第二章桩基础工程，第三章砌筑工程，第四章模板工程，第五章钢筋工程，第六章混凝土工程，第七章预应力混凝土工程，第八章结构安装工程，第九章道路工程，第十章桥梁工程，第十一章地下工程，第十二章脚手架工程，第十三章防水工程，第十四章装饰装修工程。

本书由田忠喜编写第一章～第三章，赵庆双编写第四章、第六章，汤美安编写第八章、第十二章，孟庆春编写第九章，孟昭博编写第十章，张绪涛编写第十四章，张保良编写第十三章，倪振强编写第十一章，刘万荣编写第五章，杨秀英编写第七章，董慧负责表和图的绘制，袁立群负责数字资源。全书由田忠喜修改定稿。

本书得到了山东省本科教学改革研究立项项目面上项目（P2020013）、2019年山东省研究生教育质量提升计划项目（SDYJG19062）、中国成人教育协会“十四五”成人继续教育科研规划课题（2021-022Y）、聊城大学校级规划教材建设项目（JC202105）、聊城大学课程思政示范课程（XSK2021001）、聊城大学课程思政教学改革研究项目（G202064）、聊城大学教改项目（G201906、G202124、G202107Z）、聊城大学科研基金立项（318011901、318012014、318051848）的支持。

在编写过程中，参考和引用了许多专家、学者的著作、教材和资料，在此深表谢忱！

由于时间仓促且限于编者水平，书中难免存在错误及不足，恳请有关专家及广大读者批评指正。

**编　者**

2021 年 10 月

《土木工程施工》配套资源总码

# 目录

# 第一章 土石方工程

## 教学目标

### （一）总体目标

通过本章的学习，使学生熟悉土的工程分类、工程性质和土方工程施工特点，了解为什么施工前要进行场地平整，如何进行场地平整，包括通过计算确定场地设计标高，计算场地平整土方量，熟悉基坑开挖放坡和基坑支护的概念，掌握土钉墙、重力式水泥土墙和支挡式支护结构等基坑支护施工工艺和施工要点，熟悉基坑排水方式，降水不同方式和适用情形，掌握基坑降水的计算和设计、施工工艺和施工要点，熟悉土方回填的不同形式和压实度的检测，掌握常用地基处理方法，熟悉基坑验收流程和参与单位。通过体会和学习土石方工程，使学生了解行业特色，掌握专业知识，建立学生严谨思考、扎实基础、持续创新建造方法的理念。

### （二）具体目标

#### 1. 专业知识目标

（1）熟悉土的工程分类、工程性质和土方工程施工特点。

（2）掌握场地设计标高的确定和场地平整土方量的计算，熟悉场地平整机械及其施工。

（3）掌握基坑开挖放坡的相关规定，土钉墙、重力式水泥土墙和支挡式支护结构施工工艺和施工要点。

（4）熟悉基坑排水方式，掌握基坑降水不同方式和适用情形，基坑降水的计算和设计，以及降水的施工工艺和施工要点。

（5）熟悉土方开挖工艺流程，掌握土方的填筑与压实、影响填筑与压实的因素和填土压实的质量检查。

（6）掌握各种地基处理方法和基坑验收流程。

#### 2. 综合能力目标

（1）能够结合土的可松性系数，计算场地平整土方量，进一步延伸工程预算中土方开挖的计算。

（2）能够掌握多种基坑支护结构的施工工艺，复习基坑支护的计算，进一步延伸基坑支护的有限元计算。

（3）能够进行真空井点降水和管井降水的计算，掌握降水注意要点、截水和回灌的工作原理。

（4）熟悉多种地基处理方式，掌握基坑验收流程、标准和参与各方。

#### 3. 综合素质目标

（1）对整个基坑工程的计算、设计和分析都有掌握，初步适用有限元计算；

（2）熟悉场地平整、基坑支护、降水和基坑验收的施工规范和实际工艺。

## 教学重点和难点

### （一）重点

（1）场地设计标高的确定和场地平整土方量的计算；

（2）土钉墙、重力式水泥土墙和支挡式支护结构施工工艺和施工要点；

（3）基坑降水不同方式适用情形，基坑降水的计算和设计、施工工艺和施工要点；

（4）各种地基处理方法和基坑验收流程。

### （二）难点

（1）场地设计标高的确定和场地平整土方量的计算；

（2）土钉墙、重力式水泥土墙和支挡式支护结构的计算和设计；

（3）基坑降水的计算和设计。

## 教学策略

本章是土木工程施工课程的第一篇第一章，涵盖场地平整、基坑开挖、基坑支护、降水、地基处理和验收等知识点，知识量大、计算多，教学内容涉及面广，专业性较强，需要查阅大量的规范，对后面的章节学习有重要的引领作用。场地设计标高的确定和场地平整土方量的计算，土钉墙、重力式水泥土墙和支挡式支护结构的计算和设计，基坑降水的计算和设计是本章教学的重点和难点。为帮助学生更好地学习本章知识，采取“了解课序——复习土力学和基础工程知识——知识学习——施工现场实训——课后习题——计算和设计训练——课后有限元计算拓展”的教学策略。

（1）课前引导：提前介入学生学习过程，要求学生复习土力学和地基基础课程中的地基基础部分，为课程学习进行知识储备。

（2）课中教学互动：课堂教学教师讲解中，以大量视频的形式，让学生直观和系统地了解基坑开挖、土石方工程计量、基坑支护、降水和地基处理的施工现场，课后习题讲解和辅导，设计辅导等。

（3）技能训练：场地平整、基坑支护、施工降水的案例设计。

（4）课后拓展：引导学生自主学习与本课程相关的规范，主要有《建筑基坑支护技术规程》(JGJ 120—2012)《建筑地基基础工程施工质量验收标准》（GB 50202—2018），引入基坑设计软件理正、有限元软件 MIDAS GTS，拓宽学生视野，增加学生的实践能力。

## 教学架构设计

### （一）教学准备

（1）情感准备：了解学情，提醒学生预习前置课程，增进感情，提前和学生谈心谈话。

（2）知识准备：

1）复习：土力学和地基基础课程中的基坑设计部分；

2）预习：“雨课堂”分布的预习内容和基坑工程的视频。

(3) 授课准备：学生分组，要求学生带认识实习场地平整和基坑部分的问题进课堂。

(4) 资源准备：授课课件、数字资源库等。

### （二）教学架构

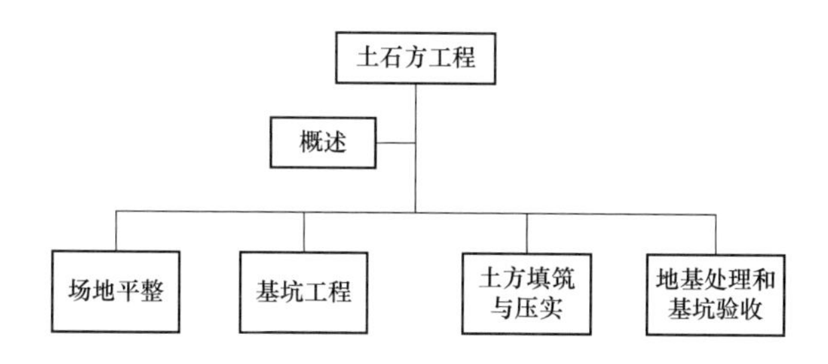


### （三）实操训练

完成场地平整、基坑计算和设计、基坑降水计算和设计案例。

### （四）思政教育

根据授课内容，本章主要在专业知识获得感、技术能力获得感、宏大国家基建工程三个方面开展思政教育。

中国基坑深度再次突破

### （五）效果评价

采用注重学生全方位能力评价的"五位一体评价法"，即自我评价（20%）+团队评价（20%）+课堂表现（20%）+教师评价（20%）+自我反馈（20%）评价法。同时引导学生自我纠错、自主成长并进行学习激励，激发学生学习的主观能动性。

### （六）学时建议

6/56（本章建议学时/课程总学时）。

## 第一节　概　　述

### 一、土的工程分类

分类目的：选择施工方案；劳动量消耗定额的确定。

分类方法：从施工角度，按土的开挖难易程度分类。

分类类别：八类，见表 1-1 土的工程分类。

重点提示：种植土属于松软土，压实的填筑土属于坚土。

表 1-1　土的工程分类

| 类别 | 土的名称 | 开挖方法 | 可松性系数 | |
|---|---|---|---|---|
| | | | 最初可松性系数 $K_s$ | 最终可松性系数 $K_s'$ |
| 一类土（松软土） | 砂、粉土、冲积砂土层、种植土，泥炭（淤泥） | 用锹、锄头挖掘 | 1.08～1.17 | 1.01～1.04 |
| 二类土（普通土） | 粉质黏土，潮湿的黄土，夹有碎石、卵石的砂，种植土，填筑土和粉土 | 用锹、锄头挖掘，少许用镐翻松 | 1.14～1.28 | 1.02～1.05 |

续表

| 类别 | 土的名称 | 开挖方法 | 可松性系数 | |
|---|---|---|---|---|
| | | | 最初可松性系数 $K_s$ | 最终可松性系数 $K_s'$ |
| 三类土（坚土） | 软及中等密实黏土，重粉质黏土，粗砾石，干黄土及含碎石、卵石的黄土，粉质黏土，压实的填筑土 | 主要用镐，少许用锹、锄头，部分用撬棍 | 1.24～1.30 | 1.04～1.07 |
| 四类土（砾砂坚土） | 重黏土及含碎石、卵石的黏土，粗卵石，密实的黄土，天然级配砂石，软泥灰岩及蛋白石 | 先用镐、撬棍，然后用锹挖掘，部分用锲子及大锤 | 1.26～1.37 | 1.06～1.09 |
| 五类土（软石） | 石炭纪黏土，中等密实的页岩、泥灰岩、白垩土，胶结不紧的砾岩，软的石灰岩 | 镐或撬棍、大锤，部分用爆破方法 | 1.30～1.45 | 1.10～1.20 |
| 六类土（次坚石） | 泥岩，砂岩，砾岩，坚实的页岩、泥灰岩，密实的石灰岩，风化花岗岩、片麻岩 | 爆破方法，部分用风镐 | 1.30～1.45 | 1.10～1.20 |
| 七类土（坚石） | 大理岩，辉绿岩，玢岩，粗、中粒花岗岩，坚实的白云岩、砾岩、砂岩、片麻岩、石灰岩，风化痕迹的安山岩、玄武岩 | 爆破方法 | 1.30～1.45 | 1.10～1.20 |
| 八类土（特坚石） | 火山岩，玄武岩，花岗片麻岩，坚实的细粒花岗岩、闪长岩、石英岩、辉长岩、辉绿岩，玢岩 | 爆破方法 | 1.45～1.50 | 1.20～1.30 |

剂南地铁二号线地质勘查钻芯取样

## 二、土的工程性质

土的工程性质对土方工程施工有直接影响，也是进行土方施工设计必须掌握的基本资料。

土的主要工程性质有：可松性、渗透性、密实度、抗剪强度、土压力。下面对可松性、渗透性、密实度进行讲解。

### （一） 土的可松性

土方开挖

土方压实

（1）概念：自然状态下的土，经过开挖后，其体积因松散而增大；将开挖出来的土经回填压实，仍不能恢复到原来（自然状态下）的体积。

（2）表示方法：土的可松性大小用可松性系数表示，分为最初可松性系数和最终可松性系数。

最初可松性系数：

$$K_S = \frac{V_1}{V_2} \tag{1-1}$$

最终可松性系数：

$$K_S' = \frac{V_3}{V_2} \tag{1-2}$$

式中 $V_1$——土在自然状态下的体积（自然方）；

$V_2$——土开挖成松散状态下的体积（虚方）；

$V_3$——松散土回填压实后的体积（实方）。

（3）可松性在施工中的用途：

1）挖方量计算，用自然状态体积——自然方计算；

2）挖方堆积体积计算，用松散体积——虚方计算，当挖方量换算成挖方堆积体积时，使用最初可松性系数进行换算；

3）挖方外运体积计算，用松散体积——虚方计算，当挖方量换算成挖方外运体积时，仍使用最初可松性系数进行换算；

4）回填夯实土体积，用松散土回填压实后的体积——实方计算，当计算松散土回填后压实后体积，使用最终可松性系数进行换算。

**（二）土的渗透性**

（1）概念：土的渗透性是指土体被水透过的性质。土体孔隙中的自由水在重力作用下会发生流动，当基坑开挖至地下水位以下，地下水在土中渗透时受到土颗粒的阻力，其大小与土的渗透性及地下水渗流路线长短有关。

（2）表示方法：土的渗透性用渗透系数 $k$ 表示。

$$k = \frac{v}{i} \tag{1-3}$$

式中　$v$——水力坡度，也称水力梯度，表示单位渗流长度上的水头损失；

$i$——断面平均渗流速度。

（3）土的渗透性在施工中的用途：土的渗透性是在施工时降低地下水方案选择时的一种指标和施工降水时地下水涌水量的计算参数。

**（三）土的密实度**

（1）概念：土的密实度是指土的紧密程度。

（2）表示方法：土的密实度通常用干密度表示。

（3）土的干密度的现场测定方法：环刀试验和灌砂（灌水）试验。环刀试验时环刀取土场景见图 1-1，灌砂试验场景见图 1-2。

环刀试验
操作步骤

图 1-1　环刀取土

图 1-2　灌砂试验

灌砂试验
操作步骤

## 第二节　场　地　平　整

场地平整是将拟建场地范围内高低不平的天然地形改造成满足建设需要的平面，地平整的步骤包括：

全球导航卫星系统

全站仪测量

(1) 实测或计算各角点的地面标高；

(2) 根据挖填平衡的原则，确定场地设计标高；

(3) 根据地面标高和设计标高的差值，确定施工高度；

(4) 计算场地平整土方量，进行场地平整。

## 一、场地设计标高的确定

### (一) 场地设计标高确定应考虑的因素

场地设计标高是场地平整的基准点，场地设计标高确定应考虑以下因素：

(1) 满足规划、生产工艺和运输的要求；

(2) 尽量利用地形，力求挖、填工程量平衡；

(3) 有一定的排水坡度；

(4) 不受设计统计年限内最高洪水的影响。

### (二) 场地设计标高确定的方法及适用范围

场地设计标高有以下确定方法：

(1) 方格网法，按照场地内挖、填土方工程量平衡原则确定场地设计标高，适用于小型场地，场地高差起伏不大，且对场地设计标高无特殊要求；

(2) 应用最小二乘法原理求最佳设计平面，适用于大型复杂场地或复杂地形。

### (三) “方格网法” 确定场地设计标高的步骤

“方格网法”确定场地设计标高的步骤如下：

(1) 划分方格网，在地形图上将施工区域画出方格网，根据地形变化程度及要求的计算精度来确定方格网的边长，一般取 10～50m。在各方格的左上逐一标出其角点的编号，见图 1-3。

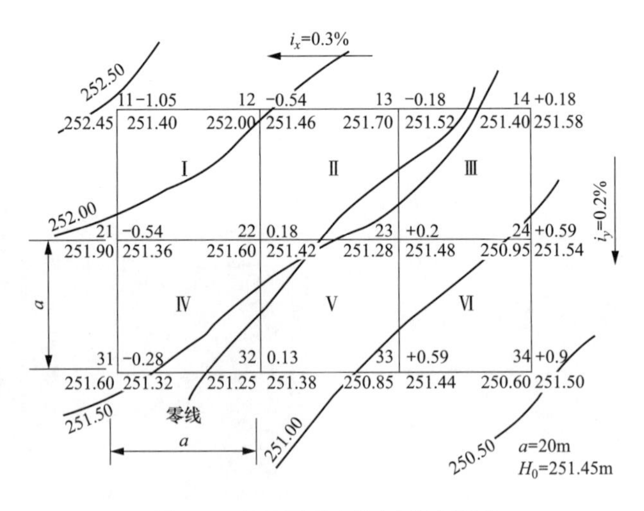


图 1-3 场地平整方格网法计算图

(2) 实测或计算各角点的地面标高 $H_0$；网格角点的地面标高也称为角点的自然地面标高（绝对标高）；有地形图时，可根据相邻等高线的高程，用插入法求得各网格角点高程。无地形图时，可采用 GPS 或全站仪实测。

(3) 计算场地设计标高（$H$）。场地设计标高计算示意如图 1-4 所示。

1）平整前，一个方格网的土方体积：

$$V = a^2 \frac{H_{11} + H_{12} + H_{21} + H_{22}}{4} \tag{1-4}$$

式中　$H_{11}$、$H_{12}$、$H_{21}$、$H_{22}$——方格网各交点地面标高（绝对标高）；

$a$——划分方格的边长。

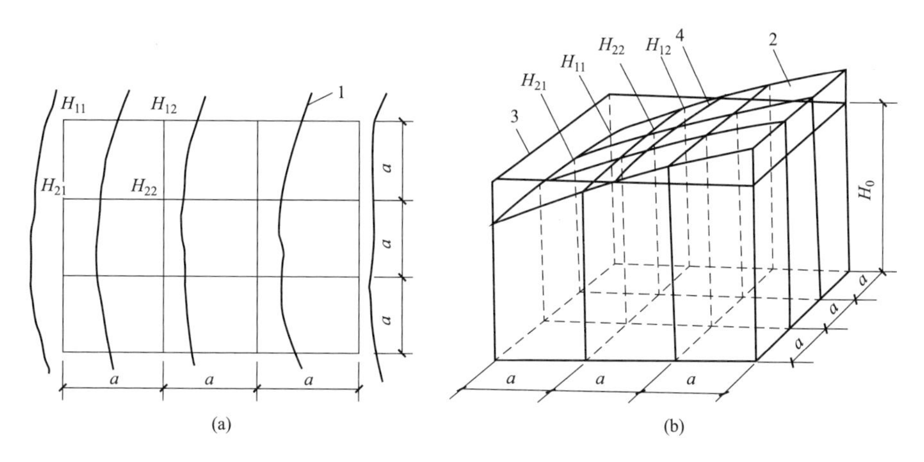


图 1-4　场地设计标高计算示意

2）平整前，$N$ 个方格网的土方体积：

$$V_N = \sum_{i,j=1}^{N} \left( a^2 \frac{H_{ij}}{4} \right) \tag{1-5}$$

3）平整后，设计标高同为 $H$ 的 $N$ 个方格网的土方体积：

$$V'_N = Na^2 H \tag{1-6}$$

4）根据平整前后方格网土方体积相等的原则，计算设计标高 $H$：

$$H = \frac{\sum_{i,j=1}^{N} H_{ij}}{4} \tag{1-7}$$

或写为：

$$H = \frac{1}{4N}\left(\sum H_1 + 2\sum H_2 + 3\sum H_3 + 4\sum H_4\right) \tag{1-8}$$

## （四）场地设计标高的调整

按挖、填平衡的原则所确定的场地设计标高 $H$，实质上仅为一理论值，并未考虑土的可松性（一般填土会有多余），故可以调整设计标高解决。由于土具有可松性，需相应地提高设计标高。

土的可松性使开挖土的体积增大，场地设计标高同样调整。

（1）设 $\Delta h$ 为考虑土的可松性而引起的场地设计标高增加值，则总挖方会减小，场地设计标高调整后的挖方体积应为：

$$V'_W = V_W - A_W \Delta h \tag{1-9}$$

式中　$V'_W$——设计标高调整后的总挖方体积；

$V_W$——设计标高调整前的总挖方体积；

$A_W$——设计标高调整后的挖方区总面积。

挖方量按 $V'_W$ 计算（自然状态体积），见图 1-5。

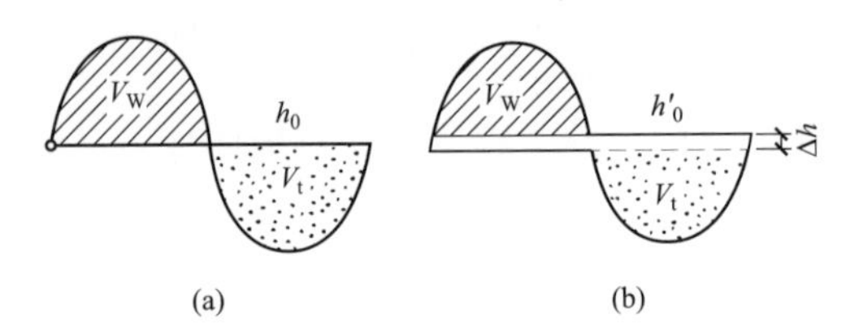


图 1-5　土的可松性影响计算示意

$V_W$—挖方体积；$V_t$—填方体积

灵活应用公式，和现场要充分结合，才能做到成本最低，效率最高。

（2）设计标高调整后总填方体积变为：

$$V'_T = V'_W K'_S = (V_W - A_W \Delta h) K'_S \tag{1-10}$$

（3）填方区与挖方区的标高均提高 $\Delta h$，则有：

$$\Delta h = \frac{V'_T - V_T}{A_T} = \frac{(V_W - A_W \Delta h) K'_S - V_T}{A_T} \tag{1-11}$$

式中　$V'_T$——设计标高调整后总填方体积；

$V_T$——设计标高调整前总填方体积；

$A_T$——设计标高调整前填方区总面积。

（4）考虑可松性，调整后的场地设计标高为：

$$H' = H + \Delta h \tag{1-12}$$

工程造价中土石方工程的工程量计算规则

## 二、场地平整土方量的计算

场地平整土方量的计算有别于工程造价中土石方工程的工程量计算。场地平整土方量的计算步骤如下：

（1）划分方格网并计算各方格角点的施工高度 $h$，角点施工高度即角点需要挖或填方的高度，由角点的设计标高减去地面标高而得，见式（1-13），填土为正，挖土为负不填不挖为零。

$$h = H - H_0 \tag{1-13}$$

方格网法角点施工高度示例，见图 1-6。

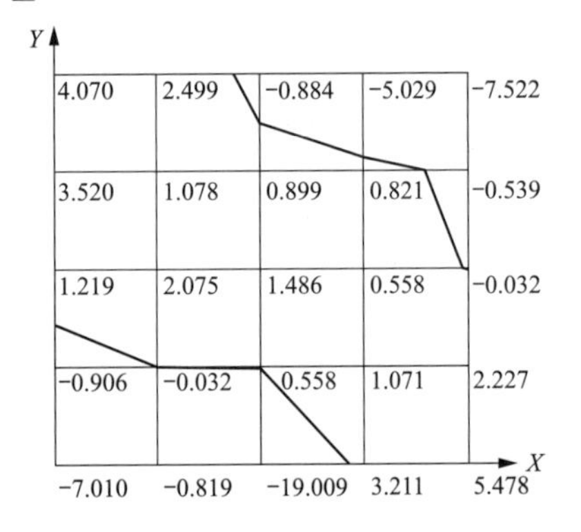


图 1-6　方格网法角点施工高度示例

挖填方计算例题（1）

（2）确定各方格的“零线”（施工高度为 0 的线）。在场地某方格的某边上相邻的两个角点的施工高度出现“+”与“−”时，则表示该边从填至挖的全长中存在一个不挖不填的点，称为零点或不挖不填点。零点的位置可按式（1-14）计算，如图 1-7 所示。

$$x = \frac{a h_A}{h_A + h_B} \tag{1-14}$$

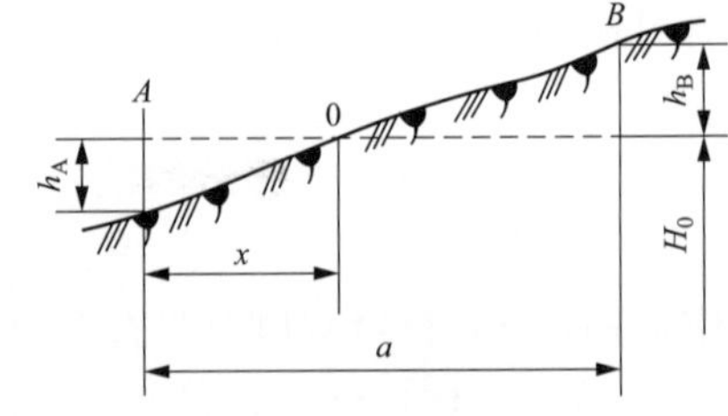


图 1-7　零点位置的计算

（3）分别计算各方格的“挖方”和“填

方”土方量，然后分别累计挖方和填方。

1）按四角棱柱体法，方格四个角点全部为填或全部为挖时见图 1-8，计算见式（1-15）。

$$V_{w(t)} = \frac{a_2(h_1 + h_2 + h_3 + h_4)}{4} \quad (1\text{-}15)$$

2）方格四个角点，部分是挖方，部分是填方。角点二填二挖，见图 1-9，计算见式（1-16）；角点一填三挖见图 1-10，计算见式（1-15）。

挖填方计算例题（2）

$$V_w = \frac{a^2\left(\sum h_w\right)^2}{\sum h} \quad (1\text{-}16)$$

$$V_w = \frac{a^2\left(\sum h_t\right)^2}{\sum h} \quad (1\text{-}17)$$

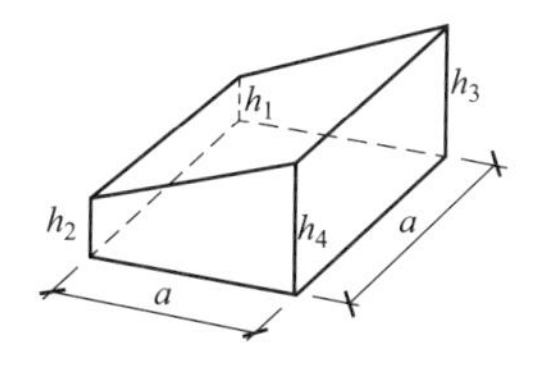


图 1-8 角点为全挖或全填

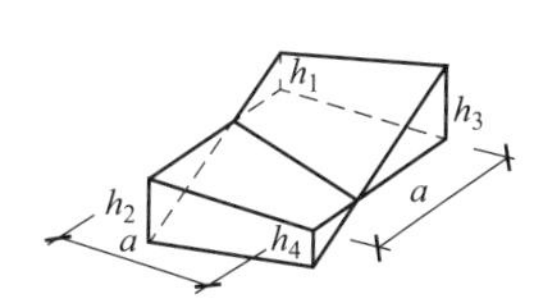


图 1-9 角点为二填二挖

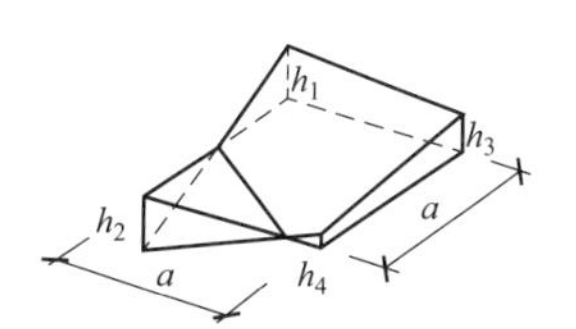


图 1-10 角点为一填三挖

推土机

## 三、场地平整机械及其施工

场地平整的主要机械有推土机和铲运机。

### 1. 推土机

推土机前部为推土刀片（或称“推土铲”），通过驾驶员的操控，放下铲刀，铲刀切入土壤，依靠推土机前进时的动力，完成土壤的切削和推运作业。推土机是一种自行式的、适于短距离推土运土的工程机械。

推土机开挖土方作业由切土、运土、卸土、倒退（或折返）、空回等过程组成一个循环。按行走装置不同分为：履带式推土机和轮胎式推土机。按功率等级分，可分为：

（1）微型：功率在 30kW 以下。适用于极狭小的施工场地或者零星土方施工、场地平整。

（2）轻型：功率在 30～75kW 之间，适用于零星土方作业。

（3）中型：功率在 75～225kW 之间，中型推土机应用范围最广。

（4）大型：功率在 225～745kW 之间，适用于坚硬土质或深度冻土的大型土方工程。

（5）特大型：功率在 745kW 以上，用于大型露天矿山或大型水电工程工地。国内目前还没有特大型推土机产品。

经济推土运距 100m，效率最高运距 60m。上下坡坡度不得超过 35°，横坡不得超过 10°。

推土机高效推土方式

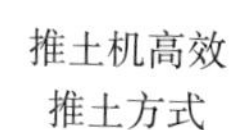

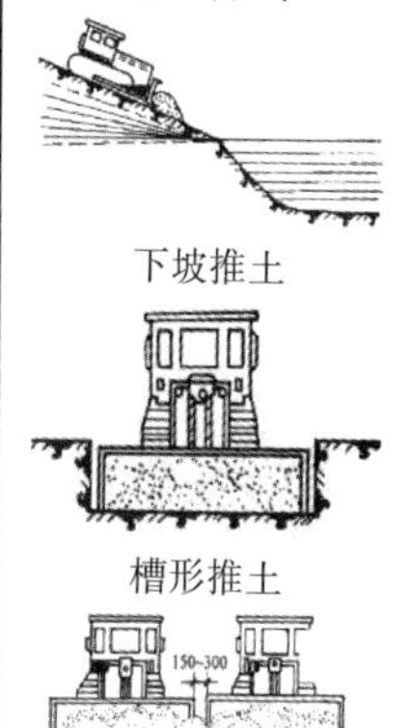


下坡推土

槽形推土

并列推土

2. 铲运机

铲运机是一种利用铲斗铲削土壤，并将碎土装入铲斗进行运送的铲土运输机械，能够完成铲土、装土、运土、卸土和分层填土、局部碾实的综合作业。适用于铁路、道路、水利、电力等工程平整场地工作。

铲运机具有操纵简单，不受地形限制，能独立工作，行驶速度快，生产效率高等优点。

其适用一至三类土，如铲削三类以上土壤时，需要预先松土。

按行走方式分自行式和拖式两种。

铲运车的经济运距为 600～1500m；效率最高的运距为 200～350m。

铲运机运行路线和施工方法视工程大小、运距长短、土的性质和地形条件等而定。其运行线路可采用环形路线或 8 字路线。采用下坡铲土、跨铲法、推土机助铲法等，可缩短装土时间，提高土斗装土量，以充分发挥其效率。

铲运机的开行路线包括：①宽环形路线；②窄环形路线；③大环形路线；④8 字形路线。铲运机开行路线见图 1-11。

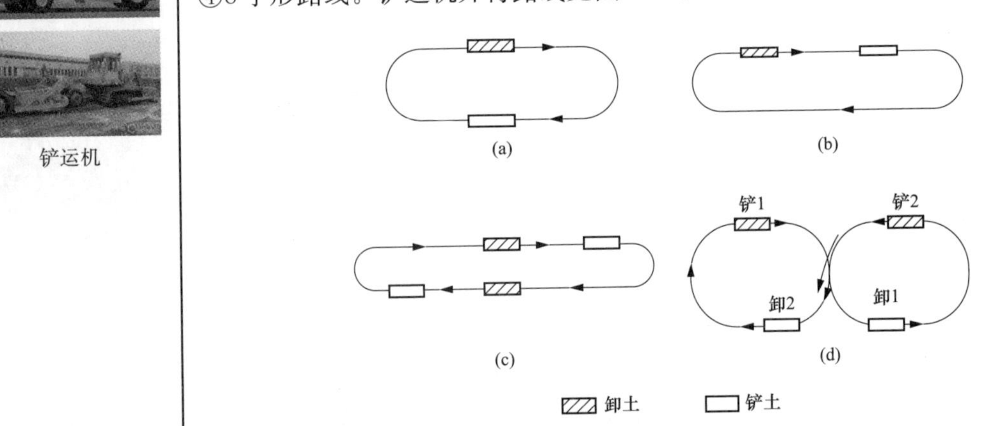


图 1-11　铲运机开行路线

## 第三节　基　坑　工　程

### 一、放坡

1. 土方边坡和坡度系数

土方边坡坡度示意见图 1-12。土方边坡坡度计算见式（1-18）。土方坡度系数见式（1-19）。

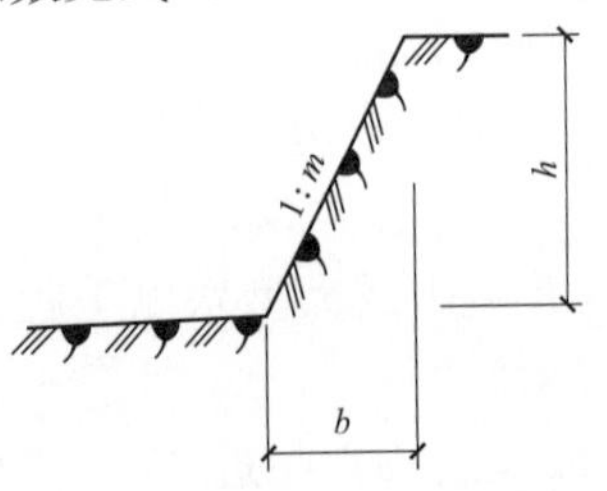


图 1-12　土方边坡坡度示意

土方边坡坡度：$i = \dfrac{h}{b}$　　(1-18)

土方坡度系数：$m = \dfrac{b}{h}$　　(1-19)

**2. 无支护条件下临时性挖方的边坡坡度要求**

无支护条件下临时性挖方的边坡坡度要求见表 1-2。

表 1-2　　无支护条件下临时性挖方的边坡坡度要求

| 土的类别 | | 边坡值（高：宽） |
|---|---|---|
| 砂土（不包括细砂、粉砂） | | 1：1.25～1：1.50 |
| 一般性黏土 | 硬 | 1：0.75～1：1.00 |
| | 硬、塑 | 1：1.00～1：1.25 |
| | 软 | 1：1.50 或更缓 |
| 碎石类土 | 充填坚硬、硬塑黏性土 | 1：0.50～1：1.00 |
| | 充填砂土 | 1：1.00～1：1.50 |

注：1. 设计有要求时，应符合设计标准。
2. 如采用降水或其他加固措施，可不受本表限制，但应计算复核。
3. 开挖深度，对软土不应超过 4m，对硬土不应超过 8m。

基坑坍塌

事故分析原因

大型基坑工程（1）

大型基坑工程（2）

## 二、基坑边坡支护概述

### 1. 基本概念

基坑（边坡）支护是为保证地下结构施工及基坑周边环境的安全，对基坑侧壁及周边环境采用的临时性支挡、加固与保护措施。

### 2. 基坑支护的方法［《建筑基坑支护技术规程》（JGJ 120—2012）］

基坑支护的方法有：

（1）土钉墙，包括单一土钉墙、预应力锚杆复合土钉墙、水泥土桩垂直复合土钉墙和微型桩垂直复合土钉墙。

（2）重力式水泥土墙。

（3）支挡式结构，包括锚拉式支挡结构、支撑式支挡结构、悬臂式支挡结构和双排桩支挡结构。

### 3. 支护结构选型

（1）基坑侧壁安全等级。按照支护结构破坏、土体失稳或过大变形对基坑周边环境及地下结构施工影响划分为三级，见表 1-3。

（2）根据安全基坑侧壁安全等级、基坑深度、环境条件、土类和地下水条件，选择合适的基坑支护方式，见表 1-4。

表 1-3　　基坑侧壁安全等级划分

| 安全等级 | 破坏后果 | 重要性系数 |
|---|---|---|
| 一级 | 支护结构破坏、土体失稳或过大变形对基坑周边环境及地下结构施工影响很严重 | 1.10 |
| 二级 | 支护结构破坏、土体失稳或过大变形对基坑周边环境及地下结构施工影响一般 | 1.00 |
| 三级 | 支护结构破坏、土体失稳或过大变形对基坑周边环境及地下结构施工影响不严重 | 0.90 |

大型基坑工程（3）

**表 1-4　　支护结构选型**

| 支护结构类型 | | 适用条件 | | |
|---|---|---|---|---|
| | | 安全等级 | 基坑深度、环境条件、土类和地下水条件 | |
| 土钉墙 | 单一土钉墙 | 二级<br>三级<br>均可 | 适用于地下水位以上或经降水的非软土基坑，且基坑深度不宜大于 12m | 当基坑潜在滑动面内有建筑物、重要地下管线时，不宜采用土钉墙 |
| | 预应力锚杆复合土钉墙 | | 适用于地下水位以上或经降水的非软土基坑，且基坑深度不宜大于 15m | |
| | 水泥土桩垂直复合土钉墙 | | 用于非软土基坑时，基坑深度不宜大于 12m；用于淤泥质土基坑时，基坑深度不宜大于 6m；不宜用在高水位的碎石土、砂土、粉土层中 | |
| 支挡式结构 | 悬臂式结构 | 一级<br>二级<br>三级<br>均可 | 适用于较浅的基坑 | 锚杆不宜用在软土层和高水位的碎石土、砂土层中。<br>当邻近基坑有建筑物地下室、地下构筑物等，锚杆的有效锚固长度不足时，不应采用锚杆。<br>当锚杆施工会造成基坑周边建（构）筑物的损害或违反城市地下空间规划等规定时，不应采用锚杆。<br>排桩适用于可采用降水或截水帷幕的基坑。<br>地下连续墙宜同时用作主体地下结构外墙，可同时用于截水 |
| | 支撑式结构 | | 适用于较深的基坑 | |
| | 锚拉式结构 | | 适用于较深的基坑 | |
| | 双排桩、地下连续墙 | | 当锚拉式、支撑式和悬臂式结构不适用时，可考虑采用双排桩或地下连续墙 | |
| 重力式水泥土墙 | | 二级三级 | 适用于淤泥质土、淤泥基坑，且基坑深度不宜大于 7m | |
| 放坡 | | 三级 | 施工场地应满足放坡条件；可与上述支护结构形式结合 | |

土钉墙

## 三、土钉墙支护

### 1. 土钉墙概述

土钉墙，由随基坑开挖分层设置的、纵横向密布的土钉群、喷射混凝土面层及原位土体所组成的支护结构。

### 2. 土钉墙的构造要求

（1）土钉墙墙面坡度不宜大于 1∶0.1；

（2）土钉的长度宜为开挖深度的 0.5～1.2 倍，间距宜为 1～2m，与水平面夹角宜为 5°～20°；

（3）土钉钢筋宜采用Ⅱ、Ⅲ级钢筋，直径宜为 16～32mm；

（4）钻孔直径宜为 70～120mm；

（5）注浆材料宜采用水泥浆或水泥砂浆，其强度等级不宜低于 M10；

（6）喷射混凝土面层宜配置钢筋网，钢筋直径宜为 6～10mm，间距宜为 105～300mm；坡面上下段钢筋网搭接长度应大于 300mm；

（7）喷射混凝土强度等级不宜低于 C20，面层厚度不宜小于 80mm。

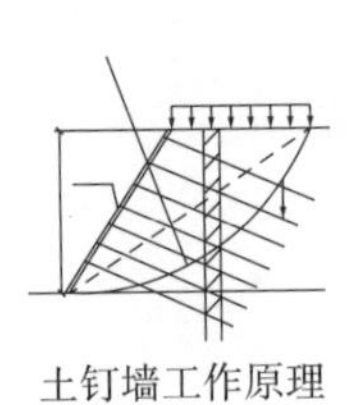
土钉墙工作原理

### 3. 土钉墙施工、检测与监控

（1）土钉墙施工顺序：首层工作面开挖，修整边坡→钻孔→安设土钉→注浆→安设土钉与钢筋网的连接件→绑扎钢筋网→埋设喷射混凝土厚度控制标志→喷射第 1 层混凝土→开挖第 2 层工作面……

（2）施工质量控制要点：上层土钉注浆体及喷射混凝土面层达到设计强度后方可开挖下层土方及进行下层土钉施工；注浆材料宜选用水泥浆或水泥砂浆，水泥浆的水灰比宜为 0.5；水泥砂浆配合比宜为 1∶1～1∶2（质量比），水灰比宜为 0.38～0.45；注浆时注浆管应插至距孔底 25～50cm 处，孔口部位宜设置止浆塞及排气管；喷射作业应分段进行，同一分段内喷射顺序应自下而上，一次喷射厚度不宜小于 40mm；孔深允许偏差±50mm；孔径允许偏差±5mm；孔距允许偏差±100mm；成孔倾角偏差±5%。

（3）质量检测：桩基础质量检测见表 1-5。

表 1-5　　土钉墙支护项目与方法

| 检测项目 | 取样数据 | 检验方法 |
|---|---|---|
| 土钉抗拔力 | 不宜少于土钉总数的 1%，且不应少于 3 根 | 拉拔仪 |
| 混凝土厚度 | 宜每墙面积一组，每组不应少于 3 点 | 钻孔检测 |

（4）施工监控时间为开始施工到基础施工完毕（混凝土与防水施工完毕），监控内容包括：

土钉墙设计实例

1）支护体位移的量测；

2）地表开裂状态（位置、裂宽）的观察、记录；

3）附近建筑物和重要管线等设施的变形测量和裂缝观察；

4）基坑渗、漏水和基坑内外的地下水位变化。

## 四、重力式水泥土墙

### 1. 重力式水泥土墙概述

重力式水泥土墙是水泥土搅拌桩相互搭接成格栅或实体的重力式支护结构。利用水泥材料为固化剂，采用特殊机械（如深层搅拌机和高压旋喷机）将水泥与原状土强制拌和，形成具有一定强度、整体性和水稳定性的圆柱体，将其相互搭接，形成具有一定强度和整体结构的水泥土墙，以保证基坑边坡的稳定。

### 2. 重力式水泥土墙构造

（1）水泥土墙宜采用水泥土搅拌桩相互搭接形成的格栅状结构形式，也可采用水泥土搅拌桩相互搭接成实体的结构形式，水泥土搅拌桩的搭接宽度不宜小于 150mm。搅拌桩的施工工艺宜采用喷浆搅拌法。

重力式水泥土墙

（2）重力式水泥土墙的嵌固深度，对淤泥质土，不宜小于 $1.2h$，对淤泥，不宜小于 $1.3h$。其中，$h$ 为基坑深度。

（3）重力式水泥土墙的宽 $b$，对淤泥质土，不宜小于 $0.7h$，对淤泥，不宜小于 $0.8h$。

重力式水泥土墙计算示意如图 1-13所示。

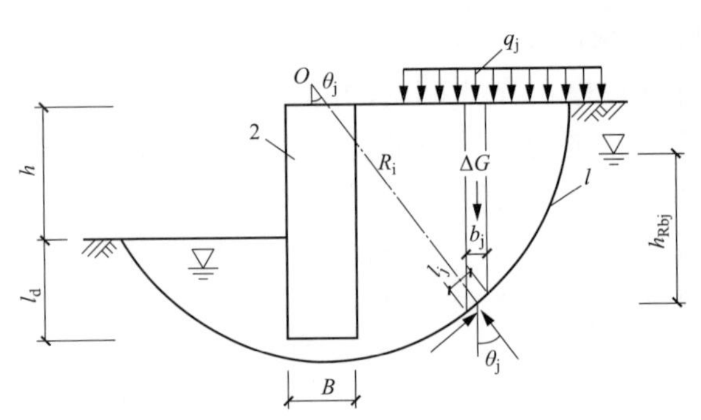

图 1-13　重力式水泥土墙计算示意

3. **重力式水泥土墙稳定性验算**

重力式水泥土墙稳定性验算的内容包括抗滑移稳定性、抗倾覆稳定性、圆弧滑动稳定性（整体稳定性）、坑底隆起稳定性。

4. **重力式水泥土墙承载力验算**

验算内容包括重力式水泥土墙墙体的正截面应力，包括拉应力、压应力、剪应力。重力式水泥土墙的正截面应力验算部位包括基坑面以下主动、被动土压力强度相等处，基坑底面处，水泥土墙的截面突变处。

5. **重力式水泥土墙的施工**

重力式水泥土墙

单轴水泥土搅拌桩机

重力式水泥土墙的施工机械主要包括深层搅拌机、机架及灰浆搅拌机和灰浆泵等。施工工艺流程为：定位→预搅下沉→喷浆搅拌上升→重复搅拌下沉→喷浆搅拌上升→成桩。重力式水泥土墙（单桩）施工流程见图 1-14。

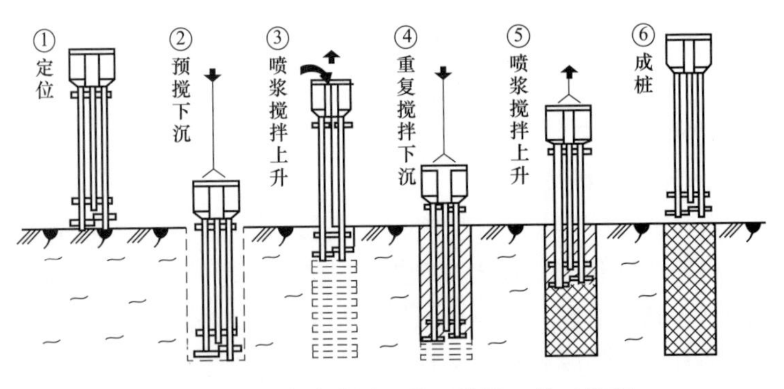

图 1-14　重力式水泥土墙（单桩）施工流程

6. **施工质量检查**

（1）应采用开挖的方法，检测水泥土固结体的直径、搭接宽度、位置偏差。

（2）应采用钻芯法检测水泥土的单轴抗压强度及完整性、水泥土墙的深度。进行单轴抗压强度试验的芯样直径不应小于 80mm。检测桩数不应少于总桩数的 1%，且不应少于 6 根。

## 五、支挡式支护结构

### （一）支挡式支护结构类型

支挡式支护结构一般包括锚拉式支挡结构、支撑式支挡结构、悬臂式支挡结构、双排桩支挡结构。

### 1. 锚拉式支挡结构

锚拉式支挡结构是以挡土构件和锚杆为主要构件的支挡式结构，见图 1-15。

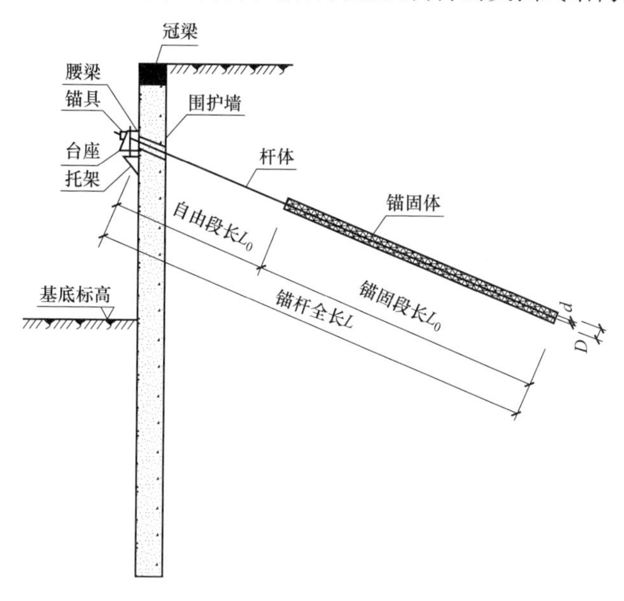


图 1-15　锚拉式支挡结构

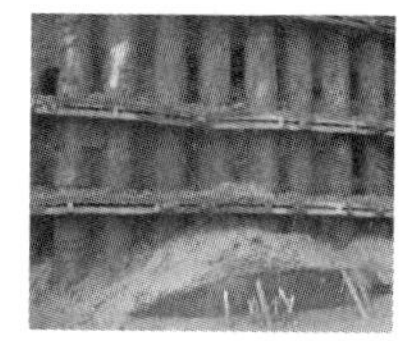

锚拉式支挡结构

(1) 挡土构件，设置在基坑侧壁并嵌入基坑底面的支护结构竖向构件。例如，支护桩（钢板桩、型钢水泥土搅拌墙、灌注桩）、地下连续墙。

1) 钢板桩，包括冷弯钢板桩和热轧钢板桩，冷弯钢板桩是对钢带进行连续冷弯变形，形成截面为 Z 形、U 形、帽形、直线形或其他形状，并通过两侧锁口或弯边交互连接的钢构件。热轧钢板桩是对钢坯进行加热，经轧机轧制而成，截面为 Z 形、U 形、直线形、H 形或其他形状，并通过两侧锁口或交互连接的钢构件。

基坑开挖后的钢板桩

2) 型钢水泥土搅拌墙，在连续套接的三轴水泥土搅拌桩内插入型钢形成的复合挡土、截水结构。型钢水泥土搅拌墙中三轴水泥土搅拌桩的直径宜采用 650mm、850mm、1000mm；内插的型钢宜采用 H 型钢。

型钢水泥混凝土搅拌墙

3) 灌注桩，在基坑周围，用钻机钻孔、下钢筋笼，现场灌注混凝土桩，桩间距为 1～1.5m，成排设置，在上部设冠梁、中间设腰梁，并加设锚杆或内支撑所形成的支护结构。

双排桩支挡结构组成（1）

(2) 土层锚杆，由杆体（钢绞线、普通钢筋、热处理钢筋或钢管）、注浆形成的固结体、锚具、套管、连接器所组成的一端与支护结构构件连接，另一端锚固在稳定岩土体内的预应力受拉杆件。杆体采用钢绞线时，亦可称为锚索。锚杆由锚头、自由端和锚固段组成。

### 2. 支撑式支挡结构

支撑式支挡结构是以挡土构件和支撑为主要构件的支挡式结构。

双排桩支挡结构组成（2）

### 3. 悬臂式支挡结构

悬臂式支挡结构是以顶端自由的挡土构件为主要构件的支挡式结构。

**4. 双排桩支挡结构**

双排桩支挡结构是以沿基坑侧壁排列设置的由前、后两排支护桩和梁连接成的刚架及冠梁所组成的支挡式结构。

**5. 地下连续墙**

地下连续墙为分槽段用专用机械成槽、浇筑钢筋混凝土所形成的连续地下墙体，亦可称现浇地下连续墙。

（1）地下连续墙施工流程：导墙构筑→第一段成槽→槽段接头安装→清槽→钢筋笼安装→浇筑混凝土接头撤除→下一段成槽。

（2）成槽机械：主要有抓斗式、多头钻式和削铣式。

（3）成槽泥浆：在成槽机开槽前 24h，应制备好泥浆；泥浆制备应选用高塑性黏土或膨润土；开槽用的泥浆，泥浆密度宜为 1.2～1.3g/mm$^3$。

泥浆的作用有：①增大静水压力，并在孔壁形成泥皮；②在泥浆循环时可将泥沙携带出来；③对旋转类钻头有冷却、润滑钻头作用。

南京超深地下连续墙

（4）槽段接头：因地下连续墙是分段施工，为保证段与段之间的混凝土干净的连接，故设置接头。接头在混凝土浇筑后应拔出并重复使用。

（5）混凝土浇筑：因为成槽时和清槽时槽内都有泥浆，故地下连续墙的混凝土浇筑需在泥浆下浇筑。应采用导管法浇筑混凝土。导管拼接时，其接缝应密闭。混凝土浇筑时，导管内应预先设置隔水栓。槽段长度不大于 6m 时，槽段混凝土宜采用二根导管同时浇筑；槽段长度大于 6m 时，槽段混凝土宜采用三根导管同时浇筑。每根导管分担的浇筑面积应基本均等。

钢筋笼就位后应及时浇筑混凝土。混凝土浇筑过程中，导管埋入混凝土面的深度宜在 2.0～4.0m，浇筑液面的上升速度不宜小于 3m/h。混凝土浇筑面宜高于地下连续墙设计顶面 500mm。

### （二）锚杆与内支撑施工

**1. 锚杆施工**

（1）锚杆施工流程：分层开挖，在腰梁位置安装锚杆，单根锚杆施工流程包括：钻孔→清孔→塞入锚固砂浆或药剂→锚杆张拉锁定。

（2）成孔：应根据土层性状和地下水条件选择套管护壁成孔、干成孔和泥浆护壁成孔等方式。对松散和稍密的砂土、粉土，卵石，填土，有机质土，高液性指数的黏性土宜采用套管护壁成孔护壁工艺；在地下水位以下时，不宜采用干成孔工艺；在高塑性指数的饱和黏性土层成孔时，不宜采用泥浆护壁成孔工艺。

成孔步骤：钻机就位、施钻成孔、清孔。

成孔机械：冲击式钻机、旋转式钻机或旋转式冲击钻机，偏心钻机跟进护壁套管方式钻进。

成孔深度：考虑沉渣厚度，孔底应超钻 30～50mm。

钻孔清理：成孔后高压风清洗孔壁，以保证砂浆与孔壁的黏结力。

（3）锚杆制作与安装：包括下料、除锈防腐、焊接导向锥、绑扎、入孔五个步骤。

（4）注浆：基坑锚杆常采用埋管式灌浆的一次灌浆法，即由孔底向上有压一次性灌浆，压力小于或等于0.6～0.8MPa，砂浆至孔口溢满为止，注浆管不拔出；当土体松散或岩石破碎易发生漏浆时采用二次灌浆法。

注浆

注浆液采用水泥浆时，水灰比宜取0.50～0.55；采用水泥砂浆时，水灰比宜取0.40～0.45，灰砂比宜取0.5～1.0，拌和用砂宜选用中粗砂。

注浆管端部至孔底的距离不宜大于200mm；注浆及拔管过程中，注浆管口应始终埋入注浆液面内，应在水泥浆液从孔口溢出后停止注浆；注浆后，当浆液液面下降时，应进行孔口补浆。

采用二次压力注浆工艺时，二次压力注浆宜采用水灰比0.50～0.55的水泥浆；二次注浆管应牢固绑扎在杆体上，注浆管的出浆口应采取逆止措施；二次压力注浆时，终止注浆的压力不应小于1.5MPa。

（5）锚杆张拉锁定：当锚杆固结体的强度达到设计强度的75%且不小于15MPa后，方可进行锚杆的张拉锁定；拉力型钢绞线锚杆宜采用钢绞线束整体张拉锁定的方法；锚杆张拉应平缓加载，每分钟加载不宜大于0.1$N_k$，此处，$N_k$为锚杆轴向拉力标准值。

**2. 锚杆施工质量检验**

对锚杆的施工质量进行检验以下内容：

（1）钻孔深度宜大于设计深度0.5m；

（2）钻孔孔位的允许偏差应为50mm；

（3）钻孔倾角的允许偏差应为30；

（4）杆体长度应大于设计长度；

（5）自由段的套管长度允许偏差应为±50mm；

（6）锚杆抗拔检测数量不应少于锚杆总数的5%，且同一土层中的锚杆检测数量不应少于3根。

## 六、排水与降水

当基坑挖收到地下水影响时，进行地下水控制。地下水控制是指为保证支护结构、基坑开挖、地下结构的正常施工，防止地下水变化对基坑周边环境产生影响所采用的降水、排水、回灌、截水等措施。

（1）集水明排。用排水沟、集水井、泄水管、输水管等组成的排水系统将地表水、渗漏水排泄至基坑外的方法。对坑底汇水、基坑周边地表汇水及降水井抽出的地下水，可采用明沟排水。盲沟排水是指在路基或地基内开沟并充填碎、砾石或等高渗透性土工合成材料的排水、截水暗沟。对坑底渗出的地下水可采用盲沟排水。两种排水方式适用于降水深度小于6m，渗透系数7～20m/天的填土、粉土、黏性土、砂土。

基坑明沟排水

（2）基坑降水。基坑降水是指为防止地下水通过基坑侧壁与坑底流入基坑，用抽水井或渗水井降低基坑内外地下水位的方法。降水的作用是在基坑开挖前，通过抽水井排水来控制土体中地下水对基坑边坡土和地基土中的动水压力，从而达到以下目的：

1）保证基坑在干燥条件下施工；

2）防止边坡失稳；

3）防止基坑流砂；

4）防止基坑隆起；

5）防止基坑管涌。

基坑的降水方法包括管井、真空井点和喷射井点等。其适用条件见表 1-6。本部分内容重点讲述真空井点降水。

基坑盲沟排水

**表 1-6　　基坑降水方法及使用条件**

| 方法 | 适用条件 | | |
|---|---|---|---|
| | 土类 | 渗透系数（m/天） | 降水深度（m） |
| 管井 | 粉土、砂土、碎石土 | 0.1～200.0 | 不限 |
| 真空井点 | 黏性土、粉土、砂土 | 0.005～20.0 | 单级井点：<6<br>多级井点：<20 |
| 喷射井点 | 黏性土、粉土、砂土 | 0.005～20.0 | <20 |

真空井点降水由真空泵、射流泵或往复泵运行时造成真空后抽吸地下水的井，可分单级点井、多级点井。真空井点降水系统构成包括滤管井点管、井点管、总管、弯联管和水泵房，见图 1-16。

一级井点降水现场

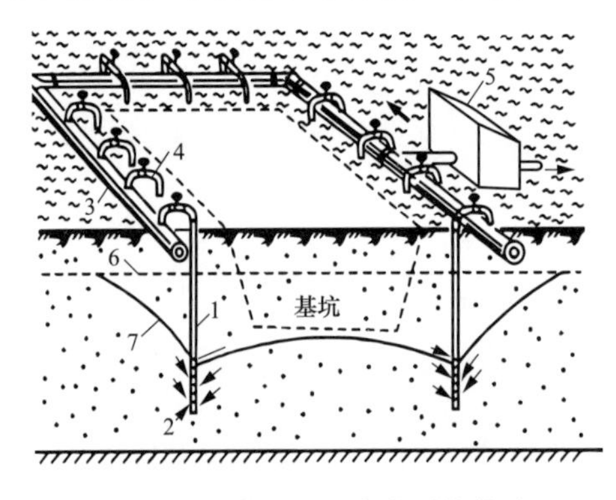


图 1-16　真空井点降水系统构成

真空井点施工设计包括井点的平面布置、井点管深度计算、基坑总涌水量计算、单井出水量确定、井点数计算和抽水泵选择。

1）井点的布置。当基坑或沟槽宽度小于 6m，水位降低深度不超过 5m 时，可用单排线状井点布置在地下水流的上游一侧，两端延伸长度一般不小于沟槽宽度。如宽度大于 6m 或土质不定，渗透系数较大时，宜用双排井点，面积较大的基坑宜用环状井点；为便于挖土机械和运输车辆出入基坑，可不封闭，布置为 U 形环状井点。

二级井点降水现场

2）井点管埋设深度 $H$ 计算。井点降水深度一般不超过 6m。井点管的埋设深度 $H$（不包括滤管）按下式计算：

$$H \geqslant h_1 + \Delta h + iL \\ H \leqslant h_{pmax} \qquad (1\text{-}20)$$

式中　$h_1$——总管埋设面至基地的距离；

$\Delta h$——降低后地下水位距基坑中心底面距离，0.5～1m；

$i$——地下水降落坡度，单排井点取 1/4～1/5，双排井点取 1/7，环形井点取 1/10；

$L$——井点管至基坑中心的水平距离；

$h_{pmax}$——井点管的滤管部分，长度为 1.0～1.5m。

3）井点数量计算。根据地下水有无压力和井底部能否达到不透水层，水井分为四类：无压非完整井、无压完整井、承压非完整井、承压完整井。各类井的涌水量计算方法都不同，实际工程中水应分清水井类型，采用相应的计算方法。按表布依公式计算总用水量，进而计算单井抽水量和确定井点数量。

4）真空井点管施工。井点管用直径为38～55mm的钢管，长5～7m，下端用1.0～1.8m的同直径钻有$\phi$10mm梅花形孔（6排）的滤管，外缠8号铁丝，间距20mm，外包尼龙窗纱二层，棕皮三层，缠10号铁丝，间距40mm；连接管用直径38～55mm的胶皮管、塑料透明管或钢管，每个管上宜装设阀门，以便检查井点；集水总管用直径75～127mm的钢管分节连接，每节长4m，每隔0.8～1.6m设一个连接井点管的接头；滤料：中、粒砂，含泥量小于3%。

真空井点施工视频见封面二维码（资源总码）

钻孔：对易塌易缩钻孔的松软地层，钻孔施工应采用清水或稀泥浆钻进或高压水套管冲击施工，对于不易产生坍孔缩孔的地层，可采用长螺旋钻机施工成孔、清水或稀泥浆钻孔，泵压不应低于2MPa。

清孔：钻探深度达到设计孔深后应加大泵量，冲洗钻孔，稀释泥浆，清水含泥量不宜大于5%，返清水3～5min。

填滤料：填至地面以下1～2m，再用黏土封孔，滤料直径为0.4～0.6的中粗砂为宜。

（3）井点回灌技术。在降水的同时，由于挖掘部位地下水位的降低，导致其周围地区地下水位随之降低，使土层中因失水而产生压密（固结），因而引起临近建（构）筑物、管线的不均匀沉降或开裂。

井点回灌是在井点降水的同时，将抽出的地下水，通过回灌井点持续地再灌入地基土层中，使降水影响的半径不超过回灌井点的范围。

回灌井点阻止外侧建筑物的地下水流失，使地下水位基本保持不变，土层压力仍处于原始平衡状态，可有效防止降水井点对周围建（构）筑物、地下管线的影响。

井点回灌示意

（4）截水。截水即利用截水帷幕切断基坑外地下水流入基坑内部，截水帷幕的厚度应满足基坑防渗要求，截水帷幕的渗透系数应小于$1.0\times10^{-6}$cm/s。

截水帷幕目前常用注浆、旋喷法、深层水泥搅拌桩挡墙等。

## 第四节　土方开挖与填筑

### 一、土方开挖

#### 1. 放坡开挖

放坡开挖要有足够的放坡空间且能保证边坡的稳定性；放坡不能影响施工临时设施的布设。

#### 2. 支护开挖

除“锚杆支护”与“土钉墙支护”外，应遵循“先撑后挖、严禁超挖”。

#### 3. 基坑土方开挖方案内容

基坑土方开挖方案内容包括放坡或支护结构的要求、机械选择、开挖时机、分层开挖深度及开挖顺序、坡道位置及车辆进出场道路、施工进度和劳动组织、降水措施、排水措施、监测要求和质量与安全措施。

## 二、土方的填筑

### （一） 填土的方法

填土可采用人工填土和机械填土。

人工填土一般用手推车运土，人工用锹、耙、锄等工具进行填筑，从最低部分开始由一端向高处自下而上分层铺填。

机械填土可用推土机、铲运机或自卸汽车进行。用自卸汽车填土，需用推土机推开推平，采用机械填土时，可利用行驶的机械进行部分压实工作。

填土必须分层进行，并逐层压实。机械填土不得居高临下，不分层次，一次倾倒填筑。当采用分层回填时，应在下层的压实系数经试验合格后，才能进行上层施工。

施工中应防止出现翻浆或弹簧土现象，特别是雨期施工时，应集中力量分段回填碾压，还应加强临时排水设施，回填面应保持一定的流水坡度，避免积水。

对于局部翻浆或弹簧土可以采用换填或翻松晾晒等方法处理。在地下水位较高的区域施工时，应设置盲沟疏干地下水。

### （二） 压实方法

填土的压实方法有碾压、夯实和振动压实等几种。

碾压适用于大面积填土工程。碾压机械有平碾（压路机）、羊足碾和气胎碾。羊足碾需要较大的牵引力而且只适用于压实黏性土，因在砂土中碾压时，土的颗粒受到“羊足”较大的单位压力后会向四面移动，而使土的结构破坏。气胎碾在工作时是弹性体，给土的压力较均匀，填土质量较好。工程中应用最普遍的是刚性平碾。利用运土工具在运土过程中进行碾压也可取得较大的密实度，但必须很好地组织土方施工。如果单独使用运土工具进行土的压实工作，在经济上是不合理的，它的压实费用要比用平碾等压实贵一倍左右。

碾压机械压实回填时，一般先静压后振动或先轻后重。压实时应控制行驶速度，平碾和振动碾一般不宜超过 2km/h；羊角碾不宜超过 3km/h，每次碾压，机具应从两侧向中央进行，主轮应重叠 150mm 以上。

平碾

打夯机利用冲击和冲击振动作用分层夯实回填土的压实机械夯实，主要用于小面积填土以及在排水沟、电缆沟、涵洞附近的区域，可以夯实黏性土或非黏性土。夯实机械有夯锤、内燃夯土机和的打夯机等。夯锤借助起重机提起并落下，其质量大于 1.5t，落距 2.5～4.5m。

夯土影响深度可超过 1m，常用于夯实湿陷性黄土、杂填土以及含有石块的土。内燃夯土机作用深度为 0.4～0.7m，它和蛙式打夯机都是应用较广的机械。人力夯土（木夯、石硪）方法则已很少使用。

振动压实机

振动压实法是将振动压实机放在土层表面，在压实机振动作用下，土颗粒发生相对位移而达到紧密状态。振动压实主要用于压实非黏性土，采用的机械主要是振动压路机、平板指器等。

土方压实方法参考表1-7。

表1-7　土方压实方法

| 压实机具 | 分层厚度（mm） | 每层压实遍数 |
|---|---|---|
| 平碾 | 250～300 | 6～8 |
| 振动压实机 | 250～350 | 3～4 |
| 柴油打夯机 | 200～250 | 3～4 |

# 第二章　桩基础工程

## 教学目标

### （一）总体目标

通过本章的学习，熟悉预制桩制作过程，掌握预制桩和灌注桩的施工工艺、施工试桩目的、试桩方法、试桩检验及桩基承载力的确定、桩与承台的连接方式和构造，熟悉预制桩施工休止期的概念，感知桩基础施工现场。通过体会和学习现代桩基础的施工工艺，激发学生对土木工程施工技术的专业热爱和学习激情，建立学生扎实基础、持续发展的理念，增强学生扎根祖国、建设祖国的爱国热情。

### （二）具体目标

#### 1. 专业知识目标

（1）熟悉预制桩制作过程；

（2）熟悉预制桩中高强预应力管桩的进场质量检验；

（3）掌握施工试桩目的、试桩方法、试桩检验及桩基承载力的确定；

（4）掌握静压施工预制桩的施工工艺、终压条件；

（5）熟悉预制桩施工休止期的概念及各种地质条件下的基本休止时间；

（6）掌握桩基承载力静载检验与桩身完整性检验的方法及抽检数量；

（7）掌握灌注桩的施工工艺、水下浇筑混凝土方法；

（8）熟悉灌注桩的钢筋笼绑扎、连接、吊装及就位方法；

（9）掌握桩与承台的连接方式和构造。

#### 2. 综合能力目标

（1）能够结合土力学和地基基础知识，理解多种桩基础的持力原理；

（2）能够理解预制桩和灌注桩整体施工工艺；

（3）结合国家建筑标准，理解桩与承台的连接是如何实现的。

#### 3. 综合素质目标

（1）激发学生对土木工程施工的学习激情，建立学生对土木工程施工技术进一步创新的愿望，提升学生专业认同感；

（2）增强学生扎根祖国、建设祖国的爱国热情。

## 教学重点和难点

### （一）重点

（1）掌握施工试桩目的、试桩方法、试桩检验及桩基承载力的确定；

（2）掌握静压施工预制桩的施工工艺、终压条件；

(3) 掌握灌注桩的施工工艺、水下浇筑混凝土方法；
(4) 桩基的施工质量检验；
(5) 桩与承台的连接方式和构造。

### (二) 难点

(1) 静压施工预制桩的施工工艺、终压条件；
(2) 灌注桩的施工工艺、水下浇筑混凝土方法；
(3) 桩与承台的连接方式和构造。

## 教 学 策 略

本章是土木工程施工课程的第二章，对《土力学和地基基础》课程中的桩基础部分如何在施工中实现起到重要的引领作用，教学内容涉及面广，专业性较强。静压施工预制桩的施工工艺、终压条件，灌注桩的施工工艺，桩与承台的连接构造是本章教学的重点和难点。为帮助学生更好地学习本章知识，采取“课前知识回顾——课中教学互动——技能训练——课后拓展”的教学策略。

(1) 课前知识回顾：提前介入学生学习过程，要求学生复习土力学和地基基础课程中的桩基础部分，为课程学习进行知识储备。

(2) 课中教学互动：课堂教学教师讲解中，以大量现场案例图片和视频的形式，让学生直观和系统地了解、理解整个桩基的施工过程。

(3) 技能训练：采用课内、课外交叉教学，在用 2 个学时的时间进行观看实训室桩基施工模拟，用 2 个学时对钢筋笼绑扎和桩与承台的连接钢筋处理进行实操模拟。

(4) 课后拓展：引导学生自主学习与本课程相关的规范，包括《预应力混凝土管桩》(10G409)、《钢筋混凝土灌注桩》(10SG813)、《建筑基桩检测技术规范》(JGJ 106)、《建筑桩基技术规范》(JGJ 94—2008)，拓宽学生视野，增加学生的实践能力。

## 教 学 架 构 设 计

### (一) 教学准备

(1) 情感准备：和学生沟通，了解学情，鼓励学生，增进感情。
(2) 知识准备：
1) 复习：土力学和地基基础课程中的桩基础部分；
2) 预习：“雨课堂”分布的预习内容和桩基础施工的视频。
(3) 授课准备：学生分组，要求学生带问题进课堂。
(4) 资源准备：授课课件、数字资源库等。

### (二) 教学架构

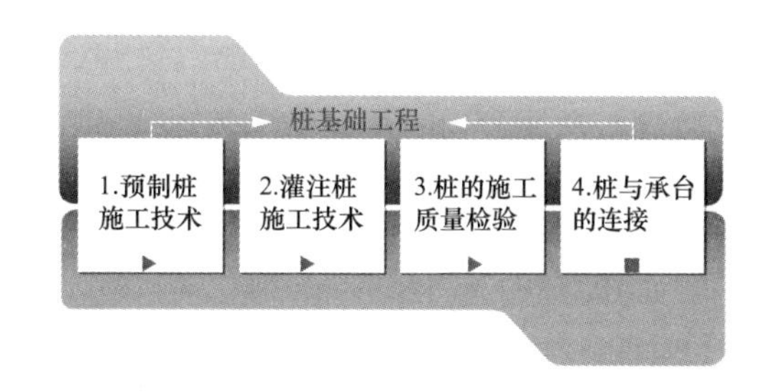

### （三）实操训练

完成《管桩施工之我的理解》小视频并上传到课程 QQ 群。

### （四）思政教育

根据授课内容，本章主要在专业认同感、持续创新、热爱祖国三个方面开展思政教育。

### （五）效果评价

采用注重学生全方位能力评价的“五位一体评价法”，即自我评价（20%）＋团队评价（20%）＋课堂表现（20%）＋教师评价（20%）＋自我反馈（20%）评价法。同时引导学生自我纠错、自主成长并进行学习激励，激发学生学习的主观能动性。

### （六）学时建议

4/56（本章建议学时/课程总学时）。

## 第一节 桩基础概述

### 一、桩的作用

桩的作用是将上部建筑物的荷载传递到深处承载力较强的土层上，或将软弱土层挤密实以提高地基土的承载能力和密实度。

### 二、桩基础构成

桩基础是深基础应用最多的一种基础形式，它由若干个沉入土中的桩和连接桩顶的承台或承台梁组成，见图 2-1。

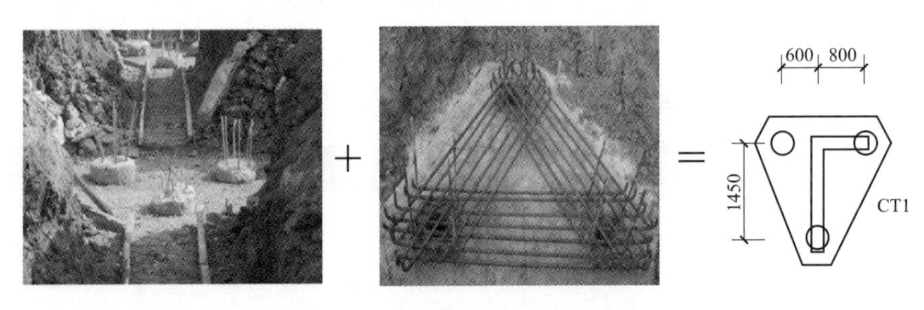


图 2-1 桩基础的组成

### 三、桩的分类

端承桩和摩擦桩的区别

（1）按受力情况分为端承桩和摩擦桩（《土力学和地基基础》课程中的桩基础部分）。

1）端承桩。端承桩是穿过软弱土层而达到坚硬土层或岩层上的桩，上部结构荷载主要由岩层阻力承受。

2）摩擦桩。完全设置在软弱土层中，将软弱土层挤密实，以提高土的密实度和承载能力，上部结构的荷载由桩尖阻力和桩身侧面与地基土之间的摩擦阻力共同承受。

（2）按施工方法分为预制桩与灌注桩。

1）预制桩。在工厂里将桩体预制好（如混凝土方桩、预应力混凝土管桩、钢桩等），运至施工现场用沉桩设备将桩打入、压入或振入土中。中国建筑施工领域采用较多的预制桩主要是混凝土预制桩和钢桩两大类。混凝土预制桩能承受较大的荷载、坚固耐久、施工速度快，是中国广泛应用的桩型之一，但其施工对周围环境影响较大，常用的有混凝土实心方桩和预应力混凝土空心管桩。中国采用的钢桩主要是钢管桩和H型钢桩两种，都在工厂生产完成后运至工地使用。

混凝土预制桩施工

2）灌注桩。直接在所设计的桩位上开孔，其截面为圆形，成孔后在孔内加放钢筋笼，灌注混凝土而成。灌注桩按其成孔方法不同，可分为钻孔灌注桩、沉管灌注桩、人工挖孔灌注桩、爆扩灌注桩等。

混凝土灌注桩施工

## 第二节　预制桩施工技术

### 一、混凝土管桩介绍

#### （一）管桩制作

管桩制作过程见图2-2。

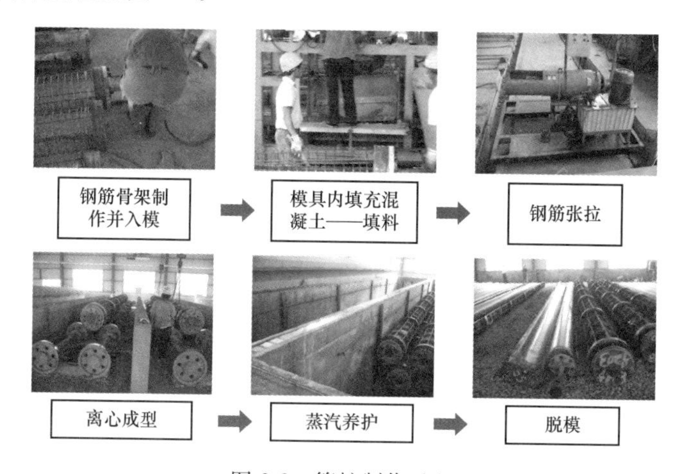

图2-2　管桩制作过程

混凝土管桩

先张法预应力混凝土

#### （二）混凝土管桩分类、标记识别

按混凝土强度等级分为预应力混凝土管桩PC（强度规定为C60）和预应力高强混凝土管桩PHC（强度规定为C80）。

按桩身混凝土有效预压应力值分为A型、AB型、B型、C型。

按管桩按外径分为300mm、350mm、400mm、450mm、500mm、550mm、600mm、800mm、1000mm。

#### （三）混凝土管桩质量要求

1. 原材料质量要求

管桩制作视频见封面二维码（资源总码）

（1）水泥：应采用标号不低于425的硅酸盐水泥、普通硅酸盐水泥、矿渣硅酸盐水泥、粉煤灰硅酸盐水泥，其质量应分别符合《通用硅酸盐水泥》（GB 175）的规定。

（2）骨料：细骨料宜采用洁净的天然硬质中粗砂，细度模数为2.3～3.4，其质量应符合《建设用砂》（GB/T 14684）的规定；粗骨料应采用碎石，其最大粒径不应大于25mm，且不应超过钢筋净距的3/4，其质量应符合《建设用卵石、碎石》(GB/T 14685)规定。

(3)钢材：预应力钢筋应采用预应力混凝土用钢棒、预应力混凝土用钢丝，其质量应符合《预应力混凝土用钢棒》(GB/T 5223.3)、《预应力混凝土用钢丝》(GB/T 5223)的规定；螺旋筋宜采用冷拔低碳钢丝、低碳钢热轧圆盘条，其质量应分别符合《混凝土结构工程施工质量验收规范》(GB 50204)、《低碳钢热轧圆盘条》(GB/T 701)的规定。

(4)端板、桩套箍宜采用Q235，其质量应符合《碳素结构钢》(GB/T 700)的规定。

### 2. 钢筋骨架构造要求

(1)预应力钢筋沿其分布圆周均匀配置，最小配筋率不低于0.4%，并不得少于六根。

(2)螺旋筋的直径应根据管桩规格而确定。外径450mm以下，螺旋筋的直径不应小于4mm；外径500～600mm，螺旋筋的直径不应小于5mm；外径800～1000mm，螺旋筋直径不应小于6mm。

(3)管桩两端2m长度范围的螺旋筋螺距为45mm，其他位置的螺距为80mm，螺距允许偏差为±5mm。

### 3. 管桩端板要求

管桩端板要求见表2-1。

混凝土+管箍+端板

**表2-1** 管桩端板要求

| 外径(mm) | 型号 | 端板厚度(mm) |
|---|---|---|
| 400 | A、AB、B、C | 20 |
| 500 | A、AB | 20 |
| | B、C | 24 |
| …… | | |

### 4. 混凝土强度

(1)混凝土质量控制应符合《混凝土质量控制标准》(GB 50164)的规定。

(2)预应力混凝土管桩用混凝土强度等级不得低于C60。

(3)预应力高强混凝土管桩用混凝土强度等级不得低于C80。

### 5. 有效预压应力要求

有效预压应力要求见表2-2。

**表2-2** 有效预压应力要求

| 外径 | 型号 | 有效预压应力($N/mm^2$) |
|---|---|---|
| 任何外径 | A | 4.0 |
| | AB | 6.0 |
| | B | 8.0 |
| | C | 10.0 |

管桩抗弯性能试验

### 6. 抗弯性能要求

当加载至规范规定的极限弯矩时，管桩不得出现下列任何一种情况：

（1）受拉区混凝土裂缝宽度达到1.5mm；

（2）受拉钢筋被拉断；

（3）受压区混凝土破坏。

### 7. 钢筋混凝土保护层厚度要求

外径300mm管桩预应力钢筋的混凝土保护层厚度不得小于25mm；其余规格管桩预应力钢筋的混凝土保护层厚度不得小于45mm。

注：用于特殊要求环境下的管，保护层厚度应符合格相关标准或规范的要求。

### 8. 外观质量

（1）粘皮与麻面：局部粘皮与麻面累计面积不应大于桩外表面积的0.5%；每处粘皮与麻面的深度不得大于5mm，且应修补。

（2）桩身合缝漏浆：漏浆深度不得大于5mm，每处漏浆长度不得大于300mm；累计漏浆长度不得大于桩身长度的10%，或兑成漏浆的搭接长度不得大于100mm，且应修补。

（3）不允许露筋。

（4）不允许表面裂纹。

### 9. 管桩尺寸要求

管桩尺寸允许偏差见表2-3。

表2-3　　管桩尺寸允许偏差

| 序号 | 项目 | | 允许偏差 |
|---|---|---|---|
| 1 | 长度 $L$ | | ±0.5% |
| 2 | 端部倾斜 | | ≤0.5%$D$ |
| 3 | 外径 $D$ | 300～700mm | −2、+5 |
| | | 800mm以上 | −4、+7 |
| 4 | 壁厚 | | 0～+20mm |
| 5 | 保护层厚度 | | 0～5mm |
| 6 | 桩身弯曲度 | ≤15m | ≤$L$/1000 |
| | | >15m | ≤$L$/2000 |
| 7 | 端板厚度 | | ≥0 |

## 二、管桩的施工进场质量检查

（1）管桩出厂检验报告；

（2）管桩产品合格证；

（3）外观检查；

（4）尺寸检查；

（5）填写质量检查表。

## 三、管桩施工工艺与技术要点

### （一）管桩施工工序（静力压桩法）

施工准备→试桩→工程桩施工→工程桩质量检验。

#### 1. 施工准备——技术准备

（1）施工场地的工程水文地质勘察资料（地质、地下水位、地下障碍物等）；

（2）施工场地周边环境的有关资料（施工噪声影响、桩挤土影响）；

(3) 经审查批准的施工图设计文件与图纸会审；

(4) 现场或其他可供参考的试桩资料或附近类似桩基工程的经验资料；

(5) 编制桩施工方案，并进行技术交底与安全教育；

(6) 管桩合格质量证明文件。

**2. 施工准备——现场准备**

(1) 场地三通一平、排水畅通；

(2) 场地处理，满足桩机施工所需地面承载力；

(3) 处理影响管桩施工的高空及地下障碍物；

(4) 桩位放样；

(5) 临时设施搭建。

**3. 试桩**

工程设计与施工是严谨而科学的。

(1) 教学设计改革：试桩是预制桩施工重要贡献。

(2) 概念：按设计规定施工方法和指定位置将桩沉入设计深度，然后采用一定的试验方法对单桩承载力进行检验，以确定单桩承载力（设计试桩）是否满足设计要求或确定满足单桩承载力条件下的终压条件（施工试桩）。

施工试桩就是按给定的终压条件，按设计位置将设计规定直径的桩沉入设计深度，并进行单桩承载力进行检验。当检验结果满足设计要求时，该给定的终压条件即为工程桩施工的终压条件。施工试桩的目的就是确定终压条件。

(3) 试桩的作业流程。

1) 沉桩：按设计规定施工方法和指定位置将桩沉入设计深度。

2) 静载试验：采用静载试验方法对单桩进行承载力检测。

3) 确定施工工艺参数：确定终压条件。所谓终压条件是指桩采取静压施工时桩机终止施加压力的条件。《建筑桩基技术规范》（JGJ 94—2008）第7.5.9的终压条件规定：

管桩压桩视频见封面二维码（资源总码）

① 终压力标准应根据现场试压桩的试验结果确定。

② 终压连续复压次数应根据桩长及地质条件等因素确定。对于入土深度大于或等于8m的桩，复压次数可为2～3次；对于入土深度小于8m的桩，复压次数可为3～5次。

③ 稳压压桩力不得小于终压力，稳定压桩的时间宜为5～10s。

**4. 工程桩施工**

桩机就位→主缸快压→主副缸常压→复压。

## （二）压桩顺序

压桩顺序如下：

(1) 先深后浅。

(2) 先中间后周边。

(3) 先密集区域后稀疏区域。

(4) 先近已有建筑物后远已有建筑物。

## （三）管桩静压施工技术要点

(1) 应根据现场试压桩的试验结果确定终压力；

管桩建造与设计的考虑，包括了数学、土木工程材料、土力学等多方面的知识，强调专业知识全面的重要性。

现在工程上出现了很多新型管桩，包括无承台抗剪键管桩。

（2）确定合理的压桩顺序；

（3）单桩的桩位偏差不能超过允许范围；

（4）第一节桩下压时垂直度偏差不应大于0.3%，整桩垂直度不超过0.5%；

（5）宜连续施压；

（6）需接桩时，最后一节有效桩长不宜小于5m；

（7）满足终压条件；

（8）施工异常情况及处理。

## 第三节 灌注桩施工技术

灌注桩概念：直接在施工现场的设计桩位上成孔，然后在孔内安放钢筋笼，用导管法灌注混凝土。

灌注桩施工需要解决的问题是：

① 成孔方式及如何使孔壁不塌方；

② 钢筋骨架安装；

③ 桩的混凝土浇筑。

灌注桩施工时，按成孔工艺不同分为：

① 干作业成孔灌注桩；

② 泥浆护壁钻孔灌注桩；

③ 套管成孔灌注桩；

④ 钻孔压浆灌注桩；

⑤ 爆扩成孔灌注桩。

### 一、干作业成孔灌注桩

干作业成孔灌注桩适用范围：整个桩处于地下水位以上，土质为黏性土、粉土、中等密实以上的砂土、风化岩层。成孔方式：螺旋钻机成孔、人工挖孔。

### 二、泥浆护壁钻孔灌注桩

#### 1. 概念

泥浆护壁钻孔是用泥浆保护孔壁并通过泥浆循环排出钻机钻孔时破碎的渣土。

#### 2. 施工工艺流程

泥浆护壁钻孔灌注桩施工工艺流程见图2-3。

泥浆护壁钻孔灌注桩是通过桩机在泥浆护壁条件下慢速钻进，将钻渣利用泥浆带出，并保护孔壁不致坍塌，成孔后再使用水下混凝土浇筑的方法将泥浆置换出来而成的桩。

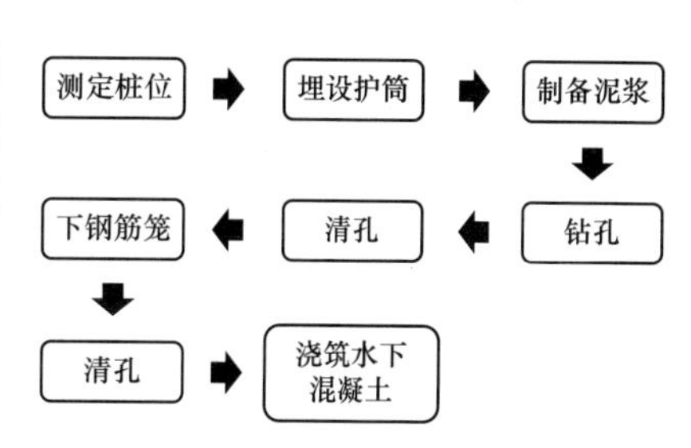


图2-3 泥浆护壁钻孔灌注桩施工工艺流程

#### 3. 泥浆护壁钻孔灌注桩施工技术要点

（1）护筒的安装。

1）护筒可用4～8mm厚钢板制作，护筒内径应大于钻头100mm。

2）护筒埋设深度长度为在黏性土中不小于1m，在砂

泥浆护壁钻孔灌注桩是通过桩机在泥浆护壁条件下慢速钻进，将钻渣利用泥浆带出，并保护孔壁不致坍塌，成孔后再使用水下混凝土浇筑的方法将泥浆置换出来而成的桩。

土中不小于 1.5m，同时应保证桶内泥浆高度高于地下水位 1m。

3）护筒的中心位置偏差为±50mm。

（2）钻孔泥浆。

1）钻孔时，除能自行造浆的黏性土层外，均应制备泥浆。泥浆制备应选用高塑性黏土或膨润土。泥浆应根据施工机械、施工工艺及穿越土层情况进行配合比设计。

2）钻进时泥浆宜符合下列要求：开孔时宜用密度为 1.2g/mm$^3$ 的泥浆；在黏性土层、粉土层中钻进时，密度宜控制在 1.3g/mm$^3$ 以下。

（3）钻孔。

1）钻孔技术参数宜为：钻压小于或等于 10kPa，转速为 30～60r/min，泵量 50～75m$^3$。

2）钻进时应保证桩孔的垂直度，采用钻机自重加压法钻进，开机钻进时应先轻压、慢转，并适当控制泵量，当钻机进入正常工作状态时，方可逐渐加大转速与钻压。

（4）清孔泥浆。

1）钻进至设计标高应进行第 1 次换浆清孔，即将钻具提至离孔底 300～500mm，用泵吸反循环工艺吸净孔底沉渣，清孔时间宜 2h 以上。

2）钢筋笼吊装就位后混凝土灌注前，利用灌注导管和砂石泵组进行第二次清孔换浆。第二次清孔后，孔底沉渣满足以下规定：

① 端承型桩，不应大于 50mm；

② 对摩擦型桩，不应大于 100mm；

③ 对抗拔、抗水平力桩，不应大于 200mm。

3）清孔泥浆性能：泥浆相对体积质量小于 1.15，含砂率小于 6%，黏度在 18～21s。

（5）钢筋笼及吊装。

钢筋笼及吊装

钢筋笼纵向钢筋的下料长度=设计桩长+与承台的锚固长度。

灌注桩的钢筋骨架应在地上绑扎好，在清孔完毕后立即整体吊装或（或不多于 3 段吊装）。

（6）水下灌注混凝土。

1）混凝土要求。水下灌注混凝土应具备良好的和易性，配合比应通过试验确定。

坍落度为 180～220mm；水泥用量不少于 360kg/m$^3$（当掺入粉煤灰时水泥用量可适当减小）；水下灌注混凝土的含砂率宜为 40%～50%，并宜选用中粗砂；粗骨料的最大粒径应小于 50mm。

2）导管的构造和使用要求。导管的管径要满足混凝土灌注速度要求。接头宜采用双螺纹方扣快速接头；导管使用前应试拼装、试压，试水压力可取 0.6～1.0MPa。

导管安放距孔底约 300～500mm。位置应居孔中，轴线须直，稳步沉放，防止挂钢筋笼和碰撞孔壁。

3）混凝土灌注要求。隔水塞在混凝土开始灌注时起隔水作用，保证初灌量混凝土质量，由钢板及橡胶圈组成。使用的隔水栓应有良好的隔水性能，并应保证顺利排出；隔水栓宜采用球胆或桩身混凝土强度等级相同的细石混凝土制作。

第一盘混凝土应有足够的混凝土储备量，导管一次埋入混凝土灌注面以下应不少于0.8m。

套管成孔灌注桩所用套管

继续灌注混凝土时，导管埋入混凝土中的长度不应小于2000mm，严禁将导管提出混凝土灌注面。灌注水下混凝土必须连续施工，每根桩的灌注时间应按初盘混凝土的初凝时间控制，对灌注过程中的故障应记录备案；应控制最后一次灌注量，超灌高度宜为0.8～1.0m，以保证凿除泛浆高度后暴露的桩顶混凝土强度达到设计等级。

三、套管成孔灌注桩

套管成孔灌注桩套管桩尖

采用与桩的设计尺寸相适应的钢管（即套管），在端部套上桩尖后，采取振动或锤击方式将套管沉入土中后，在套管内吊放钢筋骨架，然后边灌注混凝土边振动或锤击拔管，利用拔管时的振动捣实混凝土而形成所需要的灌注桩。套管成孔灌注桩适用于在有流砂、淤泥的情况。

套管沉管方式包括锤击沉管灌注桩和振动沉管灌注桩。

桩机就位 → 沉管 → 吊放钢筋笼 → 浇混凝土并拔管

图2-4　套管沉管灌注桩施工工艺流程

锤击沉管灌注桩多用于一般黏性土、淤泥质土、砂土和人工填土地基。振动沉管灌注桩除以上范围外，还可用于稍密及中密的碎石土地基。

套管成孔灌注桩施工工艺流程见图2-4。

套管成孔灌注桩施工视频见封面二维码（资源总码）

## 第四节　桩的施工质量检验

桩顶高程检验

### 一、预制管桩施工质量检验

（1）施工前质量检验内容包括：

1）桩身质量；

2）桩位；

3）接桩用材料。

管桩顶平面位置的允许偏差

（2）施工中检验内容包括：

1）桩位；

2）桩身垂直度；

3）接桩质量；

4）终压条件；

5）桩顶标高。

（3）施工后检验内容包括：

单桩竖向抗压承载力检验：配重

单桩竖向抗压承载力检验：位移计

单桩竖向抗压承载力检验：垫板

1）桩位复测。

2）桩顶标高复测：截桩或接桩后的桩顶标高允许偏差为±10mm。

3）单桩承载力检测。包括：

① 单桩竖向抗压承载力检验：工程桩完成并达到休止时间后进行。优先采用单桩竖向抗压静载试验，也可采用高应变动测法进行检测。

数量：同一条件下检测数不得少于总桩数的1%，且不得少于3根。总桩数在50根以内时不得少于2根。

② 单桩竖向抗拔承载力检测。

③ 单桩水平承载力检测。

桩承载力检测前的休止时间：沉桩完成至进行桩承载力检测的时间间隔。

桩在施工过程中不可避免地扰动桩周土，降低土体强度，引起桩的承载力下降（高灵敏度饱和黏性土中的摩擦桩最明显）。随着时间的增加，土体重新固结，土体强度逐渐恢复提高，桩的承载力也逐渐增加。成桩后桩的承载力随时间而变化的现象称为桩的承载力时间效应，我国软土地区这种效应尤为突出。研究资料表明，时间效应可使桩的承载力比初始值增长40%～400%。其变化规律一般是初期增长速度较快，随后渐慢，待达到一定时间后趋于相对稳定，其增长的快慢和幅度与土的性质和类别有关。

桩承载力检测前的休止时间规定见表2-4。

**表2-4　承载力检测前的休止时间**

| 土的类型 | | 休止时间（天） |
|---|---|---|
| 砂土 | | 7 |
| 粉土 | | 10 |
| 黏性土 | 非饱和土 | 15 |
| | 饱和土 | 25 |

注：对于灌注桩，混凝土应达到设计强度

④ 桩身完整性检测。桩身完整性是反映桩身截面尺寸相对变化、桩身材料密实性和连续性的综合定性指标。桩身缺陷是指桩身断裂、裂缝、缩颈、夹泥（杂物）、空洞、蜂窝、松散等现象的统称。上述缺陷使桩身完整性恶化，在一定程度上引起桩身结构强度和耐久性的降低。

检测方法：低应变法。采用低能量瞬态或稳态激振方式在桩顶激振，实测桩顶部的速度时程曲线或速度导纳曲线，通过波动理论分析或频域分析，对桩身完整性进行判定的检测方法。PC、PHC桩抽检数量不应少于总桩数的20%，且不得少10根。

采用与桩的设计尺寸相适应的钢管（即套管），在端部套上桩尖后，采取振动或锤击方式将套管沉入土中后，在套管内吊放钢筋骨架，然后边灌注混凝土边振动或锤击拔管，利用拔管时的振动捣实混凝土而形成所需要的灌注桩。适用于有流砂、淤泥的情况。

## 二、灌注桩施工质量检验

（1）施工前质量检验内容包括：

1）桩身质量；

2）泥浆。

（2）施工中检验内容包括：

1）成孔质量（中心位置、孔深、孔径、垂直度、孔底沉渣厚度）。成孔垂直度可采用专用测斜仪检测，底沉渣厚度可采用沉渣测定仪检测。

钢筋笼的长度＝设计桩长＋钢筋在承台内的锚固长度。

2）钢筋笼制作、吊装。

3）混凝土拌制、灌注。混凝土的质量检验：直径大于 1m 或单桩混凝土量超过 $25m^3$ 的桩，每根桩桩身混凝土应留有 1 组试件。

直径不大于 1m 的桩或单桩混凝土量不超过 $25m^3$ 的桩，每个灌注台班不得少于 1 组；每组试件应留 3 个。

（3）施工后检验内容包括：

1）桩位复测。

2）桩顶标高复测：截桩或接桩后的桩顶标高允许偏差为±10mm。

3）单桩承载力检测：灌注桩的承载力检验与完整性检验方法同预制桩；灌注桩的混凝土达到设计强度方可进行承载力与完整性检验。

图集：不截不接桩桩顶与承台的连接

# 第五节　桩与承台的连接

桩与承台的连接需要解决的技术问题：

（1）2 个构件的钢筋锚固。

（2）新旧混凝土的连接。

## 一、预制管桩与承台的连接

图集：截桩桩顶与承台的连接

预制管桩与承台连接的三种情况：

（1）施工完成桩顶标高与设计标高相差在±10mm 以内，属于不截不接桩桩顶与承台连接；锚固钢筋应沿管桩圆周均匀分布，与连接钢板焊牢，焊缝长度不得小于钢筋直径的 5 倍，连接钢板采用厚度大于或等于 10mm 的钢板，且应与端板满焊。

填芯混凝土应采用与承台或基础梁同强度等级混凝土，宜与承台或承台梁一起浇灌。浇灌填芯混凝土前，应将管桩内壁浮浆清理干净，宜采用内壁涂刷水泥净浆、混凝土界面剂，以提高灌芯混凝土与管桩桩身混凝土的整体性。对抗压桩，填芯混凝土的高度 $H$ 不小于 $3D$（$D$ 为桩径），且不小于 1.5m，对于抗拔桩宜采用“截桩桩顶与承台连接方式”，填芯混凝土的高度 $H\geqslant 3m$。

图集：接桩桩顶与承台的连接

（2）施工完成桩顶标高大于设计标高 10mm 以上时，属于截桩桩顶与承台连接；灌芯混凝土的高度、强度与其他同不截桩桩顶与承台的连接。

（3）施工完成桩顶标高小于设计标高 10mm 以上，属于接桩桩顶与承台连接。桩顶标高小于承台设计标高时，应优先考虑降低承台的设计标高。当两者标高相差少于桩径的 2 倍时，可按接桩桩顶与承台进行连接。

图集：灌注桩与承台的连接

### 二、泥浆护壁钻孔灌注桩与承台的连接

桩径小于 800mm 时，桩顶进入承台高度取 50mm；桩径大于或等于 800mm 时，取 100mm。

# 第三章　砌　筑　工　程

## 教　学　目　标

### （一）总体目标

通过本章的学习，使学生了解砌体工程的概念、熟悉砌筑材料、砌筑施工工艺以及砌体冬期施工，掌握砌筑材料的分类，砌砖施工、砌石施工、混凝土小型空心砌块、砌体的冬期施工的施工要求。通过体会和学习砌筑工程，使学生掌握砌筑工程在工程施工中的作用、要求、组成。建立学生“功不在我，功必有我”的理念，培养学生无私奉献、建设祖国的爱国情怀。

### （二）具体目标

#### 1. 专业知识目标

（1）掌握砌筑材料的分类以及应用；

（2）熟悉砌筑砂浆制备与使用；

（3）掌握砖墙砌筑工艺；

（4）掌握砌筑质量要求；

（5）理解毛石砌体的施工工艺；

（6）理解料石砌体的施工工艺；

（7）掌握混凝土小型空心砌块的施工要求；

（8）了解冬期施工的概念；

（9）掌握砌体冬期施工的措施。

#### 2. 综合能力目标

（1）能够掌握砌体材料的种类和特征以及在工程中的合理运用；

（2）能够掌握砌筑的施工工艺与质量验收；

（3）根据环境合理地选择砌块以及施工方法。

#### 3. 综合素质目标

（1）通过工程知识和工程案例的讲解，建立学生严谨的学习态度；

（2）通过砌筑方法的知识讲解，激发同学们的创新意识，提高对专业的热爱。

## 教 学 重 点 和 难 点

### （一）重点

（1）砌体材料的种类、砖砌体砌筑的技术要求；

（2）冬期砌体施工的基本要求；

(3) 模板设计方法；
(4) 模板的支撑方式；
(5) 模板支架构造要求。

### (二) 难点

(1) 块体材料种类，砖砌体砌筑的技术要求；
(2) 砖砌体施工工艺，砖砌体质量要求；
(3) 冬季砌体施工应当采取的措施。

## 教学策略

本章是土木工程施工课程的第三章，对《土木工程材料》课程中砌筑材料章节中起到重要的引领作用，教学内容涉及面广，专业性较强。砌体工程中所包括的砌筑材料的分类与应用、各类砌体砌筑施工工艺的要求、砌体冬期施工的要求是本章教学的重点和难点。为帮助学生更好地学习本章知识，采取“课前知识回顾——课中教学互动——技能训练——课后拓展”的教学策略。

(1) 课前知识回顾：提前介入学生学习过程，要求学生复习砌筑材料章节的知识内容，为课程学习进行知识储备。

(2) 课中教学互动：课堂教学教师讲解中，以大量现场案例图片和视频的形式，让学生直观和系统地了解、理解整个砌体施工过程。

(3) 技能训练：采用课内、课外交叉教学，在用 1 学时的时间进行观看砌筑施工视频，用 1 学时学习在不同环境砌筑要求。

(4) 课后拓展：引导学生自主学习与本课程相关的规范，包括《砌筑结构工程施工规范》(GB 50924—2014)、《砌体结构工程施工质量验收规范》(GB 50203—2011)，拓宽学生视野，增加学生的实践能力。

## 教学架构设计

### (一) 教学准备

(1) 情感准备：和学生沟通，了解学情，鼓励学生，增进感情。
(2) 知识准备：
1) 复习：土木工程材料课程中的模砌体材料部分；
2) 预习：“雨课堂”分布的预习内容和砌体施工的视频。
(3) 授课准备：学生分组，要求学生带问题进课堂。
(4) 资源准备：授课课件、数字资源库等。

### (二) 教学架构

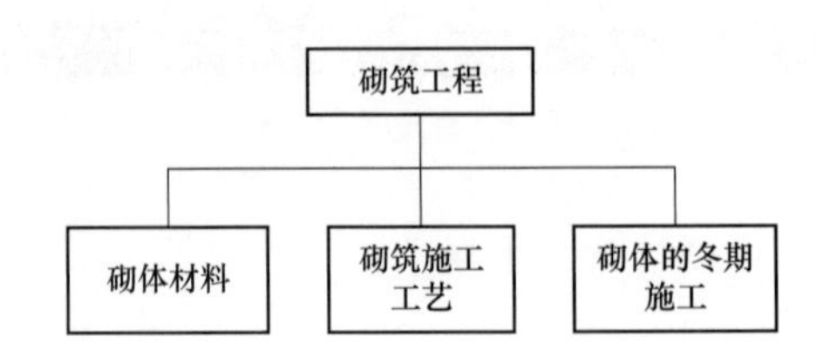

### （三）实操训练

完成砌体砌筑视频的观看并上传到课程QQ群。

### （四）思政教育

根据授课内容，本章主要在专业热爱、持续创新、奉献精神三个方面开展思政教育。

### （五）效果评价

采用注重学生全方位能力评价的“五位一体评价法”，即自我评价（20%）+团队评价（20%）+课堂表现（20%）+教师评价（20%）+自我反馈（20%）评价法。同时引导学生自我纠错、自主成长并进行学习激励，激发学生学习的主观能动性。

### （六）学时建议

2/56（本章建议学时/课程总学时）。

## 第一节　砌筑材料

砌筑工程所用材料：砖、石或砌块以及砌筑砂浆。砖与砌块的质量应符合国家现行的有关规范与标准，对石材则应符合设计要求的强度等级与岩种。

烧结普通砖

常温下砌体砌筑要求：前1～2d应对砖浇水润湿，普通黏土砖、多孔砖的含水率宜控制在10%～15%；对灰砂砖、粉煤灰砖含水率在8%～12%为宜。干燥的砖在砌筑后会过多地吸收砂浆中的水分而影响砂浆中的水泥水化，降低其与砖的黏结力。但浇水也不宜过多，以免产生砌体走样或滑动。混凝土砌块的含水率宜控制在其自然含水率，其表面有浮水时不得施工。当气候干燥时，混凝土砌块及石料可适当喷水润湿。

烧结空心砖

砌筑砂浆分为水泥砂浆、石灰砂浆和混合砂浆。砂浆种类选择及其等级的确定，应根据设计要求。

烧结多孔砖

水泥砂浆和混合砂浆可用于砌筑潮湿环境和强度要求较高的砌体，但对于基础一般只用水泥砂浆。

石灰砂浆宜用于砌筑干燥环境中以及强度要求不高的砌体，不宜用于潮湿环境的砌体及基础。因为石灰属气硬性胶凝材料，在潮湿环境中，石灰膏不但难以结硬，而且会出现遇水流散现象。

砂浆稠度仪

砖、砌块的砂浆用砂宜选用中砂，毛石砌体的砂浆宜选用粗砂，砂中不得含有有害杂物，砂在使用前应过筛。砂的含泥量对水泥砂浆及强度等级不小于M5的水泥混合砂浆，不应大于5%；对强度等级小于M5的水泥混合砂浆不应大于10%。

制备混合砂浆和石灰砂浆用的石灰膏，应经筛网过滤并在化灰池中熟化时间不少于7d，严禁使用脱水硬化的石灰膏。

砂浆的拌制一般用砂浆搅拌机，要求拌合均匀。为改善砂浆的保水性可掺入黏土、电石膏、粉煤灰等塑化剂。砂浆应随拌随用，如砂浆出现泌水现象应再次拌合。现场拌制的砂浆应在搅拌后3h内使用完毕。如施工期间最高气温超过30℃，应在2h内用完。

不同砌体砂浆稠度选用表

砂浆稠度的选择主要根据墙体材料、砌筑部位及气候条件而定。普通砖砌体砂浆的稠度宜为 70～90mm；普通砖平拱过梁、空斗墙、空心砌块宜为 50～70mm；多孔砖、空心砖砌体宜为 60～80mm；石砌体宜为 30～50mm。

## 第二节　砌筑施工工艺

### 一、砌砖施工

#### （一）砖墙砌筑工艺

砌砖施工通常包括抄平、放线、摆砖样、立皮数杆、挂准线、铺灰、砌砖等工序。如是清水墙，则还要进行勾缝。

砌筑应按下面施工顺序进行：当基底标高不同时，应从低处砌起，并由高处向低处搭接，当设计无要求时，搭接长度不应小于基础扩大部分的高度。

砖墙砌筑构造柱

墙体砌筑时，内外墙应同时砌筑，不能同时砌筑时，应留槎并做好接槎处理。下面以房屋建筑砖墙砌筑为例，说明各工序的具体做法。

##### 1. 抄平放线

砌筑完基础或每一楼层后应校核砌体的轴线与标高。

砖墙砌筑前，先在基础面或楼面上按标准的水准点定出各层标高，并用水泥砂浆或细石混凝土找平。

砖墙砌筑构造柱做法

建筑物底层轴线可按龙门板上定位钉为准拉麻线，沿麻线挂下线锤，将墙身中心轴线放到基础面上，并据此墙身中心轴线为准弹出纵横墙身边线定出门洞口位置。各楼层的轴线则可利用预先引测在外墙面上的墙身中心轴线，借助于经纬仪把墙身中心轴线引测到楼层上去；或采用悬挂线锤的方法，对准外墙面上的墙身中心轴线，从而向上引测。轴线的引测是放线的关键，必须按图纸要求尺寸用钢皮尺进行校核。然后，按楼层墙身中心线，弹出各墙边线，划出门窗洞口位置。

##### 2. 摆砖样

按选定的组砌方法，在墙基顶面放线位置试摆砖样（生摆，即不铺灰）。组砌摆砖尽量使门窗垛符合砖的模数，偏差小时可通过竖缝调整，以减小斩砖数量，并保证砖及砖缝排列整齐、均匀，以提高砌砖效率七摆砖样在清水墙砌筑中尤为重要。

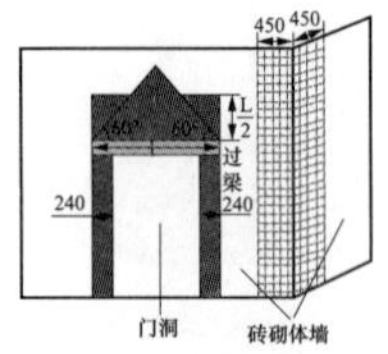

这些位置不留脚手眼

##### 3. 立皮数杆

砌体施工应设置皮数杆，并应根据设计要求、砖的规格及灰缝厚度在皮数杆上标明砌筑的皮数及竖向构造变化部位的标高，如：门窗洞、过梁、楼板等。

皮数杆（图 3-1）可以控制每皮砖砌筑的竖向尺寸，并使铺灰的厚度均匀，保证砖皮水平。皮数杆立于墙的转角处，其基准标高用水准仪校正。如墙的长度很大，可大隔 10～20m 再立一根。

在砌筑框架填充墙时，亦可将皮数记号画在墙端已有的框架柱上，不必另设皮数杆。

##### 4. 铺灰砌砖

铺灰砌砖的操作方法很多，各地区的操作习惯、使用工具不同，操作方法也不尽相同。砌筑宜采用一铲灰、一块砖、一揉压的“三一”砌筑法。当采用铺浆法砌筑时，铺浆的长度不得超过 750mm，如施工期间气温超过 30℃时，铺浆长度不得超过 500mm。

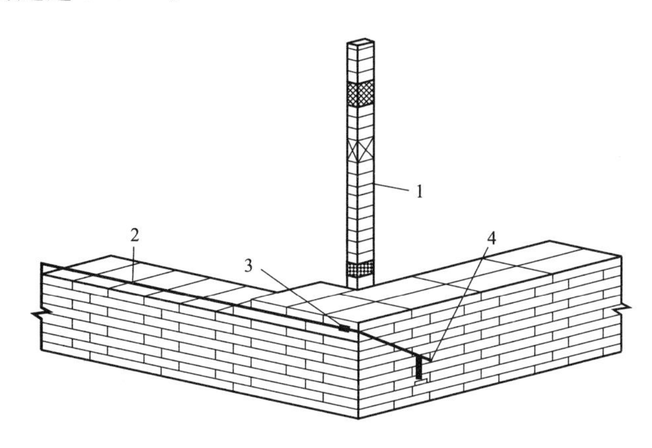


图 3-1　皮数杆示意图

1—皮数杆；2—准线；3—竹片；4—圆铁钉

砌体门窗洞口砌筑

实心砖砌体一般采用一顺一丁、三顺一丁、梅花丁等组砌方法（图 3-2）。传柱不得采用包心砌法。每层承重墙的最上一皮砖或梁、梁垫下面或砖砌体的台阶水平面上及挑出部分均应采用整砖丁砌。

一顺一丁

砌砖通常先在墙角按照皮数杆进行盘角，然后将准线挂在墙侧，作为墙身砌筑的依据，每砌一皮或两皮，准线向上移动一次。对墙厚大于或等于 370mm 的砌体，宜采用双面挂线砌筑，以保证墙面的垂直度与平整度。一些地区对 240mm 厚的墙体也采用双面挂线的施工方法，墙体的质量更好。

梅花丁

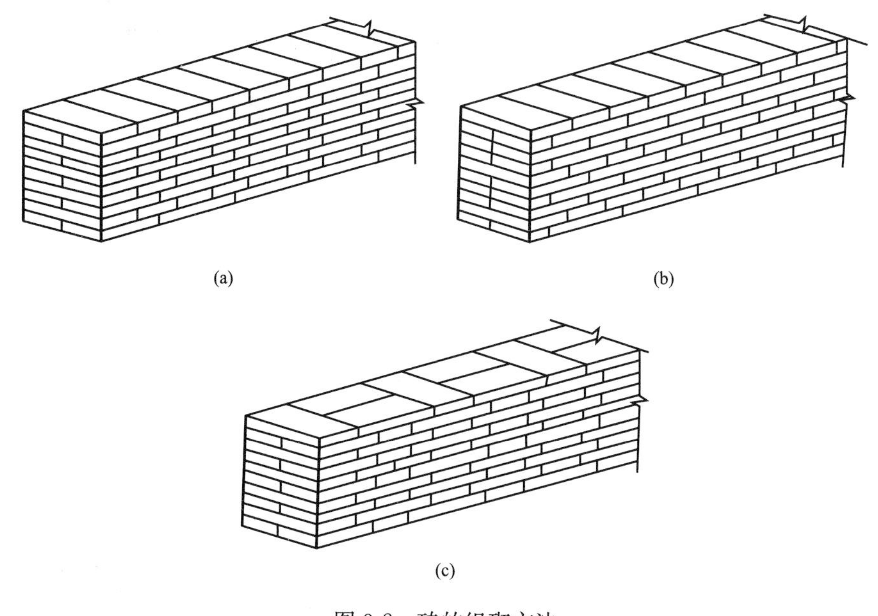


图 3-2　砖的组砌方法

（a）一顺一丁；（b）三顺一丁；（c）梅花丁

三顺一丁

三一砌法视频见封面二维码（资源总码）

土木工程中其他砖砌体的施工工艺与房屋建筑砌筑工艺类似。

### （二） 砌筑质量要求

砌筑工程质量着重控制墙体位置、垂直度及灰缝质量，要求做到横平竖直、砂浆饱满、厚薄均匀、上下错缝、内外搭砌、接槎牢固。

砖砌体的位置及垂直度允许偏差应符合表 3-1 的规定。

**表 3-1　　砖砌体的位置及垂直度允许偏差**

<table>
<tr><th colspan="3">项目</th><th>允许偏差（mm）</th></tr>
<tr><td colspan="3">轴线位移偏差</td><td>10</td></tr>
<tr><td rowspan="3">垂直度</td><td colspan="2">每层</td><td>5</td></tr>
<tr><td rowspan="2">全高</td><td>≤10</td><td>10</td></tr>
<tr><td>>10</td><td>20</td></tr>
</table>

砖砌体一般尺寸允许偏差

对砌砖工程，要求每一皮砖的灰缝横平竖直、砂浆饱满。上面砌体的重量主要通过砌体之间的水平灰缝传递到下面，水平灰缝不饱满易造成砖块折断，为此，实心砖砌体水平灰缝的砂浆饱满度不得低于 80%。

竖向灰缝的饱满程度，影响砌体抗透风和抗渗水的性能，故宜采用挤浆或加浆方法，不得出现透明缝，严禁用水冲浆灌缝。水平灰缝厚度和竖向灰缝宽度规定为 10mm±2mm，过厚的水平灰缝砌筑时容易使砖块浮滑，墙身侧倾；过薄的水平灰缝会影响砖块之间的黏结能力。

拉结筋设置示意图

上下错缝是指砖砌体上下两皮砖的竖向灰缝应当错开，以避免上下通缝。在垂直荷载作用下，砌体会由于“通缝”丧失整体性而造成砌体倒塌。同时，内外搭砌使同皮的里外砖块通过相邻上、下皮的砖块搭砌而组砌得牢固。

“接槎”是指转角及交接处墙体的连接。砖砌体的转角处和交接处应同时砌筑，严禁无可靠措施的内外墙分砌施工。在抗震设防烈度为 8 度及 8 度以上地区，对不能同时砌筑而又必须留置的临时间断处应砌成斜槎，普通砖砌体斜槎水平投影长度不应小于高度的 2/3，多孔砖砌体斜槎长高比不应小于 1/2。斜槎高度不得超过一步脚手架的高度。

构造柱竖筋连接

非抗震设防及抗震设防烈度为 6 度、7 度地区的临时间断处，当不能留斜槎时，除转角处外，可留直槎，但直槎必须做成凸槎，且应加设拉结钢筋，拉结钢筋应符合下列规定（图 3-3）：

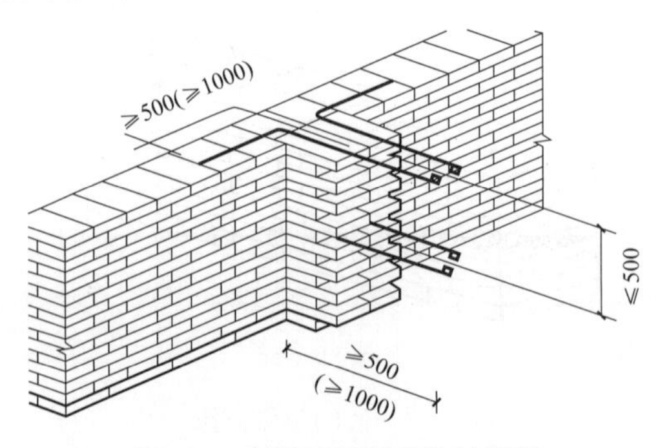


图 3-3　直槎的留设和拉结钢筋

（1）每120mm墙厚放置1$\phi$6拉结钢筋（120mm厚墙应放置2$\phi$6拉结钢筋）；

（2）间距沿墙高不应超过500mm，且竖向间距偏差不应大于100mm；

（3）埋入长度从留槎处算起每边均不应小于500mm，对抗震设防烈度6度、7度的地区，不应小于1000mm；

（4）末端应有90°弯钩。

砌体留设的直槎，在后续施工时必须将接槎处的表面清理干净，浇水湿润，并填实砂浆，保持灰缝平直。

## 二、砌石施工

石材根据加工情况分为毛石和料石，料石按加工平整程度分为毛料石、粗料石、半细料石和细料石等。石材在建筑基础、挡土墙及桥梁墩台中应用较多。

砌石施工

### （一）毛石砌体

毛石砌体所用石料应优先选择块状，其中部厚度不应小于150mm。

毛石砌筑时宜分皮卧砌，各皮石块之间应利用自然形状经敲打修正使之能与先砌筑的石块形状基本吻合、搭砌紧密。石块应上下错缝、内外搭砌，不能采用外面侧立石块、中间填心的砌筑方法。砌筑毛石基础的第一皮石块应坐浆，并将大面向下，毛石砌体的第一皮及转角处、交接处、洞口处，应选用较大的平毛石砌筑。最上一皮（包括每个楼层及基础顶面）宜选用较大的毛石砌筑。

毛石墙必须设置拉结石（搭接于内、外两侧石块），拉结石应均匀分布，相互错开，毛石基础同皮内每隔2m左右设置一块；毛石墙每0.7m$^2$墙面至少应设置一块，且同皮内的中距不应大于2m。

砌筑行业在中国有着悠久的历史，蜿蜒曲折的万里长城，就是古代砌筑工人智慧和汗水的结晶。

毛石砌体应采用铺浆法砌筑。其灰缝厚度宜为20～30mm，块间不得有相互接触现象；石块间较大的空隙应先填塞砂浆后用碎石块嵌实，不得采用先摆碎石后塞砂浆或干填碎石的方法。砂浆必须饱满，叠砌面砂浆饱满度应大于80%。

毛石砌体的转角处和交接处应同时砌筑，对不能同时砌筑又必须辟置临时间断处，应砌筑成斜槎。由于石材自重较大，且毛石的外形又不规则，留设直槎不便接槎，会影响砌体的整体性，故应砌成斜槎。

毛石砌体每日的砌筑高度不应超过1.2m。

### （二）料石砌体

料石基础砌体的第一皮应用丁砌层坐浆砌筑，料石砌体亦应上下错缝搭砌，砌体厚度不小于两块料石宽度时，如同皮内全部采用顺砌，每砌两皮后，应砌一皮丁砌层；如同皮内采用丁顺组砌，丁砌石应交错设置，其中距不应大于2m。

料石砌体灰浆的厚度，根据石料的种类确定：细石料砌体不宜大于5mm；粗石料和毛石料砌体不宜大于20mm。料石砌体砌筑时，应放置平稳，砂浆铺设厚度应略高于规定的灰缝厚度。砂浆的饱满度应大于80%。

石砌体挡土墙

料石砌体转角处及交接处也应同时砌筑，必须留设临时间断时也应砌成斜槎。

用料石和毛石或砖的组合墙中，料石砌体和毛石砌体或砖砌体应同时砌筑，并每隔 2～3 皮料石层用丁砌层与毛石砌体或砖砌体拉结砌合。丁砌料石的长度宜与组合墙厚度相同。

### 三、混凝土小型空心砌块的施工

混凝土
小型空心砌块

混凝土小型空心砌块是一种新型的墙体材料，目前在我国房屋工程中已得到广泛应用。混凝土小型空心砌块的材料包括：普通混凝土小型空心砌块、轻骨料混凝土小型空心砌块等。小型砌块使用时的生产龄期不应小于 28d。由于小型砌块墙体易产生收缩裂缝，充分的养护可使其收缩量在早期完成大部分，从而减少墙体的裂缝。

小型砌块施工前，应分别根据建筑（构筑）物的尺寸、砌块的规格和灰缝厚度确定砌块的皮数和排数。

混凝土小型砌块与砖不同，这类砌块的吸水率很小，如砌块的表面有浮水或在雨天都不得施工。在雨天或表面有浮水时，进行砌筑施工，其表面水会向砂浆渗出，造成砌体游动，甚至造成砌体坍塌。

混凝土小型空心砌块墙砌法

使用单排孔小砌块砌筑时，应孔对孔、肋对肋错缝搭砌。单排孔小砌块的搭接长度应为块体长度的 1/2；多排孔小砌块的搭接长度不宜小于砌块长度的 1/3，且使用多排孔小砌块砌筑，不应小于 90mm。如个别部位不能满足时，应在灰缝中设置拉结钢筋或铺设钢筋网片，但竖向通缝不得超过 2 皮砌块。

砌筑时，承重墙部位严禁使用断裂的砌块，小型砌块应底面朝上反砌于墙上。这是因为小型砌块制作上的缘故，其成品底部的肋较厚，而上部的肋较薄，为便于砌筑时铺设砂浆，其底部应朝上反砌于墙上。

建筑底层室内地面以下或防潮层以下的砌体，应采用强度等级不低于 C20 的混凝土灌实小砌块的孔洞。

小型砌块砌体的水平灰缝应平宜，砂浆饱满度按净面积计算不应小于 90%。竖向灰缝应采用加浆方法，严禁用水冲浆灌缝，竖向灰缝的饱满度不宜小于 80%。竖缝不得出现瞎缝或透明缝。水平灰缝的厚度与垂直灰缝的高度应控制在 8～12mm。

这类砌体的转角或内外墙交接处应同时砌筑。如必须设置临时间断处，则应砌成斜槎，斜槎水平投影长度不应小于斜槎高度。

## 第三节　砌体的冬期施工

当室外日平均气温连续 5d 稳定低于 5℃时，砌体工程应采取冬期施工措施，并应在气温突然下降时及时采取防冻措施。

冬期施工所用的材料应符合如下规定：

（1）砖和石材在砌筑前，应清除冰霜，遭水浸冻后的砖或砌块不得使用；

（2）石灰膏、黏土膏和电石膏等应防止受冻，如遭冻结，应经融化后使用；

（3）拌制砂浆所用的砂，不得含有冰块和直径大于 10mm 的冰结块。

冬期施工不得使用石灰砂浆，砂浆宜采用普通硅酸盐水泥拌制，拌合砂浆宜采用两步投料法，并可对水和砂进行加温，但水的温度不得超过 80℃，砂的温度不得超过 40℃。砂浆使用温度应符合表 3-2 的规定。

冬期施工注意的问题

**表 3-2　　冬期施工砂浆使用温度**

| 冬期施工方法 | | | 砂浆使用温度（℃） |
|---|---|---|---|
| 掺外加剂 | | | ≥+5 |
| 氯盐砂浆法 | | | |
| 暖棚法 | | | |
| 冻结法 | 室外空气温度 | 0～−10℃ | ≥+10 |
| | | −11～−25℃ | ≥+15 |
| | | <−25℃ | ≥+20 |

普通砖、多孔砖和空心砖在正温度条件下砌筑需适当浇水润湿，但在负温度条件下砌筑时可不浇水，而采用增大砂浆稠度的方法。

冬期施工砌体基础时还应注意基土的冻胀性。当基土无冻胀性时，地基冻结时还可以进行基础砌筑，但当基土有冻胀性时，则不应进行施工。在施工期间和回填土前，还应防止地基遭受冻结。

砌体工程的冬期施工可以采用掺盐砂浆法。但对配筋砌体、有特殊装饰要求的砌体、处于潮湿环境的砌体、有绝缘要求的砌体以及经常处于地下水位变化范围内又无防水措施的砌体不得采用掺盐砂浆法，可采用掺外加剂法、暖棚法、冻结法等冬期施工方法。当采用掺盐砂浆法施工时，砂浆的强度宜比常温下设计强度提高一级。

冬期施工中，每日砌筑后应及时在砌体表面覆盖保温材料，如毛毡、草苫等。

# 第四章 模 板 工 程

## 教 学 目 标

### （一） 总体目标

通过本章的学习，使学生熟悉模板制作过程，理解模板的施工顺序，掌握模板体系的构成、模板支撑方式、荷载类型与荷载传递、模板设计、模板支架构造要求。通过体会和学习模板的建造工艺，使学生掌握现浇钢筋混凝土工程中模板工程的作用、要求、组成。学习模板工程“功不在我，功必有我”的理念。

### （二） 具体目标

#### 1. 专业知识目标

（1）熟悉模板制作过程；

（2）熟悉模板的进场质量检验；

（3）掌握模板的施工工艺；

（4）熟悉模板设计过程；

（5）理解模板支架构造要求；

（6）理解模板完整性检验的方法及抽检数量；

（7）掌握模板体系构成；

（8）熟悉模板支撑方式；

（9）掌握模板系统构成。

#### 2. 综合能力目标

（1）能够结合土木工程施工基础知识，全面理解模板工程；

（2）能够掌握模板工程施工工艺；

（3）结合国家建筑标准，理解模板荷载传递与支撑方式。

#### 3. 综合素质目标

（1）通过工程知识和工程案例的讲解，建立学生严谨的学习态度；

（2）通过新型模板的知识的讲解，激发同学们的创新意识，提高对专业的热爱。

## 教 学 重 点 和 难 点

### （一） 重点

（1）模板体系的构成；

（2）荷载类型与荷载传递方式；

（3）模板设计方法；

（4）模板的支撑方式；

（5）模板支架构造要求。

### （二）难点

（1）模板支撑方式；

（2）荷载类型与荷载传递；

（3）模板支架构造要求。

## 教学策略

本章是土木工程施工课程的第四章，对主体结构形成施工技术中重要的组成部分，具有保证构建位置和尺寸的作用，教学内容涉及面广，专业性较强。模板体系的构成、模板支撑方式、荷载类型与荷载传递、模板设计、模板支架构造要求是本章教学的重点和难点。为帮助学生更好地学习本章知识，采取“课前知识回顾——课中教学互动——技能训练——课后拓展”的教学策略。

（1）课前引导：提前介入学生学习过程，要求学生复习模板工程施工技术课程中的模板工程部分，为课程学习进行知识储备。

（2）课中教学互动：课堂教学教师讲解中，以大量现场案例图片和视频的形式，让学生直观和系统地了解、理解整个模板施工过程。

（3）技能训练：采用课内、课外交叉教学，用 2 个学时的时间进行观看实训室模板设计方式，用 2 个学时学习模板的荷载类型与荷载传递。

（4）课后拓展：引导学生自主学习与本课程相关的规范，《建筑施工模板安全技术规范》(JGJ 162—2008)、《建筑施工碗扣式钢管脚手架安全技术规范》(JGJ 166—2016)、《建筑施工扣件式钢管脚手架安全技术规范》(JGJ 130—2011)，拓宽学生视野，增加学生的实践能力。

## 教学架构设计

### （一）教学准备

（1）情感准备：和学生沟通，了解学情，鼓励学生，增进感情。

（2）知识准备：

1）复习：模板工程施工技术课程中的模板工程部分；

2）预习：“雨课堂”分布的预习内容和模板施工的视频。

（3）授课准备：学生分组，要求学生带问题进课堂。

（4）资源准备：授课课件、数字资源库等。

### （二）教学架构

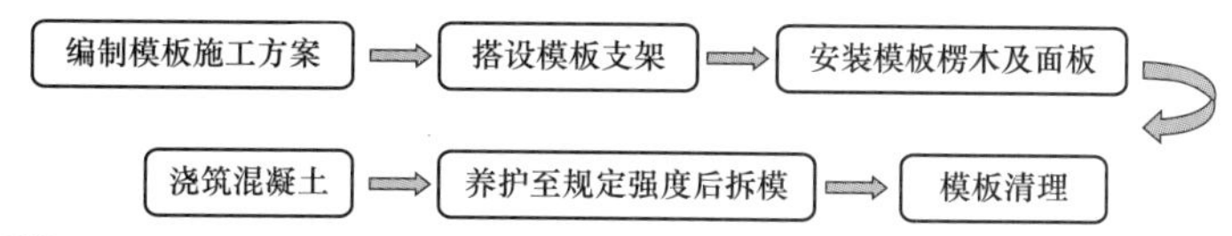


### （三）实操训练

完成《模板施工之我的理解》小视频并上传到课程 QQ 群。

### （四） 思政教育

根据授课内容，本章主要在专业热爱、持续创新、奉献精神三个方面开展思政教育。

郑州模板支撑坍塌案例

### （五） 效果评价

采用注重学生全方位能力评价的“五位一体评价法”，即自我评价（20%）＋团队评价（20%）＋课堂表现（20%）＋教师评价（20%）＋自我反馈（20%）评价法。同时引导学生自我纠错、自主成长并进行学习激励，激发学生学习的主观能动性。

### （六） 学时建议

2/56（本章建议学时/课程总学时）。

## 第一节 模板系统构成

### 一、构成单元

安全管理，处处要严。一丝不苟，不讲情面。勤查勤检，消除隐患。常抓不懈，防微杜渐。

模板：使混凝土构件按设计位置、设计尺寸浇筑成型的模型体系。

模板系统＝面板＋支架＋紧固件

面板：直接接触新浇混凝土的承力板，包括拼装的板和加肋楞带板。面板的种类有钢、木、胶合板。

混凝土用木（竹）胶合板，包括素板，即未经表面处理的混凝土模板用胶合板；覆膜板，即经浸渍胶膜纸贴面处理的混凝土模板用胶合板；涂胶板，即经树脂饰面处理的混凝土模板用胶合板。

组合式钢模板，由边框、面板、横肋组成；面板为2.3～2.5mm的钢板，模板类型主要有平面模板、阴角模板、阳角模板和连接模板，连接件主要有U型卡、钩头螺栓、对拉螺栓和扣件等。钢模板一次性投资大，需多次周转使用才有经济效益，工人操作劳动强度大，回收及修整的难度大，钢定型模板已逐渐较少使用。

钢木定型模板，面板为复塑竹胶合板、纤维板等，自重比钢模轻1/3，用钢量减少1/2，是一种针对钢模板投资大、工人劳动强度大的改良模板。

无梁楼板

模壳，用于钢筋混凝土密肋楼板的一种工具式模板。采用塑料或玻璃钢按密肋楼板的规格尺寸加工成需要的模壳；具有一次成型、多次周转的便利。

永久性模板，又称一次消耗模板，即在现浇混凝土结构浇筑后不再拆除，模板与现浇结构叠合成共同受力构件。通常由压型钢板和配筋的混凝土薄板叠合而成。永久性模板简化了现浇结构的支模工艺，改善了劳动条件，节约了拆模用工，加快了工程进度，提高了工程质量。

模板的规格有很多，见表4-1。

抓基础从小处着眼，防隐患从小处着手。

表4-1 木模板规格

| 幅面尺寸（mm） | | | | 厚度（mm） |
|---|---|---|---|---|
| 模数值 | | 非模数值 | | |
| — | — | 915 | 1830 | 12±0.5<br>15±0.6<br>18±0.7 |
| 900 | 1800 | 1220 | 1830 | |
| 1000 | 2000 | 915 | 2135 | |
| 1200 | 2400 | 1220 | 2440 | |
| — | — | 1250 | 2500 | |

支架：支撑面板用的楞梁、立柱、水平杆、斜撑、剪刀撑与连接件的总称。

连接件：面板与楞梁的连接、面板自身的连接、支架结构自身的连接和其中二者相互连接所用的零配件，包括卡销、螺栓、扣件、卡具、拉杆等。

台车模板

### 二、模板的分类

#### 1. 台模

台模又称飞模，是现浇钢筋混凝土楼板的一种大型工具式模板。一般是一个房间一个台模。台模是一种由平台板、梁、支架、支撑和调节支腿等组成的大型工具式模板，可以整体脱模和转运，借助吊车从浇完的楼板下飞出转移至上层重复使用。适用于无柱帽的现浇无梁楼盖施工。

滑升模板

#### 2. 隧道模

隧道模是一种组合式定型模板，用以在现场同时浇筑墙体和楼板的混凝土，因为这种模板的外形像隧道，故称之为隧道模。

#### 3. 滑升模板

拼板构造

滑升模板用提升装置滑升模板以灌筑竖向混凝土结构的施工方法。滑升模板宜用于浇筑剪力墙体系或筒体体系的高层建筑，高耸的筒仓、水塔、竖井、电视塔、烟囱等构筑物。滑升模板由模板系统、操作平台系统和液压系统及施工精度控制系统四部分组成。

#### 4. 承插盘扣式脚手架模板

模板基本要求

承插盘扣式脚手架模板盘扣节点构成由焊接于立杆上的连接盘、水平杆杆端扣接头和斜杆杆端扣接头组成，受力方式为：轴心受力。

## 第二节　模板荷载传递与支撑方式

### 一、梁板合支方法

当梁的荷载不超过横杆的设计承载力时，可采用立杆支撑楼板、横杆支撑梁的梁板合支方法。

楼板模板荷载传递路线：施工荷载→面板→次楞→主楞→立柱。

梁模板荷载传递路线：施工荷载→面板→次楞→主楞→横杆→立杆。

### 二、梁底独立支撑方式

当梁的荷载超过横杆的设计承载力时，可采取梁底独立支撑的方法，并与楼板支撑连成一体。

梁与楼板模板荷载传递路线：施工荷载→面板→次楞→主楞→立杆。

## 第三节　模板支架构造要求

树立质量法制观念，提高全员质量意识。

### 一、扣件式满堂支撑架的基本尺寸

扣件式满堂支撑架的基本尺寸见表 4-2。

### 二、模板支架的基本构造要求

（1）当层间高度大于 5m 时，应采用钢管立柱支模，当层间高度小于或等于 5m 时，可采用木立柱支模。

（2）梁和板的立柱，其纵横间距应相等或成倍数。

表 4-2 扣件式满堂支撑架的基本尺寸

| 步距 | 立杆间距 | | | | | |
|---|---|---|---|---|---|---|
| 1.8 | 1.2×1.2 | 1.0×1.0 | 0.9×0.9 | 0.75×0.75 | 0.6×0.6 | 0.4×0.4 |
| 1.5 | | | | | | |
| 1.2 | | | | | | |
| 0.9 | | | | | | |
| 0.6 | | | | | | |

（3）立杆底部应设置垫木，垫木厚度不得小于 50mm。

（4）在立柱底距离地面不大于 200mm 处，沿纵横水平方向按纵下横上设置扫地杆。

模板支架分类

（5）扣件式钢管立柱距顶部支撑点不超过 0.5m（碗扣式为 0.7m）处应设置纵横向水平杆（顶部水平杆），顶部的可调托座其螺杆伸出钢管不得大于 200mm。

（6）在扫地杆与顶层水平杆之间的水平杆设置，在满足设计步距条件下，水平杆的步距应相等。

（7）当层高在 8～20m 时，在最顶步距两水平杆中间应加设一道水平杆；当层高大于 20m 时，在最顶两步距水平杆中间应分别增加一道水平杆。

（8）钢管立柱、钢管扫地杆、钢管水平杆的连接应采取对接方式，相邻两立杆的对接接头不得在同步内，且对接接头沿竖向的错开距离不宜小于 500mm。

（9）剪刀撑应采取搭接，搭接长度不小于 500mm，并应采用两个螺旋扣件固定，离杆端不小于 100mm。

（10）当建筑层高小于 8m 时，对满堂模板支架立柱，在外侧周圈应设由下至上的竖向连续剪刀撑；中间再纵横向应每隔 10mm 左右设由下至上的竖向连续剪刀撑，其宽度为 4～6m，并在剪刀撑的顶部、扫地杆处设置水平剪刀撑。杆件的底端应与地面顶紧，夹角宜为 40°～60°。

模板支撑

（11）当建筑层高在 8～20m 时，除应满足上述规定外。还应在纵横向相邻的两竖向连续式剪刀撑之间增加之字斜撑，在有水平剪刀撑的部位，应在每个剪刀撑中间处增加一道水平剪刀撑。

（12）当建筑层高超过 20m 时，在满足以上规定的基础上，应将所有之字斜撑全部改为连续式剪刀撑。

## 第四节　模　板　设　计

### 一、荷载与荷载组合

#### 1. 模板与支架自重标准值 $G_{1k}$

每个人都是自己前途最权威的设计者和建筑者，自信是坚强性格的主要依靠。

模板自重标准值应根据模板设计图纸确定。无梁楼板及肋形楼板模板的自重标准值，可参照表 4-3 采用；支架自重标准值应根据模板支架布置确定，见表 4-3。

**2. 新浇混凝土自重 $G_{2k}$**

新浇混凝土自重标准值，对普通混凝土可采用 $24kN/m^3$，对其他混凝土应根据实际重力密度确定。

**3. 钢筋自重 $G_{3k}$**

钢筋自重标准值，对一般梁板结构每立方米钢筋混凝土的钢筋自重标准值：对楼板可采用 $1.1kN/m^3$；对梁可采用 $1.5kN/m^3$。

**表 4-3 无梁楼板及肋形楼板模板的自重标准值** $(kN/m^2)$

| 模板构件名称 | 木模板 | 组合钢模板 |
|---|---|---|
| 无梁楼板模板 | 0.30 | 0.50 |
| 肋形楼板模板（其中包括梁的模板） | 0.50 | 0.75 |
| 楼板模板与支架（楼层高度 4m 以下） | 0.75 | 1.10 |

**4. 新浇混凝土对模板侧压力标准值 $G_{4k}$**

新浇混凝土对模板侧压力标准值等于混凝土的重力密度乘以混凝土的浇筑高度。

**5. 施工人员及施工设备荷载 $Q_{1k}$**

当计算立柱与其他支撑构件时，施工人员及设备荷载标准值，按 $1.0kN/m^2$ 取值。

**6. 振捣混凝土时产生的荷载 $Q_{2k}$**

振捣混凝土时产生的荷载标准值，对水平面模板按 $2.0kN/m^2$ 取值。对垂直面模板可采用 $4.0kN/m^2$。

**7. 倾倒混凝土产生的水平荷载 $Q_{3k}$**

倾倒混凝土产生的水平荷载 $Q_{3k}$ 见表 4-4。

**表 4-4 倾倒混凝土产生的水平荷载 $Q_{3k}$**

| 向模板内供料方式 | 荷载 $(kN/m^2)$ |
|---|---|
| 溜槽、串筒或导管 | 2 |
| 容量小于 $0.2m^3$ 的运输工具 | 2 |
| 容量为 $0.2 \sim 0.8m^3$ 的运输工具 | 4 |
| 容量为大于 $0.8m^3$ 的运输工具 | 6 |

**8. 风荷载标准值 $w_k$**

作用在模板支架上的水平风荷载标准值，按下列公式计算：

$$w_k = \mu_z \mu_s w_0$$

式中 $w_k$——风荷载标准值 $(kN/m^2)$；

$\mu_z$——风压高度变化系数，按现行标准《建筑结构荷载规范》(GB 50009) 采用；

$\mu_s$——模板支架风荷载体型系数，按规定采用；

$w_0$——基本风压 $(kN/m^2)$，按规范中 $n=10$ 年规定用。

荷载计算组合见表 4-5。

以管理保质量、以质量保进度、以进度求效益。

## 二、模板及支架计算的荷载组合

模板及支架计算的荷载组合见表 4-5。

表 4-5　　模板及支架计算的荷载组合

| 项目 | 参与组合的荷载 | |
|---|---|---|
| | 计算承载能力 | 验算挠度 |
| 平板和薄壳的模板与支架 | $G_{1k}+G_{2k}+G_{3k}+Q_{1k}$ | $G_{1k}+G_{2k}+G_{3k}$ |
| 梁和拱模板的底板及支架 | $G_{1k}+G_{2k}+G_{3k}+Q_{2k}$ | $G_{1k}+G_{2k}+G_{3k}$ |
| 梁、拱、柱（边长不大于 300mm）、墙（厚度不大于 100mm）的侧模 | $G_{4k}+Q_{2k}$ | $G_{4k}$ |
| 梁、拱、柱（边长大于 300mm）、墙（厚度大于 100mm）的侧模 | $G_{4k}+Q_{3k}$ | $G_{4k}$ |

注：计算承载能力采用荷载设计值＝荷载标准值×分项系数；验算挠度采用荷载标准值。

荷载组合计算

## 三、验算项目与计算类型

验算项目与计算类型见表 4-6。

表 4-6　　验算项目与计算类型

| 构件 | 验算项目 | 计算模型 |
|---|---|---|
| 面板 | 抗弯强度<br>挠度 | 可按简支梁，计算跨度为次楞中心间距 |
| 楞梁 | 抗弯强度<br>挠度 | 可按 2 跨或 3 跨连续梁；<br>次楞计算跨度按主楞中心间距；<br>主楞计算跨度按支撑立杆间距 |
| 立杆 | 长细比<br>稳定性 | 单杆轴心受压构件，在稳定性计算时，计算长度为 $h+2a$ |

注：$h$—支架立杆的最大步距；$a$—模板支架立杆伸出顶层横向水平杆中心线至模板支撑点的长度。

以百分之百的细致
创百分之百的优良。

# 第五节　模板的安装与拆除

## 一、模板安装

（1）独立基础模板安装。模板安装前，应核对基础垫层标高，弹出基础的中心线和边线，模板安装后，应校对模板上口标高。

（2）条形基础模板安装。先核对垫层标高，在垫层上弹出基础边线，将模板对准基础边线垂直竖立，模板上口拉通线，校正调平无误后用斜撑及平撑将模板钉牢；有地梁的条形基础，上部可用工具式梁卡固定，也可用钢管吊架或轿杠木固定。台阶型基础要保证上下模板不发生相对位移。

模板安装要求

（3）柱模板安装：

1）弹线及定位：先在基础面（楼面）弹出柱轴线及边线，同一柱列则先弹两端柱，再拉通线弹中间柱的轴线及边线。

2）柱箍的设置：柱箍应根据柱模断面大小经计算确定，下部的间距应小些，往上可逐渐增大间距，但一般不超过 1.0m。柱截面尺寸较大时，应考虑在柱模内设置对拉螺栓。

3）柱模板须在底部留设清理孔，沿高度每 2m 开有砼浇筑孔和振捣孔。

4）柱高≥4m时，柱模应四面支撑，柱高≥6m时，不宜单根柱支撑，宜几根柱同时支撑组成构架。

5）对于通排柱模板，应先装两端柱模板，校正固定后，再在柱模板上口拉通线校正中间各柱模板。

模板安装

（4）墙模板安装。墙体模板的对拉螺栓要设置内撑式套管（防水混凝土除外），目的是：①确保对拉螺栓重复使用；②控制墙体厚度。

（5）对跨度≥4m的现浇钢筋混凝土梁、板，其模板应按设计要求起拱；当设计无具体要求时，起拱高度宜为跨度的1/1000～3/1000。

## 二、模板的拆除

### 1. 拆模顺序

应遵循“先支后拆、后支先拆”，“先非承重部位、后承重部位”以及自上而下的原则。重大复杂模板的拆除，事前应制定拆除方案。

### 2. 柱模的拆除

模板拆除原则

单块组拼的应先拆除钢楞、柱箍和对拉螺栓等连接件、支撑件，从上而下逐步拆除；预组拼的应拆除两个对角的卡件，并临时支撑，再拆除另两个对角的卡件，挂好吊钩，拆除临时支撑，方能脱模起吊。

### 3. 墙模的拆除

单块组拼的在拆除对拉螺栓、大小钢楞和连接件后，从上而下逐步水平拆除；预组拼的应先挂好吊钩，检查所有连接件是否拆除后，方能拆除临时支撑，脱模起吊。

模板拆除

### 4. 梁、板模板拆除

先拆除梁侧模，再拆除楼板底模，最后拆除梁底模。多层楼板支柱的拆除：上层楼板正在浇筑混凝土时，下一层楼板的模板支柱不得拆除，再下一层楼板模板的支柱，仅可拆除一部分；跨度4m及4m以上的梁下均应保留支柱，其间距不得大于3m。

### 5. 拆模注意事项

（1）拆模时，操作人员应站在安全处，以免发生安全事故。

（2）拆模时应避免用力过猛、过急，严禁用大锤和撬棍硬砸硬撬，以免损坏混凝土表面或模板。

（3）拆除的模板及配件应有专人接应传递并分散堆放，不得对楼层形成冲击荷载，严禁高空抛掷。

（4）模板及支架清运至指定地点，应及时加以清理、修理，按尺寸和种类分别堆放，以便下次使用。

# 第五章　钢　筋　工　程

## 教学目标

### （一）总体目标

通过本章的学习，使学生熟悉钢筋的加工制作过程，理解钢筋绑扎的施工顺序，掌握钢筋体系的构成，了解钢筋冷拔方法及质量控制，掌握钢筋下料计算，熟悉钢筋的机械连接方法，掌握钢筋焊接的种类及其适用范围，通过体会和学习钢筋的绑扎，使学生掌握钢筋的各种机械连接方法。建立学生“功不在我，功必有我”的理念，培养学生无私奉献、建设祖国的爱国情怀。

### （二）具体目标

**1. 专业知识目标**

（1）熟悉钢筋加工过程；

（2）熟悉钢筋的连接方法；

（3）掌握钢筋的配料；

（4）熟悉钢筋的代换；

（5）理解钢筋的绑扎安装；

（6）理解钢筋的验收指标。

**2. 综合能力目标**

（1）能够结合土木工程施工基础知识，全面理解钢筋工程；

（2）能够掌握钢筋工程施工工艺；

（3）结合国家建筑标准，理解钢筋的下料计算。

**3. 综合素质目标**

（1）通过工程知识和工程案例的讲解，建立学生严谨的学习态度；

（2）通过钢筋工程的知识的讲解，激发同学们的创新意识，提高对专业的热爱。

## 教学重点和难点

### （一）重点

（1）钢筋冷拔方法；

（2）钢筋下料计算；

（3）钢筋的机械连接方法；

（4）钢筋焊接的种类及其适用范围。

### （二）难点

（1）钢筋的质量控制；

（2）钢筋焊接种类的适用范围；

（3）钢筋的代换。

## 教学策略

本章是土木工程施工课程的第五章，对《混凝土结构工程》课程中的钢筋工程部分如何在施工中实现起到重要的引领作用，教学内容涉及面广，专业性较强。钢筋冷拔方法、钢筋下料计算、钢筋的机械连接方法、钢筋的质量控制、钢筋焊接种类的适用范围、钢筋的代是本章教学的重点和难点。为帮助学生更好地学习本章知识，采取“课前知识回顾——课中教学互动——技能训练——课后拓展”的教学策略。

（1）课前引导：提前介入学生学习过程，要求学生复习混凝土结构工程课程中的钢筋工程部分，为课程学习进行知识储备。

（2）课中教学互动：课堂教学教师讲解中，以大量现场案例图片和视频的形式，让学生直观和系统地了解、理解整个钢筋过程。

（3）技能训练：采用课内、课外交叉教学，在用 2 个学时的时间进行观看实训室模板设计方式，用 2 个学时学习钢筋的绑扎与连接。

（4）课后拓展：引导学生自主学习与本课程相关的规范：《钢筋焊接及验收规程》（JGJ 18—2012）、《钢筋焊接接头试验方法标准》（JGJ/T 27—2014）、《预应力筋用锚具、夹具和连接器应用技术规程》（JGJ 85—2010）、《钢筋机械连接技术规程》（JGJ 107—2016），拓宽学生视野，增加学生的实践能力。

## 教学架构设计

### （一）教学准备

（1）情感准备：和学生沟通，了解学情，鼓励学生，增进感情。

（2）知识准备：

1）复习：模板工程施工技术课程中的模板工程部分；

2）预习：“雨课堂”分布的预习内容和模板施工的视频。

（3）授课准备：学生分组，要求学生带问题进课堂。

（4）资源准备：授课课件、数字资源库等。

### （二）教学架构

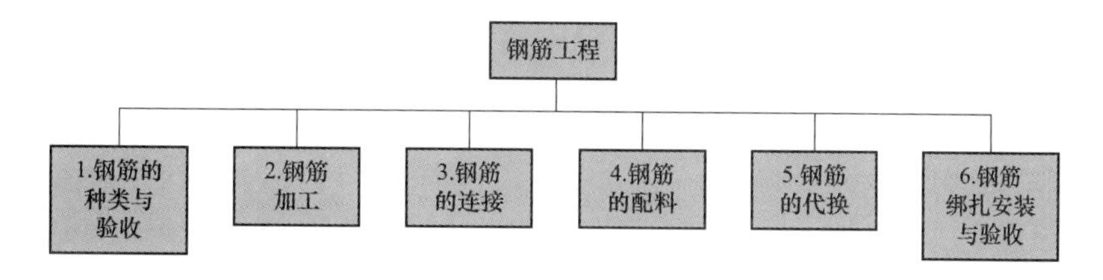

### （三） 实操训练

完成《钢筋工程之我的理解》小视频并上传到课程QQ群。

### （四） 思政教育

根据授课内容，本章主要在专业热爱、持续创新、奉献精神三个方面开展思政教育。

### （五） 效果评价

采用注重学生全方位能力评价的“五位一体评价法”，即自我评价（20%）+团队评价（20%）+课堂表现（20%）+教师评价（20%）+自我反馈（20%）评价法。同时引导学生自我纠错、自主成长并进行学习激励，激发学生学习的主观能动性。

### （六） 学时建议

8/56（本章建议学时/课程总学时56）。

## 第一节 钢筋的种类与验收

### 一、钢筋的分类及性能

钢筋制造标准目录

钢筋的种类很多。按生产工艺可分为热轧钢筋、冷加工钢筋（冷轧带肋钢筋、冷轧扭钢筋、冷拔螺旋钢筋、冷拉钢筋、冷拔钢丝）、碳素钢丝、刻痕钢丝、钢绞线和热处理钢筋等，其中，后面四种主要用于预应力混凝土工程。按化学成分又可分为碳素钢钢筋和普通低合金钢钢筋，碳素钢钢筋按含碳量的多少，又可分为低碳钢钢筋（含碳量小于0.25%），中碳钢钢筋（含碳量0.25%～0.7%）、高碳钢钢筋（含碳量0.7%～1.4%）三种。普通低合金钢是在低碳钢和中碳钢的成分中加入少量合金元素，获得强度高和综合性能好的钢种。

钢筋圆盘

热轧钢筋按屈服强度（MPa）可分为HRB335级、HRB400级和HRB500级等；级别越高，其强度及硬度越高，塑性逐级降低。按外形可分为光圆钢筋和带肋钢筋。按供应形式，为便于运输，通常将直径为6～10mm的钢筋卷成圆盘，称盘圆或盘条钢筋；将直径大于12mm的钢筋轧成6～12m长一根，称直条或碾条钢筋。按直径大小可分为钢丝（直径3～5mm）、细钢筋（直径6～10mm）、中粗钢筋（直径12～20mm）和粗钢筋（直径大于20mm）。按钢筋在结构中的作用不同可分为受力钢筋、架立钢筋和分布钢筋。

### 二、常用的热轧钢筋

热轧钢筋是经热轧成型并自然冷却的成品钢筋，分为热轧光圆钢筋和热轧带肋钢筋两种。热轧光圆钢筋应符合《钢筋混凝土用钢 第1部分：热轧光圆钢筋》（GB/T 1499.1）的规定。热轧带肋钢筋应符合《钢筋混凝土用钢 第2部分：热轧带肋钢筋》（GB/T 1499.2）的规定。

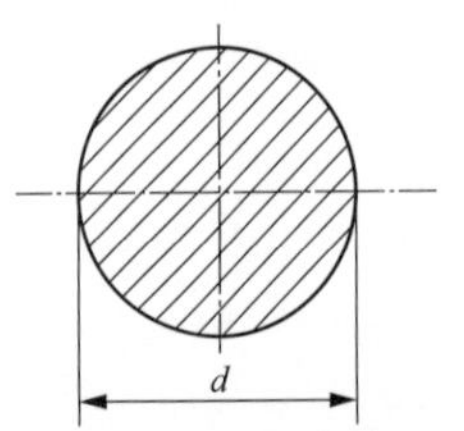


图5-1 光圆钢筋的截面形状

#### 1. 热轧光圆钢筋（hot rolled plain bars）

热轧光圆钢筋是指经热轧成型，横截而通常为圆形，表面光滑的成品光圆钢筋，如图5-1，钢筋按屈服强度特征值为HPB300级。

条形钢筋进入现场

2. **热轧带肋钢筋（ribbed bars）**

热轧带肋钢筋是指横截面通常为圆形，且表面带肋的混凝土结构用钢材。

热轧带肋钢筋按强度等级分为 HRB335、HRB400、HRB500 级。

钢筋按生产工艺分为热轧状态交货的钢筋（普通热轧钢筋 hot rolled bars）和在热轧过程中、通过控轧和控冷工艺形成的细晶粒钢筋（细晶粒热轧钢筋 hot rolled bars of fine grains）。

热轧带肋钢筋

HRB（热轧带助钢筋）、HRBF（细晶粒钢筋）、RRB（余热处理钢筋）是三种常用带肋钢筋的英文缩写。钢筋表面轧有牌号标志、厂名（汉语拼音字头）和公称直径（毫米数以阿拉伯数字表示）。钢筋牌号：HRB335、HRB400、HRB500 分别为 3、4、5；HRBF335、HRBF400、HRBF500 分别为 C3、C4、C5；RRB400 为 K4。

常用的热轧钢筋的力学机械性能（屈服点、抗拉强度、伸长率及冷弯指标）见表 5-1。

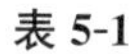
**表 5-1　热轧钢筋的力学性能**

| 表面形状 | 牌号 | 公称直径 $d$(mm) | 屈服强度 $R_{eL}$(MPa) | 抗拉强度 $R_m$(MPa) | 断后伸长率(%) | 最大力下总伸长率 $A_{gt}$(%) | 弯曲性能（$d$：钢筋公称直径） | |
|---|---|---|---|---|---|---|---|---|
| | | | ≥ | | | | 弯曲角度 | 弯心直径 |
| 光圆 | HPB300 | — | 300 | 420 | 25 | 10 | 180° | d |
| 带肋 | HPB335<br>HRBF335 | 6～25 | 335 | 455 | 17 | 75 | 180° | 3d |
| | | 28～40 | | | | | | 4d |
| | | >40～50 | | | | | | 5d |
| | HRB400<br>HPBF400 | 6～25 | 400 | 540 | 16 | | | 4d |
| | | 28～40 | | | | | | 5d |
| | | >40-50 | | | | | | 6d |
| | HRB500<br>HRBF500 | 6～25 | 500 | 630 | 15 | | | 6d |
| | | 28～40 | | | | | | 7d |
| | | >40～50 | | | | | | 8d |

钢筋牌号的构成及其含义

有较高要求的抗震结构适用牌号为：在表 5-1 中已有牌号后加 E（例如 HRB400E、HRBF400E）。带肋钢筋除满足表 5-1 性能的要求外，还满足结构抗震性能而专门生产的钢筋。

3. **冷轧带肋钢筋**

冷轧带肋钢筋（cold-rolled ribbed steel wires）是采用普通热轧圆盘条为母材，经冷轧后，在其表面带有沿长度方向均匀分布的三面或两面横肋的钢筋。冷轧带肋钢筋应符合国家标准《冷轧带肋钢筋》（GB 13788）的规定。

冷轧带肋钢筋按强度等级分为：550 级、650 级、800 级和 970 级。其中，550 级钢筋宜用于钢筋混凝土结构构件中的受力钢筋、钢筋焊接网、箍筋、构造钢筋以及预应力混凝土结构中的非预应力钢筋；650 级、800 级和 970 级钢筋宜用于预应力混凝土构件中的预应力主筋。CRB550 的公称直径为 4～

12mm，其他牌号的冷轧带肋钢筋的公称直径为 4、5、12mm。

4. **冷轧扭钢筋**

冷轧扭钢筋是将低碳钢热轧圆条钢筋经专用钢筋冷轧扭机调直、冷轧并冷扭一次成型，具有规定截面形式和相应节距的连续螺旋状钢筋（代 CTB）。冷轧带肋钢筋应符合国家行业标准《冷轧扭钢筋》（JG 190）的规定。

冷轧扭钢筋具有较高的强度，而且有足够的塑性性能，与混凝土黏结性能优异，代替 HPB235 级钢筋可节约钢材约 30%，有着明显的经济效益和社会效益。

每个人都是自己前途最权威的设计者和建筑者，自信是坚强性格的钢筋工程，是主心骨！

Ⅰ、Ⅱ、Ⅲ型冷轧扭钢筋的强度设计值均较 HPB235、HRB335 高，考虑混凝土强度与钢筋强度相匹配，规定混凝土强度等级不应低于 C20，预应力构件不应低于 C30，可充分利用钢筋强度。冷轧扭钢筋的力学性能和工艺性能见表 5-2。

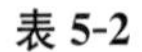

**表 5-2　　冷轧扭钢筋力学性能和工艺性能**

<table>
<tr><th rowspan="2">强度级别</th><th rowspan="2">钢筋直径（mm）</th><th rowspan="2">抗拉强度（N/mm²）</th><th rowspan="2">伸长率 A（%）</th><th rowspan="2">180°弯曲试验弯心直径＝3d</th><th colspan="2">应力松弛率（%）</th></tr>
<tr><th>10h</th><th>1000h</th></tr>
<tr><td rowspan="3">CTB550</td><td>6.5、8、10、12</td><td rowspan="3">≥550</td><td>A11.3≥4.5</td><td rowspan="4">受弯曲部位钢筋表面不得产生裂纹</td><td rowspan="3">—</td><td rowspan="3">—</td></tr>
<tr><td>6.5、8、10、12</td><td>A≥10</td></tr>
<tr><td>6.5、8、10</td><td>A≥12</td></tr>
<tr><td>CTB650</td><td>—</td><td>≥650</td><td>A100≥4</td><td>≤5</td><td>≤8</td></tr>
</table>

## 三、钢筋的验收

钢筋取样和送检的规定

钢筋进场后，应经检查验收合格后才能使用。未经检查验收或检查验收不合格的钢筋严禁在工程中使用。

### （一）钢筋进场检查验收

（1）应检查钢筋的质量证明文件。钢筋出厂时，应在每捆（盘）上都挂有二个标牌（注明生产厂、生产日期、钢号、炉罐号、钢筋级别、直径等标记），并附有质量证明文件。

钢筋进场验收

（2）应按国家现行有关标准的规定抽样虢屈服强度、抗拉强度、伸长率、弯曲性能和单位长度质量。

热轧钢筋进场时，钢筋应按批进行检查和验收，每批由同一牌号、同一炉罐号、同一规格的钢筋组成。每批质量不大于 60t。超过 60t 的部分，每增加 40t（或不足 40t 的余数），增加一个拉伸试验试样和一个弯曲试验试样。允许由同一牌号、同一冶炼方法、同一浇注方法的不同炉罐号组成混合批，但各炉罐号含碳量之差不大于 0.02%，含锰量之差不大于 0.15%。混合批的质量不大于 60t。

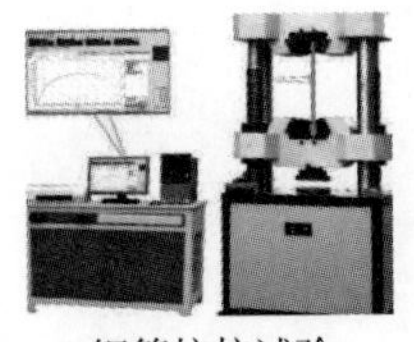

钢筋抗拉试验

力学性能试验：从每批钢筋中任选两根钢筋，每根取两个试样分别进行拉伸试验（包括屈服点、抗拉强度和伸长率）和冷弯试验。试验结果符合表 5-1

的要求。如有一项试验结果不符合要求，则从同一批中另取双倍数量的试样重做各项试验。如仍有一个试样不合格，则该批钢筋为不合格品。

单位长度质量：钢筋可按实际质量或理论质量交货。当钢筋按实际质量交货时，应随机从不同钢筋上截取数量不少于 5 根（每支试样的长度不少于 500mm）。钢筋称重实际质量与理论质量的允许偏差应符合表 5-3 的规定。

**表 5-3 钢筋实际质量与理论质量的允许偏差**

| 公称直径（mm） | 实际质量与公称质量的偏差（%） |
|---|---|
| 6～12 | ±7 |
| 14～20 | ±5 |
| 22～50 | ±4 |

钢筋冷弯试验操作过程

（3）经产品认证符合要求的钢筋，其检验批量可扩大一倍。在同一工程中，同一厂家、同一牌号、同一规格的钢筋连续三次进场检查均一次检验合格，其后的检验批量可扩大一倍。

（4）钢筋的外观质量检查：

钢筋不得有裂纹、结疤和折叠等有害的表面缺陷；

钢筋锈皮、表面不平整或氧化铁皮等只要经钢丝刷刷过的试样的质量、尺寸、横截面积和拉伸性能不低于有关标准的要求，则认为这些缺陷是无害，否则认为这些缺陷是有害的。

（5）当无法准确判断钢筋品种、牌号时，应增加化学成分、晶粒度等检验项目。

### （二）有抗震设防要求结构的纵向受力钢筋

安全管理，处处要严。一丝不苟，不讲情面。勤查勤检，消除隐患。常抓不懈，防微杜渐。

有抗震设防要求的结构，其纵向受力钢筋的性能应满足设计要求；当设计无具体要求时，对按一、二、三级抗震等级设计的框架和斜撑构件（含梯段）中的纵向受力钢筋应采用 HRB400E、HRB500E、HRBF335E、HRBF400E 或 HRBF500E 钢筋，其强度和最大力下总伸长率的实测值应符合下列规定：

钢筋的抗拉强度实测值与屈服强度实测值的比值不应小于 1.25；

钢筋的屈服强度实测值与屈服强度标准值的比值不应大于 1.30；

钢筋的最大力下总伸长率不应小于 9%。

### （三）成型钢筋进场检查

为了有利于控制钢筋的成型质量、减少钢筋在加工制作过程中的损耗，缩短钢筋在施工现场的存放时间，钢筋工程宜采用专业化生产的成型钢筋。

成型钢筋进场应检查的内容：

（1）成型钢筋的质量证明文件；

（2）成型钢筋所用材料的质量证明文件及检验报告；

（3）抽样检验成型钢筋的屈服强度、抗拉强度、伸长率和质量偏差；

（4）检验批量可由合同约定，同一工程、同一原材料来源、同一组生产设备生产的成型钢筋，检验批量不宜大于 30t。

钢筋进行取样和送检是指在建设单位或工程监理单位人员的见证下，由施工单位的现场试验人员对工程中涉及结构安全的试块、试件和材料在现场取样，并送至经过省级以上建设行政主管部门对其资质认可和质量技术监督部门对其计量认证的质量检测单位进行检测。

钢筋在运输、存放过程中，不得损坏包装和标志，并应按牌号、规格、炉批分别堆放，检查验收合格的钢筋应做标识，检查验收不合格的钢筋应及时运离施工现场；杜绝未经验收或验收不合格的钢筋在工程中使用。施工过程中应采取防止钢筋混淆、锈蚀或损伤的措施。

施工中发现钢筋脆断、焊接性能不良或力学性能显著不正常等现象时，应停止使用该批钢筋，并对该批钢筋进行化学成分检验或其他专项检验。

## 第二节　钢　筋　加　工

钢筋加工包括调直、除锈、下料切断、弯曲成型等工作。钢筋加工宜在常温状态下进行，加工过程中不应对钢筋进行加热。钢筋加工方法宜采用机械设备加工，有利于保证钢筋的加工质量。钢筋应一次弯折到位。

### 一、钢筋的调直

钢筋调直加工

钢筋调直（除了规定的弯曲外，其直线段不允许有弯曲现象），一是为了保证钢筋在构件中的正常受力；二是有利于钢筋准确下料和钢筋成型的形状。

钢筋的调直宜采用机械设备进行调直，也可采用冷拉方法进行调直，采用机械设备调直钢筋时，调有设备不应具有延伸功能（设备的牵引力不超过钢筋的屈服力）。

采用冷拉方法调宜钢筋时，应注意控制冷拉率，热轧光圆钢筋冷却率不宜大于4%，热轧带肋钢筋的冷拉率不宜大于1%。调直后的钢筋应平直，不应有局部弯折。

钢筋冷弯加工

钢筋调直后，应检查力学性能和单位长度质量偏差。采用无延伸功能机械设备调直的钢筋时，可不进行本项检查。

钢筋冷拉是指在常温下对热轧钢筋进行的强力拉伸，拉应力超过钢筋的屈服强度，使钢筋产生塑性变形以达到调直钢筋、提高强度、节约钢材的目的，对焊接接长的钢筋亦检验了焊接接头的质量。钢筋冷拉后，屈服强度提高，但塑性降低。为了保证影响钢筋的力学性能，应注意控制冷拉率，并应检查冷拉钢筋的力学性能和单位长度质量。

### 二、钢筋的除锈和钢筋冷拉

钢筋加工前应将在浮锈清除干净。表面有颗粒状、片状老锈或有损伤的钢筋不得使用。

钢筋除锈剂除锈

钢筋在现场存放的时间较长和受施工现场的条件限制，钢筋容易锈蚀，钢筋表面容易受油渍、油漆的污染。为了保证钢筋与混凝土之间的黏结，钢筋在使用前，钢筋表面的油渍、漆污、铁锈可采用除锈机、风砂枪等机械方法清理。钢筋的除锈，可通过钢筋冷拉调直过程中除锈，对大量钢筋的除锈较为经济省力；当钢筋数值较少时也可采用人工除锈（用钢丝刷、砂盘）。除锈的钢筋应尽快使用。

### 三、钢筋下料切断

钢筋下料切断是保证钢筋成型的形状、几何尺寸准确的关键性环节。钢筋在下料切断前应进行钢筋的下料长度计算。钢筋的下料切断应按钢筋配料单的计算长度进行切断。

钢筋下料切断可采用钢筋切断机或手动液压切断器进行切断。

钢筋下料切断将同规格钢筋根据不同长度长短搭配，统筹排料。一般应先断长料，后断短料，减少短头，减少损耗。

断料时应避免用短尺量长料，防止在量料中产生累计误差。为此，宜在工作台上标出尺寸刻度线并设置控制断料尺寸用的挡板。

在切断过程中，如发现钢筋有劈裂、缩头或严重的弯头等必须切除。

## 四、钢筋弯曲成型

钢筋弯曲成型是保证钢筋成型的形状、几何尺寸准确的决定性环节。钢筋弯曲成型必须符合相关技术规范和设计要求，确保钢筋成型质量。

### 1. 钢筋弯折的弯弧内直径应符合的规定

（1）光圆钢筋，不应小于钢筋直径的 2.5 倍。

（2）335MPa 级、400MPa 级带肋钢筋，不应小于钢筋直径的 4 倍。

（3）500MPa 级带助钢筋，当直径为 28mm 以下时，不应小于钢筋直径的 6 倍，当直径为 28mm 及以上时不应小于钢筋直径的 7 倍。

（4）位于框架结构顶层端节点处的梁上部纵向钢筋和柱外侧纵向钢筋，在节点角部弯折处，当钢筋直径为 28mm 以下时不宜小于钢筋直径的 12 倍，当钢筋直径为 28mm 及以上时，不宜小于钢筋直径的 16 倍。

（5）箍筋弯折处尚不应小于纵向受力钢筋直径；箍筋弯折处纵向受力钢筋为搭接钢筋或并筋时，应按钢筋实际排布情况确定箍筋弯弧内直径。

弯曲性能合格标准：按 GB/T 1499.1、GB/T 1499.2 规定的弯芯直径弯曲 180°后，钢筋受弯曲部位表面不得产生裂纹。

箍筋构造规定

### 2. 纵向受力钢筋末端弯折后的平直段

纵向受力钢筋末端弯折后的平直段应符合设计要求和现行国家标准《混凝土结构设计规范》（GB 50010）的规定。纵向钢筋末端做 90°的弯折锚固时，平直段为 $12d$；做 135°的弯折锚固时，平直段为 $5d$，如图 5-2。

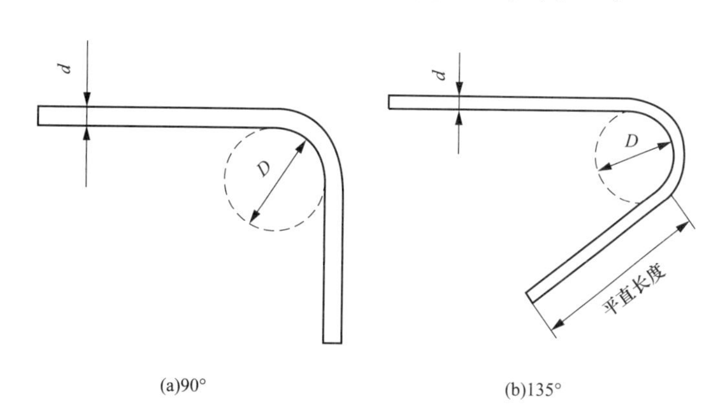


图 5-2 纵向受力钢筋弯折

超级工程：港珠澳大桥岛隧钢筋工程

超级工程：珠海十字门隧道钢筋工程

光圆钢筋末端做 180°弯钩时，弯钩的弯折后平直长度不应小于钢筋直径的 3 倍，如图 5-3。

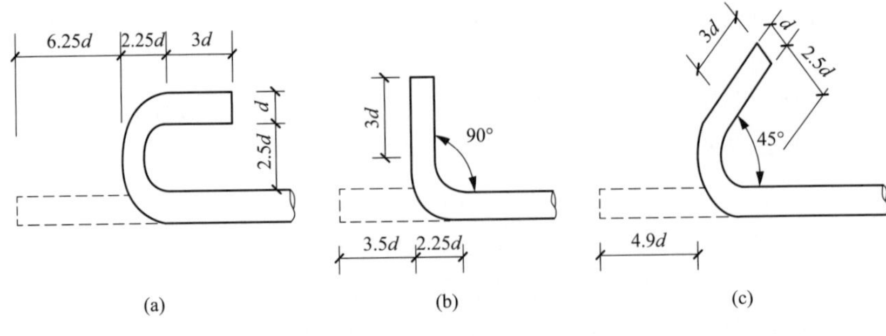


图 5-3 钢筋弯钩计算简图

箍筋

### 3. 箍筋、拉筋的末端应按设计要求做弯钩

除焊接封闭环式箍筋外，箍筋的末端应做弯钩。弯钩形式应符合设计要求，当设计无具体要求时，应符合下列规定：

（1）对一般结构构件，箍筋弯钩的弯折角度不应小于 90°，弯折后平直部分长度不应小于箍筋直径的 5 倍；对有抗震设防要求或设计有专门要求的结构构件，箍筋弯钩的弯折角度不应小于 135°，弯折后平直部分长度不应小于箍筋直径的 10 倍和 75mm 的较大值。

（2）圆形箍筋的搭接长度不应小于钢筋的锚固长度，且两末端均应做不小于 135°弯钩，弯折后平直部分长度对一般结构构件不应小于箍筋直径的 5 倍，对有抗震设防要求的结构构件不应小于箍筋直径的 10 倍和 75mm 的较大值，如图 5-4。

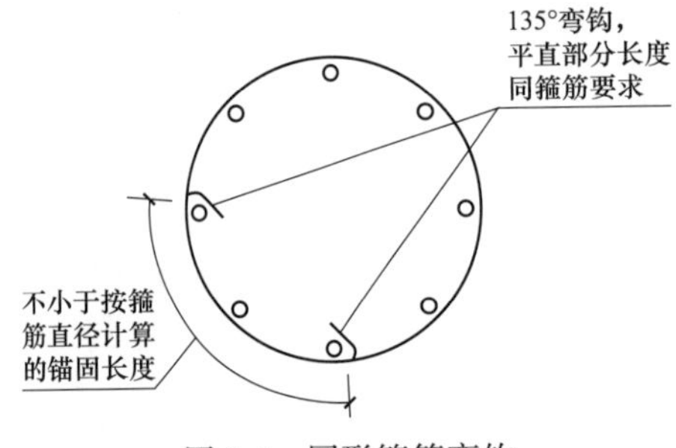


图 5-4 圆形箍筋弯钩

拉筋

（3）拉筋用作梁、柱复合箍筋单支箍筋或梁腰筋间拉结筋时，两端弯钩的弯折角度均不应小于 135°，弯折后平直部分长度对一般结构构件不应小于箍筋直径的 5 倍；对有抗震设防要求或设计有专门要求的结构构件不应小于箍筋直径的 10 倍和 75mm 的较大值。

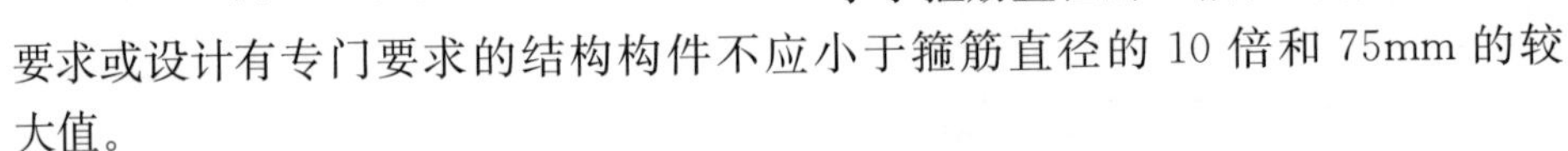

拉筋用作剪力墙、楼板等构件中的拉结筋时，两端弯钩可采用一端 90°另一端 135°弯折后平直部分长度不应小于箍筋直径的 5 倍。

### 4. 弯曲成型工艺

钢筋弯曲成型宜采用弯曲机进行。钢筋弯曲应按弯曲设备的特点进行划线。

钢筋弯曲前，对形状复杂的钢筋（如弯起钢筋），根据钢筋料牌上标明的尺寸，用石笔将各弯曲点位置划出。划线时应注意：根据不同的弯曲角度扣除弯曲调整值，其扣法是从相邻两段长度中各扣一半；钢筋端部带半圆弯钩时，该段长度划线时增加 0.5$d$（$d$ 为钢筋直径）；划线工作宜从钢筋中线开始向两边进行；两边不对称的钢筋，也可从钢筋一端开始划线，如划到另一端有出入时，则应重新调整。

螺旋箍筋的构造要求

## 第三节　钢筋的连接

钢筋连接方式应根据设计要求和施工条件选用。常用钢筋连接方法绑扎搭接连接、焊接连接、机械连接等。

钢筋在混凝土梁中主要承受拉力，钢筋接头是钢筋受力时的薄弱环节。钢筋接头的设置要求：

① 钢筋的接头宜设置在受力较小处；

② 有抗震设防要求的结构中，梁端、柱端箍筋加密区范围内不宜设置接头，且不应进行钢筋搭接；

③ 同一纵向受力钢筋不宜设置两个或两个以上的接头；

④ 接头末端至钢筋弯起点的距离不应小于钢筋公称直径的10倍。

### 一、绑扎搭接连接

钢筋连接区段长度规定

钢筋绑扎连接是指两根钢筋相互有一定的重叠长度，用扎丝绑扎的连接方法，其工艺简单、工效高，不需要连接设备；绑扎搭接钢筋的搭接长度与钢筋直径有关，当钢筋较粗时，相应地需增加接头钢筋长度，浪费钢材。

#### 1. 绑扎搭接接头的位置确定

当纵向受力钢筋采用绑扎搭接接头时，接头位置应符合下列规定：

(1) 同一构件内的接头宜相互错开。各接头的横向净距不应小于钢筋直径，且不应小于25mm。

(2) 接头连接区段的长度应为$1.3l_1$（$l_1$为搭接长度），凡接头中点位于该连接区段内的接头均应属于同一连接区段；搭接长度可取相互连接的两根钢筋中较小直径计算。

(3) 同一连接区段内，纵向受力钢筋接头面积百分率为该区段内有接头的纵向受力钢筋截面面积与全部纵向受力钢筋截面面积的比值（图5-5）。

钢筋绑扎搭接连接

同一连接区段内，纵向受拉钢筋绑扎搭接接头面积百分率应符合下列规定：

1) 梁、板类构件不宜超过25%，基础筏板不宜超过50%。

2) 柱类构件，不宜超过50%。

3) 当工程中确有必要增大接头面积百分率时，对梁类构件不应大于50%；对其他构件，可根据实际情况适当放宽。

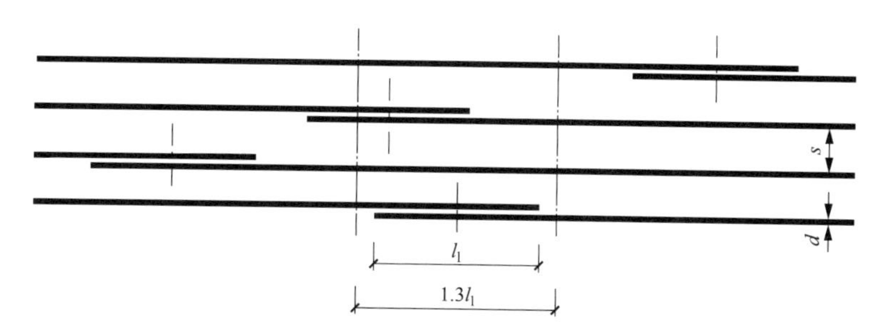


图5-5　钢筋绑扎搭接接头连接区段长度及接头面积百分率

抗震框架柱纵向钢筋连接位置搭接连接

剪力墙墙身竖向钢筋连接位置搭接连接

## 2. 纵向受力钢筋的最小搭接长度

纵向受力铜筋的搭接长度与混凝土强度、钢筋强度等级和钢筋大小有关。混凝土强度等级越低，搭接长度越长；钢筋强度等级越高，搭接长度越长。

(1) 当纵向受拉钢筋的绑扎搭接接头面积百分率不大于25%时，其最小搭接长度应符合表5-4的规定。

(2) 当纵向受拉钢筋搭接接头面积百分率为50%，其最小搭接长度应按表5-4中的数值乘以系数1.15取用。当接头面积百分率为100%时，应按表5-4中的数值乘以系数1.35。当接头面积百分率为25%～100%其他中间值时，其系数可按内插取值。

(3) 纵向受拉钢筋的最小搭接长度根据上述（1)、(2）条确定后，可按下列规定进行修正，但在任何情况下，受拉钢筋的搭接长度不应小于300mm。

1) 带肋钢筋的直径大于25mm时，其最小搭接长度应按相应数值乘以系数1.1取用。

2) 环氧树脂涂层的带肋钢筋，其最小搭接长度应按相应数值乘以系数1.25取用。

3) 施工过程中受力钢筋易受扰动时（如滑模施工)，其最小搭接氏度应按相应数值乘以系数1.1取用。

**表5-4　　纵向受拉钢筋的最小搭接长度**

| 钢筋类型 | | 混凝土强度等级 | | | | | | | | |
|---|---|---|---|---|---|---|---|---|---|---|
| | | C20 | C25 | C30 | C35 | C40 | C45 | C50 | C55 | ≥C60 |
| 光圆钢筋 | 300级 | 48d | 41d | 37d | 34d | 31d | 29d | 28d | — | — |
| 带肋钢筋 | 335级 | 46d | 40d | 36d | 33d | 30d | 29d | 27d | 26d | 25d |
| | 400级 | — | 48d | 43d | 39d | 36d | 34d | 33d | 31d | 30d |
| | 500级 | — | 58d | 52d | 47d | 43d | 41d | 39d | 38d | 36d |

绑扎接头是有长度的，并且相互绑扎的两根钢筋不仅在水平方向上产生相对滑移而且在垂直方向上产生混凝土局部挤压裂缝，所以接头区域加强配箍构造措施对保证搭接传力极为重要。

4) 抗震要求的受力钢筋的最小搭接长度，一、二级抗震等级应按相应数值乘以系数1.15采用；三级抗震等级应按相应数值乘以系数1.05采用。

5) 以下两种情况仅选其中之一执行：

① 对末端采用弯钩或机械锚固措施的带肋钢筋，其最小搭接长度可按相应数值乘以系数0.6取用。

② 带肋钢筋的混凝土保护层厚度为搭接钢筋直径的3倍，且配有箍筋时，其最小搭接长度可按相应数值乘以系数0.8取用；当带肋钢筋的混凝土保护层厚度为搭接钢筋直径的5倍，且配有箍筋时，其最小搭接长度可按相应数值乘以系数0.7取用；当带肋钢筋的混凝土保护层厚度大于搭接钢筋直径的3倍且小于5倍时，修正系数按内插取值；不应同时考虑。

(4) 纵向受压钢筋绑扎搭接时，其最小搭接长度应根据上述受拉钢筋的(1)、(2)、(3) 条的规定确定相应数值后乘以系数0.7取用。在任何情况下，受压钢筋的搭接长度不应小于200mm。

3. 绑扎搭接长度范围内的箍筋配置

在梁、柱类构件的纵向受力钢筋搭接长度范围内，应按设计要求配置箍筋（箍筋约束搭接传力区的混凝土，保证搭接钢筋的传力至关重要）。当设计无具体要求时，应符合下列规定：

1）箍筋直径不应小于搭接钢筋较大直径的0.25倍；

2）受拉搭接区段，箍筋间距不应大于搭接钢筋较小直径的5倍，且不应大于100mm；

3）受压搭接区段，箍筋间距不应大于搭接钢筋较小直径的10倍，且不应大于200mm；

4）当柱中纵向受力钢筋直径大于25mm时，应在搭接接头两个端面外100mm范围内各设置二个箍筋，其间距宜为50mm。

4. 钢筋绑扎接头的绑扎

钢筋的绑扎搭接接头应在接头中心和两端用铁丝扎牢，并应抽查连接接头的搭接长度。

二、焊接连接

焊接连接方法可改善结构的受力性能，节约钢筋用量提高工作效率，保证工程质量，故在工程施工中得到广泛应用。

焊接质量与钢材的可焊性有关系。钢材的可焊性是指被焊接的钢材在采用一定的焊接工艺、焊接材料情况下，焊接接头取得良好质量的可能性。钢材的可焊性与碳元素及一些合金元素的含量有关，含碳量增加会引起可焊性降低，锰元素含量的增加也会引起可焊性的降低，而适当的钛元素则会改善钢材的可焊性。

钢筋焊接连接

钢筋焊接质量检验，应符合行业标准《钢筋焊接及验收规程》（JGJ 18）和《钢筋焊接接头试验方法标准》（JGJ/T 27）的规定。

（一）焊接接头的设置及焊接施工的规定

1. 焊接接头的设置当纵向受力钢筋采用焊接接头时，接头的设置如下：

（1）同一构件内的接头宜相互错开。

（2）接头连接区段的长度应为35$d$且不小于500mm，凡接头中点位于该连接区段长度内的接头均应属于同一连接区段，其中$d$为相互连接的两根钢筋的较小直径。

（3）同一连接区段内，纵向受力钢筋接头面积百分率为该区段内有接头的纵向受力钢筋截面面积与全部纵向受力钢筋截面面积的比值；纵向受力钢筋的接头面积百分率应符合下列规定：

受拉接头，不宜大于50%，受压接头可不受限制；

装配式混凝土结构构件连接处受拉接头，可根据实际情况适当放宽；

直接承受动力荷载的结构构件中，不宜采用焊接接头。

2. 焊接施工的规定

（1）施焊的各种钢筋、钢板均应有质量证明书，并符合相关标准的规定；

焊条、焊丝、氧气、乙炔、液化石油气、二氧化碳气体、焊剂应有产品合格证。

(2) 余热处理的钢筋不宜使用焊接。从事钢筋焊接施工的焊工应持有钢筋焊工考试合格证；在钢筋工程焊接开工之前，参与该项施焊的焊工必须进行现场条件下的焊接工艺试验，应经试验合格后，方准于焊接生产。焊接过程中，如果钢筋牌号、直径发生变更，应再次进行焊接工艺试验。

(3) 电渣压力焊应用于柱、墙等构筑物现浇混凝土结构中竖向受力钢筋的连接；不得用于梁、板等构件中做水平钢筋的连接。

(4) 钢筋焊接施工之前，应清除钢筋、钢板焊接部位以及钢筋与电极接触处表面上的锈斑、油污、杂物等；钢筋端部当有弯折、扭曲时，应予以矫出或切除。

(5) 带肋钢筋进行闪光对焊、电弧焊、电渣压力焊和气压焊时，应将纵肋对纵肋安放和焊接。

(6) 焊剂应存放在干燥的库房内，若受潮时，在使用而应经 250°～350°，烘焙 2h。使用中回收的焊剂应清除熔渣和杂物，并应与新焊剂混合均匀后使用。

(7) 两根同牌号、不同直径的钢筋可进行闪光对焊、电渣压力焊或气压焊，闪光对焊时钢筋径差不得超过 4mm，电渣压力焊或气压焊时，钢筋径差不得超过 7mm。焊接工艺参数可在大、小直径钢筋焊接工艺参数之间偏大选用。两根钢筋的轴线应在同一直线上，轴线偏移的允许值应按较小直径钢筋计算，对接头强度的要求，应按较小直径钢筋计算。

(8) 进行电阻点焊、闪光对焊、埋弧压力焊时，应随时观察电源电压的波动情况；当电源电压下降大于 5%、小于 8%时，应采取提高焊接变压器级数的措施；当大于或等于 8%时，不得进行焊接。

(9) 当环境温度低于－20℃时，不宜进行各种焊接。

(10) 雨天、雪天进行施焊时，应采取有效遮蔽措施。焊后未冷却接头不得碰到雨和冰雪，并应采取有效的防滑、防触电措施，确保人身安全。

(11) 当焊接区风速超过 8m/s 在现场进行闪光对焊或焊条电弧焊时，当风速超过 5m/s 进行气压焊时，当风速超过 2m/s 进行二氧化碳气体保护电弧焊时，均应采取挡风措施。

### （二）焊接方法

工程中经常采用的焊接方法有闪光对焊、电弧焊、电渣压力焊、气压焊和电阻点焊等。闪光对焊和电渣压力焊是建筑施工钢筋焊接中常用方法，下面仅对闪光对焊和电渣压力焊进行讲解。

钢筋焊接：闪光对焊视频见封面二维码（资源总码）

#### 1. 闪光对焊

钢筋闪光对焊是指将两钢筋安放成对接形式，利用电阻热使接触点金属帽化，产生强烈飞溅，形成闪光，迅速施加顶锻力完成的一种压焊方法。

闪光对焊不需要焊药、施工工艺简单、工作效率高、造价较低、应用广泛。钢筋对焊是在对焊机上进行的，需对焊的钢筋分别固定在对焊机的两个电极上，通以低电压的强电流，先使钢筋端面轻微接触，电路贯通。由于钢筋端部不太平整，接触面积很小，故电阻很大，使得接触处温度上升极快，金属很快熔化（金属熔液汽化从而形成火花飞溅，则称为闪光），然后加压顶锻，使两钢筋连为一体，接头冷却后便形成对焊接头。闪光对焊主要适用于直径 8～10mm 的 HRB335 级、HRB400 级和直径 8～22mm 的 HPB300 级钢筋连接。

（1）闪光对焊工艺方法钢筋闪光对焊可采用连续闪光焊、预热闪光焊和闪光—预热闪光焊工艺方法。

1）连续闪光焊。连续闪光焊的工艺过程包括：连续闪光和顶锻过程。施焊时，先闭合一次电路，使两根钢筋端面轻微接触，此时端面的间隙中即喷射出火花般熔化的金属微粒闪光，接着徐徐移动钢筋使两端面仍保持轻微接触，形成连续闪光。当闪光到预定的长度，使钢筋端头加热到将近熔点时，就以一定的压力迅速进行顶锻。先带电顶锻，再无电顶锻到一定长度，焊接接头即告完成。

钢筋焊接：电渣压力焊视频见封面二维码（资源总码）

2）预热闪光焊。预热闪光焊是在连续闪光焊前增加一次预热过程，以扩大焊接热影响区。其工艺过程包括：预热、闪光和顶锻过程。施焊时先闭合电源，然后使两根钢筋端面交替地接触和分开，这时钢筋端面的间隙中即发出断续的闪光，而形成预热过程。当钢筋达到预热温度后进入闪光阶段，随后顶锻而成。

3）闪光—预热闪光焊。闪光—预热闪光焊是在预热闪光焊前加一次闪光过程，目的是使不平整的钢筋端面烧化平整，使预热均匀。其工艺过程包括：一次闪光、预热、二次闪光及顶锻过程。施焊时首先连续闪光，使钢筋端部平整，然后同预热闪光焊。

焊接连接区段长度

（2）钢筋闪光对焊工艺方法的选择：

1）当钢筋点径较小，钢筋牌号较低，在规定范围内，可采用“连续闪光焊”；

2）当超过表 5-5 中规定，且钢筋端面不平整，应采用“闪光—预热闪光焊”。连续闪光焊所能焊接的钢筋上限直径应根据焊机容量、钢筋牌号等具体情况而定。

**表 5-5　连续闪光焊钢筋直径上限**

| 焊机容量（KV·A） | 钢筋牌号 | 钢筋直径（mm） |
|---|---|---|
| 160<br>(150) | HPB300<br>HRB335 HRBF335<br>HRB400 HRBF400 | 22<br>22<br>20 |
| 100 | HPB300<br>HRB335 HRBF335<br>HRB400 HRBF400 | 20<br>20<br>18 |
| 80<br>(75) | HPB300<br>HRB335 HRBF335<br>HRB400 HRBF400 | 16<br>14<br>12 |

(3) 钢筋闪光对焊工艺参数。钢筋闪光对焊时，应选择合适的调伸长度、烧化留量、顶锻留量以及变压器缀数等焊接参数。

1) 调伸长度的选择，应随着钢筋牌号的提高和钢筋直径的加大而增长，主要是减缓接头的温度梯度，防止在热影响区产生淬硬组织。当焊接HRB400、HRBF400等级别钢筋时，调伸长度宜在40～60mm内选用。

2) 烧化留量的选择应根据焊接工艺方法确定。当连续闪光焊时，闪光过程应较长，烧化留量应等于两根钢筋在断料时切断机刀口严重压伤部分（包括端面的不平整度），再加8～10mm。当闪光—预热闪光焊时，应区分一次烧化留量和二次烧化留量。一次烧化留量应不小于10mm，二次烧化留量应不小于6mm。

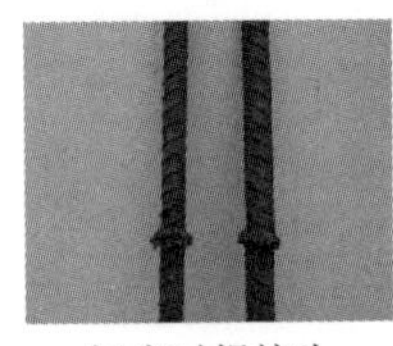
闪光对焊接头

3) 需要预热时，宜采用电阻预热法。预热留量应为1～2mm，预热次数应为1～4次；每次预热时间应为1.5～2s，间歇时间应为3～4s。

4) 顶锻留量应为3～7mm，并应随钢筋直径的增大和钢筋牌号的提高而增加。其中，有电顶锻留量约占1/3，无电顶锻留量约占2/3，焊接时必须控制得当。焊接HRB500级钢筋时，顶锻留量宜稍微增大，以确保钢筋焊接质量。

顶锻留量是一项重要的焊接参数。顶锻留量太大，会形成过大的镦粗头，容易产生应力集中；太小又可能使焊缝结合不良，降低了强度。经验证明，顶锻留量以4～10mm为宜。

(4) 钢筋闪光对焊的操作要领是：

1) 预热要充分；

2) 顶锻前瞬间闪光要强烈；

3) 顶锻快而有力。

### 2. 电渣压力焊

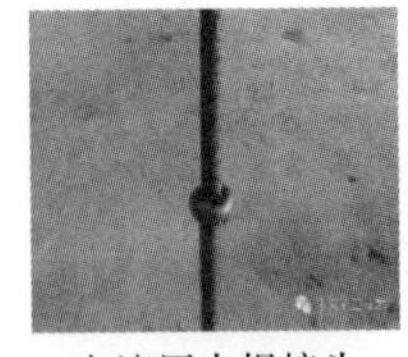
电渣压力焊接头

电渣压力焊是利用电流通过渣池产生的电阻热将钢筋端部熔化，然后施加压力使钢筋焊接在一起。电渣压力焊的操作简单、易掌握、工作效率高、成本较低、施工条件也较好，主要用于现浇钢筋混凝土结构中竖向或斜向（倾斜度不大于10°）钢筋的接长。适用于直径14～32mm的HRB335、HRB400级和直径14～20mm的HPB300级钢筋。直径12mm钢筋电渣压力焊时，应采用小型焊接夹具，上下两钢筋对正，不偏歪，多做焊接工艺试验，确保焊接质量。

(1) 电渣压力焊工艺过程应符合下列要求：

1) 焊接夹具的上下钳口应夹紧于上、下钢筋上；钢筋一经夹紧，不得晃动，且两钢筋应同心。

2) 引弧可采用直接引弧法或铁丝圈（焊条芯）间接引弧法。

电渣压力焊应用于柱、墙等构筑物现浇混凝土结构中竖向受力钢筋的连接，不得用于梁、板等构件中做水平钢筋的连接。

3) 引燃电弧后，应先进行电弧过程，然后，加快上钢筋下送速度，使钢筋端面插入液态渣池约2mm，转变为电渣过程，最后在断电的同时，迅速下压上钢筋，挤出熔化金属和熔渣。

4) 接头焊毕，应稍做停歇方可回收焊剂和卸下焊接夹具；敲去渣壳后，四周焊包凸出钢筋表面的高度，当钢筋直径为25mm及以下时不得小于4mm，当钢筋直径为28mm及以上时不得小于6mm。

（2）电渣压力焊的工艺过程包括：引弧、电弧、电渣和顶压过程。

1）引弧过程：宜采用铁丝圈引弧法，也可采用直接引弧法。

铁丝圈引弧法是将铁丝圈放在上、下钢筋端头之间，高约10mm，电流通过铁丝圈与上、下钢筋面的接触点形成短路引弧。

直接引弧法是在通电后迅速将上钢筋提起，使两端头之间的距离为2～4mm引弧。当钢筋端头夹杂不导电物质或过于平滑造成引弧困难时，可以多次把上钢筋移于与下钢筋短接后再提起，达到引弧目的。

2）电弧过程：靠电弧的高温作用，将钢筋端头的凸出部分不断烧化；同时将接口周围的焊剂充分熔化，形成一定深度的渣池。

承受均布荷载作用的屋面板、楼板、檩条等简支受弯构件，如在受拉区内配置的纵向受力钢筋少于3根时，可在跨度两端各四分之一跨度范围内设置一个焊接接头。

3）电渣过程：渣池形成一定深度后，将上钢筋缓缓插入渣池中，此时电弧熄灭，进入电渣过程。由于电流直接通过渣池产生大量的电阻热，使渣池温度升到近2000℃，将钢筋端头迅速而均匀熔化。

4）顶压过程：当钢筋端头达到全截面熔化时，迅速将上钢筋向下顶压，将熔化的金属、熔渣及氧化物等杂质全部挤出结合面，同时切断电源，焊接即告结束。

5）顶压过程：当钢筋端头达到全截面熔化时，迅速将上钢筋向下顶压，将熔化的金属、熔渣及氧化物等杂质全部挤出结合面，同时切断电源，焊接即告结束。

（3）焊接参数。电渣压力焊的焊接参数主要包括：焊接电流、焊接电压和焊接时间等，采用HJ431焊剂时，宜应符合相应规定。

### （三）焊接接头的质量检查验收

#### 1. 焊接接头的检查验收要求

（1）焊接接头应按检验批进行质量检验与验收；

（2）钢筋接头质量检验与验收应包括外观质量检查和力学性能检验，并划分为主控项目和一般项目两类；

（3）纵向受力钢筋焊接接头验收中，接头力学性能检验应为主控项目，焊接接头的外观质量检查应为一般项目；

（4）钢筋焊接接头力学性能检验时，应在接头外观检查合格后随机切取试件进行试验。

#### 2. 焊接接头的检验批确定

抗震框架柱纵向钢筋连接位置焊接连接

（1）闪光对焊的检验批。在同一台班内由同一个焊工完成的300个同牌号、同直径钢筋焊接接头应作为一批。当同一台班内焊接的接头数量较少，可在一周之内累计计算，累计仍不足300个接头时，应按一批计算。

（2）力学性能检验时，应从每批接头中随机切取6个接头，其中3个做拉伸试验，3个做弯曲试验。

（3）异径接头可只做拉伸试验。

#### 3. 焊接接头拉伸试验结果的评定

钢筋闪光对焊接头、电渣压力焊接头的拉伸试验结果评定如下：

剪力墙墙身竖向钢筋连接位置焊接连接

（1）检验批接头拉伸试验评定合格应符合下列条件之一：

1）3个试件均断于钢筋母材，呈延性断裂，其抗拉强度大于或等于钢筋母材抗拉强度标准值。

2）2个试件断于钢筋母材，呈延性断裂，其抗拉强度大于或等于钢筋母材抗拉强度标准值；另一试件断于焊缝，呈脆性断裂，其抗拉强度大于或等于钢筋母材抗拉强度标准值1.0倍。

（2）符合下列条件之一时应进行复验：

1）2个试件断于钢筋母材，呈延性断裂，其抗拉强度大于或等于钢筋母材抗拉强度标准值；另一试件断于焊缝或热影响区，呈脆性断裂，其抗拉强度小于钢筋母材抗拉强度标准值1.0倍。

剪力墙墙柱竖向钢筋连接位置焊接连接

2）1个试件断于钢筋母材，呈延性断裂，其抗拉强度大于或等于钢筋母材抗拉强度标准值；另2个试件断于焊缝或热影响区，呈脆性断裂。

（3）3个试件均断于焊缝，呈脆性断裂，其抗拉强度均大于或等于钢筋母材抗拉强度标准值1.0倍时应进行复检。当3个试件中有1个试件的抗拉强度小于钢筋母材抗拉强度标准值1.0倍，应评定该检验批接头拉伸试验不合格。

（4）复检时，应切取6个试件进行试验。试验结果中若有1个或1个以上试件断于钢筋母材，呈延性断裂，其抗拉强度大于或等于钢筋母材抗拉强度标准值，另2个或2个以下试件断于焊缝，呈脆性断裂，其抗拉强度大于或等于钢筋母材抗拉强度标准值1.0倍，应评定该检验批接头拉伸试验复验合格。

钢筋闪光对焊接头、气压焊接头还应进行弯曲试验。

钢筋机械连接

三、机械连接

钢筋机械连接是指通过钢筋与连接件的机械咬合作用或钢筋端面的承压作用，将一根钢筋中的力传递至另一根钢筋的连接方法。

机械连接方法具有工艺简单、节约钢材、改善工作环境、接头性能可靠、技术易掌握、工作效率高、节约成本等优点。

**1. 钢筋套筒挤压连接**

抗震框架柱纵向钢筋连接位置机械连接

带肋钢筋套筒挤压连接是将两根待接钢筋插入钢套筒，用挤压连接设备沿径向挤压钢套筒，使之产生塑性变形，依靠变形后的钢套筒与被连接钢筋纵、横肋产生的机械咬合成为整体的钢筋连接方法。其特点：工艺简单、可靠程度高、受人为操作因素影响小、对钢筋化学成分要求不如焊接时严格等优点。但操作工人工作强度大，有时液压油污染钢筋，综合成本较高。

**2. 钢筋锥螺纹套筒连接**

剪力墙墙身竖向钢筋机械连接

钢筋锥螺纹套筒连接是将两根待接钢筋端头用套丝机做出锥形外丝，然后用带锥形内丝的套筒将钢筋两端拧紧的钢筋连接方法。它是通过连接套与连接钢筋螺纹的啮合，来承受外荷载。其特点：质量稳定性一般，施工速度快，综合成本较低。

**3. 钢筋镦粗直螺纹套筒连接**

钢筋镦粗直螺纹套筒连接是先将钢筋端头镦粗，再切削成直螺纹，然后用带直螺纹的套筒将钢筋两端拧紧的钢筋连接方法。

其特点：钢筋端部经冷镦后不仅直径增大，使套丝后丝扣底部横截面积不小于钢筋原截面积，而且，由于冷镦后钢材强度的提高，致使接头部位有很高的强度，断裂均发生于母材。接头质量稳定性好，操作简便，连接速度快，价格适中。

在受力较大处设置机械连接接头时，位于同一连接区段内的纵向受拉钢筋接头面积百分率不宜大于50%，纵向受压钢筋的接头面积百分率可不受限制。

4. 钢筋滚轧直螺纹套筒连接

钢筋滚轧直螺纹套筒连接是利用金属材料塑性变形后冷作硬化增强金属材料强度的特性使接头与母材料强度的连接方法。

## 第四节 钢筋的配料

钢筋配料就是将设计图纸中各个构件的配筋图表，编制成便于实际加工、具有准确下料长度（钢筋切断时的直线长度）和数量的表格即配料单。钢筋配料时，为保证工作顺利进行，不发生漏配和多配，最好按结构顺序进行，且将各种构件的每一根钢筋进行编号。

钢筋下料长度的计算是配料计算中的关键，是钢筋弯曲成型、安装位置准确的保证，同时是钢筋工程计量的主要依据。由于结构受力上的要求，大多数成型钢筋在中间需要弯曲和两端弯成弯钩。

钢筋弯曲时的特点：一是在弯曲处内壁缩短、外壁伸长、中心线长度不变，二是在弯曲处形成圆弧。钢筋的度量方法一般是沿直线（弯曲处为折线）量外皮尺寸（图5-6）。因此，在配料中不能直接根据图纸中尺寸下料。

量度差值计算公式推导

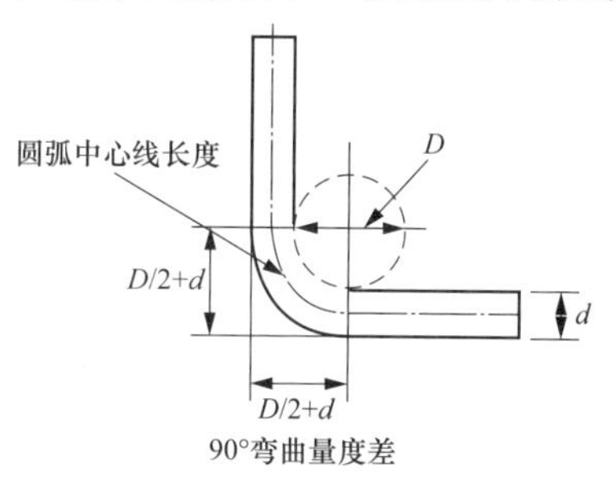


图5-6 钢筋弯曲90°成型与图示度量的关系

在实际工程计算中，影响下料长度计算的因素很多，如不同部位混凝土保护层厚度有变化；钢筋弯折的角度不同；图纸上钢筋尺寸标注方法的多样化；弯折钢筋的品种、级别、规格、形状、弯心半径的大小以及端部弯钩的形状等，在进行下料长度计算时，都应该考虑到。

### 一、保护层厚度

混凝土保护层是指混凝土结构构件中最外层钢筋的外缘至混凝土构件表面的距离，简称保护层。受力钢筋的保护层厚度不应小于钢筋的公称直径 $d$，设计使用年限为50年的混凝土结构最外层钢筋的保护层厚度应符合规定。

### 二、钢筋弯曲量度差和末端弯钩（折）增加值

1. 钢筋中间部位弯曲量度差

钢筋不同弯曲角度的量度差值（通用取值）

钢筋弯曲后，其中心线长度并没有变化，图纸上标注的大多是钢筋的折线外皮尺寸，外皮尺寸明显大于钢筋的中心线长度，如果按照外包尺寸下料、弯折，就会造成钢筋的浪费，而且也给施工带来不便（由于尺寸偏大，致使保护层厚度不够，甚至不能放进模板）。因而应该根据弯曲后钢筋成品的中心线总长度下料才是正确的加工方法。钢筋在中间部位弯曲外皮标注尺寸和中心线长

度之间存在一个差值，这一差值就被称为“量度差”。

2. 钢筋末端弯钩（折）增加值

末端弯钩（折）增加值=中心线长度-标注尺寸+平直段长度

纵向受力的光圆钢筋末端做180°弯钩；箍筋、拉结筋末端按要求做135°弯钩或90°弯钩；纵向受力带肋钢筋末端做90°、135°的弯折锚固。

180°弯钩长度增加值推导过程

三、钢筋工程的计量

钢筋工程的工程量以理论质量计算，按不同品种、不同规格以设计长度乘以相应的单位长度理论质量：

单根钢筋理论质量=单根钢筋设计长度（下料长度）×相应规格的单位长度质量

## 第五节 钢筋的代换

钢筋的品种、级别、规格应按设计要求采用。若在施工过程中，由于材料供应的困难不能满足设计对钢筋级别或规格的要求，在征得设计单位同意后，可对钢筋进行代换。但代换时必须充分了解设计意图和代换钢筋的性能，严格遵守规范的各项规定。

### 一、钢筋代换原则

（1）不同品种、级别的钢筋的代换，应按钢筋受拉承载力设计值相等的原则进行。

135°弯钩长度增加值推导过程

（2）当构件受抗裂、裂缝宽度或挠度控制时，钢筋代换后应进行抗裂、裂缝宽度或挠度验算。

（3）代换后，应满足混凝土结构设计规范中所规定的最小配筋率、钢筋间距、锚固长度、最小钢筋直径、根数等要求。

（4）对重要受力构件，不宜使用HPB300级光圆钢筋代替HRB335和HRB400级带肋钢筋。

（5）梁的纵向受力钢筋和弯起钢筋应分别进行代换。

（6）对有抗震要求的框架，不宜以强度等级较高的钢筋代替原设计的钢筋；当必须代换时，其代换钢筋的抗拉强度实测值与屈服强度实测值的比值不应小于1.25；当按一级抗震设计时，钢筋的屈服强度实测值与钢筋的强度标准值的比值，不应大于1.25，当按二级抗震设计时，不应大于1.4。

### 二、钢筋代换方法

（1）等强度代换：当构件受强度控制时，钢筋代换可按代换前后强度相等的原则进行。

（2）等面积代换：当构件按最小配筋率配筋时，钢筋代换可按代换前后面积相等的原则进行。

## 第六节 钢筋的绑扎安装与验收

加工完毕的钢筋即可运到施工现场按设计要求品种、规格、数量、位置、连接方式进行安装、连接和绑扎。钢筋的绑扎一般采用20～22号铁丝或镀锌铁丝进行。

钢筋的安装绑扎应该与模板安装相配合，柱筋的安装一般在柱模板安装前进行；梁的施工顺序正好相反，一般是先安装好梁模再安装梁筋，当梁高较大时，可先留下一面侧模不安，待钢筋绑扎完毕，再支余下一面侧模，以方便施工；楼板模板安装好后，即可安装板筋。

现浇板钢筋绑扎

### 一、钢筋安装绑扎

#### 1. 构件交接处的钢筋位置

构件交接处的钢筋位置应符合设计要求。当设计无要求时，应保证主要受力构件和构件中主要受力方向的钢筋位置。框架节点处梁纵向受力钢筋宜放在柱纵向钢筋内侧。

板定位钢筋：铁马镫

当主次梁标高相同时，次梁下部钢筋应放在主梁下部钢筋之上；剪力墙中水平分布钢筋宜放在外侧，并宜在墙端弯折锚固。

#### 2. 钢筋的定位

钢筋安装应采用定位件（间隔件）固定钢筋的位置，并宜采用伝用定位件定位件应具有足够的承载力、刚度、稳定性和耐久性。定位件的数量、间距和固定方式应能保证钢筋的位置偏差符合国家现行有关标准的规定。混凝土框架梁、柱保护层内，不宜采用金属定位件。

板定位钢筋：塑料马镫

钢筋定位件主要有专用定位件、水泥砂浆或混凝土制成的垫块、金属巧凳、梯子筋等。

#### 3. 复合箍筋的安装

剪力墙定位钢筋：梯子筋

复合箍筋是指由多个封闭箍筋或封闭箍筋、单肢箍组成的多肢箍。

采用复合箍筋时，箍筋外围应封闭。梁类构件复合箍筋内部宜选用封闭箍筋，单数肢也可采用拉筋；柱类构件复合箍筋内部可部分采用拉筋。当拉筋设置在复合箍筋内部不对称的一边时，沿纵向受力钢筋方向的相邻复合箍筋应交错布置。

#### 4. 钢筋绑扎的要求

钢筋绑扎应符合下列规定：

（1）钢筋的绑扎搭接接头应在接头中心和两端用铁丝扎牢。

（2）墙、柱、梁钢筋骨架中各竖向而钢筋网交叉点应全数绑扎；板上部钢筋网的交叉点应全数绑扎，底部钢筋网除边缘部分外可间隔交错扎牢。

（3）梁、柱的箍筋弯钩及焊接封闭箍筋的焊点应沿纵向受力钢筋方向错开设置。

（4）构造柱纵向钢筋宜与承重结构同步绑扎。

（5）梁及柱中箍筋、墙中水平分布钢筋、板中钢筋距构件边缘的起始距离宜为50mm。

钢筋安装位置的允许偏差和检验方法

### 二、钢筋安装质量检查

钢筋安装绑扎完成后，应检查钢筋连接施工质量和检查钢筋的品种、级别、规格、数量、位置。

### 1. 钢筋连接施工的质量检查

钢筋连接施工的质量检查应符合下列规定：

（1）钢筋焊接和机械连接施工前均应进行工艺试验。机械连接应有检查有效的型式检验报告。

（2）钢筋焊接接头和机械连接接头应全数检查外观质量，搭接连接接头应抽查搭接长度。

（3）螺纹接头应抽检拧紧扭矩值。

（4）施工中应检查钢筋接头百分率。

（5）焊接接头、机械连接接头应按有关规定抽取试件做力学性能检验。

### 2. 钢筋安装绑扎质量检查

钢筋安装绑扎完成后，应根据设计要求检查钢筋品种、级别、规格、数量（间距）、位置等，并应符合规定。

六册重要图集：

（1）《混凝土结构施工图平面整体表示方法制图规则和构造详图（现浇混凝土框架、剪力墙、梁、板）》（16G101-1）；

（2）《混凝土结构施工图平面整体表示方法制图规则和构造详图（现浇混凝土板式楼梯）》（16G101-2）；

（3）《混凝土结构施工图平面整体表示方法制图规则和构造详图（独立基础、条形基础、筏形基础）》（16G101-3）；

（4）《混凝土结构施工钢筋排布规则与构造详图（现浇混凝土框架、剪力墙、梁、板）》（18G901-1）；

（5）《混凝土结构施工钢筋排布规则与构造详图（现浇混凝土板式楼梯）》（18G901-2）；

（6）《混凝土结构施工钢筋排布规则与构造详图（独立基础、条形基础、筏形基础、桩基础）》（18G901-3）。

# 第六章 混凝土工程

## 教学目标

### （一）总体目标

教学的总体目标是使学生具有建筑施工图的识图能力，具备职业岗位中混凝土结构工程施工相关工作过程的技术指导、质量检查和简单的事故分析与处理的能力，具有独立学习、独立计划、独立工作的能力，具有职业岗位所需的合作、交流等能力。

### （二）具体目标

#### 1. 专业知识目标

(1) 对混凝土结构常见构件基础、柱（墙）、梁、板和楼梯等，能够准确识图、画出钢筋下料的大样图并计算下料长度和下料根数，制作钢筋加工配料单。

(2) 能够根据构件的位置、尺寸、形状，确定模板类型选用、支撑结构计算、拼装及材料用量计算及测量定位，完成模板制作安装，最后做质量检测并记录。若施工中出现质量问题，能对其进行简单的分析与处理。

(3) 能够根据构件的钢筋加工配料单，实施钢筋加工与设备使用，并能完成钢筋的连接，进行钢筋连接后的质量检查，并做工作记录。若施工中出现质量问题，能对其进行简单的分析与处理。

(4) 能够进行水泥、砂和石子等原材料的取样送检，将实验室配合比换算成施工配合比，并按施工配合比进行计量，完成混凝土的拌合、性能检测、运输、浇筑、振捣、混凝土养护，确定拆模时间及强度检验，应对混凝土试块进行评定，做好工作记录。

#### 2. 综合能力目标

(1) 能够结合混凝土施工知识，理解多种混凝土结构的持力原理；

(2) 能够理解混凝土结构构件的整体施工工艺；

(3) 结合国家建筑标准，理解混凝土结构工程的施工过程。

#### 3. 综合素质目标

(1) 激发学生对土木工程施工的学习激情，建立学生对土木工程施工技术进一步创新的愿望，提升学生专业认同感；

(2) 增强学生扎根祖国、建设祖国的爱国热情。

## 教学重点和难点

### （一）重点

(1) 掌握构件施工目的、构件尺寸、构件形状；

(2) 掌握施工构件的施工工艺、成型条件；

(3) 掌握模板类型选用、支撑结构计算、拼装及材料用量计算及测量定位；

(4) 原材料的取样送检；

(5) 模板制作安装。

### （二） 难点

(1) 混凝土试块进行评定；

(2) 拆模时间及强度检验；

(3) 混凝土结构的持力原理。

## 教学策略

本章是土木工程施工课程的第六章，对《混凝土结构工程施工》课程中的混凝土工程部分如何在施工中实现起到重要的引领作用，教学内容涉及面广，专业性较强。能够识读筏式基础、箱型基础的施工图纸，组织模板选择、钢筋的加工，能够组织大体积混凝土浇筑施工。为帮助学生更好地学习本章知识，采取“课前知识回顾——课中教学互动——技能训练——课后拓展”的教学策略。

(1) 课前引导：提前介入学生学习过程，要求学生复习混凝土结构工程施工中的桩基础部分，为课程学习进行知识储备。

(2) 课中教学互动：课堂教学教师讲解中，以大量现场案例图片和视频的形式，让学生直观和系统地了解、理解整个构件的施工过程。

(3) 技能训练：采用课内、课外交叉教学，在用 2 个学时的时间进行观看实训室混凝土施工模拟，用 2 个学时完成模板制作安装。

(4) 课后拓展：引导学生自主学习与本课程相关的规范，包括《混凝土结构工程施工规范》(GB 50666—2011)、《大体积混凝土施工标准》(GB 50496—2018)、《建筑工程冬期施工规程》(JGJ/T 104—2011)，拓宽学生视野，增加学生的实践能力。

## 教学架构设计

### （一） 教学准备

(1) 情感准备：和学生沟通，了解学情，鼓励学生，增进感情。

(2) 知识准备：

1) 复习：混凝土结构工程施工课程中的混凝土施工部分；

2) 预习：“雨课堂”分布的预习内容和桩基础施工的视频。

(3) 授课准备：学生分组，要求学生带问题进课堂。

(4) 资源准备：授课课件、数字资源库等。

### （二） 教学架构

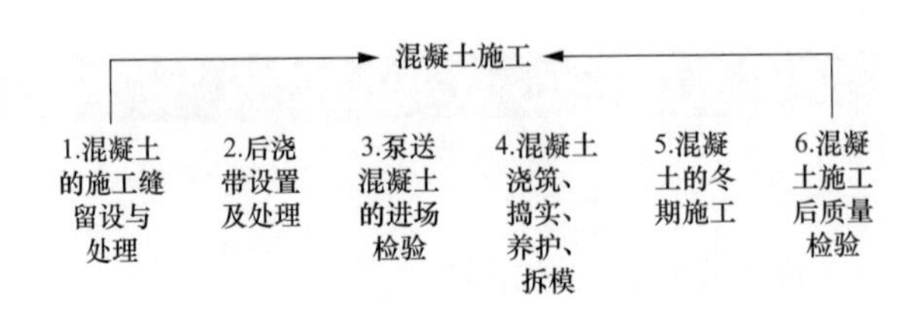

**（三）实操训练**

完成《混凝土施工之我的理解》小视频并上传到课程QQ群。

**（四）思政教育**

根据授课内容，本章主要在专业认同感、持续创新、热爱祖国三个方面开展思政教育。

**（五）效果评价**

采用注重学生全方位能力评价的“五位一体评价法”，即自我评价（20%）+团队评价（20%）+课堂表现（20%）+教师评价（20%）+自我反馈（20%）评价法。同时引导学生自我纠错、自主成长并进行学习激励，激发学生学习的主观能动性。

**（六）学时建议**

4/56（本章建议学时/课程总学时）。

## 第一节　混凝土配料和拌制

混凝土的配料指的就是将各种原材料按照一定的配合比配制成工程需要的混凝土。混凝土的配料包括原材料的选择、混凝土配合比的确定、材料称量等方面的内容。

通用硅酸盐水泥化学指标取样

### 一、混凝土配料

**（一）原材料的选择**

混凝土的原材料包括水泥、砂、石、水和外加剂。

**1. 水泥**

水泥作为混凝土主要的胶凝材料，其品种和强度等级对混凝土性能和结构的耐久性都很重要。常用的通用硅酸盐水泥品种有：硅酸盐水泥、普通硅酸盐水泥、矿渣硅酸盐水泥、火山灰质硅酸盐水泥、粉煤灰硅酸盐水泥、复合硅酸盐水泥六种水泥。

水泥中的三氧化硫会与铝酸三钙形成较多的钙矾石，体积膨胀，危害安定性；水泥中氧化镁水化生成氢氧化镁，体积膨胀，而其水化速度慢；一定含量的氯离子会腐蚀钢筋，故须加以限制。通用硅酸盐水泥化学指标应符合以下规定。

（1）水泥的选用。水泥的品种和成分不同，其凝结时间、早期强度、水化热、吸水性和抗侵蚀的性能等也不相同，这些都直接影响到混凝土的质量、性能和适用范围。

水泥的选用应符合下列规定：

1）水泥品种与强度等级应根据设计、施工要求以及工程所处环境条件确定。

2）普通混凝土结构宜选用通用硅酸盐水泥；有特殊需要时，也可选用其他品种水泥。

3）对于有抗渗、抗冻融要求的混凝土，宜选用硅酸盐水泥或普通硅酸盐水泥。

4）处于潮湿环境的混凝土结构，当使用碱活性骨料时，宜采用低碱水泥。

（2）水泥进场检查：

1）水泥进场时，供方应提供相应的质量证明文件，并对其品种、强度等级、包装或散装仓号、出厂日期等内容进行检查验收。

2）水泥检验批抽样复验：

① 应对水泥的强度、安定性、凝结时间及其他必要指标进行检验。同一生产厂家、同一品种、同一等级且连续进场的水泥袋装不超过 200t 为一检验批，散装不超过 500t 为一检验批。

② 当符合下列条件之一时，复验时可将检验批容量扩大一倍：

a. 对经产品认证机构认证符合要求的产品，来源稳定且连续三次检验合格；

b. 同一厂家的同批出厂材料，用于同时施工且属于同一工程项目的多个单位工程。

**2. 粗骨料**

混凝上级配中所用粗骨料指的是碎石或卵石，由天然岩石或卵石经破碎、筛分而得的、粒径大于 5mm 的岩石颗粒，称为碎石。由于自然条件作用而形成的粒径大于 5mm 的岩石颗粒，称为卵石。卵石表面光滑，空隙率与表面积较小，故相对碎石水泥用量稍少，但与水泥浆的黏结性也差一些，故卵石混凝土的强度与碎打混凝土相比要低一些。碎石则刚好相反，所需水泥用量稍多，与水泥浆的黏结性好一些，故碎石混凝土的强度较高，但其成本也较高。

碎石或卵石的颗粒级配和最大粒径对混凝土的强度影响较大，级配越好，混凝土的和易性和强度也越高。

石子的强度、坚固性、有害物质含量以及石子中针、片状颗粒含量及含泥量等方面的技术指标都应满足国家标准规定，以保证混凝土浇筑成型后的质量。

粗骨料宜选用粒形良好、质地坚硬的洁净碎石或卵石，并应符合下列规定：

（1）粗骨料最大粒径不应超过构件截面最小尺寸的 1/4，且不应超过钢筋最小净间距的 3/4；对实心混凝土板，粗骨料的最大粒径不宜超过板厚的 1/3，且不应超过 40mm。

（2）粗骨料宜采用连续粒级，也可用单粒级组合成满足要求的连续粒级。

（3）含泥量、泥块含量指标应符合规定。

**3. 细骨料**

砂的分类

混凝土配制中所用细骨料一般为砂，混凝土用砂有天然砂（由自然条件作用而形成的，粒径在 5mm 以下的岩石颗粒）和人工砂（岩石经除土、机械破碎、筛分而成的粒径在 5mm 以下的岩石颗粒）两大类。根据其平均粒径或细度模数时分为粗砂、中砂、细砂和特细砂四种。

作为混凝土用砂在砂的颗粒级配、含泥量、坚固性、有害物质含量等性质方面必须符合国家有关标准的规定。泥块阻碍水泥浆与砂粒结合，使强度降低；含泥量过大，会增加混凝土用水量，从而增大混凝土收缩。

在混凝土中砂粒之间的空隙是由水泥浆所填充，为节省水泥和提高混凝土的强度，就应尽量减少砂粒之间的空隙。要减少砂粒之间的空隙就必须有大小不同的颗粒合理搭配。

细骨料的含泥量和泥块含量

细骨料宜选用级配良好、质地坚硬、颗粒洁净的天然砂或机制砂，并应符合下列规定：

（1）细骨料宜选用Ⅱ区中砂。当选用Ⅰ区砂时应提高砂率，并应保持足够的胶凝材料用量，满足混凝土的工作性要求；当采用Ⅲ区砂时，宜适当降低砂率。

（2）混凝土细骨料中氯离子含量应符合下列规定：

对钢筋混凝土，按干砂的质量百分率计算不得大于0.06%；对预应力混凝土，按干砂的质量百分率计算不得大于0.02%；含泥量、泥块含量指标应符合《混凝土结构工程施工规范》（GB 50666—2011）规定；海砂应符合现行行业标准《海砂混凝土应用技术规范》（JGJ 206—2010）的有关规定。

**4. 水**

混凝土拌合用水一般采用饮用水，当采用其他来源水时，水质必须符合国家现行标准《混凝土用水标准》（JGJ 63—2006）的规定。水中不能含有影响水泥正常硬化的有害杂质，如污水、工业废水及pH值小于4的酸性水和硫酸盐含量超过水重1%的水不得用于混凝土中。

未经处理的海水严禁用于钢筋混凝土和预应力混凝土拌制和养护。

**5. 外加剂**

外加剂在混凝土中掺入少量外加剂，可改善混凝土的性能，加速工程进度或节约水泥，满足混凝土在施工和使用中的一些特殊要求，保证工程顺利进行。

（1）混凝土外加剂按其主要功能分为四类：

1）改善混凝土拌合物流变性能的外加剂。包括各种减水剂、引气剂和泵送剂等。

2）调节混凝土凝结时间、硬化性能的外加剂。包括缓凝剂、早强剂和速凝剂等。

3）改善混凝土耐久性的外加剂。包括引气剂、防水剂和阻锈剂等。

4）改善混凝土其他性能的外加剂。包括加气剂、膨胀剂、着色剂、防冻剂、防水剂和泵送剂等。

（2）外加剂的选用应根据混凝土原材料、性能要求、施工工艺、工程所处环境条件和设计要求等因素通过试验确定，并应符合下列规定：

1）当使用碱活性骨料时，由外加剂带入的碱含量（以当量氧化钠计）不宜超过1.0kg/$m^3$，混凝土总碱含量尚应符合现行国家标准《混凝土结构设计规范》（GB 50010—2010）等的有关规定；

2）不同品种外加剂首次复合使用时，应检验混凝土外加剂的相容性。

### （二）混凝土配合比的确定

混凝土配合比应该根据材料的供应情况、设计混凝土强度等级、混凝土施工和易性的要求等因素来确定，并应符合合理使用材料和经济的原则。合理的混凝土配合比应能满足两个基本要求：混凝土的设计强度要求、施工所需要的和易性。

对于有抗渗、抗冻融或其他特殊要求的混凝土，宜选用连续级配的粗骨料，最大粒径不宜大于 40mm，含泥量不应大于 1.0%，泥块含量不应大于 0.5%；所用细骨料含泥量不应大于 3.0%，泥块含量不应大于 1.0%。

### （三） 混凝土现场施工配合比的确定

混凝土的配合比一般指的是实验室配合比，也就是说砂、石等原材料处于完全干燥状态下：在现场施工中砂、石两种原材料都采用露天堆放，不可避免含有一些水分，而且含水量随着气候变化而变化，当粗、细骨料的实际含水量发生变化时，应及时调整粗、细骨料和拌合用水的用量，才能保证混凝土配合比的准确，从而保证混凝土的质量。所以在施工时应及时测量砂、石的含水率，并将混凝土的实验室配合比换算成考虑了砂石含水率条件下的施工配合比。

施工配合比应经有关人员批准。混凝土配合比使用过程中，应根据反馈的混凝土动态质量信息，及时对配合比进行调整。

## 二、混凝拌制

混凝土拌制

混凝土的拌制就是水泥、水、粗细骨料和外加剂等原材料混合在一起进行均匀拌合的过程。搅拌后的混凝土要求匀质，且达到设计要求的和易性和强度。

混凝土结构施工宜采用预拌混凝土。混凝土制备应符合下列规定：

（1）预拌混凝土应符合《预拌混凝土》（GB/T 14902—2012）的有关规定；

（2）现场搅拌混凝土宜采用具有自动计量装置的设备集中搅拌；

（3）当不具备上述规定的条件时，应采用符合现行国家标准《混凝土搅拌机》（GB/T 9142）的搅拌机进行搅拌，并应配备计量装置。

### （一） 搅拌机

目前普遍使用的搅拌机根据其搅拌机理可分为自落式搅拌机和强制式搅拌机两大类。混凝土宜采用强制式搅拌机搅拌，并应搅拌均匀。

（1）自落式搅拌机。自落式搅拌机主要是利用拌筒内材料的自重进行工作，比较节约能源由于材料黏着力和摩擦力的影响，自落式搅拌机只适用于搅拌塑性混凝土和低流动性混凝土。自落式搅拌机在使用时对筒体和叶片的摩擦较小，易于清洁。由于搅拌过程对混凝土骨料有较大磨损，从而对混凝土质量产生不良影响，故自落式正逐渐被强制式搅拌机所替代。

（2）强制式搅拌机。强制式搅拌机是利用拌筒内运动着的叶片强迫物料朝着各个方向运动，由于各物料颗粒的运动方向、速度各不相同，相互之间产生剪切滑移而相互穿插、扩散，从而在很短的时间内，使物料拌和均匀。其搅拌机理被称为剪切搅拌机理。强制式搅拌机适用于搅拌坍落度在 3cm 以下的普通混凝土和轻骨料混凝土。

### （二）搅拌制度

为了获得均匀优质的混凝土拌合物，除合理选择搅拌机的型号外，还必须合理确定搅拌制度。具体内容包括搅拌机的转速、搅拌时间、装料容积和投料顺序等。

#### 1. 装料容积

不同类型的搅拌机具有不同的装料容积，装料容积指的是搅拌一罐混凝土所需各种原材料松散体积之和。一般来说装料容积是搅拌机拌筒几何容积的1/3～1/2，强制式搅拌机可取上限，自落式搅拌机可取下限。若实际装料容积超过额定装料容积一定数值，则各种原材料不易拌和均匀，势必延长搅拌时间，反而降低了搅拌机的工作效率，而且也不易保证混凝土的质量。当然装料容积也不必过小，否则会降低搅拌机的工作效率。

搅拌完毕混凝土的体积称为出料容积，一般为搅拌机装料容积的0.55～0.75。目前，搅拌机上标明的容积一般为出料容积。

#### 2. 装料顺序

在确定混凝土各种原材料的投料顺序时，应考虑到如何才能保证混凝土的搅拌质量，减少机械磨损和水泥飞扬，减少混凝土的粘罐现象，降低能耗和提高劳动生产率等。目前采用的装料顺序有一次投料法、二次投料法等。

采用分次投料搅拌方法时，应通过试验确定投料顺序、数量及分段搅拌的时间等工艺参数，掺合料宜与水泥同步投料，液体外加剂宜滞后于水和水泥投料；粉状外加剂溶解后再投料。

（1）一次投料法。这是目前广泛使用的一种方法，也就是将砂、石、水泥依次放入料斗后再和水一起进入搅拌筒进行搅拌。这种方法工艺简单、操作方便。当采用自落式搅拌机时常用的加料顺序是先倒石子，再加水泥，最后加砂。这种加料顺序的优点就是水泥位于砂石之间，进入拌筒时可减少水泥飞扬，同时砂和水泥先进入拌筒形成砂浆可缩短包裹石子的时间，也避免了水向石子表面聚集产生的不良影响，可提高搅拌质量。

（2）二次投料法。二次投料法又可分为预拌水泥砂浆法和预拌水泥净浆法。预拌水泥砂浆法是指先将水泥、砂和水投入拌筒搅拌1～1.5min后加入石子再搅拌1～1.5min，预拌水泥净浆法是先将水和水泥投入拌筒搅拌1/2搅拌时间，再加入砂石搅拌到规定时间。实验表明，由于预拌水泥砂浆或水泥净浆对水泥有一种活化作用，因而搅拌质量明显高于一次加料法。若水泥用量不变，混凝土强度可提高15%左右，或在混凝土强度相同的情况下，可减少水泥用量约15%～20%。

当采用强制式搅拌机搅拌轻骨料混凝土时，若轻骨料在搅拌前已经预湿，则合理的加料顺序应是：先加粗细骨料和水泥搅拌30s，再加水继续搅拌到规定时间。若在搅拌前，轻骨料未经预湿，则先加粗、细骨料和总用水量的1/2搅拌60s后，再加水泥和剩余1/2用水量搅拌到规定时间。

#### 3. 搅拌时间

当能保证搅拌均匀时可适当缩短搅拌时间。搅拌强度等级C60及以上的混凝土时，搅拌时间应适当延长。

#### 4. 开盘鉴定

对首次使用的配合比应进行开盘鉴定。开盘鉴定应包括下列内容：

（1）混凝土的原材料与配合比设计所使用原材料的一致性；

(2) 出机混凝土工作性与配合比设计要求的一致性；

(3) 混凝土强度；

(4) 混凝土凝结时间；

(5) 有特殊要求时，还应包括混凝土耐久性能。

施工现场搅拌混凝土的开盘鉴定由监理工程师组织、施工单位项目技术负责人、专业工长、试验室代表等参加；预拌混凝土搅拌站的开盘鉴定由搅拌站总工程师组织、搅拌站技术、质量负责人和试验室代表等参加。

## 第二节 混凝土运输和输送

### 一、混凝土运输

混凝土运输是指混凝土搅拌地点至工地卸料地点的运输过程。

混凝土运输

混凝土运输是指将混凝土从搅拌站送到浇筑点的过程。为了保证混凝土的施工质量，对混凝土拌合物运输的基本要求是：不产生离析现象，不漏浆，保证浇筑时规定的坍落度，在混凝土初凝前有充分时间进行浇筑和捣实。

#### （一）混凝土运输要求

(1) 混凝土宜采用搅拌运输车运输，运输车辆应符合国家现行有关标准的规定。搅拌运输车的旋转拌合功能能够减少运输途中对混凝土性能造成的影响。

(2) 运输过程中应保证混凝土拌合物的均匀性和工作性；在运输过程中，混凝土拌合物的坍落度可能损失，同时还可能出现混凝土离析，需要采取措施加以防止。

(3) 应采取保证连续供应的措施，并应满足现场施工的需要。

混凝土连续施工是保证混凝土结构整体性和某些重要功能（如防水功能）的重要条件。故在混凝土制备、运输时应根据混凝土浇筑量、现场混凝土浇筑速度、运输距离和道路状况等，采取可靠措施（充足的生产能力、足够的运输工具、可靠的运输路线以及制定应急预案等）保证混凝土能够连续不间断供应。

#### （二）混凝土搅拌运输车运输混凝土

(1) 接料前，搅拌运输车应排净罐内积水。

(2) 在运输途中及等候卸料时，应保持搅拌运输车罐体正常转速，不得停转；

(3) 卸料前，搅拌运输车罐体宜快速旋转搅拌 20s 以上后再卸料。

(4) 运输途中因道路阻塞或其他意外情况造成坍落度损失较大不能满足施工要求时，可在运输车罐内加入适量的与原配合比相同成分的减水剂。减水剂加入量应事先由试验确定，并应做出记录。加入减水剂后，混凝土罐车应快速旋转搅拌均匀，并应达到要求的工作性能后再泵送或浇筑。

#### （三）机动翻斗车运输混凝土

当采用机动翻斗车运输混凝土时，道路应通畅，路面应平整、坚实，临时坡道或支架应牢固，铺板接头应平顺。

### （四）预拌混凝土质量检查

（1）采用预拌混凝土时，供方应提供混凝土配合比通知单、混凝土抗压强度报告、混凝土质量合格证和混凝土运输单（其中混凝土抗压强度报告、混凝土质量合格证应在32d内补送）。当需要其他资料时，供需双方应在合同中明确约定。预拌混凝土质量控制资料的保存期限，应满足工程质量追溯的要求。

（2）混凝土拌合物工作性检查每100m³不应少于1次，且每一工作班不应少于2次，必要时可增加检查次数；混凝土拌合物工作性应检验其坍落度或维勃稠度，检验应符合下列规定：

1）坍落度和维勃稠度的检验方法应符合《普通混凝土拌合物性能试验方法》（GB/T 50080）的有关规定；

2）坍落度、维勃稠度的允许偏差应分别符合规定；

3）预拌混凝土的坍落度检查应在交货地点进行；

4）坍落度大于220mm的混凝土，可根据需要测定其坍落扩展度，扩展度的允许偏差为±30mm。

在运输过程中，由于运输工具的颠簸、振动等动力的作用，黏聚力和内摩阻力将明显削弱，使集料失去平衡状态，在自重作用下向下沉落，质量越大，向下沉落的趋势越强，由于粗、细集料和水泥浆的质量各异，因而各自聚集在一定深度，形成分层离析现象。

## 二、混凝土输送

混凝土输送是指对运输至施工现场的混凝土，通过输送泵、溜槽、吊车配备斗容器、升降设备配备小车等方式送至浇筑点的过程。混凝土输送宜采用泵送方式（有利于提高劳动生产率和保证施工质量）。

输送混凝土的管道、容器、溜槽不应吸水、漏浆，并应保证输送通畅。输送混凝土时应根据工程所处环境条件采取保温、隔热、防雨等措施。

### （一）泵的种类与工作原理

混凝土输送泵的种类很多，有活塞泵、气压泵和挤压泵等类型，目前应用最为广泛的是活塞泵，根据其构造和工作机理的不同，活塞泵又可分为机械式和液压式两种，常采用液压式。与机械式相比，液压式是一种较为先进的混凝土泵，它省去了机械传动系统，因而具有体积小、质量轻、使用方便、工作效率高等优点，液压泵还可进行逆运转，迫使混凝土在管路中作往返运动，有助于排除管道堵塞和处理长时间停泵问题。

混凝土拌合料进入料斗后，吸入端片阀打开，排出端片阀关闭，液压作用下活塞左移，混凝土在自重和真空吸力作用下进入液压缸。由于液压系统中压力油的进出方向相反，使得活塞右移，此时吸入端片阀关闭，压出端片阀打开，混凝土被压入到输送管道。液压泵一般采用双缸工作，交替出料。通过Y形管后，混凝土进入同一输送管从而使混凝土的出料稳定连续。

### （二）混凝土输送泵的选择及布置

（1）输送泵的选型应根据工程特点、混凝土输送高度和距离、混凝土工作性确定。

（2）输送泵的数量应根据混凝土浇筑量和施工条件确定，必要时宜设置备用泵。

（3）输送泵设置的位置应满足施工要求，场地应平整、坚实，道路应畅通。

混凝土输送设备

(4) 输送泵的作业范围不得有阻碍物。输送泵设置位置应有防范高空坠物的设施。

### (三) 混凝土输送泵管的选择与支架的设置

(1) 混凝土输送泵管应根据输送泵的型号、拌合物性能、总输出量、单位输出量、输送距离以及粗骨料粒径等进行选择。

(2) 混凝土粗骨料最大粒径不大于 25mm 时，可采用内径不小于 125mm 的输送泵管；混凝土粗骨料最大粒径不大于 40mm 时，可采用内径不小于 150mm 的输送泵管。

混凝土输送末端装置

(3) 输送泵管安装接头应严密（漏气、漏浆造成堵泵），输送泵管道转向宜平缓（弯管采用较大的转弯半径）。

(4) 输送泵管应采用支架固定，支架应与结构牢固连接，输送泵管转向处支架应加密，支架应通过计算确定，必要时还应对设置位置的结构进行验算（确保安全生产、严禁与脚手架或模板支架相连）。

(5) 垂直向上输送混凝土时，地面水泵输送泵管的直管和弯管总的折算长度不宜小于垂直输送高度的 20%，且不宜小于 15m（防止管内混凝土在自重作用下对泵管产生过大的压力）。

(6) 输送泵管倾斜或垂直向下输送混凝土，且高差大于 20m 时，应在倾斜或垂直管下端设置直管或弯管，直管或弯管总的折算度不宜小于高度的 1.5 倍（防止管内混凝土在自重作用下下落而造成空管、产生堵管）。

(7) 垂直输送高度大于 100m 时，混凝土输送泵出料口处的输送泵管位置应设置截止阀（控制混凝土在自重作用下对输送泉的泵口压力）。

(8) 混凝土输送泵管及其支架应经常进行过程检查和维护。

### (四) 混凝土输送布料设备的选择和布置

(1) 布料设备的选择应与输送泵相匹配；布料设备的混凝土输送管内径与混凝土输送泵管内径相同。

(2) 布料设备的数量及位置应根据布料设备工作半径、施工作业面大小以及施工要求确定。

(3) 布料设备应安装牢固，且应采取抗倾覆稳定措施；布料设备安装位置处的结构或施工设施应巡行验算，必要时应采取加固措施。

(4) 应经常对布料设备的弯管壁厚进行检查，磨损较大的弯管应及时更换。

(5) 布料设备作业范围不得有阻碍物，并应有防范高空坠物的设施。

### (五) 输送泵输送混凝土

(1) 应先进行泵水检查，并应湿润输送泵的料斗、活塞等直接与混凝土接触的部位；泵水检查后，应清除输送泵内积水。

(2) 输送混凝土前，应先输送水泥砂浆对输送泉和输送管进行润滑，然后开始输送混凝土。

(3) 输送混凝土速度应先慢后快、逐步加速，应在系统运转顺利后再按正常速度输送。

（4）输送混凝土过程中，应设置输送泵集料斗网罩，并应保证集料斗有足够的混凝土余量。

## 第三节　混凝土浇筑和振捣

### 一、混凝土浇筑

混凝土的浇筑成型就是将混凝土拌合料浇筑在符合设计要求的模板内，加以捣实使其达到设计质量强度要求并满足正常使用要求的结构或构件。混凝土的浇筑成型过程包括浇筑与捣实，是混凝土施工的关键，对于混凝土的密实性、结构的整体性和构件的尺寸准确性都起着决定性的作用。

混凝土浇筑

#### （一）现浇混凝土的一般规定

（1）混凝土运输、输送、浇筑过程中严禁加水；混凝土运输、输送、浇筑过程散落的混凝土严禁用于结构浇筑。

（2）混凝土浇筑前应完成下列工作：

1）隐蔽工程验收和技术复核；

2）可操作人员进行技术交底；

3）根据施工方案中的技术要求，检查并确认施工现场具备实施条件；

4）施工单位应填报浇筑申请单，并经监理单位签认。

（3）浇筑前应检查混凝土送料单，核对混凝土配合比，确认混凝土强度等级，检查混凝土运输时间，测定混凝土坍落度，必要时还应测定混凝土扩展度，在确认无误后再进行混凝土浇筑。

（4）混凝土拌合物入模温度不应低于5℃，且不应高于35℃。

（5）混凝土应布料均衡。应对模板及支架进行观察和维护，发生异常情况应及时进行处理。混凝土浇筑和振捣应采取防止模板、钢筋、钢构、预埋件及其定位件移位的措施。

#### （二）混凝土浇筑

（1）浇筑混凝土前，应清除模板内或垫层上的杂物。表面干燥的地基、垫层、模板应洒水湿润；现场环境温度高于35℃时宜对金属模板进行洒水降温；洒水后不得留有积水。

（2）混凝土浇筑应保证混凝土的均匀性和密实性。混凝土宜一次连续浇筑；当不能一次连续浇筑时，可留设施工缝或后浇带分块浇筑。

施工缝指的是在混凝土浇筑过程中，因施工工艺需要分层、分段浇筑而在先、后浇筑的混凝土之间所形成的接缝。

1）混凝土施工缝的留设。为使混凝土结构具有较好的整体性，混凝土的浇筑应连续进行。若因技术或组织的原因不能连续进行浇筑，且中间的停歇时间有可能超过混凝土的初凝，则应在混凝土浇筑前确定在适当位置留设施工缝。

混凝土施工缝就是指先浇混凝土已凝结硬化、再继续浇筑混凝土的新旧混凝土间的结合面，它是结构的薄弱部位，因而宜留在结构受剪力较小且便于施工的部位，施工缝留设界面应垂直于结构构件和纵向受力钢筋。柱、墙应留水平缝，梁、板、墙应留垂直缝。

施工缝的留置位置应符合下列规定：

柱、墙水平施工缝可设置在基础、楼层结构顶面，柱施工缝与结构上表面的距离宜为0～100mm墙施工缝与结构上表面的距离宜为0～300mm。

柱、墙水平施工缝也可留设在楼层结构底面。施工缝与结构下表面的距离宜为0～50mm；当板下有梁托时，可留设在梁托下0～20mm。

有主次梁的楼板垂直施工缝应留设在次梁跨度中间的1/3范围内。

单向板垂直施工缝应留设在平行于板短边的任何位置。

楼梯梯段垂直施工缝宜设置在梯段板跨度端部的13范围内。

墙的直施工缝宜设置在门洞口过梁跨中1/3范围内，也可留设在纵横交接处。

2）施工缝处浇筑混凝土应符合下列规定：

① 结合面应采用粗糙面；结合而应清除浮浆、疏松石子、软弱混凝土层，并应清理干净。

② 结合面处应采用洒水方法进行充分湿润，并不得有积水。

③ 施工缝处已浇筑混凝土的强度不应小于1.2MPa。

④ 柱、墙水平施工缝水泥砂浆接浆层厚度不应大于30mm，接浆层水泥砂浆应与混凝土浆液同成分。

（3）混凝土浇筑过程应分层进行，分层浇筑应符合规定的分层振捣厚度要求，上层混凝土应在下层混凝土初凝之前浇筑完毕。

（4）混凝土运输、输送入模的过程应保证混凝土连续浇筑，从运输到输送入模的延续时间不宜超过规定，掺早强型减水外加剂、早强剂的混凝土以及有特殊要求的混凝土，应根据设计及施工要求，通过试验确定允许时间。

（5）混凝土浇筑的布料点宜接近浇筑位置，应采取减少混凝土下料冲击的措施，并应符合下列规定：

1）宜先浇筑竖向结构构件，后浇筑水平结构构件；

2）浇筑区域结构平面有高差时，宜先浇筑低区部分再浇筑高区部分。

（6）柱、墙模板内的混凝土浇筑不得发生离析，倾落高度应符合规定；当不能满足要求时，应加设串筒、溜管、溜槽等装置。

（7）混凝土浇筑后，在混凝土初凝前和终凝前宜分别对混凝土裸露表面进行抹面处理。

（8）柱、墙混凝土设计强度等级高于梁、板混凝土设计强度等级时，混凝土浇筑应符合下列规定：

1）柱、墙混凝土设计强度比梁、板混凝土设计强度高一个等级时，柱、墙位置梁、板高度范围内的混凝土经设计单位同意，可采用与梁、板混凝土设计强度等级相同的混凝土进行浇筑。

2）柱、墙混凝土设计强度比梁、板混凝土设计强度高两个等级及以上时，应在交界区域采取分隔措施。分隔位置应在低强度等级的构件中距高强度等级构件边缘不应小于500mm。

3）宜先浇筑高强度等级混凝土，后浇筑低强度等级混凝土。

混凝土浇筑分层

混凝土浇筑分层宜为300～500mm；当水平结构的混凝土浇筑厚度超过500mm时，可按1：6～1：10坡度分层浇筑，且上层混凝土应超前覆盖下层混凝土500mm以上。

混凝土浇筑时，其自由倾落高度不宜超过2m；若混凝土自由下落高度超过2m，应设串筒、斜槽、溜管或振动溜管等。

### （三） 混凝土结构的浇筑方法

#### 1. 现浇框架结构混凝土

框架结构的主要构件有基础、柱、梁、楼板等。柱、梁、板等构件是沿垂直方向重复出现的施工时，一般按结构层来划分施工层。当结构平面尺寸较大时，还应划分施工段，以便组织各工序流水施工。

框架柱基形式多为台阶式基础。台阶式基础施工时，一般按台阶分层浇筑，中间不允许留施工缝；倾倒混凝土时宜先边角后中间，确保混凝土充满模板各个角落，防止一侧倾倒混凝土挤压钢筋造成柱插筋的位移；各台阶之间最好留有一定时间间歇，以给下面台阶混凝土一段初步沉实的时间，以避免上下台阶之间；现裂缝同时也便于上一台阶混凝土的浇筑。

在框架结构每层每段施工时，混凝土的浇筑顺序是先浇柱，后浇梁、板柱的浇筑宜在梁板模板安装后进行，以便利用梁板模板稳定柱模，并作为浇筑混凝土的操作平台用；一排柱子浇筑时，应从两端向中间推进，以免柱模板在横向推力作用向另一方倾斜；柱在浇筑前，宜在底部先铺一层不大于30mm厚与所浇混凝土成分相同的水泥砂浆，以免底部产生蜂窝现象。

#### 2. 大体积混凝土浇筑

大体积混凝土指的是最小断面尺寸大于1m，施工时必须采取相应的技术措施妥善处理水化热引起的混凝土内外温度差值，合理解决温度应力并控制裂缝开展的混凝土结构。

大体积混凝土结构的施工特点：一是整体性要求较高，往往不允许留设施工缝，一般都要求连续浇筑；二是结构的体积较大，浇筑后的混凝土产生的水化热量大，并聚积在内部不易散发，从而形成内外较大的温差，引起较大的温差应力。因此，大体积混凝土施工时，为保证结构的整体性，应合理确定混凝土浇筑方案；为保证施工质量应采取有效的技术措施降低混凝土内外温差。

#### 3. 水下混凝土的浇筑

在钻孔灌注桩、地下连续墙等基础工程以及水利工程施工中需要直接在水下浇筑混凝土，地下连续墙是在泥浆中浇筑混凝土。水下或泥浆中浇筑混凝土一般采用导管法。其特点是：利用导管输送混凝土并使其与环境水或泥浆隔离，依靠管中混凝土自重，挤压导管下部管口周围的混凝土在已浇筑的混凝土内部流动、扩散，边浇筑边提升导管，直至混凝土浇筑完毕。采用导管法可以杜绝混凝土与水或泥浆的接触，保证混凝土中骨料和水泥浆不产生分离，从而保证了水下浇筑混凝土的质量。

## 二、混凝土振捣

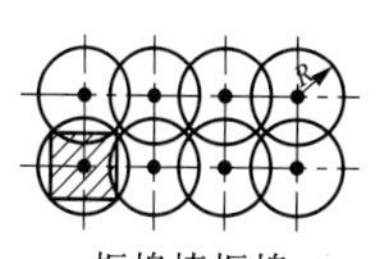
振捣棒振捣

混凝土浇筑入模后，内部还存在着很多空隙。为了使混凝土充满模板内的每一部分，且具有足够的密实度，必须对混凝土进行捣实，使混凝土构件外形正确、表面平整、强度和其他性能符合设计及使用要求。

### （一） 振实原理

匀质的混凝土拌合料介于固态与液态之间，内部颗粒依靠其摩擦力、黏聚力处于悬浮状态。当混凝土拌合料受到振动时，振动能降低和消除混凝土拌合料间的摩擦力、提高混凝土流动性，此时的混凝土拌合料暂时被液化，处于重质液体状态，于是混凝土拌合料能像液体一样很容易地充满容器；物料颗粒在重力作用下下沉，能迫使气泡上浮，排除原拌合料中的空气和消除孔隙。这样一来，通过振动就使混凝土骨料和水泥砂浆在模板中得到致密的排列和有效的填充。

混凝土能否被振实与振动的振幅和频率有关，当采用较大的振幅振动时，使混凝土密实所需的振动时间缩短；反之，振幅较小时，所需振动时间延长。如振幅过小，不能达到良好的振实效果，振幅过大，又可能使混凝土出现离析现象，一般把振动器振幅控制在 0.3～2.5mm 之间。物料都具有自身的振动频率，当振源频率与物料自振频率相同或接近时，会出现共振现象，使得振幅明显提高，从而增强振动效果。一般来说，高频对较细的颗粒效果较好，而低频对较粗的颗粒较为有效，故一般根据物料颗粒大小来选择振动频率。

### （二） 振动设备的选择及操作要点

混凝土的振动机械按其工作方式不同，可分为内部振动器、表面振动器、外部振动器和振动台等。这些振动机械的构造原理基本相同，主要是利用偏心锤的高速旋转，使振动设备因离心力而产生振动。它们各有自己的工作特点和适用范围，需根据工程实际情况进行选用。

#### 1. 插入式振动器

插入式振动器，它由振动棒、软轴和电动机三部分组成。振动棒是振动器的工作部分，内部装有偏心振子，电动机开动后，由于偏心振子的作用使整个棒体产生高频微幅的振动。振动器工作时，依靠插入混凝土中的振动棒产生的振动力，使混凝土密实成型。插入式振动器的适用范围最广泛，可用于大体积混凝土、基础、柱、梁、墙、厚度较大的板及预制构件的捣实工作。

直插振捣实例

使用插入式振动器垂直操作时的要点是：直上和直下，快插与慢拔；插点要均匀，切勿漏插点；上下要插动，层层要扣搭；时间掌握好，密实质量佳。

操作要点中的“快插慢拔”：快插是为了防止先将表面混凝土振实而无法振动棒抽出时所形成的空隙。振动过程中，宜将振动棒上下略为抽动，以使上下混凝土振捣均匀。

斜插振捣实例

振动棒振捣混凝土应符合下列规定：

（1）应分别按分层浇筑厚度进行振捣。振动棒的前端应插入前一层混凝土中，插入深度不应小于 50mm。

（2）振动棒应垂直于混凝土表面并快插慢拔均匀振捣；当混凝土表面无明显塌陷、有水泥浆出现、不再冒气泡时，可结束该部位振捣。

（3）振动棒与模板的距离不应大于振动棒作用半径的 0.5 倍；振捣插点间距不应大于振动棒的作用半径的 1.4 倍。

#### 2. 表面振动器

它是将在电动机转轴上装有左右两个偏心块的振动器固定在一个平板上而

成。电机开动后，带动偏心块高速旋转，从而使整个设备产生振动，通过平板将振动传给混凝土，其振动作用深度较小，仅适用于厚度较薄而表面较大的结构，如平板、楼地面、屋面等构件。

表面振动器振捣混凝土应符合下列规定：

（1）表面振动器振捣应覆盖振捣平面边角；

（2）表面振动器移动间距应覆盖已振实部分混凝土边缘；

（3）倾斜表面振捣时，应由低处向高处进行振捣。

3. 附着式振动器

它是固定在模板外侧的横挡或竖挡上，振动器的偏心块旋转时产生的振动力通过模板传给混凝土，从而使混凝土被振捣密实。它适用于振捣钢筋较密、厚度较小等不宜使用插入式振动器的结构。

使用外部振动器时，其振动作用深度约为250mm左右。当构件尺寸较大时，需在构件两侧安设振动器同时进行振捣。一般是在混凝土入模后开动振动器进行振捣。混凝土浇筑高度须高于振动器安装部位。当钢筋较密或构件断面较深较窄时，也可采取边浇筑边振动的方法。外部振动器应与模板紧密连接，其设置间距应通过试验确定，一般为每隔1～1.5m设置一个；振动时间的控制是以混凝土不再出现气泡，表面呈水平时为准。

附着振动器振捣混凝土应符合下列规定：

（1）附着振动器应与模板紧密连接，设置间距应通过试验确定；

（2）附着振动器应根据混凝土浇筑高度和浇筑速度，依次从下往上振捣；

（3）模板上同时使用多台附着振动器时应使各振动器的频率一致，并应交错设置在相对面的模板上。

## 三、混凝土养护

混凝土成型后，为保证混凝土在一定时间内达到设计要求的强度，并防止产生收缩裂缝，应及时做好混凝土的保湿养护工作。养护的目的就是给混凝土提供一个较好的强度增长环境。混凝土的强度增长是依靠水泥水化反应进行的结果，而影响水泥水化反应的主要因素是温度和湿度。温度越高，水化反应的速度越快；湿度高则可避免混凝土内水分丢失，从而保证水泥水化作用的充分。水化反应还需要足够的时间，时间越长，水化越充分，强度就越高。因此混凝土养护实际上是为混凝土硬化提供必要的温度、湿度条件。

混凝土保湿养护可采用洒水、覆盖、喷涂养护剂等方式。选择养护方式应考虑现场条件、环境温湿度、构件特点、技术要求、施工操作等因素。

### （一）混凝土的养护时间

混凝土养护应在混凝土浇筑完毕12h以内，进行覆盖和洒水养护。混凝土的养护时间主要与水泥品种有关。混凝土的养护时间应符合下列规定：

（1）采用硅酸盐水泥、普通硅酸盐水泥或矿渣硅酸盐水泥配制的混凝土，不应少于7d；采用其他品种水泥时，养护时间应根据水泥性能确定。

（2）采用缓凝型外加剂、大掺量矿物掺合料配制的混凝土，不应少于14d。

（3）抗渗混凝土、强度等级C60及以上的混凝土，不应少于14d。

（4）后浇带混凝土的养护时间不应少于14d。

(5) 地下室底层墙、柱和上部结构首层墙、柱宜适当增加养护时间。

### (二) 洒水养护

洒水养护是指用麻袋或草帘等材料将混凝土表面覆盖，并经常洒水使混凝土表面处于湿润状态的养护方法。洒水养护应符合下列规定：

(1) 洒水养护宜在混凝土裸露表面覆盖麻袋或草帘后进行，也可采用直接洒水、蓄水等养护方式；洒水养护应保证混凝土处于湿润状态。

(2) 大面积结构如地坪、楼板、屋面等可采用蓄水养护。

(3) 当日最低温度低于 5℃时，不应采用洒水养护。

混凝土养护

### (三) 覆盖养护

覆盖养护是指以塑料薄膜为覆盖物，使混凝土表面与空气隔绝，可防止凝土内的水分蒸发，水泥依靠混凝土中的水分完成水化作用而凝结硬化，从而达到养护目的。覆盖养护应符合下列规定：

(1) 覆盖养护宜在混凝土裸露表面覆盖塑料薄膜、塑料薄膜加麻袋、塑料薄膜加草帘进行；

(2) 塑料薄膜应紧贴混凝土裸露表面，塑料薄膜内应保持有凝结水；

(3) 覆盖物应严密，覆盖物的层数应按施工方案确定。

### (四) 喷涂养护剂养护

喷涂养护剂养护是指将养护剂喷涂在混凝土表面，溶液挥发后在混凝土表面结成一层塑料薄膜，使混凝土表面与空气隔绝，封闭混凝土内的水分不再被蒸发，从而完成水泥水化作用。喷涂养护剂养护应符合下列规定：

(1) 应在混凝土裸露表面喷涂覆盖致密的养护剂进行养护。

(2) 养护剂应均匀喷涂在结构构件表面，不得漏喷；养护剂应具有可靠的保湿效果。保湿效果可通过试验检验。

(3) 养护剂使用方法应符合产品说明书的有关要求。

## 四、混凝土结构施工质量检查

混凝土结构施工质量检查可分为过程控制检查和拆模后的实体质量检查。过程控制检查应在混凝土施工，全过程中，按施工段划分和工序安排及时进行；拆模后的实体质量检查应在混凝土表面未做处理和装饰前进行。

### (一) 过程控制检查

混凝土强度
合格评定系数

混凝土浇筑前应检查混凝土送料单，核对混凝土配合比，确认混凝土强度等级，检查混凝土运输时间，测定混凝土坍落度，必要时测定混凝土扩展度。

混凝土施工应检查混凝土输送、浇筑、振捣等工艺要求，浇筑时模板的变形、漏浆等，浇筑时钢筋和预埋件位置，混凝土试件制作，混凝土养护等。

### (二) 拆模后的实体质量检查

(1) 构件的轴线位置、标高、截面尺寸、表面平整度、垂直度；

(2) 预埋件数量、位置；

（3）构件的外观缺陷；

（4）构件的连接及构造做法；

（5）结构的轴线位置、标高、全高垂直度。

## （三）混凝土的强度检验评定

混凝土的强度等级必须符合设计要求。检验混凝土的强度等级应在现场留置试件，由实验室试验后进行评定。

### 1. 试件制作

用于检验结构构件混凝土强度等级的试件，应在混凝土浇筑地点随机制作，采用标准养护。标准养护就是在温度20℃±3℃和相对湿度为90%以上的潮湿环境或水中的标准条件下进行养护。评定强度用试块需在标准养护条件下养护28d再进行抗压强度试验，所得结果就作为判定结构或构件是否达到设计强度等级的依据。

混凝土的试件是边长为150mm的立方体，当采用非标准尺寸试件时，应将其抗压强度乘以尺寸折算系数，折算成边长为150mm的标准尺寸试件抗压强度。

### 2. 混凝土的取样

试件的取样频率和数量应符合下列规定：

（1）每100盘但不超过100$m^3$同配合比混凝土．取样次数不应少于一次；

（2）每一工作班拌制的同配合比的混凝土不足100盘和100$m^3$时其取样次数不应少于一次；

（3）当一次连续浇筑同配合比混凝土超过1000$m^3$时，每200$m^3$取样不应少于一次；

（4）对房屋建筑每一楼层、同一配合比的混凝土，取样不应少于一次。每次取样应至少制作一组标准养护试件；同条件养护的试件组数，可根据实际需要确定。每组三个试件应由同一盘或同一车的混凝土中取样制作。

### 3. 每组试件强度代表值

每组混凝土试件强度代表值的确定应符合下列规定：

（1）取三个试件强度的算术平均值作为每组试件的强度代表值；

（2）当一组试件中强度的最大值或最小值与中间值之差超过中间值的15%时，取中间值作为该组试件的强度代表值；

（3）当一组试件中强度的最大值和最小值与中间值之差均超过中间值的15%时，该组试件的强度不应作为评定的依据。

### 4. 混凝土强度等级评定

混凝土强度应分批进行检验评定。一个检验批的混凝土应由强度等级相同、试验龄期相同、生产工艺条件和配合比基本相同的混凝土组成。

对大批量、连续生产的混凝土强度应按统计方法评定。对小批量或零星生产的混凝土强度应按非统计方法评定。

## （四）混凝土缺陷修整

混凝土结构构件拆模后，应从其外观上检查有无露筋、蜂窝、孔洞、夹渣、疏松、裂缝，以及构件外表、外形、几何尺寸偏差等缺陷。

混凝土结构缺陷可分为尺寸偏差缺陷和外观缺陷。尺寸偏差缺陷和外观缺陷可分为一般缺陷和严重缺陷。混凝土结构尺寸偏差超出规范规定，但尺寸偏差对结构性能和使用功能未构成影响

混凝土结构外观缺陷分类

时，应属于一般缺陷；尺寸偏差对结构性能和使用功能构成影响时，应属于严重缺陷。

## 第四节 混凝土的冬期施工

### 一、混凝土冬期施工原理

#### 1. 温度与混凝土凝结硬化的关系

混凝土冬期施工

混凝土的凝结硬化是由于水泥的水化作用的结果。水泥的水化作用的速度在合适的湿度条件下主要取决于环境的温度，温度越高，水泥的水化作用就越迅速、完全，混凝土的硬化速度快、强度就越高；当温度较低时，混凝土的硬化速度较慢、强度较低。当温度降至0℃以下时，混凝土中的水会结冰，水泥不能与冰发生化学反应，水化作用基本停止，强度无法提高。因此，为确保混凝土结构的质量，我国规范规定：根据当地多年气温资料，室外平均气温连续5d低于5℃时，即进入冬期施工阶段，混凝土结构工程应采取冬期施工措施，并应及时采取气温突然下降的防冻措施。

#### 2. 冻结对混凝土质量的影响

混凝土拌合物的出机温度不宜低于10℃，入模温度不得低于5℃，特殊工程或特殊部位以及有特殊要求时，入模温度不得低于10℃。

混凝土中的水结冰后，体积膨胀（8%～9%），在混凝土内部产生冰胀应力，很容易使强度较低的混凝土内部产生微裂缝。同时，减弱混凝土和钢筋之间的黏结力，从而极大地影响结构构件的质量。受冻的混凝土在解冻后，其强度虽能继续增加，但已不能达到原设计的强度等级。

#### 3. 冬期施工临界强度

试验证明，混凝土遭受冻结带来的危害与遭冻的时间早晚、水灰比有关。遭冻时间愈早、水灰比愈大，则后期混凝土强度损失愈多。当混凝土达到一定强度后，遭受冻结，由于混凝土已具有的强度足以抵抗冰胀应力，其最终强度将不会受到损失因此为避免混凝土遭受冻结带来危害，使混凝土在受冻前达到的这一强度称为混凝土冬期施工的临界强度。

### 二、混凝土冬期施工的工艺要求

#### 1. 混凝土材料选择及搅拌

冬期施工配制混凝土宜选用硅酸盐水泥或普通硅酸盐水泥（早期强度增长快，水化热高等特点）用于冬期施工混凝土的粗、细骨料中，不得含有冰、雪冻块及其他易冻裂物质。冬期施工混凝土配合比应根据施工期间环境气温、原材料、养护方法、混凝土性能要求等经试验确定，并宜选择较小的水胶比和坍落度。

#### 2. 混凝土的运输与浇筑

混凝土运输、输送机具及泵管应采取保温措施。当采用泵送工艺浇筑时，应采用水泥浆或水泥砂浆对泵和泵管进行润滑、预热。混凝土运输、输送与浇筑过程中应进行测温，温度应满足热工计算的要求。

混凝土浇筑前，应清除地基、模板和钢筋上的冰雪和污垢，并应进行覆盖保温。

### 三、混凝土冬期施工的方法

混凝土浇筑后应采用适当的方法进行养护，保证混凝土在受冻前至少达到临界强度，才能避免混凝土受冻发生强度损失。冬期施工中混凝土的养护方法很多，有蓄热法、加热法、掺外加剂法等，各自有不同的适用范围。

# 第七章　预应力混凝土工程

## 教学目标

### （一）总体目标

通过本章的学习，使学生熟悉预应力混凝土工程包含的内容，了解预应力混凝土的分类，理解工程的施工顺序，掌握施工所需要的主要器材和预应力张拉锚固体系，了解锚固体系中几种不同的锚具，熟悉预应力混凝土工程中所用到的几种液压千斤顶，掌握先张法的施工工艺、后张法的施工工艺以及管道预留与预应力筋布置、无黏结预应力的施工工艺。通过学习预应力混凝土工程，激发学生对土木工程施工技术的专业热爱和学习激情，建立凡事“预则立，不预则废”的做事思想，建立文化自信。

### （二）具体目标

**1. 专业知识目标**

（1）熟悉预应力混凝土工程的特点及工作原理。

（2）掌握施工顺序、施工主要器材。

（3）掌握预应力张拉锚固体系以及常用的种类。

（4）掌握先张法的施工工艺。

（5）掌握后张法的施工工艺、管道预留、预应力筋布置。

（6）掌握无黏结预应力的施工工艺。

**2. 综合能力目标**

（1）能够结合混凝土结构设计原理知识，理解预应力混凝土工程的基本原理；

（2）能够理解先张法、后张法、无黏结预应力的施工工艺；

（3）结合国家建筑标准，理解预应力筋布置及预应力筋下料长度。

**3. 综合素质目标**

（1）激发学生对土木工程施工的学习激情，建立学生对土木工程施工技术进一步创新的愿望，提升学生专业认同感；

（2）增强学生扎根祖国、建设祖国的爱国热情。

## 教学重点和难点

### （一）重点

（1）掌握施工顺序、施工主要器材；

（2）掌握预应力张拉锚固体系；

(3) 掌握先张法施工工艺;

(4) 掌握后张法施工工艺、管道预留、预应力筋布置;

(5) 掌握无黏结预应力施工工艺。

### (二) 难点

(1) 掌握预应力张拉锚固体系;

(2) 掌握预应力混凝土中先张法、后张法、无黏结预应力的施工工艺;

(3) 掌握后张法施工中管道预留、预应力筋布置。

## 教学策略

本章是土木工程施工课程的第七章,涵盖预应力混凝土工程中的施工器材、预应力张拉锚固体系、预应力所用到的液压千斤顶、预应力混凝土施工工艺,教学内容涉及面广,专业性较强。预应力张拉锚固体系、预应力混凝土施工工艺、管道预留与预应力筋布置是本章教学的重点和难点。为帮助学生更好地学习本章知识,采取“课前知识回顾——课中教学互动——技能训练——课后拓展”的教学策略。

(1) 课前引导:提前介入学生学习过程,要求学生复习混凝土结构设计原理课程中的预应力混凝土,为课程学习进行知识储备。

(2) 课中教学互动:课堂教学教师讲解中,以大量现场案例图片和视频的形式,让学生直观和系统地了解、理解整个工程的施工过程。

(3) 技能训练:采用课内、课外交叉教学,在用 2 个学时的时间进行观看实训室预应力混凝土工程施工模拟。用 2 个学时实操制作预应力筋混凝土的模拟。

(4) 课后拓展:引导学生自主学习与本课程相关的规范,包括《预应力混凝土用钢丝》(GB/T 5223—2014)、《预应力混凝土用钢绞线》(GB/T 5224—2014)、《预应力筋用锚具、夹具和连接器应用技术规程》(JGJ 85—2010),拓宽学生视野,增加学生的实践能力。

## 教学架构设计

### (一) 教学准备

(1) 情感准备:和学生沟通,了解学情,鼓励学生,增进感情。

(2) 知识准备:

1) 复习:《混凝土结构设计原理》课程中的预应力混凝土相关知识;

2) 预习:《雨课堂》分布的预习内容和预应力混凝土工程施工的视频。

(3) 授课准备:学生分组,要求学生带问题进课堂。

(4) 资源准备:授课课件、数字资源库等。

### (二) 教学架构

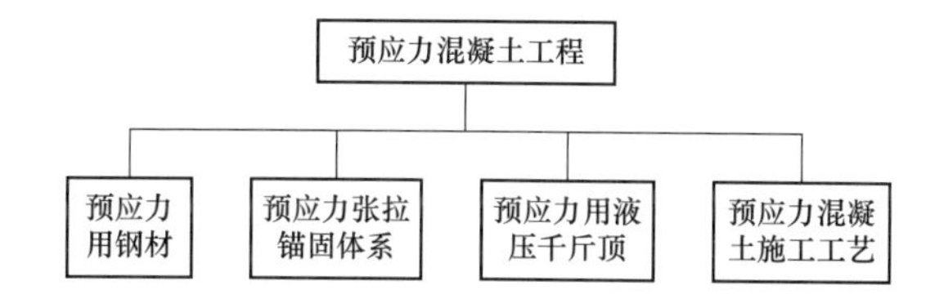

**（三） 实操训练**

完成《预应力混凝土工程施工之我的理解》小视频并上传到课程QQ群。

**（四） 思政教育**

根据授课内容，本章主要在专业认同感、持续创新、热爱祖国三个方面开展思政教育。

**（五） 效果评价**

采用注重学生全方位能力评价的“五位一体评价法”，即自我评价（20%）+团队评价（20%）+课堂表现（20%）+教师评价（20%）+自我反馈（20%）评价法。同时引导学生自我纠错、自主成长并进行学习激励，激发学生学习的主观能动性。

**（六） 学时建议**

4/56（本章建议学时/课程总学时）。

## 第一节 预应力用钢材

预应力钢丝

预应力混凝土结构的钢筋有非预应力筋和预应力筋。常用的预应力筋主要有预应力钢丝、预应力钢绞线和预应力螺纹钢筋三种。

### 一、预应力钢丝

预应力钢丝是采用优质高碳钢盘条经酸洗或磷化后冷拔制成的。根据深加工的要求不同，可分为冷拉钢丝、消除应力钢丝、刻痕钢丝等；根据表面形状的不同，可分为光圆钢丝和螺旋肋钢丝等。

### 二、预应力钢绞线

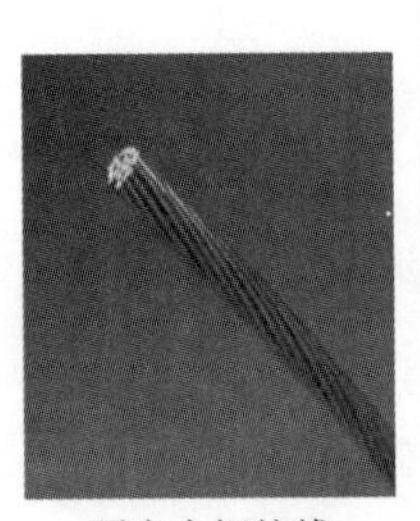
预应力钢绞线

预应力钢绞线一般是用7根冷拉钢丝在绞线机上以一根钢丝为中心，其余6根钢丝围绕其进行螺旋状绞合，并经消除应力回火处理制成。钢绞线的整根破断力大、柔性好、施工方便，是预应力混凝土工程的主要材料。

### 三、预应力螺纹钢筋

预应力螺纹钢筋，亦称精轧螺纹钢筋，是一种热轧成带有不连续的外螺纹的直条钢筋，可直接用配套的连接器接长和螺母锚固。这种钢筋具有锚固简单、无须冷拉焊接、施工方便等优点。

## 第二节 预应力张拉锚固体系

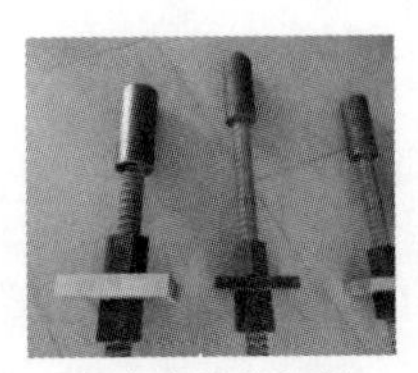
预应力螺纹钢筋

预应力张拉锚固体系是预应力混凝土结构和施工的重要组成部分，完善的预应力张拉锚固体系包括锚具、夹具、连接器及锚下支承系统等。锚具是后张法预应力混凝土构件中为保持预应力筋的拉力并将其传递到混凝土上所用的永久性锚固装置。夹具是先张法预应力混凝土构件施工时为保持预应力筋的拉力并将其固定在张拉台座（设备）上的临时锚固装置。连接器是将多段预应力筋连接形成一条完整预应力锚束的装置。锚下支承系统是指与锚具配套的布置在锚固区混凝土中的锚垫板、螺旋筋或钢丝网片等。

锚（夹）具按锚固方式不同可分为夹片式锚具、支承式锚具、锥锚式锚具和握裹式锚具。夹片式锚具主要有单孔和多孔锚具等；支承式锚具主要有镦头锚具、螺杆锚具等；锥锚式锚具主要有钢质锥形锚具、冷（热）铸锚具等；握裹式锚具主要有挤压锚具、压接锚具、压花锚具等。

锚（夹）具应具有可靠的锚固能力，并不超过预期的滑移值。此外，锚（夹）具应构造简单、加工方便、体形小、价格低、全部零件互换性好。夹具和工具锚还应具有多次重复使用的性能。

## 一、几种常用的预应力张拉锚固体系

### （一）预应力螺纹钢筋锚具

预应力螺纹钢筋的螺母（亦称锚具）与连接器见图 7-1。预应力螺纹钢筋的外形为无纵肋而横肋不相连的螺扣，螺母与连接器的内螺纹应与之匹配，防止钢筋从中拉脱。螺母分为平面螺母和锥形螺母两种。锥形螺母可通过锥体与锥孔的配合，保证预应力筋的正确对中；开缝的作用是增强螺母对预应力筋的夹持作用。螺母材料采用 45 号钢，调质热处理后硬度（HB）为 220～253，垫板也相应分为平面垫板和锥形孔垫板。

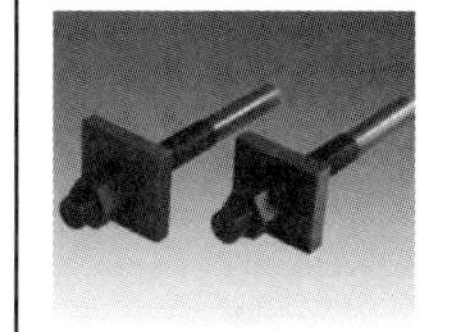

螺母锚具

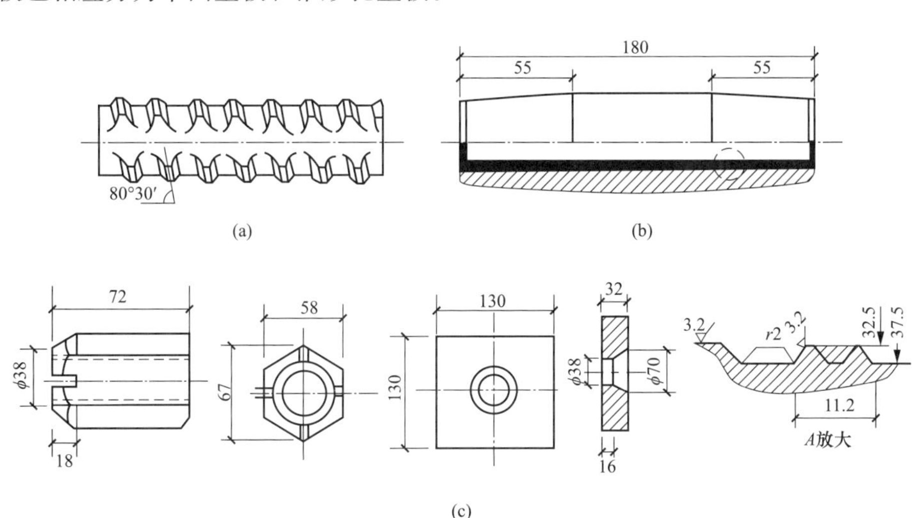


图 7-1　精轧螺纹钢筋锚具与连接器

（a）精轧螺纹钢筋外形；（b）连接器；（c）锥形螺母与垫板

### （二）钢丝锚具

#### 1. 钢质锥形锚具

钢质锥形锚具由锚环与锚塞组成，见图 7-2。锚环采用 45 号钢，锥度为 5°，调质热处理硬度（HB）为 251～283。锚塞也采用 45 号钢，表面刻有细齿，热处理硬度（HRC）为 55～60。为防止预应力钢丝在锚具内卡伤或卡断，锚环两端出口处必须有倒角，锚塞小头还应有 5mm 无齿段。这种锚具适用于锚固（12～24）$\phi^{P}5$ 的钢丝束。

钢质锥形锚具

钢质锥形锚具使用时，应保证锚环孔中心、预留孔道中心和千斤顶轴线三者同心，以防止压伤钢丝或造成断丝。锚塞的预压力宜为张拉力的 50%～60%。

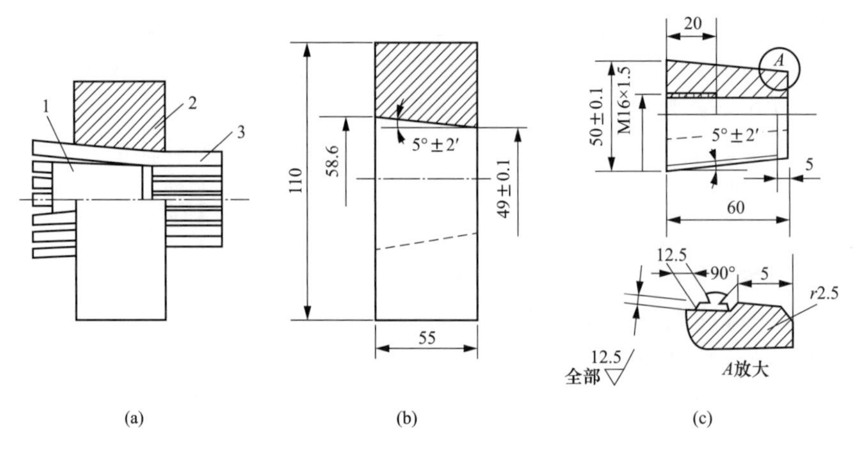


图 7-2 钢质锥形锚具

(a) 组装图；(b) 锚环；(c) 锚塞

1—锚塞；2—锚环；3—钢丝束

### 2. 镦头锚具

镦头锚具

镦头锚具是利用钢丝两端的镦粗头来锚固预应力钢丝的一种锚具。镦头锚具加工简单，张拉方便，锚固可靠，成本较低，但对钢丝束的等长要求较严。这种锚具可根据张拉力大小和使用条件设计成多种形式和规格，能锚固任意根数的钢丝。

常用的镦头锚具有锚杯与螺母（张拉端用）、锚板（固定端用），见图 7-3。锚具材料采用 45 号钢，锚杯与锚板调质热处理硬度（HB）为 251～283，锚杯底部（锚板）的锚孔，沿圆周分布，锚孔间距：对 $\phi^{P}5$ 钢丝，不小于 8mm；对 $\phi^{P}7$ 钢丝，不小于 11mm。

固定端镦头夹具

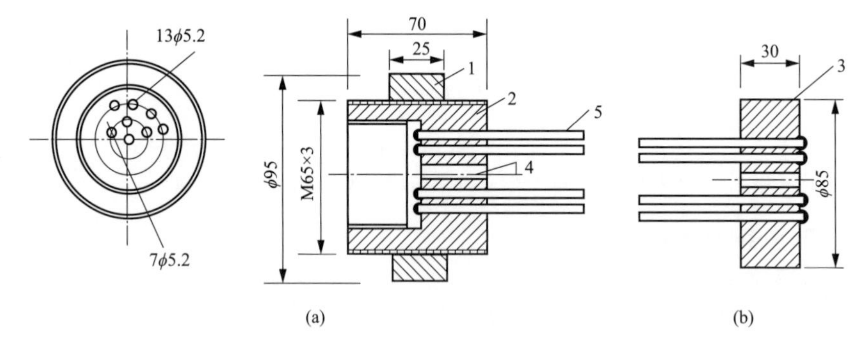


图 7-3 钢丝束镦头锚具

(a) 张拉端锚环与螺母；(b) 固定端锚板

1—螺母；2—锚杯；3—锚板；4—排气孔；5—钢丝

### 3. 钢绞线锚具

(1) 单孔夹片锚（夹）具。

单孔夹片锚（夹）具由锚环和夹片组成，见图 7-4。锚环的锥角为 7°，采用45号钢或20Cr钢，调质热处理，表面硬度不应小于225（HB）或20（HRC）。夹片有三片式与二片式。三片式夹片按120°铣分，二片式夹片的背面上有一条弹性槽，以提高锚固性能。夹片的齿形为锯齿形细齿。为了使夹片达到芯软齿面硬，夹片采用20Cr钢，化学热处理表面硬度（HRC）不应小于57。

夹片锚具

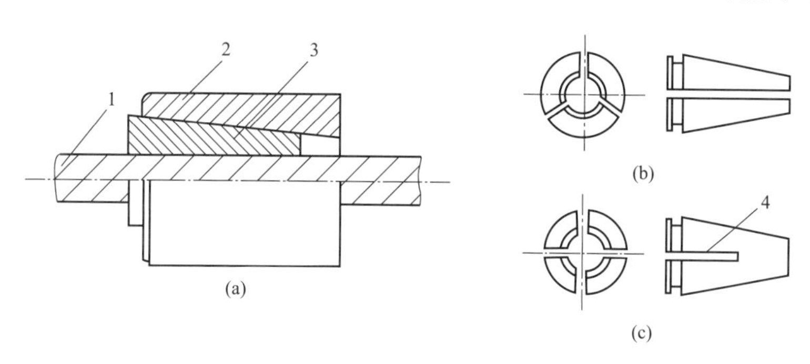

图7-4　单孔夹片锚具
（a）组装图；（b）三夹片；（c）二夹片
1—钢绞线；2—锚环；3—夹片；4—弹性槽

圆套筒二片式夹具

单孔夹片锚具主要用于无黏结预应力混凝土结构中的单根钢绞线的锚固，也可用作先张法构件中锚固单根钢绞线的夹具。

圆套筒三片式夹具

单孔夹片锚（夹）具应采用限位器张拉锚固或采用带顶压器的千斤顶张拉后顶压锚固。为使混凝土构件能承受预应力筋张拉锚固时的局部承载力，单孔锚具应与锚垫板和螺旋筋配套使用。

（2）多孔夹片锚具。

多孔夹片锚具也称群锚，由多孔的锚板（图7-5）与夹片［图7-4(b)、(c)］组成。在每个锥形孔内装一副夹片，夹持一根钢绞线。这种锚具的优点是每束钢绞线的根数不受限制；任何一根钢绞线锚固失效，都不会引起整束预应力筋锚固失效。

为使混凝土构件能承受预应力筋张拉锚固时的局部承载力，多孔锚具应与锚垫板和螺旋筋配套使用。

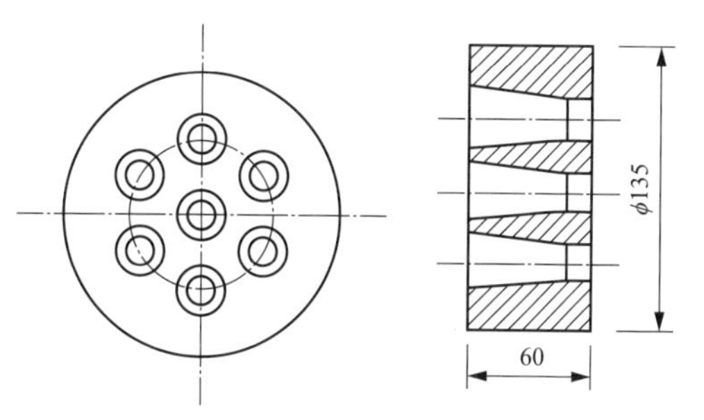

图7-5　多孔夹片锚具

多孔夹片锚具

对于多孔夹片锚具，应采用相应吨位的千斤顶整束张拉，只有在特殊情况下，才可采用小吨位千斤顶逐根张拉锚固。

为降低梁的高度，有时采用多孔扁形锚具，与之对应的留孔材料采用扁形波纹管，常用锚固2～5根钢绞线的扁锚。张拉时有配套的液压千斤顶。

（3）挤压锚具。

挤压锚具是利用液压挤压机将套筒挤紧在钢绞线端头上的一种锚具，见

图 7-6。套筒内衬有硬钢丝螺旋圈，在挤压后硬钢丝全部脆断，一半嵌入钢套筒，另一半压入钢绞线，从而增加钢套筒与钢绞线之间的机械咬合力和摩阻力。锚具下设有钢垫板与螺旋筋。挤压锚具的锚固性能可靠，宜用于内埋式固定端。

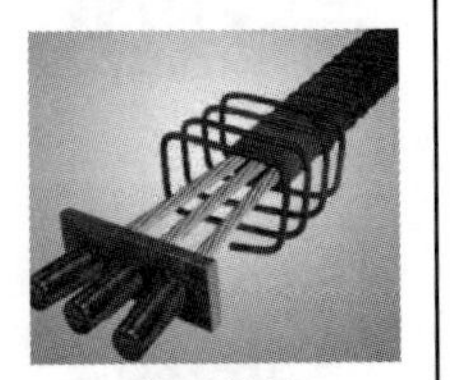
挤压锚具

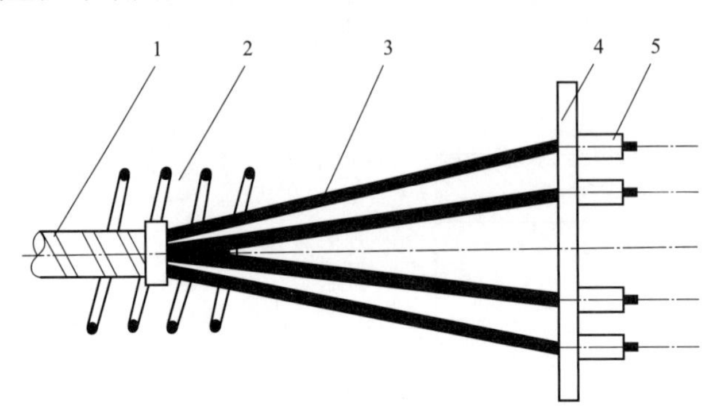

图 7-6 挤压锚具

1—波纹管；2—螺旋筋；3—钢绞线；4—钢垫板；5—挤压套筒

## 二、连接器

为了接长预应力筋或便于预应力筋的分段张拉，常采用连接器。按使用部位不同，可分为锚头连接器与接长连接器。

### （一）锚头连接器

锚头连接器设置在构件端部，用于锚固前段预应力筋束，并连接后段预应力筋束。锚头连接器如图 7-7 所示，其连接体是一块增大的锚板。锚板中部的锥形孔用于锚固前段束，锚板外周边的槽口用于挂住后段束的挤压头。连接器外包喇叭形白铁护套，并沿连接体外圆绕上打包钢条一圈，用打包机打紧钢条固定挤压头。

各种锚头连接器

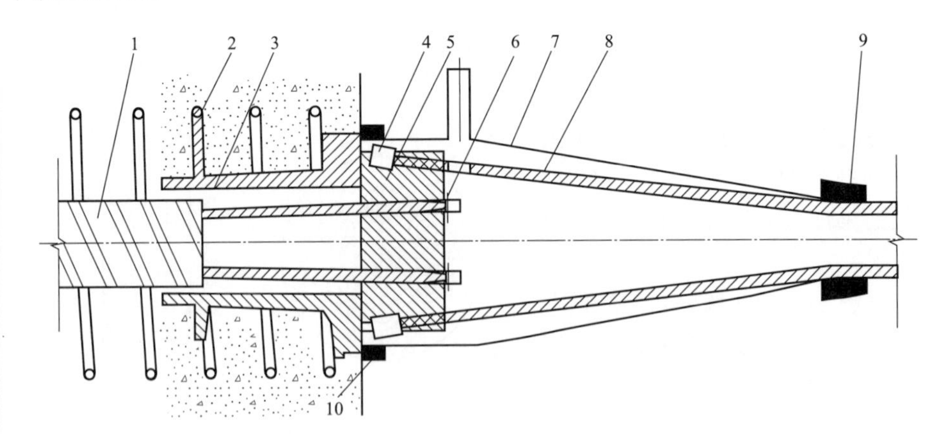

图 7-7 锚头连接器

1—波纹管；2—螺旋筋；3—铸铁喇叭管；4—挤压锚具；5—连接体；6—夹片；7—白铁护套；8—钢绞线；9—钢环；10—打包钢条

### （二）接长连接器

接长连接器设置在孔道的直线区段，用于接长预应力筋。接长连接器与锚头连接器的不同处是将锚板上的锥形孔改为孔眼，两段钢绞线的端部均用挤压锚具固定。张拉时连接器应有足够的活动空间。其构造如图 7-8 所示。

BM 扁型锚连接器

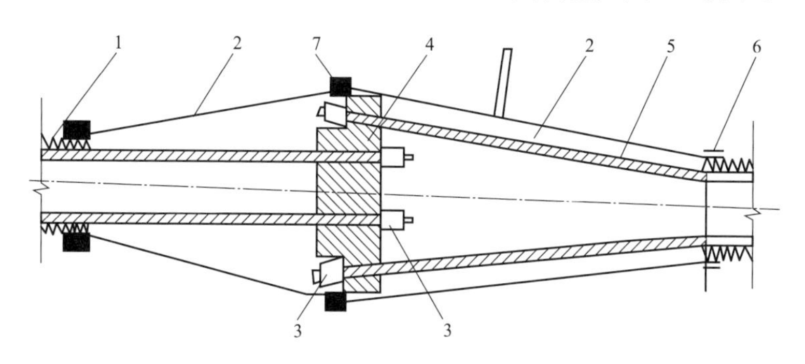

图 7-8　接长连接器

1—波纹管；2—白铁护套；3—挤压锚具；4—锚板；5—预应力筋；6—钢环；7—打包钢条

## 第三节　预应力用液压千斤顶

预应力张拉机构由预应力用液压千斤顶、高压油泵和外接油管三部分组成。常用的液压千斤顶有拉杆式千斤顶、穿心式千斤顶、锥锚式千斤顶和前置内卡式千斤顶。选用千斤顶型号与吨位时，应根据预应力筋的张拉力和所用的锚具形式确定。

### 一、拉杆式千斤顶

拉杆式千斤顶是单活塞张拉千斤顶，见图 7-9。拉杆式千斤顶适用于张拉带螺丝端杆锚具、锥形螺杆锚具、钢丝镦头锚具等锚具的预应力筋。目前，常用的拉杆式千斤顶是 YL60 型，最大张拉力 600kN，张拉行程 150mm。

各类拉杆千斤顶

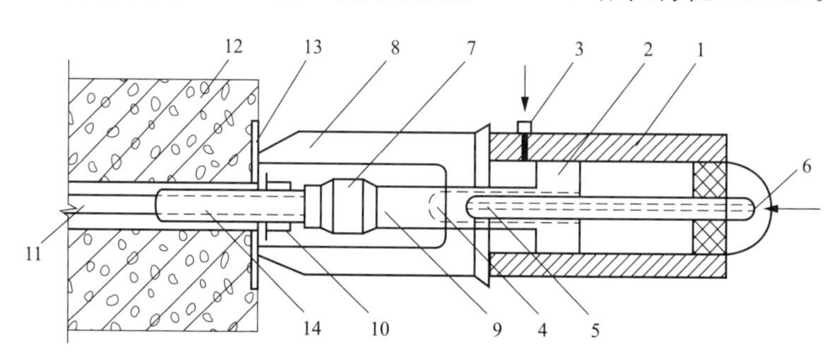

图 7-9　拉杆式千斤顶张拉原理示意图

1—主缸；2—主缸活底；3—主缸进油孔；4—副缸；5—副缸活塞；6—副缸进油孔；7—连接器；8—传力架；9—拉杆；10—螺母；11—预应力筋；12—混凝土构件；13—预埋钢板；14—丝端杆

### 二、穿心式千斤顶

穿心式千斤顶是一种具有穿心孔，利用双液压缸张拉预应力筋和顶压锚具的双作用千斤顶，见图 7-10。常用型号 YC60，公称张拉力为 600kN，张拉行程为150mm，顶压力为300kN，顶压行程为50mm。张拉前，首先将预应力筋穿过千斤顶固定在千斤顶尾部的工具锚上。这种千斤顶的适应性强，既可张拉用夹片锚具锚固的钢绞线束，也可张拉用钢质锥形锚具锚固的钢丝束。

各类穿心千斤顶

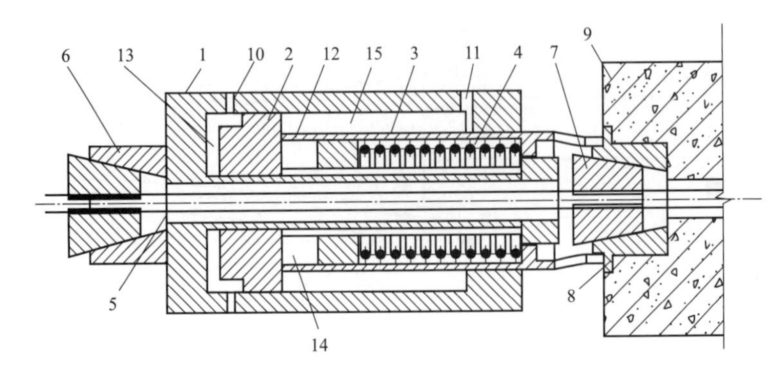


图 7-10 YC60 型千斤顶

1—张拉油缸；2—顶压油缸；3—顶压活塞；4—回程弹簧；
5—预应力筋；6—工具锚；7—楔块；8—锚环；9—构件；10—张拉缸油嘴；
11—顶压缸油嘴；12—油孔；13—张拉工作油室；14—顶压工作油室；15—张拉回程油室

## 三、锥锚式千斤顶

锥锚式千斤顶是一种具有张拉、顶锚和退楔功能的三作用千斤顶，见图7-11。这种千斤顶专门用于张拉带锥形锚具的钢丝束。常用的型号有YZ38型、YZ60型和YZ85型等。

各类锥锚千斤顶

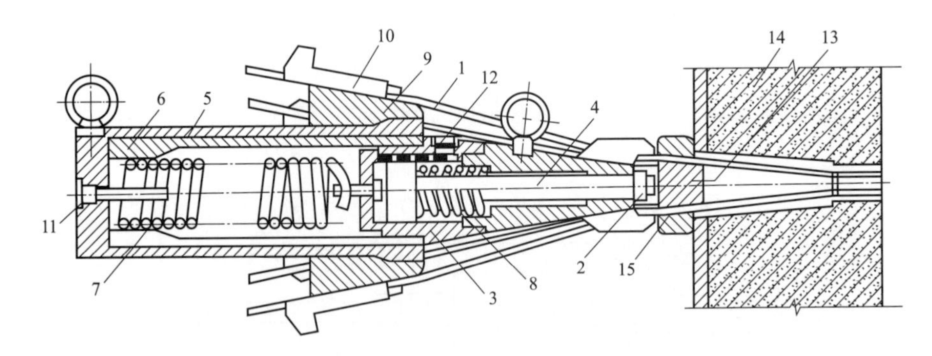


图 7-11 锥锚式千斤顶

1—预应力筋；2—顶压头；3—副缸；4—副缸活塞；5—主缸；
6—主缸活塞；7—主缸拉力弹簧；8—副缸压力弹簧；9—锥形卡环；10—楔块；
11—主缸油嘴；12—副缸油嘴；13—锚塞；14—构件；15—锚环

## 四、前置内卡式千斤顶

前置内卡式千斤顶是将工具锚安装在千斤顶前部的一种小型穿心式千斤顶，适用于张拉单根钢绞线，见图7-12。这种千斤顶的张拉力为180～250kN，张拉行程为160～200mm。预应力筋的工作长度短（约250mm）。张拉时既可自锁锚固，也可顶压锚固。

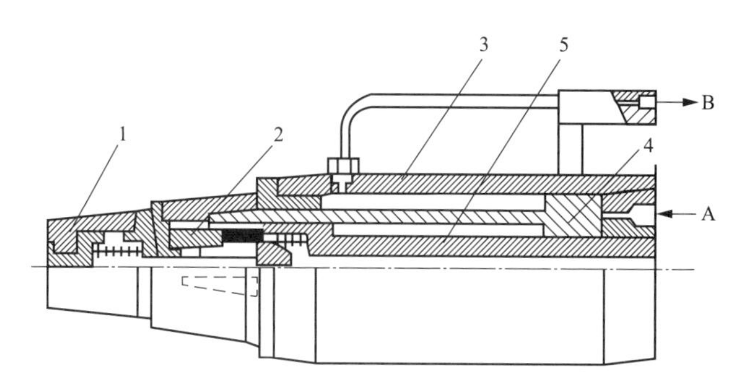


图 7-12　YDCQ 型前置内卡式千斤顶

A—进油；B—回油

1—顶压器；2—工具锚；3—外缸；4—活塞；5—拉杆

各类前置内卡式千斤顶

## 第四节　预应力混凝土施工工艺

### 一、先张法施工

先张法是在构件浇筑混凝土之前，首先张拉预应力筋，并将其临时锚固在台座或钢模上，然后浇筑构件的混凝土。待混凝土达到一定强度后放松预应力筋，借助混凝土与预应力筋的黏结力，使混凝土产生预压应力，如图 7-13 所示。这种方法广泛适用于中小型预制预应力混凝土构件的生产。

先张法生产工艺，可分为长线台座法与机组流水法。长线台座法具有设备简单、投资省、效率高等特点，是一种经济实用的现场型生产方式。

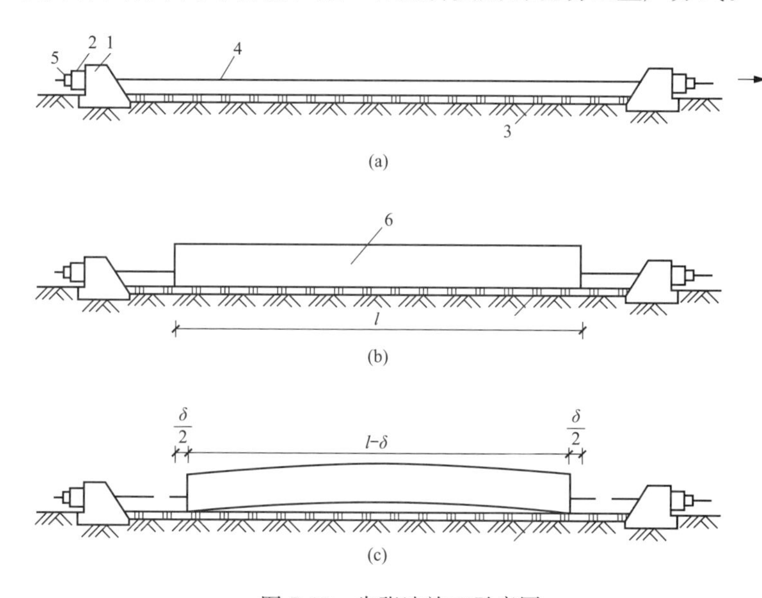


图 7-13　先张法施工示意图

（a）张拉预应力筋；（b）浇筑混凝土构件；（c）放张预应力筋

1—台座承力结构；2—横梁；3—台面；4—预应力筋；5—锚固夹具；6—混凝土构件

先张法施工的设备组合

#### （一）台座

台座是先张法生产的主要设备之一，它承受预应力筋的全部张拉力。因此，台座应有足够的承载力、刚度和稳定性，以避免台座破坏或变形导致的预应力筋张拉失败或预应力损失。

先张法施工现场

台座按构造形式不同，可分为墩式台座、槽式台座和钢模台座。

### 1. 墩式台座

墩式台座由承力台墩、台面与横梁组成，其长度宜为100～150m。台座的承载力应根据构件的张拉力大小，设计成200～500kN/m。台座的宽度主要取决于构件的布筋宽度，以及张拉预应力筋和浇筑混凝土是否方便，一般不大于2m。在台座的端部应留出张拉操作场地和通道，两侧要有构件运输和堆放的场地。

墩式台座的基本形式有重力式（图7-14）和构架式（图7-15）两种。重力式台座主要靠台座自重平衡张拉力产生的倾覆力矩；构架式台座主要靠土压力来平衡张拉力所产生的倾覆力矩。

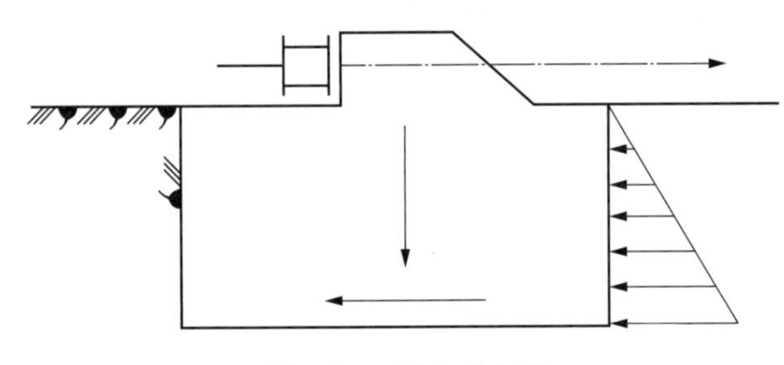
图7-14　重力式台座

台座构造示意图

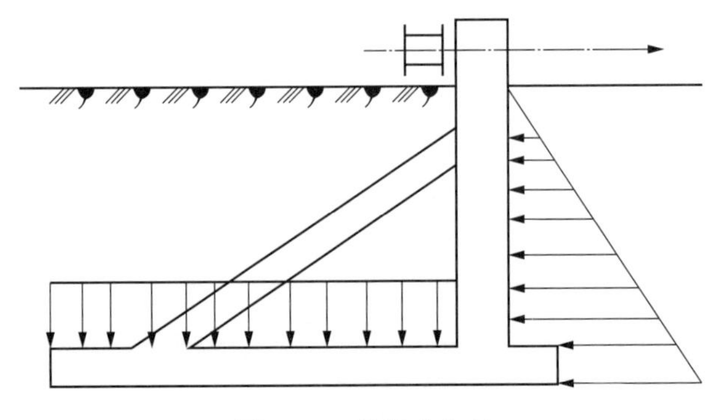
图7-15　构架式台座

### 2. 槽式台座

槽式台座由钢筋混凝土压杆、上下横梁和台面等组成（图7-16），既可承受张拉力，又可作为蒸汽养护槽，适用于张拉吨位较大的大型构件。

台座的长度一般不大于76m，宽度随构件外形及制作方式而定，一般不小于1m。为便于混凝土运输和蒸汽养护，槽式台座多低于地面。

台座准备

### 3. 钢模台座

钢模台座是将制作构件的钢模板做成具有相当刚度的结构，作为预应力筋的锚固支座，将预应力筋直接放在模板上进行张拉。如图7-17所示为大型屋面板钢模台座示意。

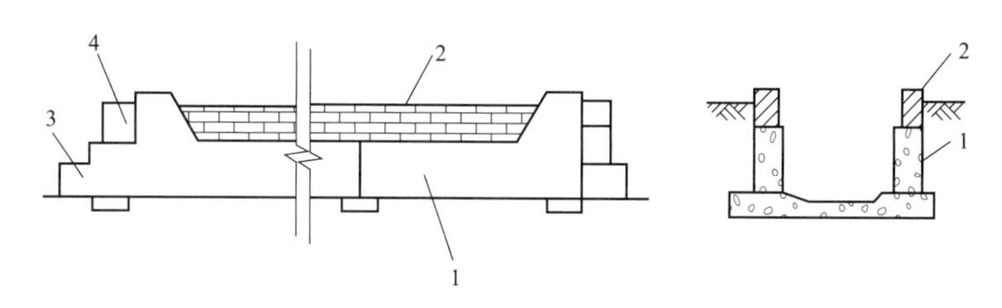


图 7-16　槽式台座

1—混凝土压杆；2—砖墙；3—下横梁；4—上横梁

### （二）预应力筋铺设

为了便于构件脱模，在铺设预应力筋之前，对长线台座的台面应先刷隔离剂。隔离剂不应玷污预应力筋，以免影响其与混凝土的黏结。如果预应力筋遭受污染，应使用适当的溶剂清刷干净。在生产过程中，应防止雨水冲刷台面上的隔离剂。

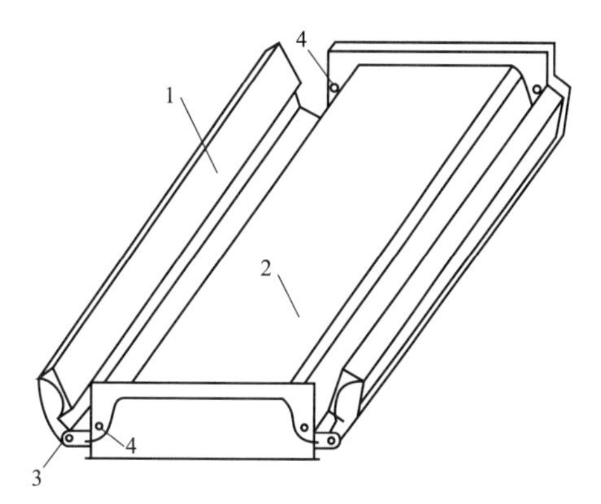


图 7-17　大型屋面板钢模台座示意

1—侧模；2—底模；

3—活动铰；4—预应力筋锚固孔

预应力钢丝宜用牵引车铺设。如果钢丝需要接长，可借助于钢丝拼接器用 20～22 号铁丝密排绑扎。刻痕钢丝的绑扎长度不应小于 $80d$（$d$ 为钢丝直径）。

预应力钢绞线接长时，可用接长连接器。预应力钢绞线与工具式螺杆连接时，可采用套筒式连接器。

### （三）预应力筋张拉

预应力筋的张拉应严格按设计要求进行。

#### 1. 张拉控制应力

《混凝土结构设计规范》（GB 50010—2010）中规定，预应力筋的张拉控制应力 $\sigma_{con}$ 分别为消除应力钢丝、钢绞线：$\leqslant 0.75f_{ptk}$；中强度预应力钢丝：$\leqslant 0.70f_{ptk}$；预应力螺纹钢筋：$\leqslant 0.85f_{pyk}$。消除应力钢丝、钢绞线、中强度预应力钢丝的张拉控制应力值不应小于 $0.4f_{ptk}$；预应力螺纹钢筋的张拉控制应力值不宜小于 $0.5f_{pyk}$，并且规定当要求提高构件在施工阶段的抗裂性能而在使用阶段受压区内设置的预应力筋，或要求部分抵消由于松弛、孔道摩擦、预应力筋与台座之间的温差等因素产生的预应力损失时，可以适当提高 $0.05f_{ptk}$ 或 $0.05f_{pyk}$。

《混凝土结构工程施工规范》（GB 50666—2011）中规定预应力筋的张拉控制应力应符合设计及专项施工方案的要求，并规定了当施工中需要超张拉时，调整后的最大张拉控制应力 $\sigma_{con}$ 应符合表 7-1 中的规定。

表 7-1 预应力筋张拉控制应力 $\sigma_{con}$ 取值（N/mm²）

| 预应力筋种类 | 张拉控制应力 $\sigma_{con}$ | |
|---|---|---|
| | 一般情况 | 超张拉情况 |
| 消除应力钢丝、钢绞线 | $\leqslant 0.75 f_{ptk}$ | $\leqslant 0.80 f_{ptk}$ |
| 中强度预应力钢丝 | $\leqslant 0.70 f_{ptk}$ | $\leqslant 0.75 f_{ptk}$ |
| 预应力螺纹钢筋 | $\leqslant 0.85 f_{pyk}$ | $\leqslant 0.90 f_{pyk}$ |

注：$f_{ptk}$为预应力钢丝和钢绞线的抗拉强度标准值；$f_{pyk}$为预应力螺纹钢筋的屈服强度标准值。

2. 张拉程序

预应力筋的张拉程序是使预应力筋达到预应力值的工艺过程，对预应力筋的施工质量影响较大，在预应力筋张拉前必须设计出完整具体的施工方案。预应力筋张拉程序一般可按下列程序之一进行：

$$0 \rightarrow 1.05\sigma_{con}(\text{持荷 2min}) \rightarrow \sigma_{con} \text{或者} 0 \rightarrow 1.03\sigma_{con}$$

张拉伸长值的校核

采用上述张拉程序的目的是为了减少应力松弛损失。所谓应力松弛是指钢材在常温、高应力状态下由于塑性变形而使应力随时间的延续而降低的现象。这种现象在张拉后的头几分钟内发展得特别快，往后趋于缓慢。

成组张拉时，应预先调整初应力，以保证张拉时每根钢筋的应力均匀一致。初应力值一般取 $10\%\sigma_{con}$。

## （四） 预应力筋放张

预应力筋放张时，混凝土强度必须符合设计要求；当设计无规定时，混凝土强度不得低于设计强度等级的 75%。采用消除应力钢丝和钢绞线作预应力筋的先张法构件，尚不应低于 30MPa。

预应力筋放张应根据构件类型与配筋情况，选择正确的顺序与方法，否则会引起构件翘曲、开裂和预应力筋断裂等现象。

单根放张预应力筋示意图

1. 放张顺序

预应力筋的放张顺序，如设计无要求时，应符合下列规定：

（1）对承受轴心预压力的构件（如拉杆、桩等），所有预应力筋应同时放张；

（2）对承受偏心预压力的构件（如梁等），应先同时放张预压力较小区域的预应力筋，再同时放张预压力较大区域的预应力筋；

（3）当不能按上述规定放张时，应分阶段、对称、相互交错地放张。

放张后预应力筋的切断顺序，宜由放张端开始，逐次切向另一端。

2. 放张方法

千斤顶放张预应力筋示意图

预应力筋放张工作，应缓慢进行，防止冲击。常用的放张方法如下：

（1）用千斤顶拉动单根预应力筋，松开螺母。放张时由于混凝土与预应力筋已黏结成整体，松开螺母的间隙只能是最前端构件外露预应力筋的伸长，因此，所施加的应力往往超过控制应力的 10%，应注意安全。

（2）采用两台台座式千斤顶整体缓慢放松，应力均匀，安全可靠。放张用台座式千斤顶可专用或与张拉合用。为防止台座式千斤顶长期受力，可采用垫块顶紧。

（3）对板类构件的钢丝或钢绞线，放张时可直接用手提砂轮锯或氧块焰切割。放张工作宜从生产线中间开始，以减少回弹量且有利于脱模；每块板应从外向内对称放张，以免因构件扭转而端部开裂。

为了检查构件放张时钢丝与混凝土的黏结是否可靠，切断钢丝时应测定钢丝向混凝土内的回缩情况，一般不宜大于 1.0mm。

## 二、后张法施工

后张法是先制作混凝土构件或结构，待混凝土达到一定强度后，直接在构件或结构上张拉预应力筋，并用锚具将其锚固在构件端部，使混凝土产生预压应力的施工方法。后张法施工示意如图 7-18 所示。

后张法施工现场

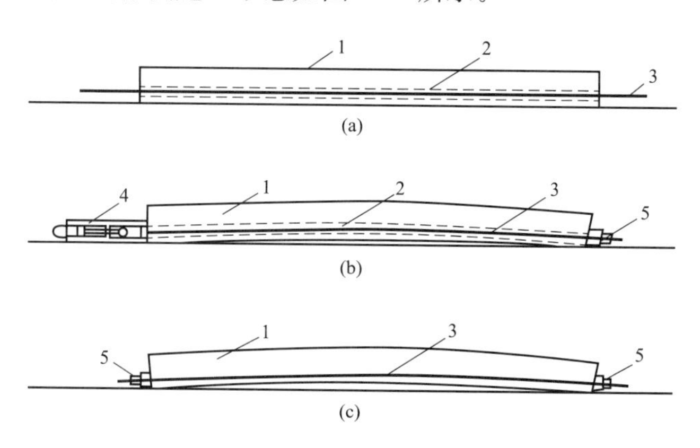


图 7-18　后张法施工示意图

（a）制作混凝土构件；（b）张拉预应力筋；（c）预应力筋的锚固与孔道灌浆

1—混凝土构件；2—预留孔道；3—预应力筋；4—千斤顶；5—锚具

这种方法广泛应用于大型预制预应力混凝土构件和现浇预应力混凝土结构工程。

### （一） 孔道留设

预留管道设置

预应力筋的孔道形状有直线、曲线和折线三种。孔道内径应比预应力筋外径或需穿过孔道的锚具（连接器）外径大 6～15mm；孔道面积应大于预应力筋面积的 3～4 倍。此外，在孔道的端部或中部应设置灌浆孔，其孔距不宜大于 12m（抽芯成型）或 30m（波纹管成型）。曲线孔道的高差大于或等于 300mm 时，在孔道峰顶处应设置泌水孔，泌水孔外接管伸出构件顶面长度不宜小于 300mm，泌水孔可兼作灌浆孔。

预应力筋孔道成型可采用钢管抽芯、胶管抽芯和预埋管法。对孔道成型的基本要求是：孔道的尺寸与位置应正确，孔道的线形应平顺，接头不漏浆等。孔道端部的预埋钢板应垂直于孔道中心线。孔道成型的质量直接影响到预应力筋的穿入与张拉，应严格把关。

#### 1. 钢管抽芯法

预先将钢管埋设在模板内的孔道位置处，在混凝土浇筑过程中和浇筑之后，每隔一定时间慢慢转动钢管，使之不与混凝土黏结，待混凝土凝固后抽出钢管，即形成孔道。该法只适用于直线孔道。

钢管应平立光滑，预埋前应除锈、刷油。固定钢管用的钢筋井字架间距不宜大于1.0m，与钢筋骨架扎牢。钢管的长度不宜大于15m，以便转动与抽管。

抽管时间与混凝土性质、气温和养护条件有关。一般在混凝土初凝后、终凝前，以手指按压混凝土，不粘浆又无明显印痕时即可抽管（常温下为3～6h）。抽管顺序宜先上后下，抽管方法可用人工或卷扬机。抽管要边抽边转，速度均匀，并与孔道成一直线。

**2. 胶管抽芯法**

选用5～7层帆布夹层的普通橡胶管。使用时先充气或充水，持续保持压力为0.8～1.0MPa，此时胶管直径可增大约3mm，密封后浇筑混凝土。待混凝土达到一定强度后抽管，抽管时应先放气或水，待管径缩小与混凝土脱离，即可拔出。此法可适用于直线孔道或一般的折线与曲线孔道。

**3. 预埋波纹管法**

圆金属波纹管

波纹管主要有金属波纹管和塑料波纹管两种。

金属波纹管是由薄钢带（厚0.28～0.60mm）经压波后卷成（图7-19）。它具有重量轻、刚度好、弯折方便、连接简单、摩阻系数小、与混凝土黏结良好等优点，可做成各种形状的孔道。波纹管预埋在混凝土构件中不再抽出，施工方便，质量可靠，应用最为广泛。

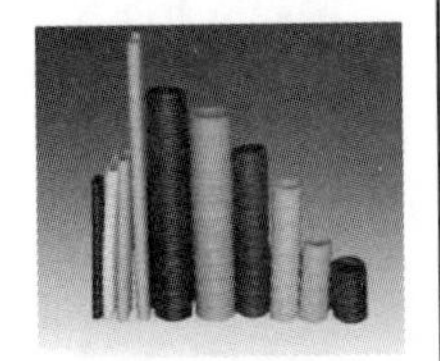

塑料波纹管

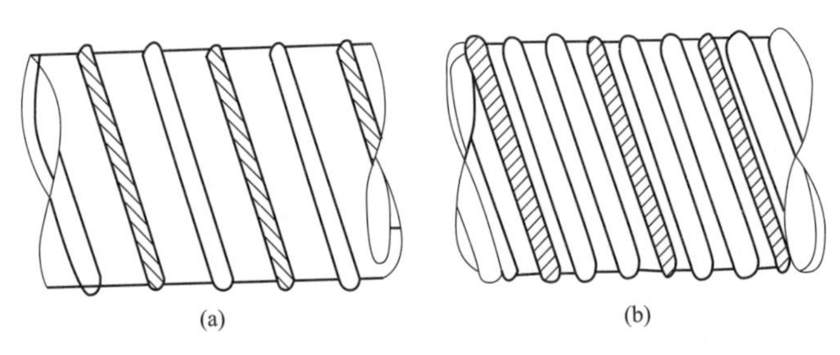


图7-19 金属波纹管

（a）单波纹管；（b）双波纹管

施工现场卷制金属波纹管

塑料波纹管是以高密度聚乙烯（HDPE）或聚丙烯（PP）塑料为原料，采用挤塑和专用制管机经热挤定型而成。塑料波纹管具有强度高、刚度大、摩擦系数小、不导电和防腐性能好等特点，宜用于曲率半径小、密封性能以及抗疲劳要求高的孔道。

波纹管的安装，应根据预应力筋的曲线坐标在侧模或箍筋上划线，以波纹管底为准；波纹管的固定，可采用钢筋支架（钢筋直径不宜小于10mm），间距不宜大于1.2m。钢筋支架应固定在箍筋上，箍筋下面要用垫块垫实，波纹管安装就位后，必须用铁丝将波纹管与钢筋支架扎牢，以防浇筑混凝土时波纹管上浮而引起质量事故。

灌浆孔与波纹管的连接，见图7-20。其做法是在波纹管上开洞，其上覆盖海绵垫片与带嘴的塑料弧形压板，并用铁丝扎牢，再用增强塑料管插在嘴上，并将其引出梁顶面不小于 300mm。

### （二）预应力筋制作

预应力筋的制作，主要根据所用的预应力钢材品种、锚具形式及生产工艺等确定。

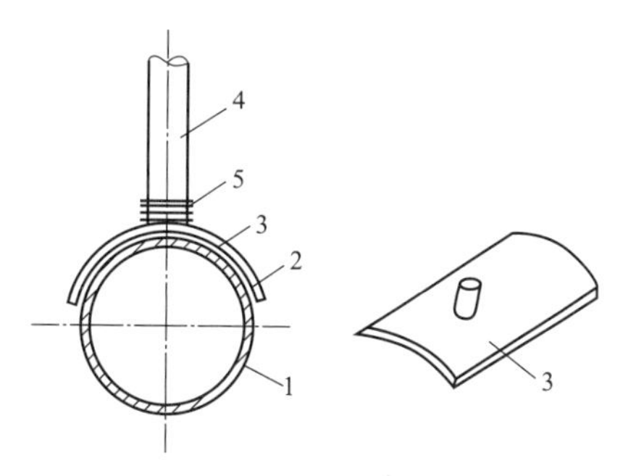


图 7-20　灌浆孔留设

1—波纹管；2—海绵垫片；3—塑料弧形压板；4—增强塑料管；5—铁丝

单根粗钢筋

#### 1. 预应力螺纹钢筋

预应力螺纹钢筋的制作，一般包括下料和连接等工序。

预应力螺纹钢筋的下料长度按下式计算（图 7-21）：

$$L = l_1 + l_2 + l_3 + l_4$$

式中　$l_1$——构件的孔道长度（mm）；

$l_2$——固定端外露长度（mm），包括螺母、垫板厚度，预应力筋外露长度，精轧螺纹钢筋不小于 150mm；

$l_3$——张拉端垫板和螺母所需的长度（mm），精轧螺纹钢筋不小于 110mm；

$l_4$——张拉时千斤顶与预应力筋间连接器所需的长度（mm），不应小于 $l_2$。

预应力筋制作与安装

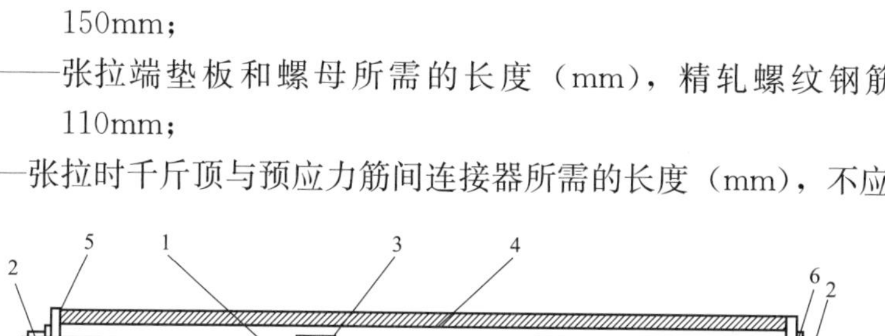


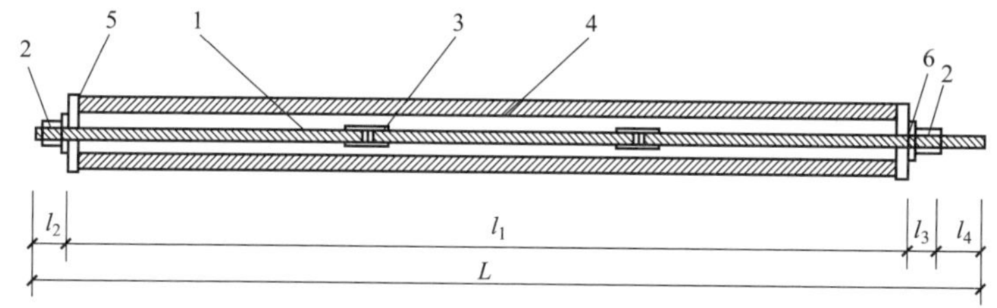


图 7-21　预应力螺纹钢筋下料长度计算简图

1—预应力螺纹钢筋；2—螺母；3—连接器；4—构件；5—端部钢板；6—锚具垫板

梳编穿束示意图

#### 2. 钢丝束

钢丝束的制作，一般包括下料、镦头和编束等工序。

采用镦头锚具时，钢丝的下料长度 $L$，按照预应力筋张拉后螺母位于锚杯中部的原则进行计算（图 7-22）。

$$L = l + 2h + 2\delta - K(H - H_1) - \Delta l - C$$

式中　$l$——孔道长度（mm），按实际量测；

$h$——锚杯底厚或锚板厚度（mm）；

$\delta$——钢丝镦头预留量，取 10mm；

$K$——系数，一端张拉时取 0.5，两端张拉时取 1.0；

$H$——锚杯高度（mm）；

$H_1$——螺母厚度（mm）；

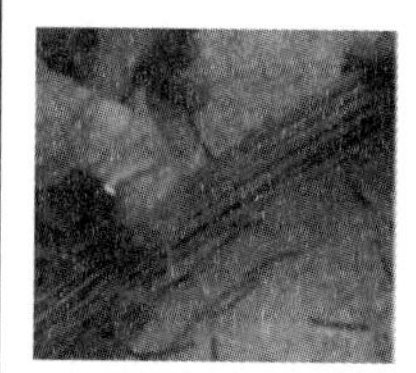

钢绞线逐段绑扎

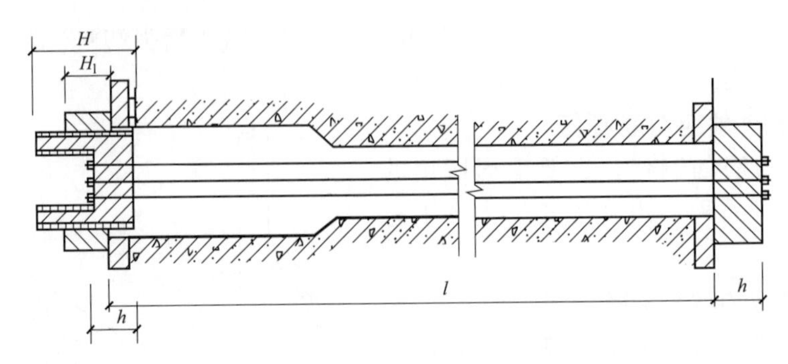


图 7-22 钢丝下料长度计算简图

端头处绑扎

$\Delta l$——钢丝束张拉伸长值（mm）；

$C$——张拉时构件混凝土弹性压缩值（mm）。

采用镦头锚具时，同束钢丝应等长下料，其相对误差不应大于钢丝长度的1/5000，且不应大于5mm。钢丝下料宜采用限位下料法。钢丝切断后的端面应与母材垂直，以保证镦头质量。

钢丝束锻头锚具的张拉端应扩孔，以便钢丝穿入孔道后伸出固定端一定长度进行镦头。扩孔长度一般为500mm。

钢丝编束与张拉端锚具安装同时进行。钢丝一端先穿入锚杯镦头，在另一端用细铁丝将内外圈钢丝按锚杯处相同的顺序分别编扎，然后将整束钢丝的端头扎紧，并沿钢丝束的整个长度适当编扎几道。

采用钢质锥形锚具时，钢丝下料方法同钢绞线束。

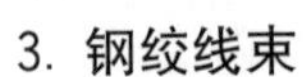
**3. 钢绞线束**

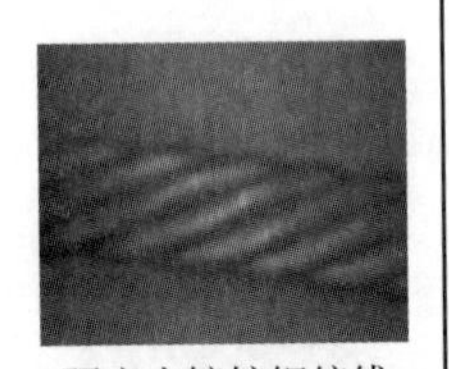
预应力镀锌钢绞线

钢绞线束的下料长度 $L$，当一端张拉另一端固定时可按下式计算：

$$L = l + l_1 + l_2$$

式中 $l$——孔道的实际长度（mm）；

$l_1$——张拉端预应力筋外露的工作长度，应考虑工作锚厚度、千斤顶长度与工具锚厚度等，一般取600～900mm；

$l_2$——固定端预应力筋的外露长度，一般取150～200mm。

钢绞线的切割，宜采用砂轮锯；不得采用电弧切割，以免影响材质。

## （三）预应力筋穿入孔道

根据穿束与浇筑混凝土之间的先后关系，可分为后穿束法和先穿束法。

后穿束法即在浇筑混凝土后将预应力筋穿入孔道。此法可在混凝土养护期间内进行穿束，不占工期。穿束后即进行张拉，预应力筋不易生锈，应优先采用，但对波纹管质量要求较高，并在混凝土浇筑时必须对成孔波纹管进行有效的保护，否则可能会引起漏浆、瘪孔以致穿束困难。

预应力筋穿入孔道施工现场

先穿束法即在浇筑混凝土之前穿束。此法穿束省力，但穿束占用工期，预应力筋的自重引起的波纹管摆动会增大孔道摩擦损失，束端保护不当易生锈。

钢丝束应整束穿入，钢绞线可整束或单根穿入孔道。穿束可采用人工穿入，当预应力筋较长穿束困难时，也可采用卷扬机和穿束机进行穿束。

预应力筋穿入孔道后应对其进行有效的保护，以防外力损伤和锈蚀；对采用蒸汽养护的预制混凝土构件，预应力筋应在蒸汽养护结束后穿入孔道。

## （四） 预应力筋张拉

预应力筋张拉时，构件的混凝土强度应符合设计要求，且同条件养护的混凝土抗压强度不应低于设计强度等级的75%，也不得低于所用锚具局部承压所需的混凝土最低强度等级。

### 1. 张拉控制应力

预应力筋的张拉控制应力应符合设计及专项施工方案的要求。当施工中需要超张拉时，调整后的最大张拉控制应力 $\sigma_{con}$ 应符合表7-1的规定。

### 2. 张拉程序

目前所使用的钢丝和钢绞线都是低松弛，则张拉程序可采用 $0\rightarrow\sigma_{con}$；对普通松弛的预应力筋，若在设计中预应力筋的松弛损失取大值时，则张拉程序为 $0\rightarrow\sigma_{con}$ 或按设计要求采用。

千斤顶张拉预应力筋

预应力筋采用钢筋体系或普通松弛预应力筋时，采用超张拉方法可减少预应力筋的应力松弛损失。对支承式锚具其张拉程序为：$0\rightarrow1.05\sigma_{con}$（持荷2min）$\rightarrow\sigma_{con}$。

对楔紧式（如夹片式）锚具其张拉程序为：$0\rightarrow1.03\sigma_{con}$。

以上两种超张拉程序是等效的，可根据构件类型、预应力筋与锚具、张拉方法等选用。

### 3. 张拉方法

预应力筋的张拉方法，应根据设计和专项施工方案的要求采用一端张拉或两端张拉。当设计无具体要求时，有黏结预应力筋长度不大于20m时可采用一端张拉，大于20m时宜两端张拉。预应力筋为直线形时，一端张拉的长度放宽至35m。采用两端张拉时，可两端同时张拉，也可一端先张拉锚固，另一端不张拉。当同一截面中多根预应力筋采用一端张拉时，张拉端宜分别设置在结构的两端。当两端同时张拉同一根预应力筋时，宜先在一端锚固，再在另一端补足张拉力后进行锚固。

### 4. 张拉顺序

预应力筋的张拉顺序应符合设计要求，当设计无具体要求时，可采用分批、分阶段对称张拉，以免构件承受过大的偏心压力，同时应尽量减少张拉设备的移动次数。

叠层构件张拉

平卧重叠制作的构件，宜先上后下逐层进行张拉。为了减少上下层之间因摩阻引起的预应力损失，可自上而下逐层加大张拉力。当隔离层效果较好时，可采用同一张拉值。

## （五） 孔道灌浆与端头封裹

后张法孔道灌浆的作用：①保护预应力筋，防止锈蚀；②使预应力筋与构

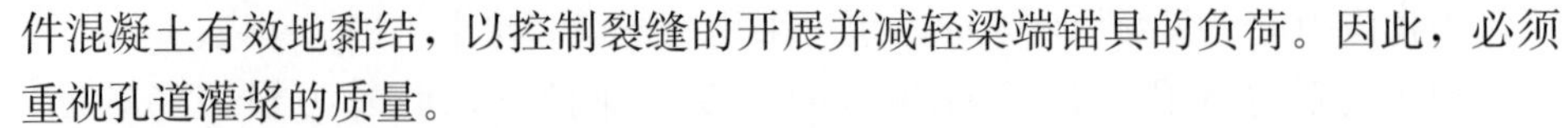

件混凝土有效地黏结，以控制裂缝的开展并减轻梁端锚具的负荷。因此，必须重视孔道灌浆的质量。

预应力筋张拉后，孔道应及时灌浆，因在高应力状态下预应力筋容易生锈。

搅浆机制浆

### 1. 灌浆材料

孔道灌浆用的水泥浆应具有较大的流动性、较小的干缩性与泌水性。灌浆用水泥应优先采用强度等级不低于 42.5 级的普通硅酸盐水泥。

灌浆用水泥浆的性能应符合下列规定：

（1）采用普通灌浆工艺时稠度宜控制在 12～20s，采用真空灌浆工艺时稠度宜控制在 18～25s；

（2）水胶比不应大于 0.45；

（3）自由泌水率宜为 0，且不应大于 1%，泌水应在 24h 内全部被水泥浆吸收；

（4）采用普通灌浆工艺时，自由膨胀率不应大于 10%，采用真空灌浆工艺时，自由膨胀率不应大于 3%；

（5）边长为 70.7mm 的立方体水泥浆试块，经 28d 标准养护后的抗压强度不应低于 30MPa；

（6）所采用的外加剂应与水泥做配合比试验并确定掺量后使用。

灌浆

### 2. 灌浆施工

灌浆前，孔道应湿润、洁净。灌浆用的水泥浆要过筛，在灌浆过程中应不断搅拌，以免沉淀析水。

灌浆设备采用灰浆泵。灌浆工作应连续进行，并应排气通顺。在灌满孔道并封闭排气孔后，宜再继续加压至 0.5～0.7MPa，并稳压 1～2min，稍后再封闭灌浆孔。当泌水较大时，宜进行二次灌浆或泌水孔重力补浆。

曲线孔道灌浆后（除平卧构件），水泥浆由于重力作用下沉，少量水分上升，造成曲线孔道顶部的空隙较大。为了使曲线孔道顶部灌浆密实，应在曲线孔道的上曲部位设置的泌水管内人工补浆。

在预留孔道比较狭小、孔道比较复杂的情况下，可以采用真空辅助灌浆，即在预应力孔道的一端采用真空泵抽吸孔道中的空气，使孔道内形成负压为 0.8～1.0MPa 的真空度，然后在孔道的另一端采用灌浆泵进行灌浆。

封锚保护

### 3. 端头封裹

预应力筋锚固后的外露长度应不小于 30mm，多余部分宜用砂轮锯切割，锚具应采用封头混凝土保护。封锚的混凝土宜采用与构件同强度等级的细石混凝土，其尺寸应大于预埋钢板尺寸，锚具的保护层厚度不应小于 50mm。锚具封里前，应将封头处原有混凝土凿毛，封裹后与周边混凝土之间不得有裂纹。

## 三、无黏结预应力施工

无黏结预应力是后张预应力技术的一个重要分支。无黏结预应力混凝土是指配有无黏结预应力筋、靠锚具传力的一种预应力混凝土。其施工过程是：先将无黏结预应力筋安装固定在模板内，然后再浇筑混凝土，待混凝土达到设计强度后进行张拉锚固。这种混凝土的最大优点是无须留孔灌浆，施工简便，但对锚具要求高。

### （一）无黏结预应力筋

无黏结预应力筋是指施加预应力后沿全长与周围混凝土不黏结的预应力筋。它由预应力钢材、涂料层和外包层组成，见图 7-23。

无黏结预应力混凝土的预应力筋沿全长与周围混凝土能发生相对滑动，为防止预应力筋腐蚀和与周围混凝土黏结，采用涂油脂和缠绕塑料薄膜等措施。

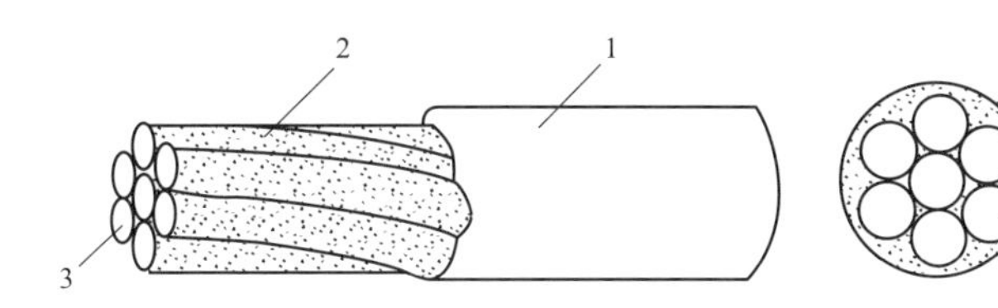


图 7-23 无黏结预应力筋

1—塑料护套；2—涂料层；3—钢绞线

预应力钢材可采用 $\phi^{P}12.7$ 和 $\phi^{P}15.2$ 钢绞线；涂料层应采用防腐润滑油脂；外包层宜采用高密度聚乙烯护套，其韧性、抗磨性与抗冲击性要好。

### （二）无黏结预应力筋铺设

在铺设前，应对无黏结预应力筋逐根进行外包层检查，对有轻微破损者，可包塑料带补好，对破损严重者应予报废。对配有镦头式锚具的钢丝束应认真检查锚杯内外螺纹、镦头外形尺寸、是否漏镦，并将定位连杆拧入锚杯内。无黏结预应力筋的铺设应严格按设计要求的曲线形状，正确就位并固定牢靠。

预应力无黏结钢绞线剖面

在单向连续梁板中，无黏结预应力筋的铺设基本上与非预应力筋相同。无黏结预应力筋的曲率，可用铁马凳控制。铁马凳高度应根据设计要求的无黏结预应力筋曲率确定，铁马凳间隔不宜大于 2m 并应用铁丝与无黏结预应力筋扎紧。

铺设双向配筋的无黏结预应力筋时，无黏结预应力筋需要配制成两个方向的悬垂曲线，由于两个方向的无黏结预应力筋互相穿插，给施工操作带来困难，因此必须事先编出无黏结预应力筋的铺设顺序。其方法是将各向无黏结预应力筋各搭接点处的标高标出，对各搭接点相应的两个标高分别进行比较，若一个方向某一无黏结预应力筋的各点标高均分别低于与其相交的各筋相应点标高时，则该筋就可以先放置。按此规律编出全部无黏结预应力筋的铺设顺序。

成束配置的多根无黏结预应力筋，应保持平行走向，防止相互扭绞。为了便于单根张拉，在构件端头处无黏结预应力筋应改为分散配置。

### （三）无黏结预应力筋张拉

无黏结预应力筋开始张拉

无黏结预应力筋宜采取单根张拉，张拉设备宜选用前置内卡式千斤顶，锚固体系选用单孔夹片锚具。

由于无黏结预应力筋一般为曲线配筋，当长度超过 25m 时，宜采取两端张拉；当筋长超过 50m 时，宜采取分段张拉。

无黏结预应力筋的张拉力、张拉顺序等与有黏结后张法基本相同。

无黏结预应力筋梁中埋入端

端部处理方法

### （四）端部处理

无黏结预应力筋张拉完毕后，应及时对锚固区进行保护。锚固区必须有严格的密封防护措施，严防水汽进入产生锈蚀。

无黏结预应力筋的外露长度不应小于 30mm，多余部分可用手提砂轮锯切割。在锚具与承压板表面涂以防水涂料、锚具端头涂防腐油脂后，罩上封端塑料盖帽。锚具经上述处理后，对凹入式锚固区，再用微膨胀混凝土或低收缩防水砂浆密封；对凸出式锚固区，可采用外包钢筋混凝土圈梁封闭。

# 第八章 结构安装工程

## 教学目标

### （一）总体目标

通过本章的学习，使学生熟悉结构安装工程分类、工程性质和施工特点，了解为结构安装前的准备工作，如何进行结构安装，包括通过计算确定场地设计标高结构安装，钢结构安装和混凝土结构安装工程，其中，混凝土结构又分为单层厂房安装、多高层混凝土结构安装，钢结构安装可分为高层钢结构安装、大跨度钢结构安装。熟悉结构安装方式和适用情形，掌握结构安装的计算和设计、施工工艺和施工要点，熟悉结构安装工程的构件类型及吊装方法，掌握构件吊装应力状态的变化曲线，熟悉高空作业的特点。通过体会和学习结构安装工程，使学生了解行业特色，掌握专业知识，建立学生严谨思考、扎实基础、持续创新建造方法的理念。

### （二）具体目标

1. 专业知识目标

（1）熟悉结构安装工程的分类；

（2）掌握混凝土和钢结构安装工程；

（3）掌握单层工业厂房结构安装前的准备工作、结构安装方案以及安装过程中的具体工艺流程；

（4）熟悉多高层混凝土结构安装工程中起重机械的选择标准、起重机的布置方式及装配式框架结构的安装流程；

（5）熟悉钢结构的材料类型、构件连接方式、钢框架的安装方案和结构构件的质量检查方法；

（6）了解大跨度空间钢结构安装方法。

2. 综合能力目标

（1）能够熟练掌握结构安装工程的结构类型和分类方式，了解结构安装工程安装前的准备工作；

（2）能够掌握多种结构的施工工艺，熟悉构件安装流程，了解柱、吊车梁和钢筋混凝土屋架的安装过程；

（3）能够熟练掌握结构安装方式、结构安装方法、起重机的路线和停机位置以及构件平面的布置；

（4）熟悉起重机的布置原则。

3. 综合素质目标

（1）对整个安装过程的计算、设计和分析都有掌握，初步适用有限元进行分析；

（2）熟悉结构验收的施工规范和实际工艺。

## 教学重点和难点

### （一）重点

（1）起重机械的选择标准和布置原则；

（2）装配式框架结构的安装；

（3）掌握剪力墙墙板安装的施工工艺和施工要点；

（4）掌握钢构件制作的工艺流程。

### （二）难点

（1）结构安装前的准备工作；

（2）构件安装工艺；

（3）结构安装方案。

## 教学策略

本章是土木工程施工课程的第八章，涵盖构件选择、构件运输、构件安装构件处理和验收等知识点，知识量大、计算多，教学内容涉及面广，专业性较强，需要查阅大量的规范，对后面的章节学习有重要的引领作用。安装过程中柱子的固定方法、吊车梁的安装方法、天窗架及屋面板的安装方法和注意事项，屋架的起吊和临时固定方式是本章教学的重点和难点。为帮助学生更好地学习本章知识，采取“了解课序—复习土力学和基础工程知识—知识学习—施工现场实训—课后习题—计算和设计训练—课后有限元计算拓展”的教学策略。

（1）课前引导：提前介入学生学习过程，要求学生提前预习结构安装工程，为课程学习进行知识储备。

（2）课中教学互动：课堂教学教师讲解中，以大量视频的形式，让学生直观和系统地了解混凝土构件的制作过程，运输过程中混凝土构件的堆放施，并进行课后习题讲解和辅导，设计辅导等。

（3）技能训练：构件质量检查与弹线编号。

（4）课后拓展：引导学生自主学习相关的规范，主要包括《建筑工程施工质量验收统一标准》(GB/50300—2013)、《钢结构工程施工质量验收标准》（GB 50205—2020）和《钢结构工程施工规范》(GB 50755—2012)，引入有限元软件，拓宽学生视野，增加学生的实践能力。

## 教学架构设计

### （一）教学准备

（1）情感准备：了解学情，提醒学生预习前置课程，增进感情，提前和学生谈心谈话。

（2）知识准备：

1）复习：土木工程施工课程中的结构安装工程部分。

2）预习：“雨课堂”分布的预习内容和结构安装工程的视频。

3）授课准备：学生分组，要求学生带认识实习的结构安装问题进课堂。

4）资源准备：授课课件、数字资源库等。

### （二）教学架构

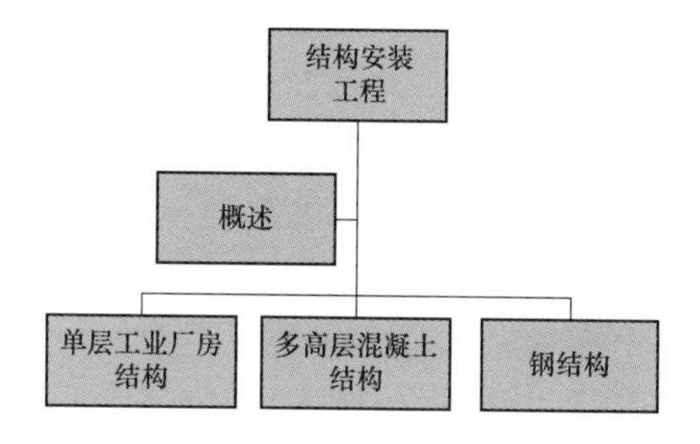


### （三）实操训练

准确进行结构安装工程分类。

### （四）思政教育

根据授课内容，本章主要在专业知识获得感、技术能力获得感、宏大国家基建工程三个方面开展思政教育。

### （五）效果评价

采用注重学生全方位能力评价的“五位一体评价法”，即自我评价（20%）+团队评价（20%）+课堂表现（20%）+教师评价（20%）+自我反馈（20%）评价法。同时引导学生自我纠错、自主成长并进行学习激励，激发学生学习的主观能动性。

### （六）学时建议

6/56（本章建议学时/课程总学时）。

## 第一节　单层工业厂房结构安装工程

单层工业厂房除基础外，其他构件均采用预制；屋面板、吊车梁、地基梁、支撑、天沟板等中小型构件多采用预制场工厂制作；屋、柱等大型构件则采用现场预制。构件的安装包括吊装前的准备工作、构件吊装工艺与方法、结构吊装方案等内容。

### 一、安装前的准备工作

#### 1. 混凝土构件的制作

混凝土构件的制作分为工厂制作（预制构件厂）和现场制作，中小型构件，如屋面板、墙板、吊车梁等，多采用工厂制作；大型构件或尺寸较大不便运输的构件，如屋架、柱等则采用现场制作。在条件许可时，应尽可能采用叠浇法制作，叠层数量由地基承载能力和施工条件确定。一般不超过4层，上层构件的浇筑应待下层构件混凝土达到设计强度的30%后才可进行，构件制作场地应平整坚实，并有排水措施。

混凝土构件预制工艺是在工厂或工地预先加工制作建筑物或构筑物的混凝土部件的工艺。采用预制混凝土构件进行装配化施工，具有节约劳动力、克服季节影响、便于常年施工等优点。

混凝土构件的制作，可采用台座、钢平模和成组立模等方法。台座表面应光滑平整，在气温变化较大的地区应留有伸缩缝。预制构件模板可根据实际情况选择木模板、组合钢模板进行搭设，模板的连接和支撑要牢靠，拆除模板时，要保证混凝土的表面质量和对强度的要求，钢筋安装时，要保证其位置及数量的正确，确保保护层厚度符合设计的要求。

混凝土构件应用范围

2. 混凝土构件的运输和堆放

构件运输过程通常要经过起吊、装车、运输和卸车等工序。目前构件运输的主要方式为汽车运输，多采用载重汽车和平板拖车（图 8-1）。除此之外，在距离远而又有条件的地方，也可采用铁路和水路运输。在运输过程中为防止构件变形、倾倒、损坏。对高宽比过大的构件或多层叠放运输的构件，应采用设置工具或支撑框架、固定架、支撑等予以固定，构件的支承位置和方法要得当，以保证构件受力合理，各构件间应有隔板或垫木，且上下垫木应保证在同一垂直线上。运输道路应坚实平整，有足够的转弯半径和宽度，行驶速度适当，行驶平稳。构件运输时混凝土强度应满足设计要求，若设计无要求时，则不应低于设计强度等级的 75%。

预制构件堆放原则

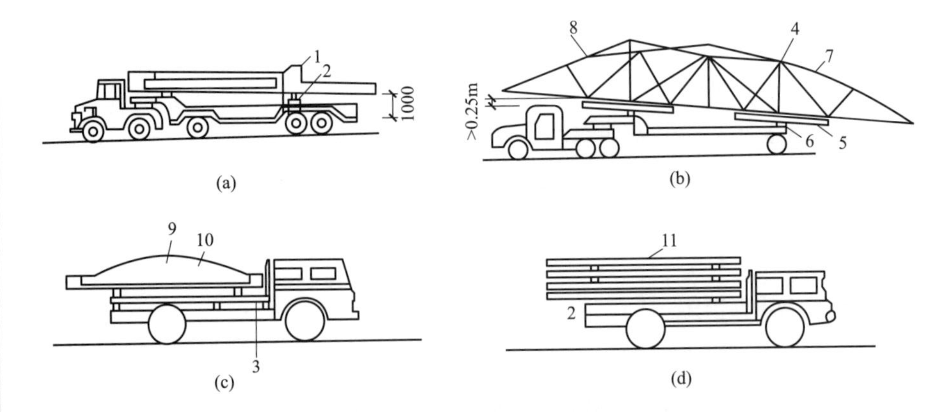


图 8-1 构件运输示意

(a) 柱子运输；(b) 屋架运输；(c) 吊车梁运输；(d) 屋面板运输

1—柱子；2—垫木；3—支架；4—绳索；5—平衡架；6—铰；7—屋架；8—竹竿；9—铅丝；10—吊车梁；11—屋面板

构件应按照施工组织设计的平面布置图进行堆放，以免出现二次搬运。堆放构件时，应使构件堆放状态符合设计受力状态。构件应放置在垫木上，各层垫木的位置应在一条垂直线上，以免构件折断。构件的堆置高度，应视构件的强度、垫木强度、地面承载力等情况而定。

3. 构件质量检查与弹线编号

在吊装前应对构件进行质量检查，检查内容包括：构件尺寸制作偏差、预埋件位置及尺寸、构件裂痕与变形、混凝土强度等。吊装时混凝土强度需满足设计要求，若设计无要求，柱混凝土强度应不低于设计强度的 75%，屋架混凝土强度应达到设计强度的 100%，且孔道的灌浆强度不应低于 15MPa，方可进行吊装。

为便于构件安装的对位、校正，须在构件上弹出几何中心线或安装准线。要求如下：

（1）柱：弹出柱身几何中心线，且与基础杯口中心线吻合。若柱为工字形截面，还在翼缘上弹出一条与中心线相平行的线。此外，在柱顶面和牛腿上面要弹出屋及吊车梁安装线。

（2）屋架：弹出上弦顶面几何中心线，并从跨中向两端分别弹出天窗架、屋面板的安装基准线，屋架端部基准线。

（3）吊车梁：沿断面及顶面弹出安装中心线。

在对构件弹线的同时应按设计图纸统一对构件逐一编号。

#### 4. 杯形基础准备

主要包括弹定位轴线及杯底操平。先复核杯口尺寸，利用经纬仪根据柱网轴线在杯口顶面标出十字交叉的柱子吊装中心线，作为吊装柱的对位及校正准线杯形基础的杯底应留设负误差。吊装前根据柱及对应基础的实际制作尺寸，确定杯底垫浆厚度，并用水泥砂浆或细石混凝土找平。

## 二、构件安装工艺

构件安装一般包括：绑扎、起吊、对位、临时固定、校正和最后固定等工序。

### （一）柱的安装

#### 1. 柱的绑扎

柱的绑扎方法、绑扎位置和绑扎点数应视柱的形状、长度、截面、配筋、起吊方法及起重机性能等因素而定。因柱起吊时吊离地面的瞬间由自重产生时弯矩最大，其最合理的绑扎点位置，应按柱产生的正负弯矩绝对值相等的原则来确定。一般中小型柱（质量在 13t 以下）大多采用一点绑扎；重柱或配筋少而细长的柱（如抗风柱）为防止在起吊过程中柱身断裂，常采用两点甚至三点绑扎。工字形断面和双肢柱，应选在矩形断面处，否则应在绑扎位置用方木加固翼缘，以免翼缘在起吊时损坏。

按柱起吊后柱身是否垂直，分为直吊法和斜吊法，相应的绑扎方法有：

（1）斜吊绑扎法。当柱平卧起吊的抗弯能力满足要求时，可采用斜吊绑扎。该方法的特点是柱不需翻身，起重钩可低于柱顶，当柱身较长，起重机臂长不够时，用此法较方便。但因柱身倾斜，就位时对中较困难。

（2）直吊绑扎法。当柱平卧起吊的抗弯能力不足时，吊装前需先将柱翻身后再绑扎起吊，这时就要采取直吊绑扎法。该方法的特点是吊索从柱的两侧引出，上端通过滑轮挂在铁扁担上。起吊时铁扁担位于柱顶上，柱身呈垂直状态，便于柱垂直插入杯口和对中、校正。

（3）两点绑扎法。当柱身较长，一点绑扎和抗弯能力不足时可采用两点绑扎起吊。

柱的起吊

#### 2. 柱的起吊

柱子起吊方法主要有旋转法和滑行法。按使用机械数量时分为单机起吊和双机抬吊。

单机吊装

（1）单机吊装。

1）旋转法。起重机边升钩，边回转起重臂，使柱绕住脚旋转而呈直状态，然后将其插入杯口中。其特点是：柱在平面布置时，柱脚靠近基础，为使其在吊升过程中保持一定的回转半径（起重臂不起伏），应使柱的绑扎点、柱脚中心和杯口中心点三点共弧，该弧所在圆的圆心即为起重机的回转中心。半径为圆心到绑扎点的距离。若施工现场受到限制不能布置成三点共弧，则可采用绑扎点与基础中心或柱脚与基础中心两点共弧布置。但在起吊过程中，需改变回转半径和起重臂仰角。工效低且安全度较差。旋转法吊升柱振动小，生产效率较高，但对起重机的机动性要求高。此法多用于中小型柱的吊装。

滑行法实例

2）滑行法。柱起吊时，起重机只升钩，起重臂不转动。使柱脚沿地面滑升逐渐直立，然后插入基础杯口。采用此法起吊时，柱的绑扎点布置在杯口附近，并与杯口中心位于起重机的同一工作半径的圆弧上。以便将柱子吊离地面后，稍转动起重臂杆，就时就位。采用滑行法吊柱，具有的特点是：

① 在起吊过程中起电机只需转动起重臂即可吊柱就位，比较安全。

② 柱在滑行过程中受到振动，使构件、吊具和起重机产生附加内力。

为了减少滑行阻力，可在柱脚下面设置托木或滚筒。

滑行法适用于以下情况：

① 柱较重、较长或起重机在安全荷载下的回转半径不够；

② 现场狭窄、柱无法按旋转法排放布置；

③ 采用桅杆式起重机吊装等。

双机吊装

（2）双机抬吊。当柱子体形、质量较大，一台起重机为性能所限，不能满足吊装要求时，可采用两台起重机联合起吊。起吊方法可采用旋转法和滑行法。

双机抬吊旋转法是用一台起重机抬柱的上吊点，另一台抬柱的下吊点，柱的布置应使两个吊点与基础中心分别处于起重半径的圆弧上，两台起重机并立于柱的一侧。

起吊时，两机同时同速升钩，至柱离地面 0.3m 高度时，停止上升；然后，两起重机的起重臂同时向杯口旋转：此时，从动起重机只旋转不提升，主动起重机则边旋转边提升吊钩直至柱直立，双机以等速缓慢落钩，将柱插入杯口中。

双机抬吊滑行法柱的平面布置与单机起吊滑行法基本相同。两台起重机相对而立，其吊钩均应位于基础上方。起吊时，两台起重机以相同的升钩、降钩、旋转速度工作，故宜选择型号相同的起重机。

**3. 柱的对位与临时固定**

对位时，应先沿柱子四周向杯口放入 8 只楔块，并用撬棍拨动柱脚，使柱子安装中心线对准杯口上的安装中心线。保持柱子基本垂直。当对位完成后，即可落钩将柱脚放入杯底，并复查中线。待符合要求后，即可将楔子打紧，使之临时固定。当柱基的杯口深度与柱长之比小于 1/20，或具有较大牛腿的重型柱，还应增设带花篮螺丝的缆风绳或加斜撑等措施加强柱临时固定的稳定。

4. 柱的校正

柱的校正包括平面位置校正、垂直度校正和标高校正。对重型柱则可采用千斤顶法、缆风绳校正法。

柱的对位

平面位置的校正，在柱临时固定前进行对位时就已完成。

柱垂直度的校正方法，对于中小型柱或垂直偏差值较小时，可用敲打楔块法。

柱标高在吊装前已通过按实际校长调整杯底标高的方法进行了校正。

5. 柱的最后固定

柱校正后，应将楔块以每两个一组对称、均匀、分次打紧，并立即进行最后固定，其方法是在柱脚与杯口的空隙中浇筑比柱混凝土强度等级高一级的细石混凝土，混凝土的浇筑分两次进行。第一次浇至楔块底面，待混凝土达到25%的设计强度后，拔去楔块，再浇筑第二次混凝土至杯口顶面，并进行养护；待第二次浇筑的混凝土强度达到75%设计强度后，方能安装上部构件。

### （二）吊车梁的安装

吊车梁的类型通常有T形、鱼腹式和组合式等几种。安装时应采用两点绑扎，对称起吊。

吊车梁安装

当跨度为12m时亦可采用横吊梁，一般为单机起吊，特重的也可用双机抬吊。吊钩应对准吊车梁重心使其起吊后基本保持水平，对位时不宜用撬棍顺纵轴方向撬动吊车梁。吊车梁的校正可在屋盖吊装前进行，也可在屋盖吊装后进行。对于重型吊车梁宜在屋盖吊装前进行，边吊吊车梁边校正。吊车梁的校正包括标高、垂直度和平面位置等内容。

吊车梁标高主要取决于柱子牛腿标高，在柱吊装前已进行了调整，若还存在微小偏差，可待安装轨道时再调整。

吊车梁安装视频

吊车梁垂直度和平面位置的校正可同时进行。

吊车梁的垂直度可用垂球检查，偏差值应在5mm以内。若有偏差，可在两端的支座面上加斜垫铁纠正，每叠垫铁不得超过3块。

吊车梁平面位置的校正，主要是检查吊车梁纵轴线以及两列吊车梁间的跨度是否符合要求。按施工规范要求，轴线偏差不得大于5mm，在屋架安装前校正时，跨距不得有正偏差。以防屋架安装后柱顶向外偏移吊车梁平面位置的校正方法，通常有通线法和平行移轴法。通线法是根据柱的定位轴线用经纬仪和钢尺准确地校好一跨内两端的四根吊车梁的纵轴线和轨距，再依据校正好的端部吊车梁，沿其轴线拉上钢丝通线，两端垫高200mm左右，并悬挂重物拉紧。

吊车梁校正后，应立即焊接牢固，并在吊车梁与主接头的空隙处浇筑细土混凝土进行最后固定。

### （三）钢筋混凝土屋架的安装

1. 屋架的扶直与就位

钢筋混凝土屋架一般在施工现场平卧重叠预制，吊装前尚应将屋架扶直和就位。屋架是平面受力构件，扶直时在自重作用下屋架承受平面外力，部分改变了构件的受力性质，特别是上弦杆易挠曲开裂。因此，需事先进行吊装应力验算。如截面强度不够，则应采取加固措施。

按起重机与屋架相对位置不同，屋架扶直可分为正向扶直与反向扶直两种。

（1）正向扶直。起重机位于屋架下弦一侧，首先以吊钩中心对准屋架上弦中点，收紧吊钩，然后略略起臂使屋架脱模，接着起重机升钩并升臂使屋架以下弦为轴缓慢转为直立状态。

（2）反向扶直。起重机位于屋架上弦一侧，首先以吊钩对准屋架上弦中点，接着升钩并降臂，使屋架以下弦为轴缓慢转为直立状态。

正向扶直与反向扶直的区别在于扶直过程中，一升臂，一降臂，以保持吊钩始终在上弦中点的垂直上方。升臂比降臂易于操作且比较安全，应尽可能采用正向扶直。

屋架扶直后，应立即就位，即将屋架移往吊装前的规定位置。就位的位置与屋架的安装方法、起重机的性能有关。应考虑屋架的安装顺序、两端朝向等问题，且应少占场地，便于吊装作业。

2. 屋架的绑扎

屋架的绑扎点应选在上弦节点处，左右对称，并高于屋架重心，以免屋架起吊后晃动和倾翻。吊索与水平线的夹角不宜小于45°，以免屋架承受过大的横向压力。必要时，为了减小绑扎高度及所受的横向压力，可采用横吊梁。吊点的数目及位置与屋架的形式和跨度有关，一般应经吊装验算确定。

当屋架跨度小于或等于18m时，采用两点绑扎；当跨度为18～21m时，采用四点绑扎；当跨度为30～36m时，采用9m横梁，四点绑扎；侧向刚度较差的屋架，必要时应进行临时加固。

3. 屋架的起吊和临时固定

屋架的起吊是先将屋架吊离地面约500mm，然后将屋架转至吊装位置下方；再将屋架吊升超过柱顶约300mm，然后将屋架缓慢放至柱顶，对准建筑物的定位轴线。该轴线在屋架吊装前已用经纬仪定位了柱顶。规范规定，屋架下弦中心线对定位轴线的移位允许偏差为5mm。屋架的临时固定方法是：第一榀屋架用四根缆风绳从两边将屋架拉牢，亦可将屋架临时支撑在抗风柱上。

4. 屋架的校正与最后固定

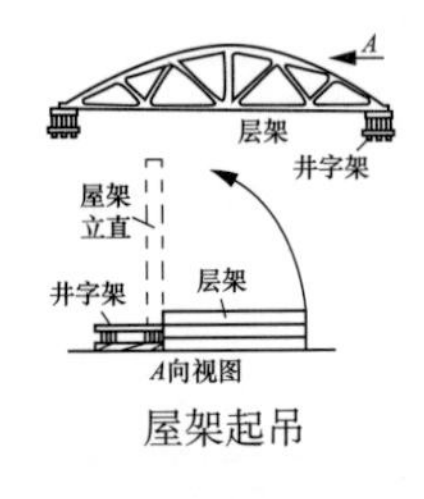

屋架起吊

屋架的校正一般可采用校正器校正，对于第一榀屋架则可用缆风绳进行校正，屋架的垂直度可用经纬仪或线坠进行检查。用经纬仪检查竖向偏差的方法是在屋架上安装三个卡尺，一个安在上弦中点附近，另两个分别安在屋架两端。自屋架几何中心向外量出一定距离（一般500mm）并在卡尺上做出标记，然后在距离屋架中心线同样距离处安设经纬仪，观测三个卡尺上的标记是否在同一垂直面上。用线坠检查屋架竖向偏差的方法与上述步骤基本相同，但标记距屋架几何中心的距离可短些。

**（四）天窗架及屋面板的安装**

天窗架可与屋架组合一次安装，亦可单独安装，视起重机的起重能力和起吊高度而定。前者高空作业少，但对起重机要求较高，后者为常用方式，安装时需待天窗架两侧屋面板安装后进行。

三、结构安装

### （一）结构安装方案

单层工业厂房结构安装方案的主要内容是：起重机的选择、结构安装方法、起重机开行路线及停机点的确定、构件平面布置等。

起重机的选择直接影响到构件安装方法，起重机开行路线与停机点位置、构件平面布置等在安装过程中占有重要地位。起重机的选择包含起重机类型的选择和起重机型号的确定两方面内容。

起重机型号

（1）起重机类型的选择。单层工业厂房结构安装起重机的类型，应根据厂房外形尺寸、构件尺寸、质量和安装位置、施工现场条件、施工单位机械设备供应情况以及安装工程量、安装进度要求等因素综合考虑后确定。对于一般中小型厂房，由于平面尺寸不大，构件质量较轻，起重高度较小。厂房内设备为后安装，因此以采用自行杆式起重机比较适宜，其中尤以履带式起重机应用最为广泛。

对于重型厂房，因厂房的跨度和高度都大，构件尺寸和质量亦很大，设备安装往往要同结构安装平行进行，故以采用重型塔式起重机或纤缆式桅杆起重机较为适宜。

起重机选择

（2）起重机型号的确定。起重机的型号应根据构件质量、构件安装高度和构件外形尺寸确定，使起重机的工作参数，即起重量、起重高度及回转半径足以适应结构安装的需要。

### （二）结构安装方法

#### 1. 分件安装法

分件安装法是起重机每开行一次只安装一种或几种构件。通常起重机分三次开行安装完单层工业厂房的全部构件。

这种安装法的一般顺序是：起重机第一次开行，安装完全部柱子并对柱子进行校正和最后固定；第二次开行，安装全部吊车梁、连系梁及柱间支撑等；第三次开行，按节间安装屋架、天窗架、屋盖支撑及屋面构件（如檩条、屋面板、天沟等）。

#### 2. 综合安装法

综合安装法是起重机每移动一次就安装完一个节间内的全部构件。即先安装这一节间的柱子，校正固定后立刻安装该节间的吊车梁、屋架及屋面结构。

综合安装的优点是：起重机开行路线较短，停机点位置少，可使后续工序提早进行，使各工种进行交叉平行流水作业，有利于加快工程进度。

### （三）起重机的开行路线及停机位置

起重机的开行路线与停机位置和起重机的性能、构件尺寸及质量、构件平面位置、构件的供应方式、安装方法等有关。

### （四）构件平面布置与安装前构件的就位、堆放

1. 构件的平面布置

构件的平面布置是结构安装工程的一项重要工作，影响因素众多，布置不当将直接影响工程进度和施工效率，故应在确定起重机型号和结构安装方案后结合施工现场实际情况来确定。单层工业厂房需要在现场预制的构件主要有柱和屋架，吊车梁有时也在现场制作。其他构件则在构件厂或预制场制作，运到现场就位安装。

2. 构件安装前的就位和堆放

由于柱在预制阶段已按安装阶段的就位要求布置，当柱的混凝土强度达到安装要求后，应先吊柱，以便空出场地布置其他构件，如屋面板、屋架、吊车梁等。

## 第二节　多高层混凝土结构安装工程

多高层民用建筑、多层工业厂房常采用的结构体系之一是装配式钢筋混凝土框架结构，它的梁、柱、板等构件均在工厂或现场预制后进行安装，从而节省了现场施工模板的搭、拆工作。不仅节约了模板，而且可以充分利用施工空间进行平行流水作业，加快施工进度；同时，也是实现建筑工业化的重要途径。但该结构体系构件接头较复杂，安装工程量大。

装配式结构是装配式混凝土结构的简称，是以预制构件为主要受力构件经装配/连接而成的混凝土结构。装配式钢筋框架结构是我国建筑结构发展的重要方向之一。

装配式框架结构形式，主要是梁板式和无梁式两种。梁板式结构由柱、主梁、次梁及楼板等组成。柱子长度取决于起重机的起重能力，条件可能时应尽量加大柱子长度，以减少柱子接头数量，提高安装效率。主梁多沿横向框架方向布置，次梁沿纵向布置。若起重条件允许，还可采用梁柱整体式构件（H形、T形的构件）进行安装。柱与柱的接头应设在弯矩较小的地方，也可设在梁柱节点处。无梁式结构由柱和板组成，这种结构多采用升板法施工。

多层装配式框架结构施工的特点是：高度大，占地少，构件类型多，数量大，接头复杂，技术要求高。为此，应着重解决起重机械选择、构件的供应、现场平面布置以及结构安装方法等。

### 一、起重机械选择

起重机械选择主要根据工程特点（平面尺寸、高度、构件质量和大小等）、现场条件和现有机械设备等来确定。

装配式框架结构安装常用的起重机械有自行式起重机和塔式起重机。一般5层以下的民用建筑、高度在18m以下的多层工业厂房或外形不规则的房屋，宜选用自行式起重机。在选择塔式起重机型号时，首先应分析结构情况，绘出剖面图，并在图上标注各种主要构件的质量及安装时所需起重半径，然后根据现有起重机的性能，验算其起重高度和起重半径是否满足要求。

### 二、起重机械布置

塔式起重机的布置主要应根据建筑物的平面形状、构件质量、起重机性能及施工现场环境条件等因素确定。通常塔式起重机布置在建筑物的外侧，有单

侧布置和双侧（或环形）布置两种方案。

（1）单侧布置。当建筑物宽度较小（15m 左右），构件质量较轻（2t 左右）时常采用单侧布置。

（2）双侧布置。当建筑物宽度较大（$b$>17m）或构件较重，单侧布置时起重力矩不能满足最远构件的安装要求。

当场地狭窄，在建筑物外侧不可能布置起重机或建筑物宽度较大、构件较重，起重机布置在跨外其性能不能满足安装需要时，也可采用跨内布置。其布置方式有跨内单行布置和跨内环形布置两种，见图 8-2。该布置方式结构稳定性差，构件多布置在起重半径之外，且对建筑物外侧围护结构安装较困难；在建筑物一端还需留 20～30m 长的场地供起重机装卸之用。因此，应尽可能不采用跨内布置，尤其是跨内环形布置。

起重机布置原则

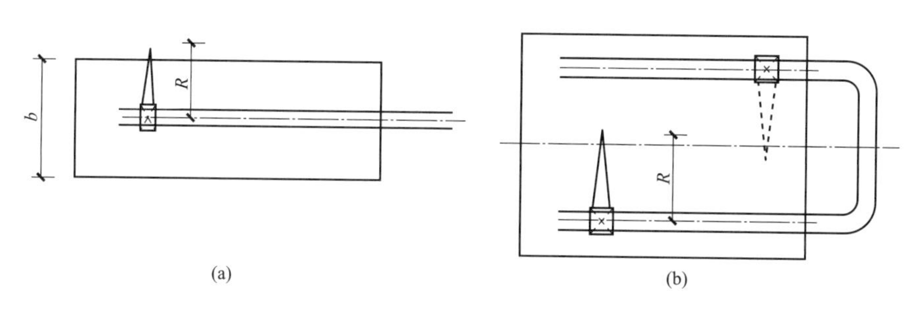


图 8-2　塔式起重机跨内布置

## 三、装配式框架结构安装

### （一）柱的吊装

装配式框架结构由柱、主梁、次梁、楼板等组成，框架柱截面一般为方形或矩形。为了便于预制和吊装，各层柱的截面应尽量保持不变，而以改变混凝土强度等级来适应荷载变化。当采用塔式起重机进行吊装时，柱位以 1～2 层楼高为宜；对于 4～5 层框架结构，若采用履带式起重机吊装，则柱长通常采用一节到顶的方案。柱与柱的接头宜设在弯矩较小的地方或梁柱节点处。

框架柱由于长细比过大，吊装时必须合理选择吊点位置和吊装方法，以免吊装过程中产生裂缝或断裂。通常，当柱子在 12m 以内时，可采用一点绑扎，当柱长超 12m 时，则可采用两点绑扎。必要时应进吊装应力和抗裂度验算，应尽量避免三点或多点绑扎和起吊。框架柱起吊方法与单层厂房柱相同，框架底层柱与基础杯口的连接方法亦与单层厂房相同。柱的临时固定多采用固定器或管式支撑。

柱子吊装实例

### （二）柱的校正

柱子垂直度的校正一般用经纬仪、线坠进行。柱的校正需要 2～3 次：首先在脱钩后电焊前避行初校；在柱接头电焊后进行第二次校正，观测电焊时钢筋受热收缩不均引起的偏差；此外，在梁和楼板安装后还需检查一次，以便消除梁柱接头电焊而产生的偏差。柱在校正时，应力求上下节柱正确以消除积累偏差。

柱子校正

由于多层框架结构的柱子细长，在强烈阳光照射下，温差会使柱产生弯曲变形，因此在柱的校正工作中，通常采取以下措施予以消除：

（1）在无阳光（如阴天、早晨、晚间）影响下进行校正。

（2）在同一轴线上的柱，可选择第一根柱（标准柱）在无温差影响下精确校正，其余柱均以此柱作为校正标准。

（3）预留偏差。其方法是在无温差条件下弹出柱的中心线。

### （三）构件的接头

在多层装配式框架结构中，构件接头质量直接影响整个结构的稳定和刚度。因此，接头施工时，应保证钢筋焊接和二次灌浆质量。

#### 1. 柱的接头

柱的接头形式有三种：榫式接头、插入式接头和浆锚接头。

榫式接头是上下柱制时各向外伸出一定长度（宜大于 25 倍纵向钢筋直径）的钢筋，柱安装时使钢筋对准用坡口焊加以焊接。为承受施工荷载，上柱底部有突出的混凝土榫头，钢筋焊接后用高强度等级水泥或微膨胀水泥拌制比柱混凝土设计强度等级高 25%的细石混凝土进行接头浇筑。待接头混凝土达到 75%设计强度后，再吊装上层构件。为了使上下柱伸出的钢筋能对准，柱预制时最好用连续通长钢筋，为了避免过大的焊接应力对柱子垂直度的影响，对焊接顺序和焊接方法要周密考虑。

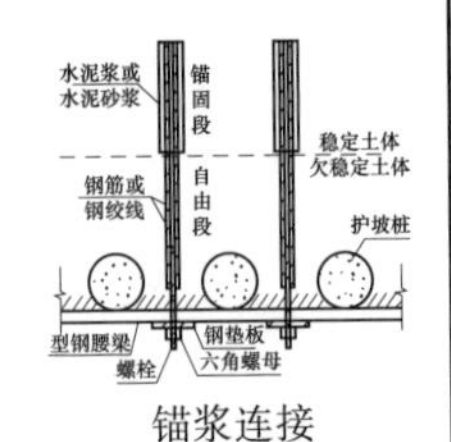

锚浆连接

浆锚接头是在上柱底部外伸四根长约 300～700mm 的锚固钢筋，在下柱顶部则预留四个深约 350～750mm 的浆锚孔。在插入柱之前，先在浆锚孔内灌入快凝砂浆，在下柱顶面亦满铺厚约 10mm 的砂浆，然后把上柱锚固钢筋插入孔内，使下柱连成整体。也可以用灌浆或后压浆工艺。浆锚接头不需要焊接，避免了焊接工作带来的诸多不利因素，但连接质量低于榫式接头。

柱、墙板等构件灌浆施工时，环境温度不低于 5℃。当连接部位养护温度低于 10℃时，应采取加热保温措施；当采用压浆法施工时，灌浆应从下口灌入，当浆料从上口流出后应及时封堵。

插入式接头也是将上节柱做成榫头，而下节柱顶部做成杯口。上节柱插入杯口，后用水泥砂浆灌注成整体。此种接头不用焊接，安装方便，造价低，但在大偏心受压时，必须采取构造措施，以避免受拉边产生裂缝。

#### 2. 柱与梁的接头

装配式框架柱与梁的接头视结构设计要求而定，可以是刚接，也可以是铰接。接头形式有浇筑整体式、牛腿式和齿槽式等，其中以浇筑整体式接头应用最为广泛。

整体式接头，是把柱与柱、柱与梁浇筑在一起的刚接节点，抗震性能好。其具体做法是：柱为每层一节，梁搁在柱上，梁底钢筋按锚固氏度要求上弯或焊接。在节点绑扎好箍筋后，浇筑混凝土至楼板面。上节柱与榫式接头相似，上、下柱钢筋单面焊接，见图 8-3。

### （四）结构安装方法

多高层装配式框架结构的安装方法，与单层厂房相似，亦分为分件安装法和综合安装方法，见图 8-4。

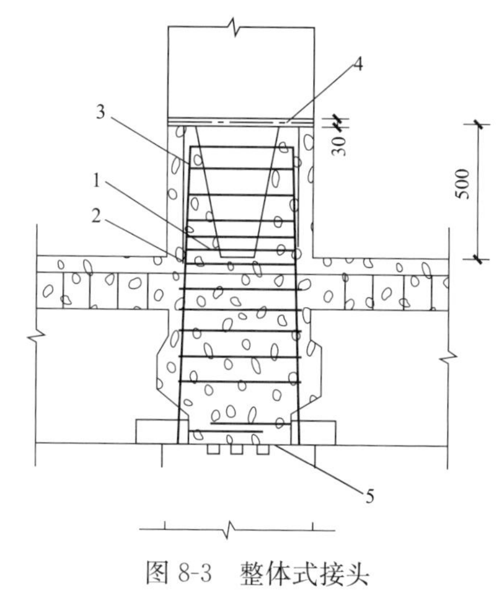

图 8-3　整体式接头

1. **分件安装法**

分件安装法根据流水方式的不同，又可分为分层分段流水安装法和分层大流水安装法两种，分层分段流水安装法，即是一个楼层为一个施工层，每一个施工层再划分为若干个施工段，起重机在每一段内按柱、梁、板的顺序分次进行安装，直至该段的构件全部安装完毕，再转向另一施工段。待一层构件全部安装完毕并最后固定后再安装上一层构件。在这段时间内，柱的校正、焊接、接头灌浆等工序亦依次进行。

分件安装法

分层大流水安装法是每个施工层不再划分施工段，而按一个楼层组织工序的流水，其临时固定支撑很多，只适用于面积不大的房屋安装工程。

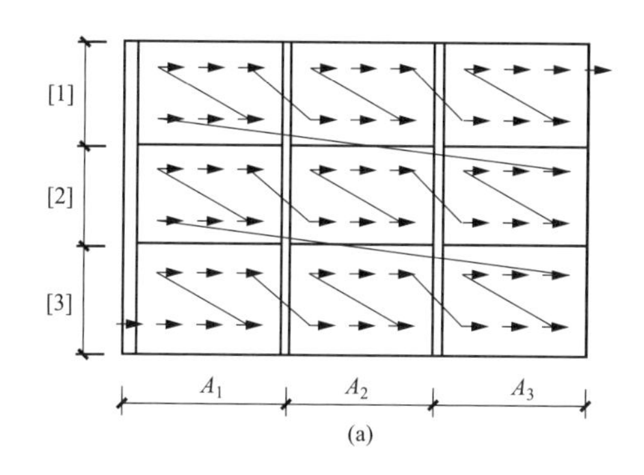


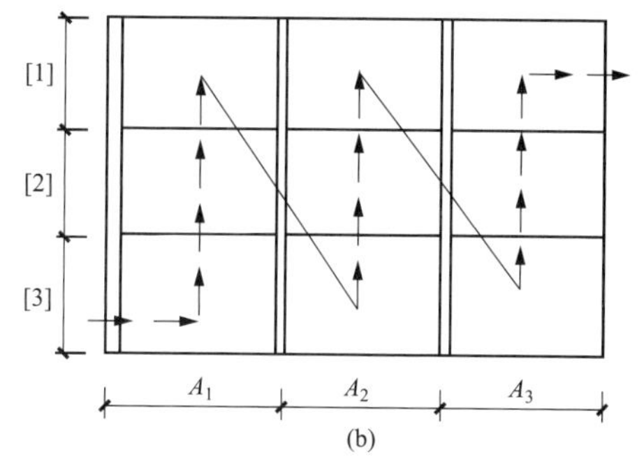


图 8-4　多层装配式框架结构安装方法

分件安装法是装配式框架结构最常用的方法。其优点是：容易组织安装、校正、焊接、灌浆等工序的流水作业；便于安排构件的供应和现场布置工作；每次安装同类型构件，可减少起重机变幅和索具更换的次数，从而提高安装速度和效率，各工序的操作比较方便和安全。

2. **综合安装法**

综合安装法是以一个柱网（节间）或若干个柱网（节间）为一个施工段，以房屋的全高为一个施工层来组织各工序的流水。起重机把一个施工段的构件安装至房屋的全高，然后转移到下一个施工段。综合安装法适用于下述情况：采用自行式起重机安装框架结构时；塔式起重机不能在房屋外侧进行安装时；房屋宽度较大和构件较重以致只有把起重机布置在跨内才能满足安装要求时，见图 8-5。

综合安装法在工程结构施工中很少采用，其原因在于：工人操作上下频繁且劳动强度大，柱基与柱子接头混凝土尚未达到设计强度标准值的 75%。若立即安装梁等构件，结构稳定性难以保证，现场构件的供应与布置复杂，对提高安装效率及施工管理水平有较大的影响。

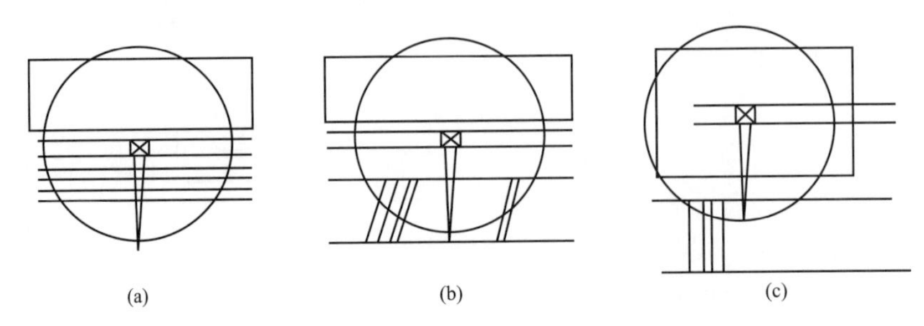


图 8-5　使用塔式起重机安装柱的布置方案

（a）平行布置；（b）倾斜布置；（c）垂直布置

### （五） 构件的平面布置

平面布置要点

柱的布置实例

装配式框架结构除有些较重、较长的柱需在现场就地预制外，其他构件大多在工厂集中预制后运往施工现场安装。因此，构件平面布置主要是解决柱的现场预制位置和工厂预制构件运到现场后的堆放问题。

构件平面布置是多层装配式框架结构安装的重要环节之一。其合理与否，将对安装效率产生直接影响。其原则是：

（1）尽可能布置在起重机服务半径内，避免二次搬运；

（2）重型构件靠近起重机布置，中小型构件则布置在重型构件的外侧；

（3）构件布置地点应与安装就位的布置相配合，尽量减少安装时起重机的移动和变幅；

（4）构件叠层预制时，应满足安装顺序要求：先安装的底层构件预制在上面，后安装的上层构件预制在下面。

柱为现场预制的主要构件，布置时应首先考虑。根据与塔式起重机轨道的相对位置的不同，其布置方式可分为平行、倾斜和垂直三种。平行布置为常用方案，柱可叠浇，几层柱可通长预制，能减少柱接头的偏差。倾斜布置可用旋转法起吊，适宜于较长的柱。垂直布置适合起重机跨中开行，柱的吊点在起重机的起重半径内。

## 四、装配式墙板安装

装配式墙板分为剪力墙和外挂墙两种。剪力墙主要由内、外墙板和楼板组成；外挂墙是在承重框架上悬挂轻质外墙板。本节主要介绍剪力墙墙板安装。

### （一） 墙板的制作、运输和堆放

墙板制作方法有台座法、机组流水法和成组立模法等三种。台座法多为在施工现场进行生产。采用自然养护或蒸汽养护，机组流水法、成组立模法多为预制厂生产成批构件。

墙板的运输一般采用立放，运输车上有特制支架，墙板侧立倾斜放置在支架上，运输车有外挂式墙板运输车和内插式墙板运输车两种：

（1）外挂式墙板运输车是将墙板靠放在支架两侧，用花篮螺丝将电板上的吊环与车架拴牢，其优点是起吊高度低，装卸方便，有利于保护外饰面等。

（2）内插式墙板运输车则是将墙板插放在车架以利用车架顶部丝杆或木楔将墙板固定。此法起吊高度较高。采用丝杠顶床固定墙板时，易将外饰面挤坏，只可运输小规格的墙板。

大型墙板的堆放方法有插放法和靠放法两种：

（1）插放法是将墙板插在插放架上拴牢，堆放时不受墙板规格的限制，可以按吊装顺序堆放，其优点是便于住找板号，但需占用较大场地。

（2）靠放法是将不同型号的墙板靠放在靠放架上，优点是占用场地少，费用省。

### （二）墙板的安装方案

装配式结构墙板的安装

#### 1. 安装机械的选择

装配式墙板建筑施工中，墙板的装卸、堆放、起吊就位，操作平台和建筑材料的运输均由安装机械来完成。为此，安装机械的性能必须满足墙板、楼板和其他构件在施工范围内的水平和垂直运输、安装就位，以及解决构件卸车和其他材料的综合吊运问题。目前，常用的安装机械有 QT60/80 型和 QT1-6 型等塔式起重机，亦可用 W-100 型履带式起重机，但其起重半径小，需增加鸟嘴架，安装速度慢。

#### 2. 安装方案的确定

装配式墙板建筑常用的安装方案有下述三种：

（1）堆存安装法。该法就是将预制好的墙板，按吊装顺序运至施工现场。在安装机械的工作回转半径范围内，堆存一定数量构件（一般为 1～2 层全部配套的构件）的安装方法。其特点是：组织工作简便，结构安装工作连续，所需运输设备数量较少，安装机械效率高，但占用场地较多。

（2）原车安装法。该法是按照安装顺序的要求，配备一定数量的运输工具配合安装机械，及时将墙板运抵现场，直接从运输工具上进行吊装就位。其特点是：可减少装卸次数，节约堆放架和堆放场地，但施工组织管理较复杂，需要较多的运输车辆。

（3）部分原车安装法。该法介于上述两种方法之间，其特点在于构件既有现场堆放，又有原车安装。一般是对于特殊规格、非标准构件现场堆放。通用构件除现场少量堆放外，大部分组织原车安装。这种安装方法比较适应目前的管理水平，应用较多。

### （三）墙板安装顺序

墙板安装顺序一般采用逐间封闭吊装法，为了避免误差积累，一般从建筑物的中间单元或建筑物一端第二个单元开始吊装，按照先内墙后外墙的顺序逐间封闭。这样可以保证建筑物在施工期间的整体性，便于临时固定，封闭的第一间为标准间，作为其他墙板吊装的依据。

墙板安装工艺流程

### （四）墙板的安装工艺

#### 1. 抄平放线

首先校核测量放线的原始依据，如标准桩和水平桩等，然后用经纬仪由标

墙板安装要点

准桩定出控制轴线，不得少于4根。其他轴线根据控制轴线用钢尺量出，并标于基础上。根据已定位控制轴线和基础轴线，用经纬仪定出各楼层上的轴线。各楼层好轴线必须由基础轴线向上引。轴线标定后，用经纬仪进行四周封闭复核，再根据楼层轴线，定出墙板两侧边线、墙板节点线、异形构件和门口位置线等。楼板标高控制线用水准仪和钢尺根据基础墙上的水平线逐层标出，该标高控制线一般设在墙板顶面下100mm处，以便于抄平测量。

墙板定位

2. 找平灰饼的设置和铺灰

墙板底部应安装在同一水平标高上，为此在每块墙板的位置线上，根据抄平的结果做两个用来控制墙板板底标高的1∶3水泥砂浆灰饼，待灰饼具有足够强度后，进行墙板安装。墙板安装采用随铺灰随安装的方法，铺灰厚度要超过找平灰饼20mm，且砂浆均匀密实。

3. 墙板的安装

墙板的绑扎采取万能扁担（横吊梁带8根吊索），既能起吊墙板又能起吊楼板。吊装时，标准房间用操作平台来固定墙板和调整墙板的垂直度，楼梯间以及不宜安放操作平台的房间则用水平拉杆和转角固定器临时固定。操作平台根据房屋的平面尺寸制作，在其栏杆上附设墙板固定器，用来临时固定墙板、转角固定器用于不放操作台的房间内外纵墙和内外横墙的临时固定。与水平拉杆配套使用，水平拉杆的长度按开间轴线确定，卡头宽度按墙板厚度确定。墙板校正，以墙板两侧边线和内横墙间距为依据，建筑物的四个角须用经纬仪以底层轴线为准进行校正。当墙根底部和两侧边相符后，用靠尺检查垂直度。若墙板位置误差小，可用撬棍拨动墙板进行调整。误差大时，必须将墙板重新起吊进行调整。校正后立即进行墙板的最后固定，墙板间安设工具式模板进行灌浆。

板缝施工

4. 板缝施工

（1）外墙板板缝的防水施工。外墙板板缝的防水有构造防水和材料防水两种。目前主要采取以构造防水为主、材料防水为辅的方法。施工时，必须保证板缝构造完整。如有损坏，应认真修补，在每层楼吊装完后，立即将宽40～60mm，长度较楼层高100mm的塑料条，沿空腔立槽由上而下插入勾缝采用吊篮脚手架。首先剔除板缝内用于浇筑板缝混凝土而黏结在缝壁上的灰浆等，再用防水砂浆勾底灰，并在十字缝、底层水平缝、阳台板下缝处涂防水胶油。安装好十字缝处的泄水口，最后用掺玻璃纤维的1∶2水泥砂浆勾抹压实，并将外墙板边角缺损处加以修补。

国家体育场“鸟巢”外形结构主要由巨大的门式钢架组成，共有24根桁架柱。国家体育场建筑顶面呈鞍形，长轴为332.3米，短轴为296.4米，最高点高度为68.5m，最低点高度为42.8m。“建鸟巢使用的钢结构总用量为4.2万t。

（2）外墙板板缝的保温施工。由于外墙板板缝采用构造防水，形成冷空气传导，是造成结露的重要部位。为此北方地区在立缝空腔后壁安设一条厚20mm、宽200mm的通长泡沫聚苯乙烯，水平缝也安设一条厚20mm、高110mm的通於泡沫聚苯乙烯，作为切断冷空气渗透的保温隔热材料。施工前先把裁好的泡沫聚苯乙烯用热沥青粘贴在油毡条上，当每层楼板安装后，顺立缝空腔后壁自上而下插入，使其严实地附在空腔后壁上。此外，在浇筑外墙板板缝混凝土时，它还可以起外侧模的作用。

（3）立缝混凝土的浇筑。为了达到装配整体式的要求，墙板交接处的上部采用焊接，底部下角处预留铺接铜筋，墙板侧边留有传递剪力的销键，上下层间还设有插筋，再通过立缝浇筑混凝土使其连接成整体。板缝断面小、高度大，为此多用坍落度较大（12～15cm）的细石混凝土浇筑，并用细长杆件仔细加以捣实。

## 第三节　钢结构安装工程

### 一、钢结构材料与连接

#### （一）钢结构的材料

##### 1. 材料的类型

目前，在我国的钢结构工程中常用的钢材主要有普通碳素钢、普通低合金钢和热处理低合金钢三类。其中以 Q235、16Mn、16Mnq、16Mnqv 等几种钢材应用最为普遍。

Q235 钢属于普通碳素钢主要用于建筑工程，其屈服点分别为 235N/mm$^2$ 和具有良好的塑性和韧性。

16Mn 钢属于普通低合金钢，其屈服点为 345N/mm$^2$，具有强度高，塑性及韧性好，也是我国建筑工程使用的主要钢种。

l6Mnq 钢、16Mnqv 钢为我国桥梁工程用钢材，具有强度高，韧性好且具有良好的耐疲劳性能。

钢材分类

##### 2. 材料的选择

各种结构对钢材要求各有不同，选用时应根据要求对钢材的强度、塑性、韧性、耐疲劳性能、焊接性能、耐锈性能等全面考虑。对厚钢板结构、焊接结构、低温结构和采用含碳量高的钢材制作的结构，还应防止脆性破坏。

承重结构钢材应保证抗拉强度、伸长率、屈服点和硫、磷的极限含量；焊接结构应保证碳的极限含量；除此之外，必要时还应保证冷弯性能。对重级工作制和起质量大于或等于 50t 的中级工作制焊接吊车梁或类似结构的钢材，还应有常温冲击韧性的保证；计算温度小于或等于－20℃时，Q235 钢应具有－20℃下冲击韧性的保证，Q345 钢应具有－40℃下冲击韧性的保证。对于高层建筑钢结构构件节点约束较强，以及厚板大于或等于 50mm，并承受沿板厚方向拉力作用的焊接结构，应对厚板方向的断面收缩率加以控制。

##### 3. 材料的验收和堆放

钢材验收的主要内容是：钢材的数量和品种是否与订货单符合；钢材的质量保证书是否与钢材上打印的记号符合；核对钢材的规格尺寸；钢材表面质量检测，即钢材表面不允许有结疤裂纹折叠和分层等缺陷；表面锈蚀深度不得超过其厚度负偏差值的 1/2。

钢材验收

钢材堆放要减少钢材的变形和锈蚀，节约用地，并使钢材提取方便。露天堆放场地要平整并高于周围地面，四周有排水沟，雪后易于清扫，堆放时尽量使钢材截面的背面向上或向外，以免积雪、积水。堆放在有顶棚的仓库内，可直接堆放在地坪上，小钢材亦可堆放在架子上，堆与堆之间应留出通道以便搬运。堆放时每隔 5～6 层放置楞木，其间距以不引起钢材明显变形为宜。堆内上、下相邻钢材须前后错开，以便在其端部固定标牌和编号。标牌应标明钢材的规格、钢号、数量和材质验收证明书号，并在钢材端部根据其钢号涂以不同颜色的油漆。

### （二）钢结构的制作

钢构件制作的工艺流程：放样、号料和切割，矫正和成型，边缘和球节点加工，制孔和组装，焊接和焊接检验，表面处理、涂装和编号，构件验收与拼装。

#### 1. 放样、号料和切割

放样工作包括核对图纸的安装尺寸和孔距；以 1∶1 的大样放出节点；核对各部分的尺寸；制作样板和样杆作为下料弯制、铣、刨、制孔等加工的依据。放样时，铣、刨的工件要考虑加工余量，一般为 5mm，焊接构件要按工艺要求放出焊接收缩量，接收缩量应根据气候、结构断面和焊接工艺等确定。高层钢结构的框架柱尚应预留弹性压缩量。相邻柱的弹性压缩量相差不超过 5mm，若图纸要求桁架起拱，放样时上下弦应同时起拱。

号料工作包括检查核对材料；在材料上划出切割、铣、刨、弯曲、钻孔等加工位置；打冲孔；标出零件编号等。号料应注意以下问题：根据配料表和样板进行套裁，尽可能节约材料；应有利于切割和保证构件质量；当有工艺规定时，应按规定的方向取料。

切割下料的方法有气割、机械切割和等离子切割。

气割法是利用氧气与可燃气体混合产生的预热火焰加热金属表面，使其达到燃烧温度，并使金属发生剧烈氧化，释放出大量的热以促使下层金属燃烧，同时通以高压氧气射流，将氧化物吹除而引起一条狭小而整齐的割缝，随着割缝的移动切割出所需的形状。目前，主要的气割方法有手动气割、半自动气割和特型气割等。气割法具有设备使用灵活、成本低、精度高等特点，是目前使用最为广泛的切割方法，能够切割各种厚度的钢材。尤其是厚钢板或带曲线的零件，气割前需将钢材切割区域表面的铁锈、污物等清除干净。气割后应清除熔渣和飞溅物。

机械切割是利用上下两剪切刀具的相对运动来切断钢材，或利用锯片的切削运动将钢材分离，或利用锯片与工件间的摩擦发热使金属熔化而被切断。常用的切割机械有剪板机、联合冲剪机、弓锯床、砂轮切割机等。其中剪切法速度快、效率高，但切口较粗糙；锯割可以切割角钢、圆钢和各类型钢，切割速度和精度都较好。

等离子切割法是利用高温高速等离子焰流将切口处金属及其氧化物熔化并吹掉来完成切割，所以能切割任何金属。特别是熔点较高的不锈钢及有色金属铝、铜等。

#### 2. 矫正和成型

（1）矫正。钢材使用前，由于材料内部的残余应力及存放、运输、吊运不当等原因，会引起钢材原材料变形；在加工成型过程中，由于操作和工艺原因会引起成型件变形；构件在连接过程中会存在焊接变形等。因此，必须对钢结构进行矫正，以保证钢结构制作和安装质量。

钢材的矫正方式主要有矫直、矫平、矫形三种。矫正按外力来源分为火焰矫正、机械矫正和手工矫正等；按矫正时钢材的温度分为热矫正和冷矫正。

钢材的火焰矫正是利用火焰对钢材进行局部加热，被加热处理的金属由于膨胀受阻而产生压缩塑性变形，使较长的金属纤维冷却后缩短而完成。通常火焰加热位置、加热形式和加热热虽是影响火焰矫正效果的主要因素。加热位置应选择在金属纤维较长的部位。加热形式杵点状加热、线状加热和三角形加热。不同的加热热量使钢材获得不同的矫正变形的能力。

火焰矫正

钢材的机械矫正是在专用矫正机上进行的。矫正机主要有拉伸矫正机、压力矫正机等。拉伸矫正机适用于薄板扭曲、型钢扭曲、钢管、带钢和线材等的矫正；压力矫正机适用于板材、钢管和型钢的局部矫正，见图 8-6。

图 8-6 拉伸矫正机矫正

钢材的手工矫正是利用锤击的方式对尺寸较小的钢材进行矫正由于其矫正力小、劳动强度大、效率低，仅在缺乏或不便使用机械矫正时采用。

（2）成型。钢材的成型主要是指钢板卷曲和型材弯曲。

钢板卷曲是通过旋转辐轴对板材进行连续二点弯曲而形成半制件曲率半径较大时，可在常温状态下卷曲；如制件曲率半径较小或钢板较厚时，则需将钢板加热后进行。钢板卷曲分为单曲率卷曲和双曲率卷曲。单曲率卷曲包括对圆柱面、圆锥面和任意柱面的卷曲，因其操作简便，工程中较常用。双曲率卷曲可以进行球面及双曲面的卷曲，见图 8-7。

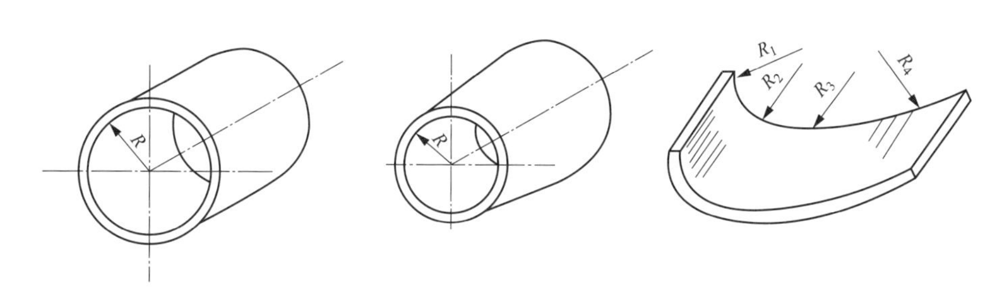

图 8-7 单曲率卷曲钢板

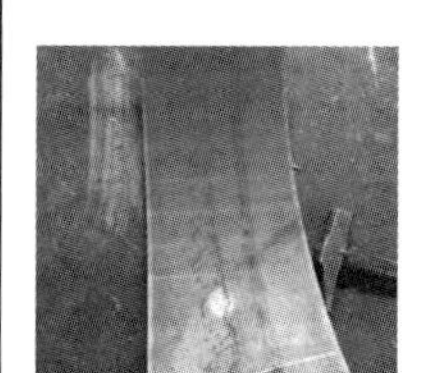
钢板卷曲

型材弯曲包括型钢弯曲和钢管弯曲。型钢弯曲时，由于截面重心线与力的作用线不在同一平面上，同时型钢除受弯曲力矩外还受扭矩的作用，所以型钢断面会产生畸变。畸变程度取决于应力的大小，而应力的大小又取决于弯曲半径。弯曲半径越小，则畸变程度越大。在弯曲时，若之间的曲率半径较大，一般应采用冷弯，反之则应采用热弯。钢管在弯曲过程中，为尽可能减少钢管在弯曲过程中的变形，通常应在管材中加入填充物（砂或弹簧）后进行弯曲；用滚轮和滑槽压在管材外面进行弯曲；用芯棒穿入管材内部进行弯曲。

型钢弯曲

**3. 边缘和球节点加工**

在钢结构加工中，当图纸要求或下述部位一般需要边缘加工：

（1）吊车梁翼缘板、支座支承面等图纸有要求的加工面；

（2）焊缝坡；

螺栓球多数都是用于网架结构，主要结构特点就是：一个球上开多个有内丝的孔，用来连接多个杆件于一点。

(3) 尺寸要求严格的加劲板、隔板、腹板和有孔眼的节点板等。

常用的机具有刨边机、铣床、碳弧气割等。近年来常以精密切割代替刨铣加工。

螺栓球宜热锻成型，不得有裂纹、叠皱、过烧。焊接球宜采用钢板热底成半圆球，表面不得有裂纹、折皱，并经机械加工坡口后焊成半圆球。螺栓球和焊接球的允许偏差应符合规范要求。网架钢管杆件直端宜采用机床下料，管口曲线宜采用切管机下料。

**4. 制孔和组装**

螺栓孔共分两类三级，其制孔加工质量和分组应符合规范要求。组装前，连接接触面和沿焊缝边缘每边 30～50mm 范围内的铁锈、毛刺、污垢、冰雪等清除干净；组装顺序应根据结构形式、焊接方法和焊接顺序等因素确定；构件的隐蔽部位应焊接、涂装，并经检查合格后方可封闭，完全封闭的构件内表面可不涂装；当采用夹具组装时，拆除夹具不得损伤母材，残留焊疤应修抹平整。

**5. 表面处理、涂装和编号**

表面处理主要是指对使用高强度螺栓连接时接触面的钢材表面进行加工，即采用砂轮、喷砂等方法对摩擦面的飞边、毛刺、焊疤等进行打磨。经过加工使其接触处表面的抗滑移系数达到设计要求额定值。

钢结构的腐蚀是长期使用过程中不时避免的一种自然现象，在钢材表面涂刷防护涂层，是目前防止钢材锈蚀的主要手段。通常应从技术经济效果及涂料品种和使用环境方面，综合考虑后做出选择。不同涂料对底层除锈质量要求不同。一般来说常规的油性涂料湿润性和透气性较好，对除锈质量要求可略低一些，而高性能涂料如富锌涂料等，对底层表面处理要求较高，涂料、涂装遍数、涂层厚度均应满足设计要求。当设计对涂层厚度无要求。宜涂装 1～5 遍；涂层干漆膜总厚度：室外为 150μm，室内为 125μm，其允许偏差－25μm。涂装工程由工厂和安装单位共同承担时，每遍涂层干漆膜厚度的允许误差为－5μm。

通常，在构件组装成型之后即用油漆在明显之处按照施工图标注构件编号。此外，为便于运输和安装，对重大构件还要标注质量和起吊位置。

**6. 构件验收与拼装**

构件出厂时，应提交下列资料：产品合格证；施工图和设计变更文件；制作中对技术问题处理的协议文件；钢材、连接材料和涂装材料的质量证明书或试验报告；焊接工艺评定书；高强度螺栓摩擦与抗滑移系数试验报告、焊缝无损检验报告及涂层检测资料；主要构件验收记录；预拼装记录；构件发运和包装清单。

由于受运输吊装等条件的限制，有时构件要分成两段或若干段出厂，为了保证安装的顺利进行，应根据构件或结构的复杂程度，或者设计另有要求时，由建设单位在合同中另行委托制作单位在出厂前进行预拼装。除管结构为立体预拼装，并可设卡、夹具外，其他结构一般均为平面预拼装。分段构件预拼装或构件与构件的总体拼装，如为螺栓连接，在预拼装时，所有节点连接板均应装上。除检查各部位尺寸外，还应用试孔器检查板叠孔的通过率。

### （三）钢构件的连接和固定

钢结构构件的连接方式通常有焊接和螺栓连接。随着高强螺栓连接和焊接连接的大量采用，对被连接件的要求愈来愈严格，如构件位移、水平度、垂直度、磨平顶紧的密贴程度、板叠摩擦面的处理、连接间隙、孔的同心度、未焊表面处理等都应经过监督部门检查认可，方能进行紧固和焊接，以免留下难以处理的隐患。焊接和高强度螺栓并用的连接，当设计无特殊要求时，应按先栓后焊的顺序施工。

#### 1. 钢构件的焊接连接

焊接接头是指两个或两个以上零件要用焊接组合的接点，或指两个或两个以上零件用焊接方法连接的接头，包括焊缝、熔合区和热影响区。

焊接接头

（1）钢构件焊接连接的基本要求：

施工单位首次采用的钢材、焊接材料、焊接方法、接头形式、焊接位置、焊后热处理等各种参数的组合，应在钢结构制作及安装前进行焊接工艺评定试验。焊接工艺评定试验方法和要求，以及免于工艺评定的限制条件，应符合《钢结构焊接规范》（GB 50661—2011）。

（2）焊接接头。钢结构的焊接接头按焊接方法分为熔化接头和电渣焊接头两大类。在弧焊中，熔化接头根据焊件厚度、使用条件、结构形状的不同又分为对接接头、角接接头、T 形接头和搭接接头等形式。对厚度较厚的构件，为了提高焊接质量，保证电弧能深入焊缝的根部，使根部能焊透，同时获得较好的焊缝形态，通常要开坡口。

（3）焊缝形式。焊缝形式按施焊的空间位置可分为平焊缝、横焊缝、立焊缝及仰焊缝四种。

平焊的熔滴靠自重过渡，操作简便，质量稳定；横焊因熔化金属易下滴，而使焊缝上侧产生咬边，下侧产生焊瘤或未焊透等缺陷；立焊成缝较为困难，易产生咬边、焊瘤、夹渣、表面不平等缺陷；仰焊必须保持最短的弧长，因此常出现未焊透、凹陷等质量缺陷，见图 8-8。

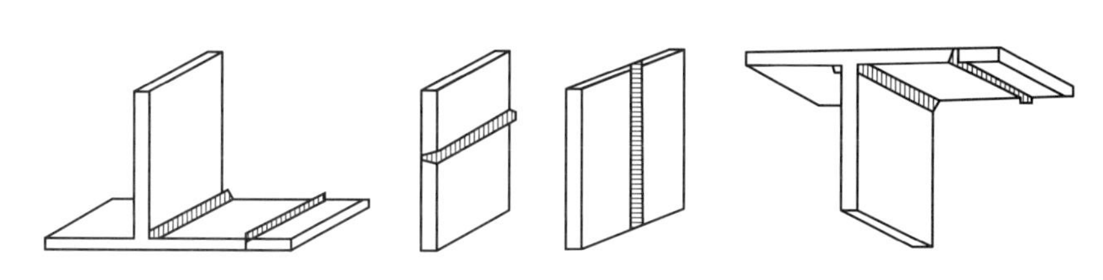

图 8-8 各种位置焊缝形式示意

钢构件焊接

#### 2. 普通螺栓连接

普通螺栓是钢结构常用的紧固件之一，用作钢结构中的构件连接、固定，或钢结构与基础的连接固定。常用的普通螺栓有六角螺栓、双头螺栓和地脚螺栓等。六角螺栓按其头部支承面大小及安装位置尺寸分大六角头和六角头两种；按制造质量和产品等级则分为A、B、C三种。

双头螺栓多用于连接厚板和不便使用六角螺栓连接处，如混凝土屋架、屋面梁悬挂吊件等。

地脚螺栓一般有直角地脚螺栓、锤头螺栓和锚固地脚螺栓等形式。通常，直角地脚螺栓预埋在结构基础中用以固定钢柱；锤头螺栓是基础螺栓的一种特殊形式，在浇筑基础混凝土时将特制模箱（锚固板）预埋在基础内，用以固定钢柱；锚固地脚螺栓是在已形成的混凝土基础上经钻机制孔后，再浇筑固定的一种地脚螺栓。

知识回忆：钢结构的连接方法有焊接、普通螺栓连接、高强度螺栓连接和铆接。

### 3. 高强度螺栓连接

高强度螺栓是用优质碳素钢或低合金钢材料制作而成的，具有强度高，施工方便、安装速度快、受力性能好、安全可靠等特点，已广泛地应用于大跨度结构、工业厂房、桥梁结构、高层钢框架结构等的钢结构工程中。

高强度螺栓的拧紧分为初拧和终拧两步进行，可减小先拧与后拧的高强度螺栓预拉力的差别。对大型节点应分为初拧、复拧和终拧三步进行。复拧是为了减少初拧后过大的螺栓预拉力损失。施工时应从螺栓群中央顺序向外拧，即从节点中刚度大的中央按顺序向不受约束的边缘施拧，同时，为防止高强度螺栓连接处的表面处理涂层发生变化影响预拉力，应在当天终拧完毕。

## 二、钢框架结构安装

钢框架结构安装前的准备工作主要有：编制施工方案，拟定技术措施，构件检查，安排施工设备、工具、材料、组织安装力量等。

在制定钢结构安装方案时，主要应根据建筑物的平面形状、高度、单个构件的质量、施工现场条件等来确定安装方法、流水段的划分、起重机械等。

钢框架结构的安装方法有分层安装法和分单元退层安装法两种。

分层安装法即是按结构层次逐层安装柱梁等构件，直至整个结构安装完毕。这种方法能减少高空作业量，适用于固定式起重机的吊装作业。分单元退层安装法是将若干跨划分成一个单元，一直安装到顶层，后逐渐退层安装这种方法上下交叉作业多，应注意施工安全，适用于移动式起重机的吊装作业。

钢框架结构的平面流水段划分应考虑钢结构在安装过程中的对称性和整体稳定性。其安装顺序一般应由中央向四周扩展，以利焊接误差的减少和消除。立面流水以一节钢柱为单元，每个单元以主梁或钢支撑、带状桁架安装成框架为原则；其次是次梁、楼板及非结构构件的安装。

## 三、大跨度空间钢结构安装

空间结构是由许多杆件沿平面或立面按一定规律组成的大跨度屋盖结构，一般采用钢管或型钢焊接或螺栓连接而成。由于杆件之间互相支撑，所以结构的稳定性好，空间刚度大，能承受来自各个方向的荷载。下面以网架结构为例，介绍常用的空间结构安装方法。

钢网架结构安装根据结构形式和施工条件的不同常采用高空散装法、分条或分块安装法、高空滑移法、整体吊装法、整体提升法、整体顶升法等。

高空散装

高空散装法

高空散装法适用于螺栓球节点的各种类型网架，并宜采用少支架的悬挑施工方法。

### （一）高空散装法

高空散装法即是将小拼单元或散件直接在设计位置进行总拼的方法，通常有全支架法和悬挑法两种。全支架法尤其适用于以螺栓连接为主的散件高空拼装。全支架法拼装网架时，支架顶部常用木板或其他脚手板满铺，作为操作平台，焊接时应注意防火。由于散件在高空拼装，无需大型垂直运输设备，但搭设大规模的拼装支架需耗用大量的材料。悬挑法则多用于小拼单元的高空拼装，或球面网壳三角形网格的拼装。悬挑法拼装网架时，需要预先制作好小拼单元，再用起重机将小拼单元吊至设计标高就位拼装。悬挑法拼装网架搭设支架少，节约架料，但要求悬挑部分有足够的刚度，以保证其几何尺寸的不变。

#### 1. 吊装机械的选择与布置

吊装机械的选择，主要应根据结构特点、构件质量、安装标高以及现场施工与现有设备条件而定。高空拼装需要起重机操作灵活和运行方便，并使其起重幅度覆盖整个钢网架结构施工区域。工程上多选用塔式起重机，当选用多台塔式起直机，在布置时还应考虑其工作时的相互干扰。

#### 2. 拼装顺序的确定

拼装时一般从脊线开始，或从中间向两边发展，以减少积累偏差和便于控制标高。其具体方案应根据建筑物的具体情况而定。

#### 3. 标高及轴线的控制

大型网架为多支承结构，支承结构的轴线和标高是否准确，影响网架的内力和支承反力。因此，支承网架的柱子的轴线和标高的偏差应小。为保证其标高和各榀屋架轴线的准确，拼装前需预先放出标高控制线和各榀屋架轴线的辅助线。若网架为折线型起拱，则可以控制脊线标高为准；若网架为圆弧线起拱，则应逐个节点进行测量。在拼装过程中，应随时对标高和轴线进行测量并依次调整，使网架总拼装后纵横总长度偏差、支座中心偏移、相邻支座高差、最低最高支座差等指标均符合网架规程的要求。

### （二）分条或分块安装法

分条或分块安装法是指将网架分成条状或块状单元，分别由起由起重机吊装至高空设计位置就位搁置，然后再拼装成整体的安装方法。条状单元即是网架沿长跨方向分割为若干区段，每个区段的宽度可以是一个网格至三个网格，其长度则为短跨的跨度。块状单元即是网架沿纵横方向分割后的单元形状为矩形或正方形。当采用条状单元吊装时，正放类网架通常在自重作用下自身能形成稳定体系，可不考虑加固措施，比较经济；斜放类网架分成条状单元后需要大量地临时加固杆件，不太经济。当采用块状单元吊装时，斜放类网架则只需在单元周边加设临时杆件，加固杆件较少。

分条或分块安装法的特点是：大部分焊接拼装工作在地面进行，有利于提高工程质量；拼装支架耗用量极少，网架分单元的质量与现场起重设备相适应，有利于降低工程成本。

### （三）高空滑移法

高空滑移法是指分条的网架单元在事先设置的滑轨上单条滑移到设计位置拼接成整体的安装方法。此条状单元可以在地面拼成后用起重机吊至支架上，亦可用小拼单元或散件在高空拼装平台上拼成条状单元。高空支架一般设在建筑物的一端，高空滑移法由于是在土建完成框架或圈梁后进行，网架的空中安装作业可与建筑物内部施工平行进行，缩短了工期，拼装支架只在局部搭设，节约了大量的支架材料，对牵引设备要求不高，通常只需卷扬机即可。高空滑移法适用于现场狭窄的地区施工，也适用于设备基础、设备与屋面结构平行施工或开口施工方案等的跨越施工。

### （四）整体安装法

整体安装法即是先将网架在地面上拼装成整体，然后用起重设备将其整体提升到设计标高位置并加以固定。该施工方法不需要高大的拼装支架，高空作业少，易保证焊接质量，但需要起重量大的起重设备，技术较复杂。因此，此法对球节点的钢管网架（尤其是三向网架等杆件较多的网架）较适宜。根据所用设备的不同，整体安装法又分为多机抬吊法、拔杆提升法、千斤顶提升法和千斤顶顶升法等。

# 第九章 道 路 工 程

## 教 学 目 标

### （一）总体目标

通过本章的学习，使学生熟悉沥青路面、水泥混凝土工程施工特点，了解为什么要进行施工前的准备工作，各类沥青材料、水泥混凝土材料路面的施工方法，熟悉道路工程所使用的施工器械作业形式及要点，熟悉沥青贯入式路面施工的概念并理解，掌握沥青贯入式路面施工工艺和施工要点，熟悉热拌沥青混合料路面施工的施工流程和施工要求，掌握当施工过程接缝不可避免时的两种接缝方式及要求，熟悉乳化沥青碎石混合料路面施工概念，掌握乳化沥青碎石混合料路面施工的混合料摊铺做法及要求，熟悉混凝土路面工程的施工要求，掌握轨模式摊铺机施工的施工流程，掌握滑模式摊铺机的施工流程。通过体会和学习道路工程，使学生了解行业特色，掌握专业知识，建立学生严谨思考、扎实基础、持续创新施工方法的理念。

### （二）具体目标

1. 专业知识目标

（1）熟悉沥青路面工程中施工前的准备工作；

（2）掌握施工前准备工作中的施工器械检查要求；

（3）熟悉沥青贯入式路面施工的概念并理解，掌握沥青贯入式路面施工工艺和施工要点；

（4）熟悉热拌沥青混合料路面施工的施工流程和施工要求，掌握当施工过程接缝不可避免时的两种接缝方式及要求；

（5）熟悉乳化沥青碎石混合料路面施工概念，掌握乳化沥青碎石混合料路面施工的混合料摊铺做法及要求。

2. 综合能力目标

（1）能够根据沥青路面的技术特性进行分类；

（2）能够根据任务要求、工程特点、施工技术选择合适的沥青路面类型；

（3）能够掌握轨模式摊铺机的施工流程；

（4）熟悉多种施工机械的作业方式，掌握各类路面施工工艺的相关要求。

3. 综合素质目标

（1）对整个道路工程的内容都做到充分了解，理解道路工程的基本概念、理论和基本方法；

（2）熟悉沥青路面工程和水泥混凝土路面工程的施工规范和施工工艺。

## 教 学 重 点 和 难 点

### （一）重点

（1）沥青表面处治路面施工方法；

(2) 沥青贯入式路面施工的施工工艺和施工要点;
(3) 热拌沥青混合料路面施工的施工工艺和施工要点;
(4) 轨模式摊铺机施工的施工工艺及施工要求。

### (二) 难点

(1) 沥青表面处治路面施工方法;
(2) 沥青贯入式路面施工的施工工艺和施工要点;
(3) 轨模式摊铺机施工的施工工艺及施工要求。

## 教 学 策 略

本章是土木工程施工课程的第九章,分为沥青路面工程和水泥混凝土路面工程两大节,涵盖施工前的准备工作、沥青表面处治路面施工、沥青贯入式路面施工、热板沥青混合料路面施工等多个部分知识点,知识量大,教学内容涉及面广,专业性较强,需要查阅大量的规范,对后面的章节学习有重要的引领作用。各种类型路面施工的施工工艺和注意事项、施工要求是本章教学的重点和难点。为帮助学生更好地学习本章知识,推荐学生提前预习本章知识内容,查阅相关施工机械的作业模式,做到课前就对本章知识有一定了解。之后通过教师对本章的详细讲解使学生熟悉掌握相关知识点的教学策略。

(1) 课前引导:提前介入学生学习过程,要求学生通过互联网等工具初步了解本章重点的部分,为课程学习进行知识储备。

(2) 课中教学互动:课堂教学教师讲解中,以大量视频的形式,让学生直观和系统地了解各种类型的路面施工的施工工艺、施工要求,课后习题讲解和辅导等。

(3) 技能训练:熟悉各类路面施工的施工工艺。

(4) 课后拓展:引导学生自主学习与本课程相关的规范,包括《公路水泥混凝土路面设计规范》(JTG D40—2011)、《公路工程质量验收评定标准 第二册 机电工程》(JTG 2182—2020)、《公路沥青路面设计规范》(JTG D50—2017),引入有限元分析软件 MIDAS CIVIL,拓宽学生视野,增加学生的实践能力。

## 教 学 架 构 设 计

### (一) 教学准备

(1) 情感准备:了解学生学习情况,提醒学生预习前置课程,增进感情,提前和学生谈心谈话。
(2) 知识准备:
预习:"雨课堂"分布的预习内容和道路工程的视频。
(3) 授课准备:学生分组,要求学生带认识实习的场地平整和基坑部分问题进课堂。
(4) 资源准备:授课课件、数字资源库等。

### (二) 教学架构

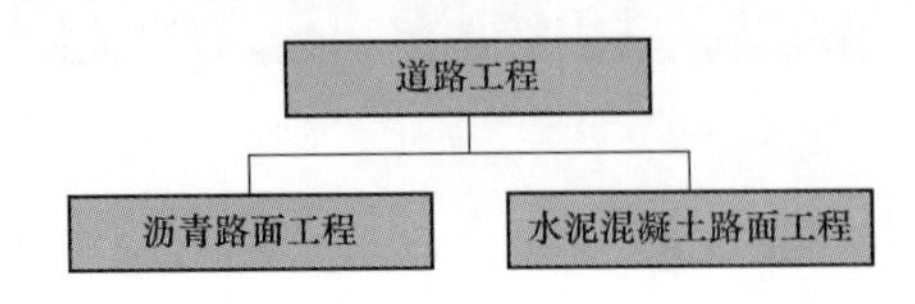

### （三） 实操训练

完成沥青路面工程、水泥混凝土路面工程计算和设计案例。

### （四） 思政教育

根据授课内容，本章主要在专业知识获得感、技术能力获得感、宏大国家基建工程三个方面开展思政教育。

### （五） 效果评价

采用注重学生全方位能力评价的“五位一体评价法”，即自我评价（20%）＋团队评价（20%）＋课堂表现（20%）＋教师评价（20%）＋自我反馈（20%）评价法。同时引导学生自我纠错、自主成长并进行学习激励，激发学生学习的主观能动性。

### （六） 学时建议

2/56（本章建议学时/课程总学时）。

## 第一节　沥青路面工程

### 一、施工前的准备工作

施工前的准备工作主要有确定料源及进场材料的质量检验、施工机具设备选型与配套、修筑试验路段等项工作。

#### 1. 确定料源及进场材料的质量检验

对进场的沥青材料，应检验生产厂家所附的试验报告，检查装运数量、装运日期、订货数量、试验结果等，并对每批沥青进行抽样检测，试验中如有一项达不到规定要求时，应加倍抽样试验，如仍不合格时，则退货并索赔。

#### 2. 施工机械检查

施工前应对各种施工机具进行全面的检查，包括拌合与运输设备的检查；洒油车的油泵系统、洒油管道、虽油表、保温设备等的检查；矿料撒铺车的传动和液压调整系统的检查，并事先进行试撒，以便确定撒铺每一种规格矿料时应控制的间隙和行驶速度；摊铺机的规格和机械性能的检查；压路机的规格、主要性能和滚筒表面的磨损情况的检查。

沥青材料存放要求：

①沥青运至沥青厂或沥青加热站后，应按规定分摊进行检验其主要性质指标是否符合要求，不同种类和标号的沥青材料应分别贮存，并应加以标记。

②临时性的贮油池必须搭盖棚顶，并应疏通周围排水渠道，防止雨水或地表水进入池内。

#### 3. 铺筑试验路段

在沥青路面修筑前，应用计划使用的机械设备和混合料配合比铺筑试验路段，主要研究合适的拌合时间与温度；摊铺温度与速度；压实机械的合理组合、压实温度和试验方法；松铺系数；合适的作业段长度等。并在沥青混合料压实 12h 后，按标准方法进行密实度、厚度的抽样检查。

### 二、沥青表面处治路面施工

沥青表面处治路面是用沥青和细粒矿料按拌合法或层铺法施工成厚度不超过 30mm 的薄层路面面层，主要适用于三级及三级以下的公路、城市道路的支路、县镇道路、各级公路的施工便道及在旧沥青面层上加铺的罩面层或磨耗层，主要是用来抵抗行车的磨损和大气作用，并增强防水性，提高平整度，改善路面的行车条件。

沥青路面结构（垫层）

中层式沥青表面处治路面是浇洒一次沥青，撒布一次集料铺筑而成的厚度为1.0～1.6cm（乳化沥青表面处治为0.5cm）；双层式是浇洒二次沥青，撒布二次集料铺筑而成的厚度为1.5～2.5cm（乳化沥青表面处治为1cm）；三层式是浇洒三次沥青，浇撒三次集料铺筑而成的厚度为2.5～3.0cm（乳化沥青表面处治为3cm）。

**1. 施工准备**

沥青表面处治施工应在路缘石安装完成以后进行，基层必须清扫干净。施工前应检查沥青洒布车的油泵系统、输油管道、油量表、保温设备等。集料撒布机使用前检查其传动和液压调整系统，并应进行试撒确定撒布各种规格集料时应控制下料间隙及行驶速度。

**2. 施工方法**

层铺法三层式沥青表面处治的施工一般可按下列工序进行：

（1）浇洒第一层沥青。在透层沥青充分渗透，或在已做透层或封层并已开放交通的基层清扫后，就可按要求的速度浇洒第一层沥青。沥青浇洒时的温度一般情况是：石油沥青的洒布温度为130～170℃，煤沥青的洒布温度为80～120℃；乳化沥青可在常温下洒布，当气温偏低，破乳及成型过慢时，可将乳液加温后洒布，但乳液温度不得超过60℃。浇洒应均匀，当发现浇洒沥青后有空白、缺边时，应及时进行人工补洒，当有沥青积聚时应刮除。沥青浇洒长度应与集料撒布机的能力相配合，应避免沥青浇洒后等待较长时间才撒布集料。

沥青路面结构（底基层）

层铺法施工视频

（2）撒布第一层集料。第一层集料在浇洒主层沥青后立即进行撒布。当使用乳化沥青时，集料撒布应在乳液破乳之前完成。撒布集料后应及时扫匀，应覆盖施工路面，厚度应一致，集料不应重叠，也不应露出沥青；当局部有缺料时，应及时进行人工找补，局部过多时，应将多余集料扫出。前幅路面浇洒沥青后，应在两幅搭接处暂留10～15cm宽度不撒石料，待后幅浇撒沥青后一起撒布集料。

（3）碾压。撒布一段集料后，应立即用6～8t钢筒双轮压路机碾压，碾压时每次轮迹应重叠约30cm，并应从路边逐渐移至路中心，然后再从另一边开始移向路中心，以此作为一遍，宜碾压3～4遍。碾压速度开始不宜超过2km/h，以后适当增加。

第二、三层的施工方法和要求应与第一层相同，但可采用8～10t压路机。当使用乳化沥青时，第二层撒布碎石作为嵌缝料后还应增加一层封层料。

单层式和双层式沥青表面处治的施工顺序与二层式基本相同，只是相应地减少或增加一次洒布沥青、铺撒一次矿料和碾压工作。沥青表面处治应进行初期养护，当发现有泛油时，应在泛油处补撒嵌缝料，嵌缝料应与最后一层石料规格相同，并应扫匀；当有过多的浮动集料时，应扫出路面，并不得搓动已经黏着在位的集料；如有其他破坏现象，也应及时进行修补。

### 三、沥青贯入式路面施工

沥青贯入式路面是在初步压实的碎石（或破碎砾石）上分层浇洒沥青、撒布嵌缝料，或再在上部铺筑热拌沥青混合料封层，经压实而成的沥青面层，其厚度宜为 4～8cm，但乳化沥青贯入式路面的厚度不宜超过 5cm。

沥青贯入式路面施工

当贯入层上部加铺拌合的沥青混合料面层时，路面总厚度宜为 6～10cm，其中拌合层厚度宜为 2～4cm。由于沥青贯入式路面的强度构成主要是靠矿料的嵌挤作用和沥青材料的黏结力，因而具有较高的强度和稳定性，而且沥青贯入式路面是一种多孔隙结构，为了防止路表水的浸入和增强路面的水稳定性，在最上层应撒布封层料或加铺拌合层；当乳化沥青贯入式路面铺筑在半刚性基层上时，应铺筑下封层；当沥青贯入层作为连接层时，可不撒表面封层料。

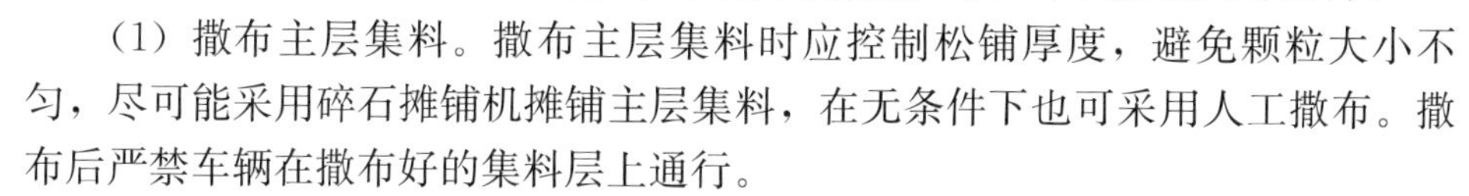

（1）撒布主层集料。撒布主层集料时应控制松铺厚度，避免颗粒大小不匀，尽可能采用碎石摊铺机摊铺主层集料，在无条件下也可采用人工撒布。撒布后严禁车辆在撒布好的集料层上通行。

（2）碾压主层集料。主层集料撒布后用 6～8t 的钢筒压路机进行初压，碾压时应自边缘逐渐移向路中心，每次轮迹应重叠约 30cm，然后检查路拱和纵向坡度；当不符合要求时，应调整、找平后再压，直至集料无显著推移为止。再用 10～12t 压路机进行碾压，每次轮迹重叠 1/2 左右，直至主层集料嵌挤稳定，无显著轮迹为止。

（3）浇洒第一层沥青。主层集料碾压完毕后，应立即浇洒第一层沥青，浇洒方法与沥青表面处治层施工相同。当采用乳化沥青贯入时，应防止乳液下漏过多，可在主层集料碾压稳定后，先撒布一部分上一层嵌缝料，再浇洒主层沥青。乳化沥青在常温下洒布，当气温偏低需要加快破乳速度时，可将乳液加温后洒布，但乳液温度不得超过 60℃。

（4）撒布第一层嵌缝料。主层沥青浇洒完成后，应立即撒布第一层嵌缝料，嵌缝料的撒布应均匀，并应扫匀，不足处应找补。当使用乳化沥青时，石料撒布应在破乳前完成。

（5）碾压。嵌缝料扫匀后应立即用 8～12t 钢筒式压路机进行碾压，轮迹应重叠轮宽的 1/2 左右，宜碾压 4～6 遍，直至稳定为止。碾压时随压随扫，并应使嵌缝料均匀嵌入当气温较高使碾压过程发生较大推移现象时，应立即停止碾压，待气温稍低时再继续碾压。

（6）浇洒第二层沥青，撒布第二层嵌缝料，碾压，再浇洒第三层沥青。

（7）撒布封层料。

（8）终压。用 6～8t 压路机碾压 2～4 遍，然后开放交通，并进行交通管制，使路面全宽受到行车的均匀碾压。

### 四、热拌沥青混合料施工

热拌沥青混合料路面采用厂拌法施工时，集料与沥青均在拌合机内进行加热与拌合，并在热的状态下摊铺碾压成型。

施工机械选用

#### 1. 热拌沥青混合料的拌制

沥青混合料必须在沥青拌合厂（场、站）采用拌合机械进行拌制，可采用间歇式拌合机或连续式拌合机拌制。间歇式拌合机是拌合设备在拌合过程中骨料烘干与加热是连续进行的，而加入矿粉和沥青后的拌合是间歇（周期）式进行的。

连续式拌合机是矿料烘干、加热与沥青混合料拌合均为连续进行的，且拌合速度较高，连续式拌合机应具备根据材料含水量变化调整矿料上料比例、上料速度、沥青用量的装置，且当工程材料来源或质量不稳定时，不得采用连续式拌合机拌制。

### 2. 热拌沥青混合料的运输

热拌沥青混合料运输

热拌沥青混合料应采用较大吨位的自卸汽车运输。运输时，应防止沥青与车厢板黏结，车厢应清扫干净，车厢底板及周壁应涂一薄层油水（柴油∶水＝1∶3）混合液，但不得有余液积聚在车厢底部。运料车应用篷布覆盖以保温、防雨、防污染，夏季运输时间短于 0.5h 时可不覆盖；混合料运料车的运输能力应比拌合机拌合或摊铺能力略有富余，施工过程中摊铺机前方应有运料车在等候卸料。

### 3. 热拌沥青混合料摊铺

热拌沥青混合料的摊铺工作应包括摊铺前的准备工作、摊铺机各种参数的选择与调整、摊铺作业等。

摊铺前的准备工作应包括下承层的准备、施工测量、摊铺机的检查等。

热拌沥青混合料施工现场

摊铺前应先调整摊铺机的机构参数和运行参数。其中，机构参数包括熨平板的宽度、摊铺厚度、熨平板的拱度、初始工作迎角、布料螺旋与熨平板前缘的距离、振捣梁行程等。摊铺机的运行参数是摊铺机的作业速度，摊铺沥青混合料时应缓慢、均匀、连续不间断；在摊铺过程中，不得随意变更速度或中途停顿；摊铺速度应根据拌合机的产量、施工机械配套情况及摊铺层厚度、宽度来确定，并应为 2～6m/min。

摊铺机的各种参数确定以后，即可进行沥青混合料路面的摊铺作业。首先应对熨平板加热，以免热沥青混合料将会冷粘于熨平板底上，并随板向前移动时拉裂铺层表面，使之形成沟槽和裂纹，即使在夏季也必须如此。

热拌沥青混合料适用范围：
各种等级公路的沥青面层。高速公路和一级公路沥青面层的上面层、中面层及下面层应采用沥青混凝土混合料铺筑，沥青碎石混合料仅适用于过渡层及整平层。其他等级公路的沥青面层上面层宜采用沥青混凝土混合料铺筑。

热拌沥青混合料应采用机械摊铺，对高速公路、一级公路和城市快速路、主干路宜采用两台以上的摊铺机成梯队作业，进行联合摊铺；相邻两幅之间应有重叠，重叠宽度宜为 5～10cm；相邻两台摊铺机宜间距 10～30m，且不得造成前面摊铺机的混合料冷却；当混合料不能满足不间断摊铺时，可采用全宽度摊铺机一幅摊铺。摊铺机在开始受料前应在料斗内涂刷防止黏结的柴油；摊铺机应具有自动式或半自动式调节摊铺厚度及找平装置；具有足够容量的受料斗，在运料车换车时能连续摊铺，并有足够的功率推动运料车；具有可加热的振动熨平板或振动夯等初步压实装置，且摊铺机宽度可以调整。

### 4. 热拌沥青混合料的压实及成型

碾压是热拌沥青混合料路面施工的最后一道工序，要获得好的路面质量最终是靠碾压来实现。碾压的目的是提高沥青混合料的强度、稳定性和耐疲劳性碾压工作包括碾压机械的选型与组合、压实温度、碾压速度、碾压遍数、压实方法的确定以及压实质量检查等。

沥青混合料路面的压实程序分为初压、复压、终压（包括成型）三个阶段，压路机应以慢而匀速的速度碾压。初压是整平和稳定混合料，同时又为复压创造条件，初压应在混合料摊铺后较高温度下进行，并不得产生推移、发裂，其压实温度应根据沥青稠度、压路机类型、气温、铺筑层厚度、混合料类型经试压确定。初压时，压路机应从外侧向中心碾压，相邻碾压带应重叠1/3～1/2轮宽，最后碾压路中心部分，压完全幅为一遍。

初压后紧接着进行复压，复压是使混合料密实、稳定、成型。复压宜采用重型压路机，碾压遍数应经试压确定，并不宜少于4～6遍。

终压应紧接着复压后进行，其目的是消除碾压轮产生的轮迹，最后形成平整的路面。终压可选择双轮钢筒式压路机或关闭振动的振动压路机碾压，碾压不宜少于两遍，路面应无轮迹。

5. 接缝

在施工过程中应尽可能避免出现接缝，不可避免时，应做成垂直接缝，并通过碾压尽量消除接缝痕迹，提高接缝处沥青路面的传荷能力。

碾压沥青混合料纵向接缝

（1）纵向接缝。两条摊铺带相接处，必须有一部分搭接，才能保证该处与其他部分具有相同的厚度。搭接的宽度应前后一致，搭接施工有冷接缝和热接缝两种。冷接缝施工是指新铺层与经过压实后的已铺层进行搭接，搭接宽度约为3～5cm，在摊铺新铺层时，对已铺层带接茬处边缘进行铲修垂直，新摊铺带与已摊铺带的松铺厚度相同。热接缝施工一般是在使用两台以上摊铺机梯队作为时采用，此时两条毗邻摊铺带的混合料都还处于压实前的热状态，所以纵向接缝容易处理，而且连接强度较好。

（2）横向接缝。相邻两幅及上下层的横向接缝均应错位1m以上，横向接缝有斜接缝和平接缝两种。高速和一级公路中下层的横向接缝可采用斜接缝，而上面层则应采用垂直的平接缝，其他等级公路的各层均应采用斜接缝。处理好横向接缝的基本原则是将第一条摊铺带的尽头边缘锯成垂直面，并与纵向边缘成直角。

五、乳化沥青碎石混合料路面施工

乳化沥青碎石混合料是指由乳化沥青与矿料在常温状态下拌合而成，压实后剩余空隙率在10%以上的常温沥青混合料。乳化沥青碎石混合料适用于三级及三级以上的公路、城市道路支线的沥青面层、二级公路的罩面层施工，以及各级道路的沥青路面的连接层或找平层。而乳化沥青碎石混合料路面的沥青面层宜采用双层式，下层应采用粗粒式沥青碎石混合料，上层应采用中粒式或细粒式沥青碎石混合料；单层式只宜在少雨干燥地区或半刚性基层上使用；在多雨潮湿地区必须做上封层或下封层。

洒铺乳化沥青养生

1. 混合料摊铺

已拌制好的混合料应立即运至施工现场进行摊铺，拌制的混合料宜用沥青摊铺机摊铺。当采用人工摊铺时，应采取防止混合料离析的措施。混合料应具有充分的施工和易性，混合料的拌合、运输和摊铺应在乳液破乳前结束，在拌合与摊铺过程中已破乳的混合料，应予以废弃。

2. 碾压

混合料摊铺完毕，厚度、平整度、路拱横坡等符合设计要求和规范要求后，即可进行碾压，其碾压可按热拌沥青混合料的规定进行，但在混合料摊铺后，采用6t左右的轻型压路机初压，碾压1～2遍，使混合料初步稳定，再用轮胎压路机或轻型钢筒式压路机碾压1～2遍。

## 第二节 水泥混凝土路面工程

道路的分级

水泥混凝土路面是由混凝土面板与基层所组成，具有刚度大、强度高、稳定性好、使用寿命长等特点，适用于各级公路特别是高速公路和一级公路。水泥混凝土面板必须具有足够的抗折强度，良好的抗磨耗、抗滑、抗冻性能，以及尽可能低的线膨胀系数和弹性模量；混凝土拌合物应具有良好的施工和易性，使混凝土路面能承受荷载应力和温度应力的综合疲劳作用，为行驶的汽车提供快速、舒适、安全的服务。

### 一、轨模式摊铺机施工

轨模式摊铺机施工是由支撑在平底型轨道上的摊铺机将混凝土拌合物摊铺在基层上，摊铺机的轨道与模板连在一起，安装时同步进行。

#### （一）拌合与运输

轨模式摊铺机介绍：轨道式摊铺机的使用，找到了一些正确的使用方法，给出了影响平整度的因素及注意的问题，以及水泥混凝土本身对摊铺质量的影响，同时给出了提高摊铺质量的方法。

拌合质量是保证水泥混凝土路面的平整度和密实度的关键，而混凝土各组成材料的技术指标和配合比计算的准确性是保证混凝土拌合质量的关键。

在运输过程中，为了保证混凝土的工作性，应考虑蒸发水和水化失水，以及因运输颠簸和振动使混凝土发生离析等。

拌合物运到摊铺现场后，倾卸于摊铺机的卸料机内，卸料机械有侧向和纵向卸料机两种。侧向卸料机在路面铺筑范围外操作，自卸汽车不进入路面铺筑范围，因此要有可供卸料机和汽车行驶的通道；纵向卸料机在路面铺筑范围内操作，由自卸汽车后退卸料，因此在基层上不能预先安放传力杆及其支架。

#### （二）铺筑与振捣

1. 轨模安装

轨道式摊铺机施工的整套机械是在轨道上移动前进，并以轨道为基准控制路面表面高程。由于轨道和模板同步安装，统一调整定位，因此将轨道固定住模板上，既可作为水泥混凝土路面的侧模，也是每节轨道的固定基座。轨道的高程控制、铺轨的平直、接头的平顺，将直接影响路面的质量和行驶性能。

2. 摊铺

摊铺是将倾卸在基层上或摊铺机箱内的混凝土按摊铺厚度均匀地充满模板范围内。摊铺机械有刮板式、箱式和螺旋式三种。刮板式摊铺机本身能在模板上自由地前后移动，在前面的导管上左右移动。由于刮板自身也要旋转，可以将卸在基层上的混凝土堆向任意方向摊铺。

箱式摊铺机是混凝土通过卸料机卸在钢制箱子内。箱子在机械前进行驶时横向移动，同时箱子的下端按松散厚度刮平混凝土。螺旋式摊铺机是用正反方向旋转的旋转杆（直径约 50cm）将混凝土摊开，螺旋后面有刮板，可以准确地调整高度，如图 9-1 所示。

轨模式摊铺机施工现场

### 3. 振捣

水泥混凝土摊铺后，就应进行振捣。振捣可采用振捣机或插入式振捣器进行，混凝土振捣机是跟在摊铺机后面，对混凝土拌合物进行再次整平和捣实的机械。插入式振捣器主要是对路面板的边部进行振捣，以达到应有的密实性和均匀性。

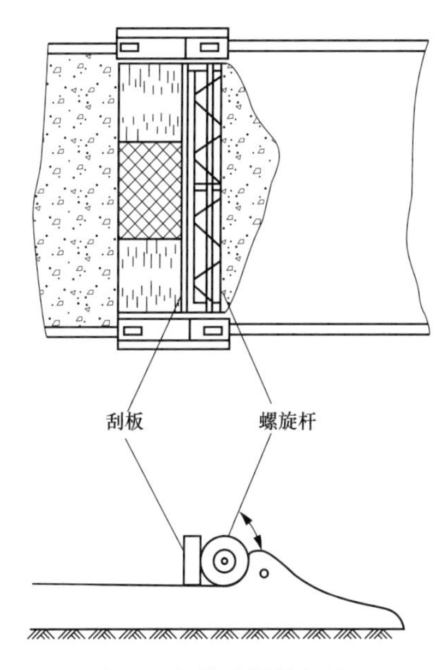


图 9-1 螺旋式摊铺机施工

轨模式摊铺机施工工艺：

水泥混凝土路面轨模式捧铺机施工方法具有机械化程度高、操纵方便、生产效率较高、设备费用省等优点，在路面施工中得到了广泛应用。轨模式摊铺机是由摊铺机、整面机、修光机等组成的摊铺列车。施工时，列车在轨模上通过可铺筑好一条行车带。轨模即是列车的行驶轨道，又是水泥混凝土的模板。摊铺机上装有拥铺器（又称布料器）用来将倾卸在路基上的水泥混凝土按一定的厚度均匀的摊铺在路基上。推铺机在摊铺水泥混凝土时，轨模是固定不动的。

## （三）表面修整

捣实后的混凝土要进行平整、精光、纹理制作等工序，使竣工后的混凝土路面具有良好的路用性能。精光工序是对混凝土表面进行最后的精细修整，使混凝土表面更加致密、平整、美观。

纹理制作是提高高等级公路水泥混凝土路面行车安全的抗滑措施之一。水泥混凝土路面的纹理制作可分为两类：一类是在施工时，水泥混凝土处于塑性状态（即初凝前），或强度很低时采取的处理措施，如拉毛（槽）、压纹（槽）、嵌石等施工工艺；另一类是水泥混凝土完全凝集硬化后，或使用过程中所采取的措施，如在混凝土面层上用切槽机切出深 5～6mm、宽 3mm、间距为 20mm 的横向防滑槽等施工工艺。

## （四）接缝施工

混凝土面层是由一定厚度的混凝土板组成，具有热胀冷缩的性质，混凝土板会产生不同程度的膨胀和收缩，这些变形会受到板与基础之间的摩阻力和黏结力，以及板的自重和车轮荷载的约束，致使板内产生过大的应力，造成板的断裂或拱胀等破坏。为了避免这些缺陷，混凝土路面必须在纵横两个方向建造许多接缝，把整个路面分割成许多板块。

横向施工缝

（1）横向接缝。横向接缝是垂直于行车方向的接缝，有胀缝、缩缝和施工缝三种。水泥混凝土路面胀缝的施工方法：

1）胀缝应与路面中心线垂直；缝壁必须垂直；缝隙宽度必须一致；缝中不得连浆；缝隙上部应浇灌填缝料，下部应设置胀缝板。

2）胀缝传力杆的活动端，可设在缝的一边或交错布置。固定后的传力杆必须平行于板面及路面中心线，其误差不得大于 5cm 传力杆的固定，可采用顶头木模固定或支架固定安装。

① 胀缝。胀缝是保证板体在温度升高时能部分伸张，从而避免产生路面板在热天的拱胀和折断破坏的接缝。胀缝与混凝土路面中心线垂直，缝壁垂直于板面，宽度均匀一致，相邻板的胀缝应设置在同一断面上，如图 9-2 所示。

水泥混凝土路面胀缝的施工方法：
（1）胀缝应与路面中心线垂直；缝壁必须垂直；缝隙宽度必须一致；缝中不得连浆；缝隙上部应浇灌填缝料，下部应设置胀缝板。
（2）胀缝传力杆的活动端，可设在缝的一边或交错布置。固定后的传力杆必须平行于板面及路面中心线，其误差不得大于 5cm 传力杆的固定，可采用顶头木模固定或支架固定安装。

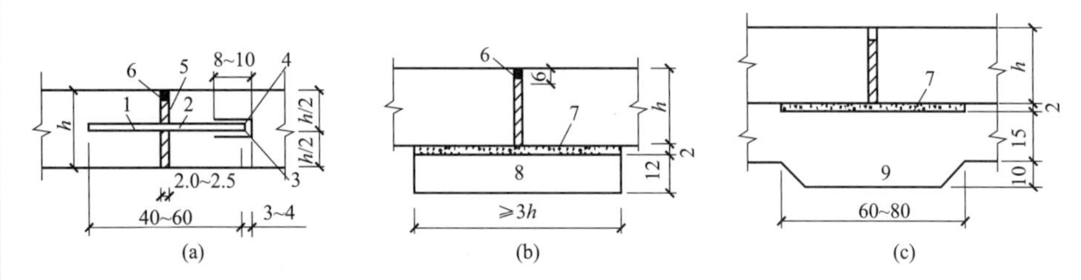

图 9-2 胀缝的构造形式（尺寸单位：cm）

（a）传力杆式；（b）枕垫式；（c）基层枕垫式

1—传力杆固定端；2—传力杆活动端；3—金属套筒；4—弹性材料；5—软木板；6—沥青填缝料；7—沥青砂；8—C10 水泥混凝土预制枕垫；9—炉渣石灰土

胀缝的施工分浇筑混凝土完成时设置和施工过程中设置两种。浇筑完成时设置胀缝适用于混凝土板不能连续浇筑的情况。施工时，传力杆长度的一半穿过端部挡板，固定于外侧定位模板中，混凝土浇筑前先检查传力杆位置，浇筑时应先摊铺下层混凝土，用插入式振捣器振实，并校正传力杆位置后，再浇筑上层混凝土。浇筑邻板时，应拆除顶头木模，并设置下部胀缝板、木制嵌条和传力杆套筒。

施工过程中设置胀缝适用于混凝土板连续浇筑的情况，施工时，应预先设置好胀缝板和传力杆支架，并预留好滑动空间，为保证胀缝施工的平整度和施工的连续性，胀缝板以上的混凝土硬化后用切缝机按胀缝板的宽度切二条线，待填缝时，将胀缝板上的混凝土凿去。

② 缩缝。缩缝是保证板因温度和湿度的降低而收缩时沿该薄弱断面缩裂，从而避免产生不规则裂缝的横向接缝。缩缝一般采用假缝形式，即只在板的上部设缝隙，当板收缩时将沿此薄弱断面有规则地自行断裂，如图 9-3 所示。

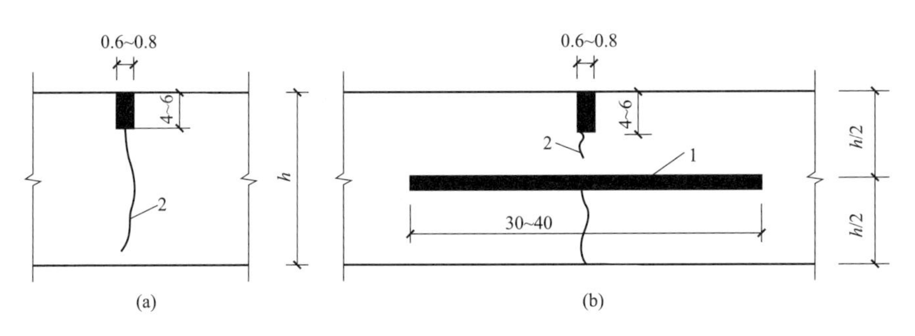


图 9-3 缩缝的构造形式（尺寸单位：cm）

（a）无传力杆的假缝；（b）有传力杆的假缝

1—传力杆；2—自行断裂缝

基层收缩裂缝的处理

由于缩缝缝隙下面板断裂面凸凹不平，能起到一定的传荷作用，一般不需要设传力杆，但对交通繁重或地基水文条件不良的路段，也应在板厚中央设置传力杆。横向缩缝的施工方法有压缝法和切缝法两种。压缝法在混凝土捣实整平后，利用振动梁将“T”形振动压缝刀准确地按接缝位置振出一条槽，然后将铁制或木制嵌缝条放入，并用原浆修平槽边，待混凝土初凝前泌水后取出嵌条，形成缝槽。切缝法是在凝结硬化后的混凝土中，用锯缝机锯割出要求深度的槽口。

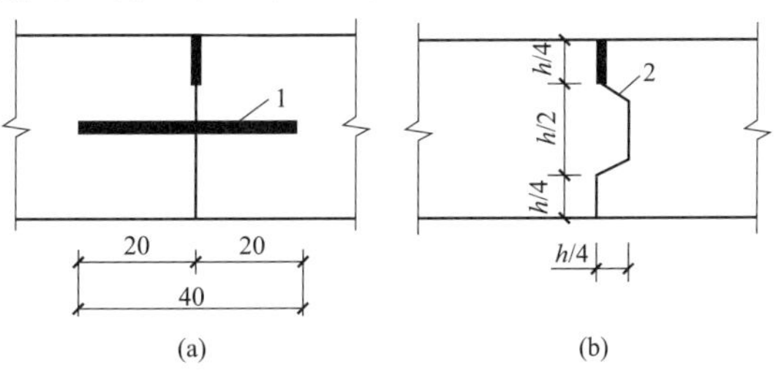


图 9-4 施工缝的构造形式（单位：cm）

（a）无传力杆的施工缝；（b）有传力杆的施工缝

③ 施工缝。施工缝是由于混凝土不能连续浇筑而中断时设置的横向接缝，施工缝应尽量设在胀缝处，如不可能，也应设在缩缝处，多车道施工缝应避免设在同一横断面上，如图 9-4 所示。

（2）纵向接缝。纵缝是指平行于混凝土行车方向的接缝。纵缝一般按 3～4.5m 设置，如图 9-5 所示。纵向假缝施工应预先将拉杆采用门形式固定在基层上，或用拉杆旋转机在施工时置入，假缝顶面缝槽用锯缝机切成，深为 6～7cm

纵向施工缝

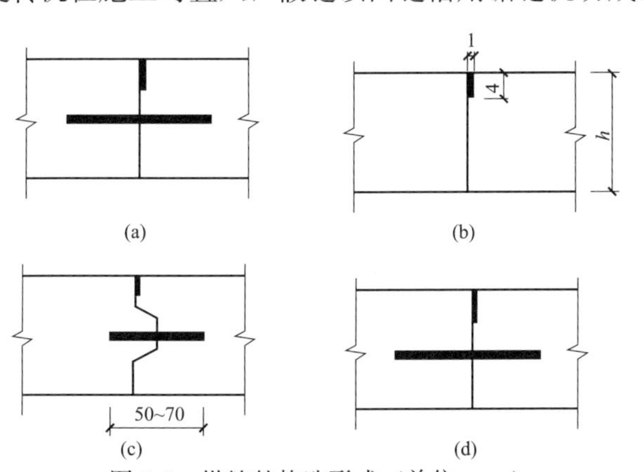


图 9-5 纵缝的构造形式（单位：cm）

（a）假缝带拉杆；（b）平头缝；（c）企口缝加拉杆；（d）平头缝加拉杆

接缝填缝

的缝槽，使混凝土在收缩时能从此缝向下规则开裂，防止因锯缝深度不足而引起不规则裂缝。纵向平头缝施工时应根据设计要求的间距，预先在横板上制作拉杆置放孔，并在缝壁一侧涂刷隔离剂，顶面用锯缝机切成深度为3～4cm的缝槽，用填料填满。纵向企口缝施工时应在模板内侧做成凸榫状，拆模后，混凝土板侧面即形成凹槽，需设置拉杆时，模板在相应位置处钻圆孔，以便拉杆穿入。

（3）接缝填缝。混凝土板养生期满后应及时填封接缝。填缝前，首先将缝隙内泥砂清除干净并保持干燥，然后浇灌填缝料。填缝料的灌注高度，夏天应与板面齐平，冬天宜稍低于板面。

## 二、滑模式摊铺机施工

滑模式水泥混凝土摊铺机

水泥混凝土滑模施工的特征是不架设边缘固定模板，将布料、松方控制、高频振捣棒组、挤压成形滑动模板、拉杆插入、抹面等机构安装在一台可自行的机械上，通过基准线控制，能够一遍摊铺出密实度高、动态平整度优良、外观几何形状准确的水泥混凝土路面。滑模式摊铺机是不需要轨道，整个摊铺机的机架是支承在四个液压缸上，可以通过控制机械上下移动，以调整摊铺机铺层厚度，并在摊铺机的两侧设置有随机移动的固定滑模板。滑模式摊铺机一次通过就可以完成摊铺、振捣、整平等多道工序。

### （一）基准线设置

滑模摊铺水泥混凝土路面的施工，基准设置有基准线、滑靴、多轮移动支架和搬动方铝管等多种方式。滑模摊铺水泥混凝土路面的施工基准线设置，宜采用基准线方式。基准线设置形式视施工需要可采用单向坡双线式、单向坡单线式和双向坡双线式。单向坡双线式基准线的两根基准线间的横坡应与路面一致；单向坡单线式基准线必须在另一侧具备适宜的基准，路面横向连接摊铺，其横坡应与已铺路面一致；双向坡双线式基准线的两根基准线直线段应平行，且间距相等，并对应路面高程，路拱靠滑模摊铺机调整自动铺成。

在施工现场安装混凝土搅拌台的作用：
①可以减少在拌和台与施工场地间运输的车辆；
②减少交通阻塞；
③缩短项目工期。

### （二）混凝土搅拌、运输

混凝土的最短搅拌时间，应根据拌和物的黏聚性（熟化度）、均质性及强度稳定性由试拌确定，一般情况下，单立轴式搅拌机总拌合时间为80～120s；双卧轴式搅拌机总搅拌时间为60～90s，上述两种搅拌机原材料到齐后的纯拌合最短时间分别不短于30s、35s，连续式搅拌楼的最短搅拌时间不得短于40s，最长搅拌时间不宜超过高限值的2倍。

混凝土的运输应根据施工进度、运量、运距及路况来配备车型和车辆总数，其总运力应比总拌和能力略有富余。

### （三）滑模摊铺

（1）滑模摊铺前，应做以下工作：

1）检查板厚；

2）检查辅助施工设备机具；

3）检查基层；

4）横向连接摊铺检查。

（2）滑模摊铺机的施工要领：

1）机手操作滑模摊铺机应缓慢、均速，连续不间断地摊铺。

2）摊铺中，机手应随时调整松方高度控制板进料位置，开始应略设高些，以保证进料。正常状态下应保持振捣仓内砂浆料位高于振捣棒 10cm 左右，料位高低上下波动控制在±4cm 之内。

3）滑模摊铺机以正常摊铺速度施工时，振捣频率可在 6000～11000r/min 之间调整，宜采用 9000r/min 左右。应防止混凝土过振、漏振、欠振。当混凝土偏稀时，应适当降低振捣频率，加快摊铺速度，但最快不得超过 3m/min，最小振捣频率不得小于 6000r/min。当新拌混凝土偏干时，应提高振捣频率，但最大不得大于 11000r/min，并减慢摊铺速度，最小摊铺速度应控制在 0.5～1m/min。滑模摊铺机起步时，应先开启振捣棒振捣 2～3min 后再推进，滑模摊铺机脱离混凝土后，应立即关闭振捣棒。

4）滑模摊铺纵坡较大的路面，上坡时，挤压底板前仰角应适当调小，同时适当调小抹平板压力；下坡时，前仰角应适当调大，抹平板压力也应调大。抹平板合适的压力应为板底 3/4 长度接触路面抹面。

这台摊铺机可以一次摊铺三个车道

5）滑模摊铺弯道和渐变段路面时，单向横坡，使滑模摊铺机跟线摊铺，应随时观察并调整抹平板内外侧的抹面距离，防止压垮边缘。摊铺中央路拱时，计算机控制条件下，输入弯道和渐变段边缘及路拱中几何参数，计算机自动控制生成路拱。手控条件下，滑膜摊铺机机手应根据路拱消失和生成几何位置，在给定路段范围内分级逐渐消除或调成设计路拱。

工人对路面进行整平和修正

6）摊铺单车道路面，应视路面的设计要求配置一侧或双侧打纵缝拉杆的机械装置。侧向拉杆装置的正确插入位置应在挤压底板的中下或偏后部。拉杆打入有手推、液压、气压等几种方式，压力应满足一次打（推）到位的要求，不允许多次打入。

7）机手应随时密切观察所摊铺的路面效果，注意调整和控制摊铺速度，振捣频率，夯实杆、振动搓平梁和抹平板位置、速度和频率。

# 第十章 桥 梁 工 程

## 教 学 目 标

### （一） 总体目标

通过本章的学习，使学生熟悉桥梁工程包含的内容，熟悉桥梁工程施工的特点，了解围堰施工的作用，熟悉不同种类的墩台以及各自的施工要求及方法，了解几种不同的装配式桥梁，掌握预应力混凝土桥梁悬臂浇筑、悬臂拼装的施工工艺，掌握不同类型拱桥的施工顺序和要求，掌握斜拉桥的施工特点及施工工艺。激发学生对土木工程施工技术的专业热爱和学习激情，建立学生扎实基础、持续发展的理念，增强学生扎根祖国、建设祖国的爱国热情。

### （二） 具体目标

#### 1. 专业知识目标

(1) 了解沉井施工的方法；

(2) 熟悉围堰施工的规定和要求；

(3) 熟悉不同种类的墩台施工的要求及方法；

(4) 熟悉装配式桥梁不同的施工方法；

(5) 掌握预应力混凝土桥梁悬臂浇筑、悬臂拼装的施工工艺；

(6) 掌握不同类型拱桥的施工顺序和要求；

(7) 熟悉几种索塔的施工工序；

(8) 掌握斜拉桥中主梁的几种类型及常见类型的施工工艺；

(9) 掌握两种拉索的施工工艺。

#### 2. 综合能力目标

(1) 能够掌握悬臂浇筑、悬臂拼装的施工工艺，理解每一步的作用；

(2) 能够掌握拱桥的施工工序和要求，总结施工特点；

(3) 通过两种拉索的施工工艺理解两者之间的区别。

#### 3. 综合素质目标

(1) 激发学生对土木工程施工的学习激情，建立学生对土木工程施工技术进一步创新的愿望，提升学生专业认同感；

(2) 增强学生扎根祖国、建设祖国的爱国热情。

## 教 学 重 点 和 难 点

### （一） 重点

(1) 掌握装配式桥梁不同的施工方法；

(2) 掌握悬臂浇筑、悬臂拼装的施工工艺;
(3) 掌握多种拱桥的施工顺序和施工要求;
(4) 掌握常见类型主梁的施工工艺;
(5) 掌握两种拉索之间施工的差异。

### (二) 难点

(1) 悬臂浇筑、悬臂拼装的施工工艺;
(2) 常见类型主梁的施工工艺;
(3) 两种拉索之间施工的差异。

## 教学策略

本章是土木工程施工课程的第十章,在桥梁工程中,不同的构件根据其构造和施工要求采用现浇式或装配式,教学内容涉及面广,专业性较强。悬臂浇筑和悬臂拼装的施工工艺,主梁的施工以及两者拉索的施工是本章教学的重点和难点。为帮助学生更好的学习本章知识,采取"课前知识回顾——课中教学互动——技能训练——课后拓展"的教学策略。

(1) 课前引导:提前介入学生学习过程,要求学生了解装配式的相关内容,熟悉桥梁结构的特点,为课程学习进行知识储备。

(2) 课中教学互动:课堂教学教师讲解中,以大量现场案例图片和视频的形式,让学生直观和系统的了解、理解整个工程的施工过程。

(3) 技能训练:采用课内、课外交叉教学,通过认识实习进行了解桥梁部分结构的制作过程,小组之间合作实操桥梁部分结构的制作模拟。

(4) 课后拓展:引导学生自主学习与本课程相关的规范,包括《桥梁成品预应力钢绞线束》(JT/T 861—2013)、《城市桥梁工程施工与质量验收规范》(CJJ 2—2008)、《钢-混凝土组合桥梁设计规范》(GB 50917—2013),拓宽学生视野,增加学生的实践能力。

## 教学架构设计

### (一) 教学准备

(1) 情感准备:和学生沟通,了解学情,鼓励学生,增进感情。
(2) 知识准备:
1) 复习:装配式相关内容以及桥梁结构的特点;
2) 预习:"雨课堂"分布的预习内容和桥梁工程施工的视频。
(3) 授课准备:学生分组,要求学生带问题进课堂。
(4) 资源准备:授课课件、数字资源库等。

### (二) 教学架构

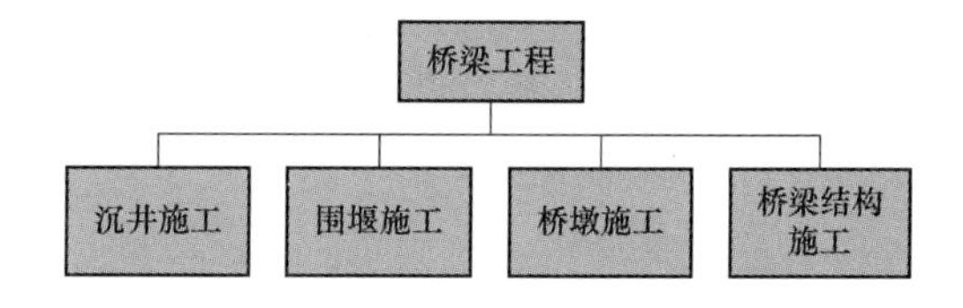

### （三） 实操训练

完成《桥梁工程施工之我的理解》小视频并上传到课程 QQ 群。

### （四） 思政教育

根据授课内容，本章主要在专业认同感、持续创新、热爱祖国三个方面开展思政教育。

### （五） 效果评价

采用注重学生全方位能力评价的“五位一体评价法”，即自我评价（20%）+团队评价（20%）+课堂表现（20%）+教师评价（20%）+自我反馈（20%）评价法。同时引导学生自我纠错、自主成长并进行学习激励，激发学生学习的主观能动性。

### （六） 学时建议

6/56（本章建议学时/课程总学时）。

## 第一节 沉 井 施 工

沉井的施工方法与墩台基础所在地点的地质和水文情况有关。施工前，应根据设计单位提供的地质资料决定是否增加补充施工钻探，为编制施工技术方案提供准确依据，并对洪汛、凌汛、河床冲刷、通航及漂流物等做好调查研究。需要在施工中渡汛、渡凌的沉井，应制订必要的措施，确保安全。尽量利用枯水季节进行施工。如施工需经过汛期，应有相应的措施。沉井下沉前，应对附近的堤防、建筑物和施工设备采取有效的防护措施，并在下沉过程中，经常进行沉降观测及观察基线、基点的设置情况。

沉井基础是井筒状的结构物，在地面制作好后，在井内挖土，依靠自身重力克服井壁摩阻力后下沉到设计标高，然后经过混凝土封底并填塞井孔，使其成为桥梁墩台或其他结构物的基础。沉井是一个无底无盖的井筒，一般由刃脚、井壁、隔墙等部分组成。

圆形沉井：在下沉过程中易控制方向；使用抓泥斗抓土，要比其他类型的沉井更能保证其刃脚均匀的支撑在土层上；在侧压力的作用下，井壁只受轴向压力（侧向压力均匀分布时），或稍受挠曲（侧向压力非均匀分布时）；对水流方向或斜交均有利。

矩形沉井：具有制造简单，基础受力有利的优点，常能配合墩台（或其他结构物）底部平面形状。四角一般做成圆角，以减少井壁摩阻力和取土清孔的困难。矩形沉井在侧压力作用下，井壁受较大的挠曲力矩；在流水中阻水系数较大，冲刷较严重。

圆端形沉井：控制下沉、受力条件、阻水冲刷均较矩形有利，但沉井制造较复杂。

对平面尺寸较大的沉井，可在沉井中设隔墙，使沉井由单孔变成双孔或多孔。

沉井基础施工一般可分为旱地施工、水中筑岛施工及浮运沉井施工三种。

旱地沉井基础施工是桥梁墩台位于旱地时，沉井可就地制造、挖土下沉、封底、填充井孔以及浇筑顶板（图 10-1）。

圆形沉井

在水流速不大，水深在 3～4m 以内，可采用水中筑岛的方法施工，如图 10-2 所示。

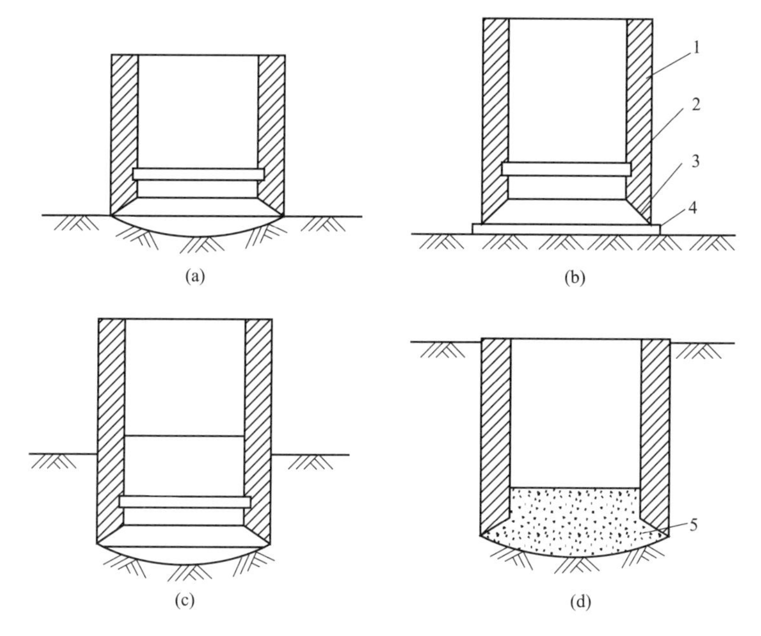

矩形沉井

图 10-1　沉井施工顺序图

1—井壁；2—凹槽；3—刃脚；4—承垫木；5—素混凝土封底

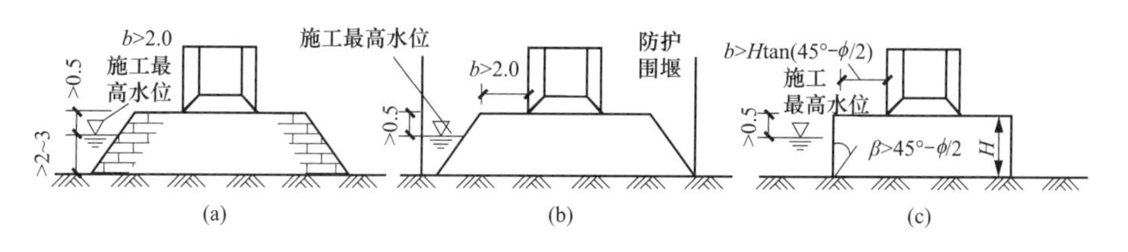

圆端形沉井

图 10-2　水中筑岛沉井施工

当水深较大，如超过 10m 时，筑岛法很不经济，且施工困难，可改用浮运法施工。沉井在岸边做成，利用在岸边铺成的滑道滑入水中，然后用绳索引到设计墩位。沉井井壁可做成空体形式或采用其他措施使沉井浮于水上，也可以在船坞内制成浮船定位和吊放下沉或利用潮汐，水位上涨浮起，再浮运至设计位置。沉井就位后，用水或混凝土灌入空体，徐徐下沉至河底；或依靠在悬浮状态下接长沉井及填充混凝土使其逐步下沉，施工中的每个步骤均需保证沉井本身足够的稳定性。沉井刃脚切入河床一定深度后，可按前述下沉方法施工。

## 第二节　围　堰　施　工

施工围堰属于临时性围堰范畴，其主要作用是确保主体工程及附属设施在修建过程中不受水流侵袭，保证正常施工条件，为此临时围堰的修筑，是根据主体工程所在的位置、现场情况和实际需要进行布置。围堰修筑还必须对施工期间各种影响（雨水、潮汐、风浪、季节等）和航行、灌溉等有关因素一并加以考虑。

施工围堰根据其不同条件，分为土围堰，土袋围堰，钢板桩围堰，钢筋混凝土板桩围堰，竹、铅丝笼围堰，套箱围堰，双壁钢围堰等。对围堰的一般规定和要求：

(1) 围堰高度应高出施工期间可能出现的最高水位（包括浪高）50～70cm；

钢板桩围堰

(2) 围堰的外形应考虑河流断面被压缩后，流速增大引起水流对围堰、河床的集中冲刷及影响航道、导流等因素，并应满足堰身强度和稳定的要求；

(3) 围堰坑内面积应满足施工需要（包括坑内的集水沟、排水井、工作预留空间等所必需的工作面）；

(4) 围堰断面应满足围堰自身强度和稳定性的要求；

(5) 围堰修筑要求防水严密，尽量减少渗漏，以减轻排水工作量，为此必须注意堰身的修筑质量；

(6) 除工程本身需要外，一般情况下宜充分利用枯水期进行施工，如在洪水、高潮期施工应对围堰进行严密的防护。

## 第三节 桥 墩 施 工

桥梁墩台是桥梁的重要结构，它不仅起到支承上部结构荷载的作用，而且可将上部结构荷载传递给基础，还要受到风力、流水压力以及可能发生的冰压力、船只和漂流物的撞击力作用，还要连接两岸道路，挡住桥台台背的填土。

现浇钢筋混凝土桥墩

桥梁墩台的施工方法通常可分为两大类，一类是现场浇筑与砌筑；另一类是预制拼装的混凝土砌块、钢筋混凝土或预应力混凝土构件。浇筑与砌筑的墩台工序简便，所采用的机具较少，技术操作难度较小，但施工工期较长，需耗费较多的劳动力与物力。预制拼装构件其结构形式轻便，既可以确保工程质量、减轻工人劳动强度，又可以加快工程进度、提高工程效益，主要用于山谷架桥、跨越平缓无漂流物的河沟、河滩等桥梁，尤其是在缺少砂石地区与干旱缺水地区、工地干扰多、施工现场狭窄的墩台建造，其效果更为显著。

### 一、石料及混凝土砌块墩台施工

(1) 石砌墩台在砌筑前，应按设计放出实样挂线砌筑。形状比较复杂的墩台，应先做出配料设计图（图 10-3），注明砌块尺寸；形状比较单一的，也要根据砌体高度、尺寸、错缝等，先行放样配备材料。

装配式桥墩

(2) 墩台在砌筑基础的第一层砌块时，如基底为土质，只在已砌石块侧面铺上砂浆即可，不需坐浆；如基底为岩层或混凝土基础，应将其表面清洗、润湿后，先坐浆再砌筑石块。

(3) 砌筑斜面墩台时，斜面应逐层收坡，以保证规定的坡度。若用块石或料石砌筑，应分层放样加工，石料应分层分块编号，砌筑时对号入座。

(4) 墩台应分段分层砌筑。

墩台砌筑方法为：同一层石料及水平灰缝的厚度要均匀一致，每层按水平砌筑、丁顺相间，砌筑灰缝要相互垂直。砌筑顺序应先角石，再镶面，后填

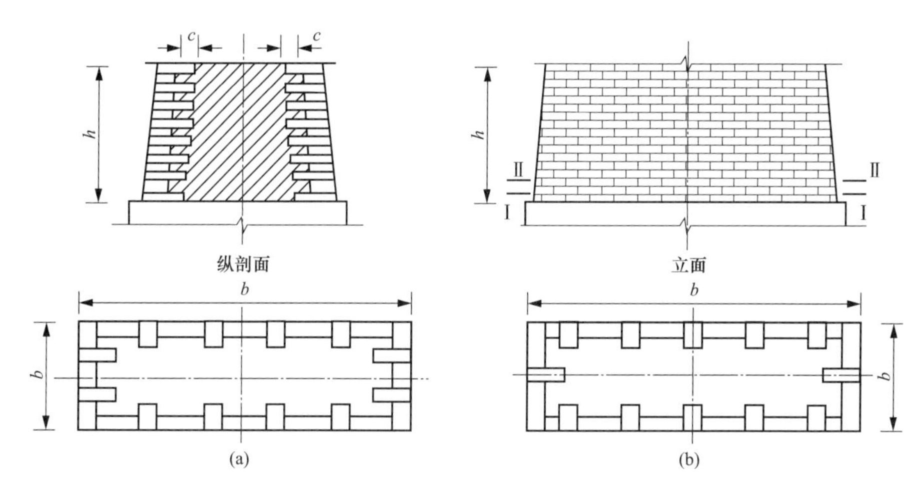


图 10-3 桥墩配料大样图

(a) 桥墩Ⅰ-Ⅰ剖面；(b) 桥墩Ⅱ-Ⅱ剖面

$h$—石料高度及灰缝厚度；$b$—灰缝宽度及石料尺寸；$c$—错缝尺寸

石砌墩台施工

腹。填腹石的分层高度应与镶面相同；圆端、尖端及转角形砌体的砌筑顺序应自顶点开始，按丁顺排列接砌镶面石。

(5) 混凝土预制块墩台安装顺序应从角石开始，竖缝应用厚度较灰缝略小的铁片控制，安装后立即用扁铲捣实砂浆。

二、混凝土及钢筋混凝土墩台施工

**(一) 一般混凝土及钢筋混凝土墩台施工**

常用的模板有固定式模板、拼装式模板、整体吊装模板、组合式定型钢模板。

(1) 固定式模板，又称组合式模板，一般是用木材或竹材制作，其各部件均在现场加工制作和安装，主要是由立柱、肋木、壳板、撑木、拉杆（或钢箍）、枕梁与铁件等组成。其整体性好，模板接缝少，适应性强，能根据墩台形状进行制作和组装，不需起重设备，运输安装方便，但重复使用率低，材料消耗量大，装拆、清理较麻烦，因此一般只宜用于中小规模的个别墩台。

(2) 拼装式模板，是由各种尺寸的标准模板利用销钉连接并与拉杆、加劲构件等组成墩台所需形状的模板。其特点是模板在工厂内加工制造，板面平整，尺寸准确，体积小，质量小，拆装容易，运输方便，适用于高大桥墩，或在同类墩台较多时，待混凝土达到拆模强度后，可以整块拆除，直接或略加修正即可周转使用。

拼装式模板

(3) 整体吊装模板，常用钢板和型钢加工而成。其安装时间短，施工进度快，利于提高施工质量；将拼装模板的高空作业改为平地操作，施工安全；模板刚度大，可少设拉筋，节约钢材；可利用模板外框架作简易脚手架；结构简单，装拆方便，可重复使用；但需要一套吊装设备。

整体吊装模板

(4) 组合式定型钢模板，是以各种长度、宽度和转角标准构件，用定型的连接件将钢模板组拼成结构所需的模板，具有体积小、重量轻、运输方便、装拆简单、接缝紧密等特点，适用于在平地上拼装、整体吊装的结构。

### （二）V形墩台施工

通常对这类桥墩可分为V形墩结构、锚跨结构和挂孔部分三个施工阶段，其中V形墩是全桥的施工重点，是由两个斜腿和其顶部主梁组成倒三角形结构。其施工步骤如图10-4所示。

（1）将斜腿内的高强钢丝束、锚具与高频焊管连成一体并和第1节劲性骨架一起安装在墩座及斜腿位置处，浇筑墩座混凝土，如图10-4(a) 所示。

（2）安装平衡架、角钢拉杆及第2节劲性骨架，如图10-4(b) 所示。

（3）分两段对称浇筑斜腿混凝土，如图10-4(c) 所示。

（4）张拉临时斜腿预应力拉杆，并拆除角钢拉杆及部分平衡架构件，如图10-4(d) 所示。

（5）安装V形腿间墩旁膺架，浇筑主梁0号节段混凝土，张拉斜腿及主梁钢丝束或粗钢筋。最后拆除临时预应力拉杆及墩旁膺架，使其形成V形结构，如图10-4(e) 所示。

V形墩台施工

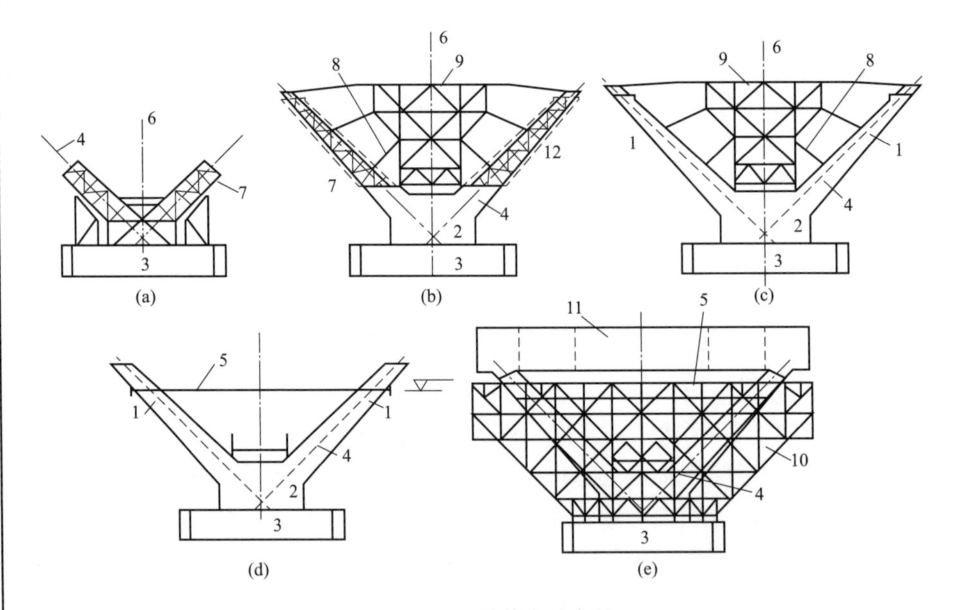


图10-4　V形墩施工步骤

1—斜腿；2—墩座；3—承台；4—高频焊管、钢丝束；5—预应力拉杆；6—墩中心线；7—劲性钢架（第1节）；8—角钢拉杆；9—平衡架；10—膺架；11—梁体；12—劲性钢架（第2节）

## 三、高桥墩施工

高桥墩施工

公路或铁路通过深沟宽谷或大型水库时，常采用高桥墩。高桥墩的施工设备与一般桥墩所采用的设备大致相同，但其模板有所不同，高桥墩的模板一般有滑升模板、提升模板、滑升翻板、爬升模板、翻板钢模等几种，而这些模板都是依附于已浇筑混凝土墩壁上，随着墩身的逐步加高而向上升高。

## 第四节　桥 梁 结 构 施 工

### 一、装配式桥梁施工

装配式桥梁施工包括构件的预制、运输和安装等各个阶段和过程。装配式桥梁施工方法有支架便桥假设法、自行式吊机架设法、双导梁穿行式架设法。

装配式桥梁施工

#### 1. 支架便桥架设法

支架便桥架设法是在桥孔内或靠墩台旁顺桥向用钢梁或木料搭设便桥作为运送梁、板构件的通道，在通道上面设置走板、滚筒或轨道平车，从对岸用绞车将梁、板牵引至桥孔后，再横移至设计位置定位安装，如图 10-5 所示。

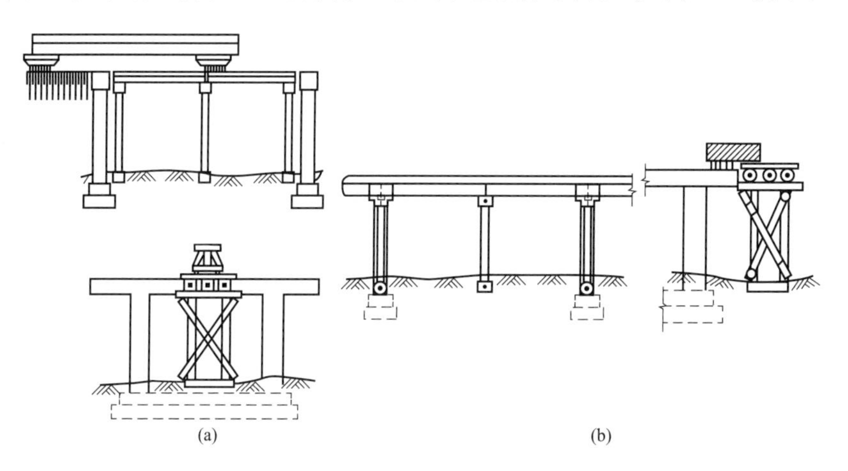


图 10-5　支架便桥架设法

(a) 设在桥孔内的支架便桥；(b) 设在墩台旁的支架便桥

#### 2. 自行式吊机架设法

由于自行式吊机本身有动力，不需要临时动力设备以及任何架设设备的工作准备，且安装迅速，缩短工期，适用于中小跨径的预制梁吊装。图 10-6 为吊机和绞车配合架设法示意。

自行式吊机架设法

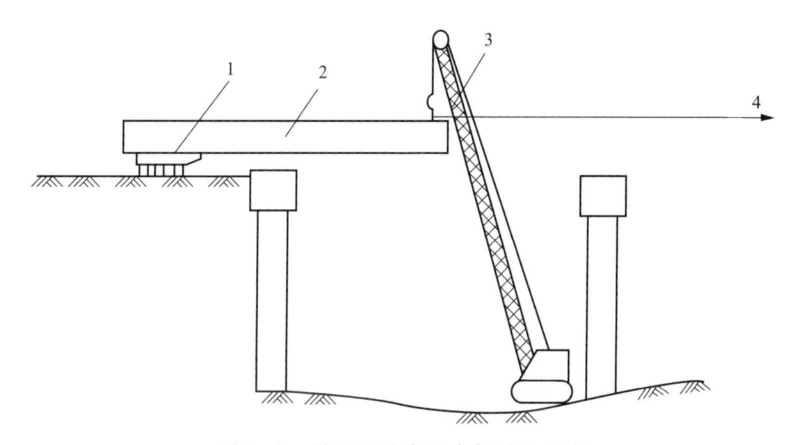


图 10-6　吊机和绞车配合架设法示意

1—走板滚筒；2—预制梁；3—吊起起重臂；4—绞车

双导梁穿行式架设法

3. 双导梁穿行式架设法

双导梁穿行式架设法是在架设跨间设置两组导梁，导梁上配置有悬吊预制梁的轨道平车和起重行车或移动式龙门架，将预制梁在双导梁内吊运到指定位置后，再落梁、横移就位。

双导梁穿行式架设法的安装程序为：

（1）在桥头路堤上拼装导梁和行车；

（2）吊运预制梁；

（3）预制梁和导梁横移；

（4）先安装两个边梁，再安装中间各梁；

（5）全跨安装完毕横向焊接联系后，将导梁推向前进，安装下一跨。

## 二、预应力混凝土桥梁悬臂施工

预应力混凝土桥梁悬臂施工分为悬臂浇筑（简称悬浇）法和悬臂拼装（简称悬拼）法两种：①悬浇法是当桥墩浇筑到顶以后，在墩上安装脚手钢桁架并向两侧伸出悬臂以供垂吊挂篮，对称浇筑混凝土，最后合拢；②悬拼法是将逐段分成预制块件进行拼装，穿束张拉，自成悬臂，最后合拢。

悬臂施工适用于梁的上翼缘承受拉应力的桥梁形式，如连续梁、悬臂梁、T 形刚构、连续刚构等桥型。采用悬臂施工法不仅在施工期间对桥下通航、通行干扰小，而且充分利用了预应力混凝土抗拉和承受负弯矩的特性。

### （一）预应力混凝土桥梁悬臂浇筑

平弦无平衡重式挂篮

移动挂篮悬臂施工法的主要工作内容：在墩顶浇筑起步梁段（0 号块），在起步梁段上拼装悬浇挂篮并依次分段悬浇梁段，最后分段及总体合拢。悬浇分段示意如图 10-7 所示。

菱形桁架式挂篮

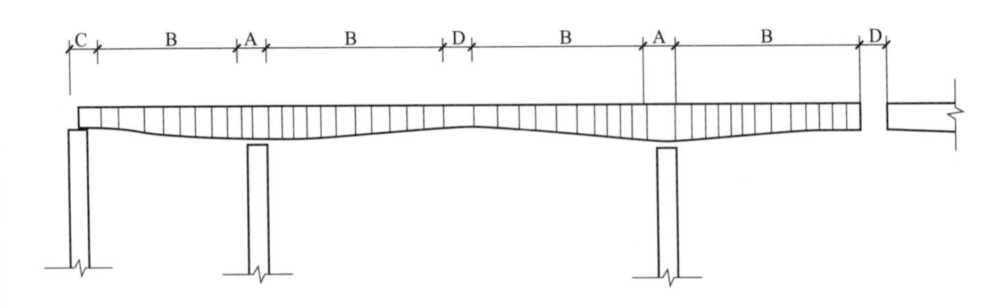

图 10-7　悬浇分段示意

A—墩顶梁段；B—对称悬浇梁段；C—支架现浇梁段；D—合拢梁段

三角型组合梁式挂篮

挂篮是一个能沿梁顶滑动或滚动的承重构架，锚固悬挂在已施工的前端梁段上，在挂篮上可进行下一梁段的模板、钢筋、预应力管道的安设、混凝土浇筑、预应力筋张拉、孔道灌浆等项工作。完成一个节段的循环后，挂篮即可前移并固定，进行下一节段的施工，如此循环直至悬浇完成。

施工挂篮按构造形式可分为桁架式（包括平弦无平衡重式、菱形、弓弦式等，如图 10-8 所示）、斜拉式（包括三角斜拉式和预应力斜拉式）、型钢式和混合式四种；按抗倾覆平衡方式侦分为压重式、锚固式和半锚固半压重式三种；

按行走方式可分为一次行走到位和两次行走到位两种；按其移动方式可分为滚动式、组合式和滑动式三种。

弓弦式挂篮

用挂篮逐段悬浇施工的主要工序：浇筑 0 号段，拼装挂篮，浇筑 1 号（或 2 号）段，挂篮前移、调整、锚固，浇筑下一梁段，依次类推完成悬臂浇筑，挂篮拆除，合拢。

当挂篮安装就位后，即可进行梁段混凝土浇筑施工。其工艺流程挂篮前移就位→安装箱梁底模→安装底板及肋板钢筋→浇筑底板混凝土并养生→安装肋板模板、顶板模板及肋内预应力管道→安装顶板钢筋及顶板预应力管道→浇筑肋板及顶板混凝土→检查并清洁预应力管道→混凝土养生→拆除模板→穿预应力钢束→张拉预应力钢束→孔道灌浆。

由于不同的悬臂浇筑和合拢程序，引起的结构恒载内力不同，体系转换时徐变引起的内力重分布也不相同，因而采取不同的悬浇和合拢程序将在结构中产生不同的最终恒载内力，对此应在设计和施工中充分考虑。

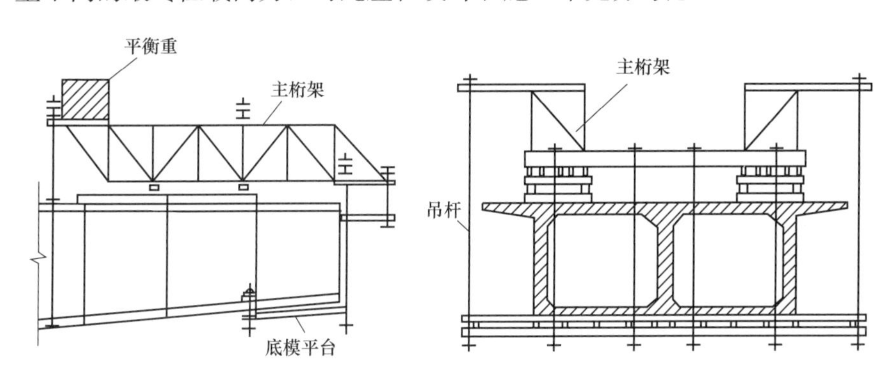


图 10-8　平行桁架式挂篮

合拢程序一：从一岸顺序悬浇、合拢。

如图 10-9 所示，采用这种合拢方法，施工机具、设备、材料可从一岸通过已成结构直接运输到作业面或其附近，由于在施工期间，单体 T 型刚构桥悬浇完后很快合拢，形成整体，因而在未成桥前结构的稳定性和刚度强，但作业面较少。

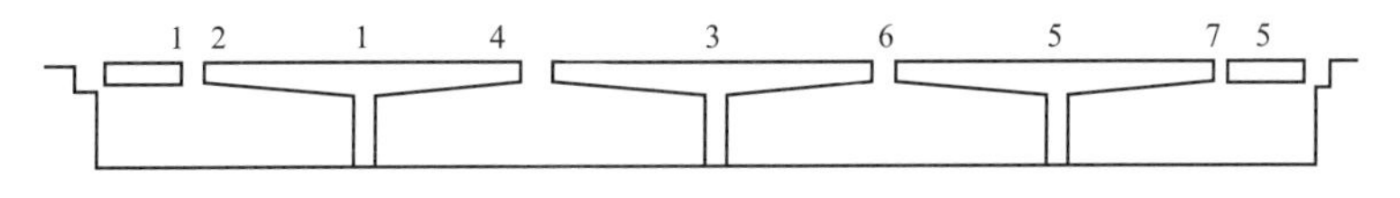


图 10-9　合拢程序一

合拢程序二：从两岸向中间悬浇、合拢。

采用这种合拢方法较程序一可增加一个作业面，其施工进度可加快。

合拢程序三：按单体 T 型刚构桥—连续梁顺序合拢。

如图 10-10 所示，采用这种合拢方法是将所有悬臂施工部分由简单到复杂地连接起来，最后在边跨或次边跨合拢。其最大特点是由于对称悬浇和合拢，因而对结构受力及分析较为有利，特别是对收缩、徐变，但在结构总合拢前，单元呈悬臂状态的时间较长，稳定性较差。

连续梁合拢前的墩、梁临时固结约束措施解除：

（1）一般讲，在两侧边跨合拢后，应立即解除墩梁临时固结措施，使梁成简支悬臂体系。

（2）也有另一种情况，可以在中跨合拢后在解除墩梁临时固结措施。

（3）采取上述哪一种解除方式，要与设计院沟通后才能确定，切勿自行确定。

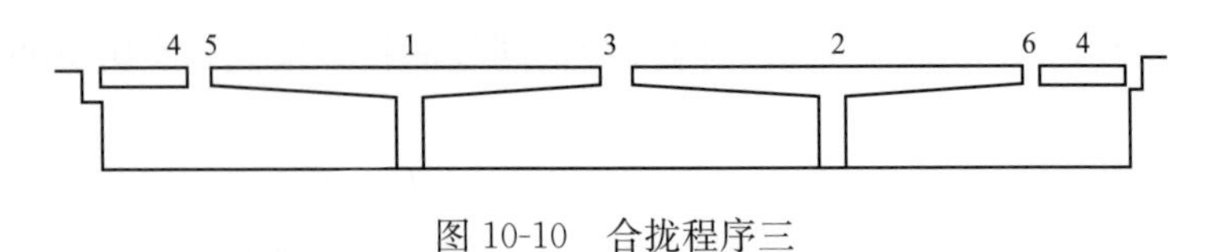


图 10-10 合拢程序三

## （二）预应力混凝土桥梁悬臂拼装

预应力混凝土桥梁悬臂拼装（简称悬拼）施工法，是将主梁沿顺桥向划分成适当长度并预制成块件，将其运至施工地点进行安装，经施加预应力后使块件成为整体的桥梁施工方法。预制块件的预制长度，主要取决于悬拼吊机的起重能力，一般为 2～5m。

### 1. 梁段预制

梁段块件在预制前应对其分段预制长度进行控制，以便于预制和安装。分段预制长度应考虑预制拼装的起重能力，满足预应力管道弯曲半径及最小直线段长度的要求。梁段规格应尽量少，以利于预制和模板重复使用。在条件允许前提下，尽量减少梁段数。应符合梁体配束要求，在拼合面上保证锚固钢束对称性，以便在施工阶段梁体受力平衡等因素来确定。

梁段块件的预制方法有长线预制和短线预制两种：

(1) 长线预制法是在工厂或施工现场按桥梁底缘曲线制作固定式底座，在底座上安装模板进行梁段混凝土浇筑工作。长线预制需要较大的场地。其底座的最小长度应为桥孔跨径的一半，并要求施工设备能在预制场内移动。固定式底座的形成可采用预制场的地形堆筑土胎，上铺砂石并浇筑混凝土而形成底座；也可在盛产石料的地区，用石料砌成所需的梁底缘形状；在地质情况较差的预制场地，还可采用桩基础，在基础上搭设排架而形成梁底缘曲线，如图 10-11 所示。

悬臂拼装法是利用移动式的悬拼吊机将预制梁段吊到合适的桥位，施应力使其连接成为整体，然后逐段进行拼装。每个节段锚固之后，再拼装下一个节段，最后将整个施工过程完成。

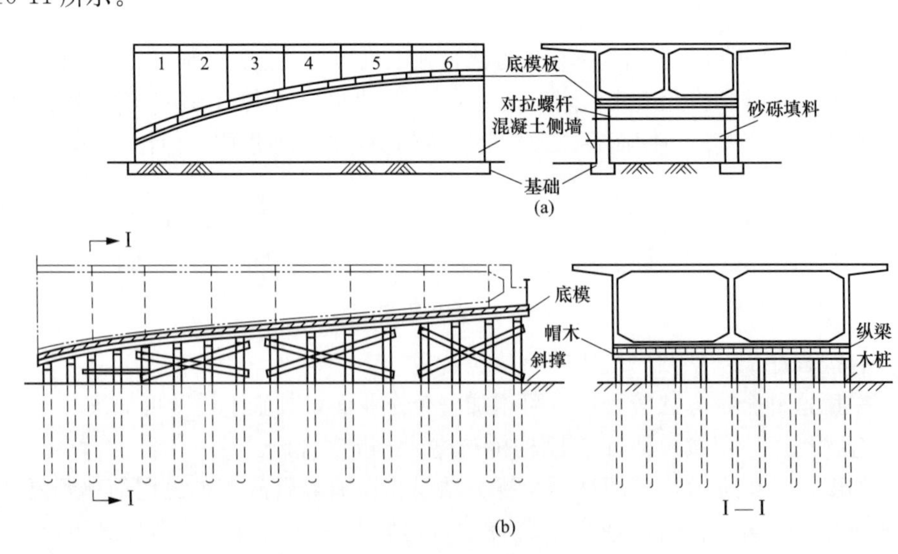


图 10-11 长线预制箱梁梁段台座

(a) 土石胎台座；(b) 桩基础台座

（2）短线预制法是由可调整内、外模板的台车与端梁来进行的。当第一节段块件混凝土浇筑完毕，在其相对位置上安装下一节段块件的模板，并利用第一节段块件混凝土的端面作为第二节段的端模来完成第二节段块件混凝土的浇筑工作，如图 10-12 所示。这种预制方法适用于箱梁块件的工厂化生产。

悬臂拼装法施工

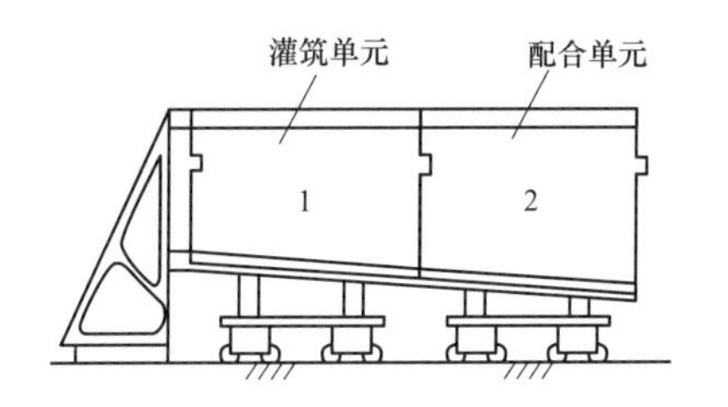


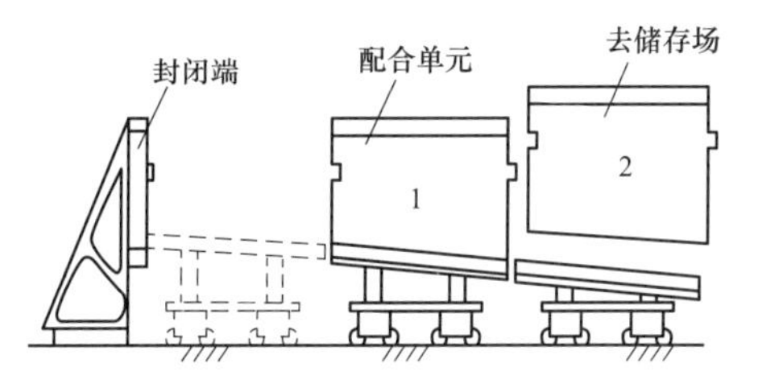


图 10-12 短线预制法示意图

2. 梁段吊运、存放、整修及运输

梁段吊点一般设置在腹板附近，有四种设置方式，即：翼板下腹板两侧留孔，用钢丝绳与钢棒穿插起吊；直接用钢丝绳捆绑；在腹板上预留孔穿过底板，用精轧螺纹钢穿过底板锚固起吊；在腹板上埋设吊环。

吊点位置应绝对可靠，考虑动载和冲击安全系数应大于 5。由于底板等自重经腹板传至吊点，腹板将承受拉力，因此应先张拉一部分腹板竖向预应力筋。为改善梁段在起吊过程中的受力状态，应尽量降低吊点高度。

3. 分件吊装系统的设计与施工

施工步骤：当桥墩施工完成后，先施工 0 号块件，0 号块件为预制块件的安装提供必要的施工作业面，可以根据预制块件的安装设备，决定 0 号块件的尺寸；安装挂篮或吊机；从桥墩两侧同时、对称地安装预制块件，以保证桥墩平衡受力，减少弯曲力矩。

分件吊装

0 号块件常采用在托架上现浇混凝土，待 0 号块件混凝土达到设计强度等级后，才开始悬拼 1 号块件。因分段吊装系统是桥梁悬拼施工的重要机具设备，其性能直接影响着施工进度和施工质量，也直接影响着桥梁的设计和分析计算工作。

常用的吊装系统有浮运吊装、移动式吊车吊装、悬臂式吊车吊装、桁式吊车吊装、缆索吊车吊装、浮式吊车吊装等类型。

移动式吊机外形相似于悬浇施工的挂篮，是由承重梁、横梁、锚固装置、起吊装置、行走系统和张拉平台等几部分组成。施工时，先将预制节段从桥下或水上运至桥位处，然后用吊车吊装就位。

悬臂吊车由纵向主桁梁、横向起重桁架、锚固装置、平衡重、起重索、行走系和工作吊篮等部分所组成。适用于桥下通航，预制节段可浮运至桥跨下的情况。纵向主桁架是悬臂吊机的主要承重结构，根据预制节段的质量和悬拼长度，采用贝雷桁节、万能杆件、大型型钢等拼装。

4. 悬臂拼装接缝设计与施工

悬臂拼装时，预制块件接缝的处理分湿接缝和胶接缝两大类。不同的施工阶段和不同的部位，交叉采用不同的接缝形式。湿接缝系用高强细石混凝土或高强度等级水泥砂浆，湿接缝施工占用工期长，但有利于调整块件的位置和增强接头的整体性，通常用于拼装与0号块连接的第一对预制块件，也是悬拼T构的基准梁段；胶接缝是在梁段接触面上涂一层约0.8mm厚的环氧树胶加水泥薄层而形成的接缝，胶接缝能消除水分对接头的有害影响，胶接缝主要有平面型、多齿型、单级型和单齿型等形式，如图10-13所示。

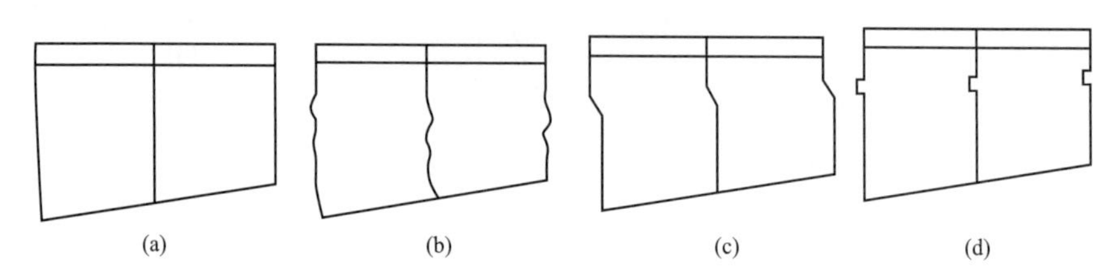


图10-13 胶接缝的形式

（a）平面型；（b）多齿型；（c）单级型；（d）单齿型

由于1号块件的施工精度直接影响到以后各节段的相对位置，以及悬拼过程中的标高控制，1号块件与0号块件之间采用湿接缝处理，其施工程序：吊机就位→提升、起吊1号梁段→安设波纹管→中线测量→丈量湿接缝宽度→调整铁皮管→高程测量→检查中线→固定1号梁段→安装湿接缝模板→浇筑湿接缝混凝土→湿接缝的养护、拆模→张拉力筋→压浆。

接缝处理

在拼装过程中，如拼装上翘误差过大，难以用其他方法补救时，可增设一道湿接缝来调整。增设的湿接缝宽度，必须用凿打块件端面的办法来提供。

2号块件以后各节段的拼装，其接缝采用胶接缝。胶接缝的施工程序：吊机前移就位→梁段起吊→初步定位试拼→检查并处理管道接头→移开梁段→穿临时预应力筋入孔→接缝面上涂胶接材料→正式定位、贴紧梁段→张拉临时预应力筋→放松起吊索→穿永久预应力筋→张拉预应力筋后移挂篮→进行下一梁段拼装。

### 三、拱桥施工

拱桥施工方法主要根据其结构形式、跨径大小、建桥材料、桥址环境的具体情况以及方便、经济、快捷的原则而定。

石拱桥根据采用的材料的不同可以是片石拱、块石拱或料石拱等；根据其布置形式可以是实腹式石板拱或空腹式石板拱和石肋（或肋板）拱等。对于石拱桥，主要采用拱架施工法。混凝土预制块的施工与石拱桥相似。

国内早期在拱桥无支架施工中主要采用缆索吊装法，但缆索吊机的吊装能力有限。为利用缆索设备实现拱桥跨度的增大，我国在20世纪70年代修建了大量的双曲拱桥。20世纪七八十年代，我国修建的拱桥主要是箱拱桥。

钢筋混凝土拱桥包括钢筋混凝土箱板拱桥、箱肋拱桥、劲性骨架钢筋混凝土拱桥等；拱桥从结构立面上可分上承式拱桥、中承式拱桥和下承式拱桥。对于钢筋混凝土拱桥的施工方法，可根据不同的情况来综合考虑。如在允许设置拱架或无足够吊装能力的情况下，各种钢筋混凝土拱桥均可采用在拱架上现浇或组拼拱圈的拱架施工法；为了节省拱架材料，使上、下部结构同时施工，可采用无支架（或少支架）施工法；根据两岸地形及施工现场的具体情况，可采用转体施工法；对于大跨径拱桥还可以采用悬臂施工法，即自拱脚开始采用悬臂浇筑或拼装逐渐形成拱圈至拱顶合拢成拱；必要时还可以采用组合法，如对主拱圈两拱脚段采用悬臂施工，跨中段先采用劲性骨架成拱，然后在骨架上浇筑混凝土后形成最后拱圈，或者先采用转体施工劲性骨架，然后在骨架上浇筑混凝土成拱。

桁架拱桥、桁式组合拱桥一般采用预制拼装施工法。对于小跨径桁架拱桥可采用有支架施工法，对于不能采用有支架施工的大跨径桁架拱桥则采用无支架施工法，如缆索吊装法、悬臂安装法、转体施工法等。

刚架拱桥可以采用有支架施工法、少支架施工法或无支架施工法。

### （一）现浇钢筋混凝土拱桥

#### 1. 在支架和拱架上浇筑混凝土拱圈

当拱桥的跨径较小（一般小于 16m）时，拱圈混凝土应按全拱圈宽度，自两端拱脚向拱顶对称地连接浇筑，并在拱脚混凝土初凝前浇筑完毕。如果预计不能在规定的时间内浇筑完毕，应在拱脚处预留一个隔缝，最后浇筑隔缝混凝土。

当拱桥的跨径不大，拱圈净高较小或孔数不多时，可以采用就地浇筑方法来进行拱圈施工。

当拱桥跨径较大（一般大于 16m）时，为了避免拱架变形而产生裂缝以及减少混凝土收缩应力，拱圈应采取分段浇筑的施工方案。分段位置的确定是以使拱架受力对称、均衡、拱架变形小为原则，一般分段长度为 6～15m。分段浇筑的程序应符合设计要求，且对称于拱顶，使拱架变形保持对称、均衡和尽可能地小。应在拱架挠曲线为折线的拱架支点、节点、拱脚、拱顶等处宜设置分段点并适当预留间隔缝。间隔缝的位置应避开横撑、隔板、吊杆及刚架节点等处，间隔缝的宽度一般为 50～100cm，以便于施工操作和钢筋连接。为了缩短拱圈合拢和拱架拆除的时间，间隔缝内的混凝土强度可比拱圈高一等级的半干硬性混凝土。

对于大跨径的箱形截面的拱桥，一般采取分段分环的浇筑方案。分环有分成二环浇筑和分成三环浇筑两种方案。分成二环浇筑是先分段浇筑底板（第一环），然后分段浇筑腹板、横隔板及顶板混凝土（第二环）；分成三环浇筑是先分段浇筑底板（第一环），然后分段浇筑腹板和横隔板（第二环），最后分段浇筑顶板（第三环）。如图 10-14 所示的是箱形截面拱圈采用分段分环浇筑示意。

大跨度拱桥现浇支架

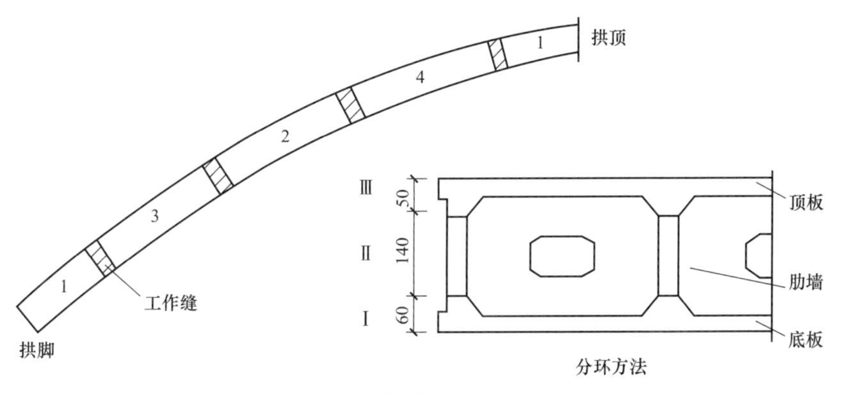

图 10 14　分段分环浇筑施工程序

大跨度拱桥现浇支架构造

#### 2. 在拱架上组装并现浇箱形截面拱圈

在拱架上组拼箱形截面拱圈是一种预制和现浇相结合完成拱圈全截面的施工方法，只需较少的吊装设备，施工安全简便，主要适用于箱形截面板拱和箱肋拱桥。

箱形肋拱桥在拱架上组装腹板时，应从拱脚开始，两端对称到拱顶，横向应先安装两箱肋的内侧腹板，后安装肋间横系梁，最后安装边腹板及箱内横隔板；每安装一块，应立即与已安装好的一块腹板及横隔板的钢筋焊接，接着安装下一块；预制块组装完后，应立即浇筑接头混凝土，以保证拱架的稳定，接头混凝土应由拱脚向拱顶对称浇筑；待接头混凝土达到设计强度等级后，从拱脚向拱顶浇筑底板，完成整个箱形拱肋的施工。

箱形肋拱桥的施工程序与箱形板拱桥基本相似，但它的拱上建筑大多数是采用轻型的梁板式结构，车道板一般采用预制拼装，在拱架上组装拱圈，这样可充分利用吊装设备。

### （二）装配式钢筋混凝土拱桥施工

装配式混凝土（钢筋混凝土）拱桥主要包括双曲拱、肋拱、组合箱形拱、悬砌拱、桁架拱、刚架拱和扁壳拱等。

装配式混凝土（钢筋混凝土）拱桥的施工方案主要采用无支架或少支架施工，因而在无支架或少支架施工的各个阶段，对拱圈必须在预制、吊运、搁置、安装、合拢、裸拱及施工加载等各个阶段进行强度和稳定性的验算，以确保桥梁的安全和工程质量。对于在吊运、安装过程中的验算，应根据施工机械设备、操作熟练程度和可能发生的撞击等情况，考虑 1.2～1.5 的冲击系数。在拱圈及拱上建筑的施工过程中，应经常对拱圈进行挠度观测，以控制拱轴线的线形。

#### 1. 拱肋的预制

拱肋预制

拱肋的预制主要有立式预制、卧式预制和卧式叠层预制等几种。拱肋的立式预制主要有土牛拱胎立式预制、木架立式预制和条石台座立式预制。当取土及填土困难时，可采用木架立式预制，但在拆除支架时应注意拱肋的强度和受力状态。条石台座立式预制的条石台座由几个条石支墩、底模支架和底模等所组成。条石支墩用 M5 砂浆砌筑块石而成。支墩的平面尺寸应根据拱肋的长度和宽度决定，支墩的高度应根据拱肋端头下标高及便于横移拱肋操作确定。底模支架由槽钢、角钢等型钢组成，底模可采用组合钢模。为了便于脱模，可将钢模点焊在底模支架上，且底模应根据拱肋标高作适当预弯。

拱肋一般采用分段预制、分段吊装，一般分为一段（拱肋跨径在 30m 以内）、三段（拱肋跨径在 30～80m 以内）和五段（拱肋跨径大于 80m）。理论上的接头宜选择在自重弯矩最小的位置及其附近，但一般为等分，这样各段的重力基本相同。

#### 2. 拱肋的接头形式

拱肋的接头形式一般有对接接头、搭接接头和现浇接头等种形式。

拱肋分二段吊装时，多采用对接形式，吊装时，先使中段拱肋定位，再将边段拱肋向中段拱肋靠拢，以防中段拱肋搁置在边段拱肋上，增加扣索拉力及中段拱肋搁置弯矩。对接接头在连接处为全截面通缝，要求接头材料强度高，一般采用螺栓或电焊钢板等。

分三段吊装的拱肋，由于接头处在自重弯矩较小的部位，一般采用搭接形式，拱肋吊装时，边段拱肋与中段拱肋逐渐靠拢，拱肋通过搭接混凝土接触面的抗压来传递轴向力而快速成拱。

设有制动墩的桥跨，可以制动墩为界分孔吊装，先合拢的拱肋可提前进行拱肋接头。

用简易排架施工的拱肋，可采用主筋焊接或主筋环状套接的现浇接头形式。

3. 拱座

拱座是拱肋与墩台的连接处。

预埋钢板法是在拱座上预埋角钢和型钢，与边段拱肋端头的型钢焊接。按无铰拱设计的肋拱桥，其拱肋应采用插入式以加强与墩台的连接，拱肋插入端应适当加长拱肋，安装时将拱肋加长部分插入拱座预留孔内，合拢定位后，即可封槽。

拱座类型

4. 无支架施工

肋拱、箱形拱的无支架施工包括扒杆、龙门架、塔式吊机、浮吊、缆索吊装等吊装方案，而缆索吊装是应用最为广泛的施工方案，这里主要阐述缆索吊装施工。

根据拱桥缆索吊装的特点，其一般的吊装程序为（针对五段吊装方案）：边段拱肋的吊装并悬挂，次边段的吊装并悬挂，中段的吊装及合拢，拱上构件的吊装等。

缆索吊装前的准备工作包括预制构件的质量检查、墩台拱座尺寸的检查、跨径与拱肋的误差调整等工作。

缆索吊装设备是由主索、天线滑车、起重索、牵引索、起重及牵引绞车、主索地锚、塔架、风缆、主索平衡滑轮、电动卷扬机、链滑车及各种滑轮等部件组成。在吊装时，缆索设备除上述各部件外，还有扣索、扣索排架、扣索地锚、扣索绞车等部件。缆索设备适用于高差较大的垂直吊装和架空纵向运输，吊运量从几吨到几十吨范围内变化，纵向运距从几十米到几百米。悬索吊装布置见图 10-15。

缆索吊装由于具有跨越能力大，水平和垂直运输机动灵活，适应性强，施工比较稳妥方便等优点，在拱桥施工中广泛应用。采用缆索吊机吊装拱肋时，为使在起重索的偏角不超过 15°的限度内减少主索横向移动次数，可采用两组主索或加高主索塔架高度的方法施工。

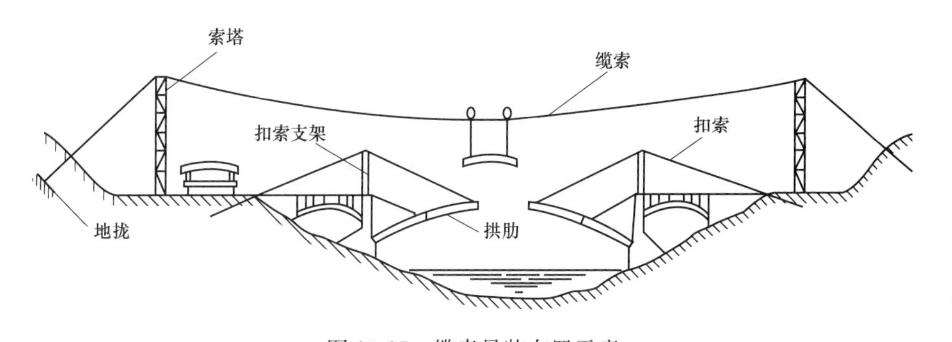

图 10-15　缆索吊装布置示意

缆索吊装设备在使在前必须进行试拉和试吊。试拉包括地锚的试拉、扣索的试拉。试吊主要是主索系统的试吊，一般分跑车空载反复运转、静载试吊和吊重运三个阶段。在各阶段试吊中，应连续观测塔架位移、主索垂度和主索受力的均匀程度；动力装置工作状态、牵引索、起重索在各转向轮上的运转情况；主索地锚稳固情况以及检查通信、指挥系统的通畅性能和各作业组之间的协调情况。试吊后应综合各种观测数据和检查情况，对设备的技术状况进行分析和鉴定，提出改进措施，确定能否进行正式吊装。

单孔桥吊装拱肋顺序常由拱肋合拢的横向稳定方案决定；多孔桥吊装应尽可能在每孔合拢几片拱肋后再推进，一般不少于两片拱肋。对于拱肋桥，在吊装拱肋时应尽早安装横系梁，为加强拱肋的稳定性，需设横向临时连接系，加快施工进度。但合拢的拱肋片数所产生的单向推力应不超过桥墩的承受能力。

三段和五段缆索吊装螺栓接头拱肋吊装就位的方法基本相似，这里重点阐述五段缆索吊装方案。首先是边段拱肋悬挂就位，在无支架施工中，边段拱肋和次边段拱肋的悬挂均采用扣索，扣索按支承扣索的结构物的位置和扣索本身的特点可分为天扣、塔扣、通扣和墩扣等类型，如图 10-16 所示。

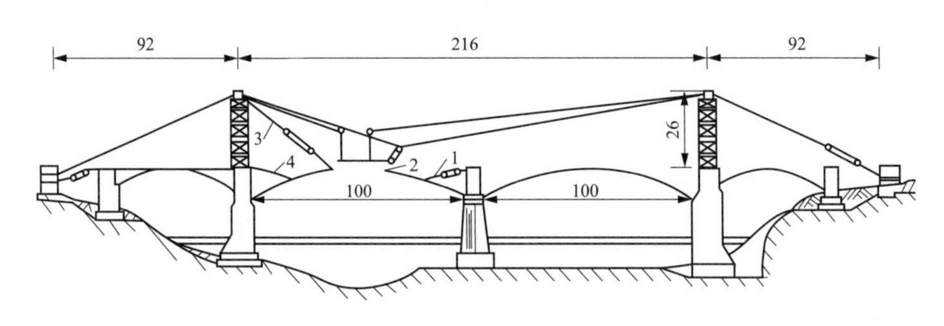


图 10-16　边段拱肋悬挂方法

1—墩扣；2—天扣；3—塔扣；4—通扣

#### 5. 拱肋施工稳定措施

拱肋的稳定包括纵向稳定和横向稳定。拱肋的纵向稳定主要取决于拱肋的纵向刚度，在拱肋的结构设计中已考虑了裸拱状态下的纵向稳定，只要在吊装过程中控制好接头标高，选择合适单位接头形式，及时完成接头的连接工作，使拱肋尽快由铰接状态转化为无铰状态，就能满足纵向稳定，如采用稳定缆风索、临时横向联系等措施。拱肋的横向稳定，只有在拱肋形成无铰拱，并在拱肋之间用钢筋混凝土横系梁连接成整体后才能保证，但在施工过程中一片或两片拱肋的横向稳定，必须通过设置缆风索和临时横向连接等措施才能实现，如采用下拉索、拱肋多点张拉等措施。

## 四、斜拉桥施工

### （一） 索塔施工

索塔是斜拉桥的一个重要组成部分，又是主要的受力构件，除自重引起的轴力外，还有水平荷载以及通过拉索传递给索塔的竖向荷载和水平荷载。索塔一般是由塔座、塔柱、横梁、塔冠等几部分所组成的。

#### 1. 钢筋混凝土索塔

斜拉桥混凝土索塔的施工方法主要有滑模法、翻模法、爬模法等。施工的主要机具设备有塔吊、电梯、钢支架、滑升模板系统、翻升模板系统、爬升模板系统等。索塔节段施工工艺流程：接头凿毛、清洗、测量放线→绑扎钢筋、预应力体系的安装→内外模板提升及安装→测量、调整模板→验收符合要求后固定模板→浇筑混凝土→混凝土养护→进行下一节段施工。

在斜拉索锚固区，预应力体系的张拉时间应按设计要求进行，但在挂索前一定要张拉全部预应力筋，并完成压浆待强期。

索塔施工

2. 钢-混凝土混合索塔

钢-混凝土混合索塔是指拉索锚固去采用钢箱梁，其他部位采用混凝土的索塔。

钢-混凝土混合索塔的施工程序：分节浇筑下塔柱混凝土→横梁施工→分节浇筑中塔柱混凝土→拉索锚固段施工。拉索锚固段的施工步骤：测量放线→钢构件的加工预制→钢构件的运输→钢梁安装→斜拉索钢套管调整定位→钢筋、预应力筋的安装→模板的安装→混凝土的浇筑→养护→预应力筋的施工→外涂装→下一节段施工。

### （二）主梁施工

斜拉桥的主梁有预应力混凝土梁、钢箱梁、结合梁、钢-混凝土混合式梁和钢管混凝土空间桁架组合式梁等形式。斜拉桥主梁的施工方法大体上可分为顶推法、转体法、支架法和悬臂法等几种。

1. 预应力混凝土梁施工

悬臂浇筑

（1）悬臂浇筑法。斜拉桥主梁的悬臂浇筑均采用挂篮施工，其施工程序与一般预应力混凝土连续梁基本相同，但由于斜拉桥结构比较复杂，超静定次数高，斜拉索位置及各部位尺寸要求精确，难免结构内力发生变化，因此斜拉桥主梁的悬臂浇筑工艺又有其自身的特点。

支架上立模浇筑 0 号和 1 号块→拼装连体挂篮→对称浇筑 2 号梁段→挂篮分解前移→对称悬臂浇筑梁段并挂索→依次对称悬臂浇筑各梁段混凝土并挂索。

斜拉索的索距长度是由设计确定的，施工单位根据最大的梁段重力设计挂篮，并由设计者确认，悬臂浇筑梁段的划分，一般是采用一个或二分之一个索距，当梁的单位重较小时也可采用两个索距长度一次悬浇。

无索区主梁一般需在支架或托架上施工。支架或托架安装好后，先进行预压，以消除非弹性变形，然后安装模板及钢筋，浇筑混凝土，待其强度达到要求后，施加预应力，然后拼装挂篮，进行主梁的悬臂浇筑。

悬臂拼装

（2）悬臂拼装法。悬臂拼装法根据吊装所采用设备的不同可分为悬臂吊机、缆索吊机、大型浮吊、挂篮吊机及各种自制吊机拼装法。

2. 钢箱梁施工

钢主梁的施工可采用支架上拼装、悬臂拼装、顶推法和平转法等。由于钢主梁中，常用的截面形式为钢箱梁，其常采用的施工方案为支架拼装法和悬臂拼装法。

钢箱梁的施工工艺：

钢箱梁制作现场

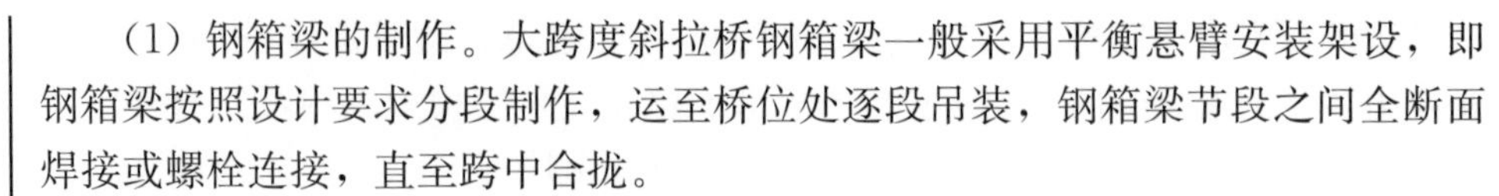
（1）钢箱梁的制作。大跨度斜拉桥钢箱梁一般采用平衡悬臂安装架设，即钢箱梁按照设计要求分段制作，运至桥位处逐段吊装，钢箱梁节段之间全断面焊接或螺栓连接，直至跨中合拢。

钢箱梁的加工制造，依据其结构特点和设备条件，一般采用反装法和正装法。反装法就是桥面板朝下、底板朝上的组装方法，首先组装钢箱梁的面板，然后依次组装横隔板、纵隔板、外腹板，最后组装底板。正装法与反装法正好相反，先组装底板、斜底板，然后依次组装横隔板、纵隔板、外腹板，最后组装面板。

由于大跨度斜拉桥箱形梁为正交异性板结构，所以可将面板、底板、纵隔板、腹板和风嘴等所有的构件分成便于起吊和运输的若干有纵、横肋的独立构件，然后将这些板单元按正装法或反装法在胎架上按一定的顺序组装成钢箱梁。根据钢箱梁的结构特点，分为二阶段或三阶段制造。二阶段制造法是指在钢箱梁制造中分为板单元制造阶段和钢箱梁组装焊接阶段，板单元构件是在工厂制造，第二阶段是在胎架上匹配组装焊接成箱梁节段；三阶段制造法是将每节钢箱梁分为板单元构件单件组装与焊接，单元或块件组装焊接成整箱，沿纵向分成两个或三个单元。

钢箱梁临时固结

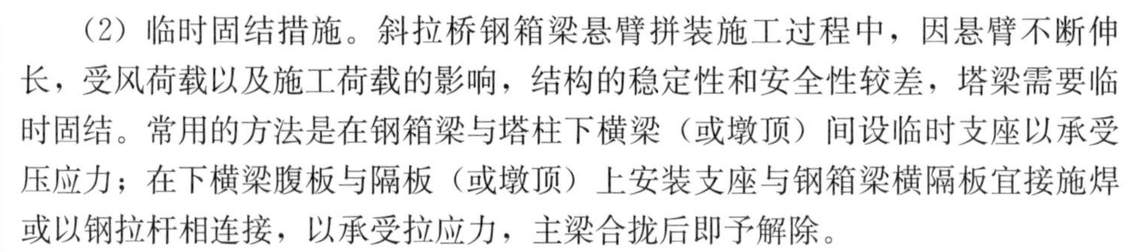
（2）临时固结措施。斜拉桥钢箱梁悬臂拼装施工过程中，因悬臂不断伸长，受风荷载以及施工荷载的影响，结构的稳定性和安全性较差，塔梁需要临时固结。常用的方法是在钢箱梁与塔柱下横梁（或墩顶）间设临时支座以承受压应力；在下横梁腹板与隔板（或墩顶）上安装支座与钢箱梁横隔板宜接施焊或以钢拉杆相连接，以承受拉应力，主梁合拢后即予解除。

（3）钢箱梁安装及定位。斜拉桥钢箱梁的安装一般为：

1）边跨及辅助跨钢箱梁安装。一般预制钢箱梁由船舶水运至桥位处起吊架设，为保证运梁船和设备不能到达的无水和浅水区域钢箱梁的运输和安装，需要在辅助墩和主引桥过渡墩间搭设临时支架，并在辅助墩外一定水域内增设适当的临时墩，以搭设用于运移和临时搁置钢箱梁的施工排架和移梁轨道，为此一般应设计临时排架。

斜拉桥钢箱梁安装

2）无索区梁段安装。在完成索塔封顶后，即开始在索塔上搭设无索区梁段支撑托架，并在其上铺设移梁轨道，其次吊、移梁段，最后挂索、安装桥面吊机。

3）钢箱梁标准梁段的悬拼。在完成桥面吊机的安装、试吊和第一对斜拉索的第二次张拉并拆除 0 号块与支承托架间的支承钢楔块后，即可开始对称悬拼标准梁段，如图 10-17 所示。标准梁段的施工程序：前一梁段斜拉索的安装→斜拉索第一次张拉→桥面吊机前移→斜拉索第二次张拉并检验→起吊拼装钢箱梁→钢箱梁定位→钢箱梁焊接→本梁段斜拉索安装→循环施工。

4）钢箱梁合拢段施工。钢箱梁的合拢有边跨合拢和中跨合拢。边跨合拢与中跨合拢形式基本相同，而且梁段为非标准段。中跨合拢的方法有强制合拢法和温差合拢法。强制合拢法是在温差与日照影响最小的时候将两端箱梁用钢扁担或钢桁架临时固结，嵌入合拢段块件钢条填塞处理结合部缝隙，焊接完成后解除临时固结及其他约束，完成体系转换；温差合拢法也称为无应力合拢法，是利用温差对钢箱梁的影响，在一天中温度相对较低的时候将合拢段梁体安放在合拢口，在温升与日照影响之前，施焊完毕，解除塔墩临时固结，完成体系转换。

（4）钢箱梁的连接。现代斜拉桥钢箱梁节段之间的现场连接方式有全焊接、栓焊结合和全栓接三种。采用全焊接连接方式的钢箱梁，U 形肋嵌补段对接焊和肋角角焊均处于仰角位置施焊，而仰焊工作条件差，质量控制难度较大，其焊接方法有自动焊、半自动焊和手工焊三种。栓焊结合是钢箱梁桥面板采用焊接，U 形肋采用高强度螺栓连接，具有足够的刚度、承载力和耐久性。

双跨钢桁梁悬索桥

**3. 斜拉索施工**

斜拉索是一种柔性拉杆，是斜拉桥的重要组成部分，斜拉桥梁体重量和桥面荷载主要由拉索传递至塔、墩，再传至地基基础。目前各类斜拉桥所用的斜拉索主要采用经多种防腐处理制作的高强平行钢丝和平行钢绞线两种拉索。

（1）平行钢丝拉索的施工。平行钢丝拉索的施工包括：拉索的制作、运输、放索、牵索张拉、张拉锚固、索力调整等内容。

1）平行钢丝拉索的制作。平行钢丝拉索是经涂脂处理后按正六边形或缺角六边形平行并拢定形捆扎并轻度扭绞成束后，加缠高强度聚酯包带和热挤高密度聚乙烯塑料护套或染色 PE 套，再于两端安装钢套管和锚具。平行钢丝拉索构造如图 10-17 所示。

悬索桥结构

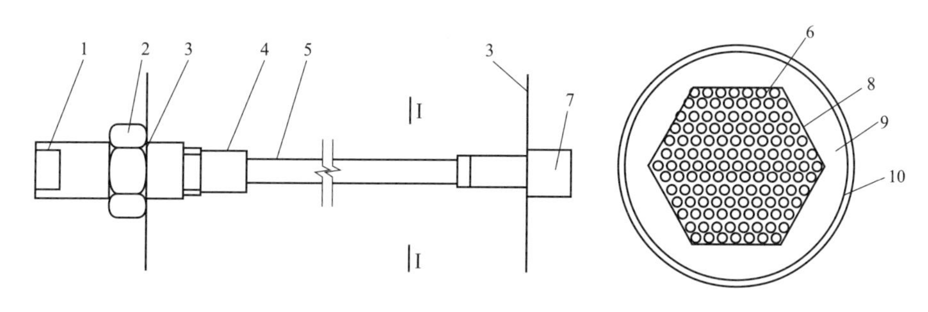


图 10-17 平行钢丝拉索构造

1—张拉端锚筒；2—锚圈；3—锚垫板；4—过渡钢管；5—拉索；6—平行钢丝；7—固定端锚饼；8—2 层玻璃丝带或 2 层涤纶带；9—热挤 PE 塑料护套；10—PVE 缠包带

平行钢丝拉索的结构体系分为三个主要部分：

① 锚固部分，又分为张拉端锚固和固定端锚固两种形式；

② 过渡部分，由钢导管、锚筒过渡延伸钢管、减振器、防水罩等组成；

③ 中间部分，由高强钢丝、玻璃丝带、PE 防护、缠包带等组成。单根圆钢丝直径常用 5mm、7mm 两种，锚具一般采用冷铸镦头锚。

平行钢丝拉索的制作有工厂制作和施工现场制作两种形式，目前一般采用工厂制作形式。制作成品平行钢丝拉索的工艺流程：钢丝入厂基本性能检验与试验→计算下料长度→钢丝稳定化处理→钢丝基本性能检验→钢丝粗下料→排列编束→钢束扭绞成型→下料齐头→分段抽检、焊接牵引拉钩→高压气流冲洗→绕缠包带→热挤 PE 护套双层共挤（PE＋彩色 PE），外表面为双螺旋线→水槽冷却→测量护套厚度及偏差→精确下料、磨光两端面→端部安装锚具部分剥除 PE 套→锚板穿丝→分丝墩头→环养钢球冷铸→锚头养生固化→超张拉检验→缠绕麻袋片或 PVE 保护层→编号标识→出厂质量检验→卷盘包装→出厂→仓储、待运。

平行钢丝拉索：运输需要大直径卷索盘，受公路净空、净宽的限制，需要大型设备进行装、卸作业，安装和张拉需要重型千斤顶，牵挂索时牵引力大，需特殊设计牵引装置。

钢丝下料后，由机械引入按拉索断面排列的梳理盘中，穿丝梳理，使若干根高强钢丝相互之间处于平行的位置，边梳理牵引边用六角形卡箍紧束，并用扎丝每隔 2m 随之临时扎紧，使编束后的钢丝顺直、紧密。为了便于穿过管道和进行锚固，钢丝横断面应呈六边形或缺角六边形排列。拉索在运输、装卸、安装过程中易松散，因此钢丝成束后，要在扭绞机上进行大节距轻度扭绞。

由于拉索都是钢材组成的，如不采取防护措施，将会直接影响到拉索的使用寿命。一般来说，拉索外表钢丝先锈蚀，中间后锈蚀，这时钢丝的受力会出现重分配，可能引起更多钢丝的破坏，导致整根拉索破坏。拉索的防护按时间可分为临时防护和永久防护；按位置可分为内层防护和外层防护；按功能可分为施工防护和结构防护；按防护的层数可分为 2 层、3 层、4 层或更多层防护。

2）拉索的吊装、运输和进索的方法。为了便于拉索的吊装、运输和移动，需将直线形的拉索弯卷成圆盘，索盘的内径一般不小于 2.0m，索盘两端挡板外径视索长与索径而定。放索盘有立式放索盘与水平放索盘两种。

拉索的进索方法有桥面进索、水面进索和桥侧进索三种施工方法。桥面进索是由一个固定位置，将索从地面或水面吊至桥面，再从固定位置将索放至梁端或连索盘一起运至梁端后再放索。水面放索是将放索盘置于运输船上，运索船航行至悬臂施工的梁端前方水面停泊，在梁端或梁端挂篮上安装转向装置，在桥面塔柱下方安装卷扬机牵引进索。

3）拉索在桥面上的移动。拉索从索盘上释放出来进入梁端、塔端钢套管前，需在桥面上移动一段较长的距离。为了保护好拉索的 PE 防护外套不受损伤，常采用滚筒法、移动平车法、垫层拖拉法三种方法来移动拉索。

4）拉索的挂设。拉索挂设的关键，是如何将拉索两端锚头引出锚箱或锚垫板外，拧上锚圈固定。常用的挂索方法有吊点法、硬牵引法、软牵引法、承重导索法四种方法。每一种挂索方法又有三种锚固顺序，即梁端先锚固作为固定端，塔端后锚固作为张拉端；塔端先锚固作为固定端，梁端后锚固作为张拉端；梁、塔两端同时作为张拉端锚固。

5）拉索的张拉与索力的调整。拉索的张拉形式主要有塔端张拉、梁端锚固，梁端张拉、塔端锚固，塔、梁两端同时张拉三种形式。由于塔的刚度比梁大，塔腔内空间较梁体内空间大，千斤顶的移动、安装较方便、安全，因此目前，对于斜拉桥拉索空腔索塔张拉常采用第一种形式，实心索塔常采用第二种形式。

张拉程序：张拉前的准备工作→安装千斤顶→张拉杆拧入冷铸锚杯→拧入张拉杆工具锚圈→调整各部分的相应位置→施加5%设计索力→检查并调整安装位置，记录初始值→解除安装千斤顶时的吊点或支点垫的约束→分级施力直至达到一次张拉所要求的拉力值→与张拉同步拧紧锚圈量测应力、应变值→检验、与设计应力应变值核对→外观检查（锚垫板、锚箱、塔柱结构等变形情况，拉索有无断丝、滑丝现象）→检验合格、拆除千斤顶、张拉杆，进入下一根索的张拉周期。

一般来说斜拉桥从施工到成桥状态，需要通过索力的调整来达到控制标高和梁内应力的目的，索力调整一般与索力张拉在同一部位进行，张拉与调整共用一套设备，这样施工支架、升降平台、千斤顶悬吊设施等均可共用，以节省成本与时间。

现已建的知名大桥

（2）钢绞线拉索的施工。钢绞线拉索的结构体系是由两端的锚固段，隐埋在塔、梁内部的过渡段和外露部分的中间段三部分所组成。锚固段分张拉端与固定端，由锚环、锚圈、锚垫板、防水装置、保护装置等组件所组成；过渡段组成与平行钢丝拉索相同；中间段由钢绞线、内防护、外防护所组成。钢绞线由根直径5mm或7mm的圆形钢丝绞制成单股钢束，各单股钢束平行排列，形成钢绞线索。

泰州大桥

1）平行钢绞线拉索与平行钢丝线拉索的比较。

① 拉索的制作。平行钢丝拉索全部在工厂制作完成，质量控制容易得到保证，其受力均匀、轴向刚度较大、材料利用率较高。平行钢绞线拉索的各个零部件均在工厂制作完成，而大部分的组装、防护工程须在建桥工地完成，受力均匀性较差，要求材料强度相对较高；用群锚与夹片锚固拉索的新型钢绞线拉索在桥梁上使用的年限较短。

② 拉索的运输、安装。平行钢丝拉索的运输需要大直径卷盘，受公路净空、净宽的限制，需大型起吊设备进行装、卸作业，安装和张拉需要重型千斤顶，张拉端结构内需要较大的空间，牵挂索时牵引力大，需特殊设计牵引装置。平行钢绞线拉索的运输时其索盘直径相对较小，装卸作业、起吊、运输及安装较容易，挂索时牵引力小，张拉空间相对要求较小。

③ 拉索的防护性能。平行钢丝拉索索体部分与两端锚固部分均在工厂整体进行加，施工时间短，整体防护性好，其防护性能明显优于钢绞线拉索。平行钢绞线拉索的防护层数较多，防护施工时间长，防护施工的环境条件较差，其整体性也较差。

平行钢丝拉索索体部分与两端锚固部分均在工厂整体进行加工，施工时间短，整体防护性好，其防护性能明显优于钢绞线拉索。

④ 拉索的张挂。钢绞线拉索能化整为零，施工方便性明显优越于钢丝拉索，但工期要长一些。

⑤ 拉索的受力性能。平行钢丝拉索的材料强度较低，受力均匀性较好；平行钢绞线拉索的材料强度较高，但受力均匀性稍差。平行钢丝拉索抗挠曲性能稍弱于平行钢绞线拉索。

⑥ 拉索的更换。两种形式的拉索在拆卸过程中的方法是一致的，只在安装

时有所不同。平行钢丝拉索的更换为整索卸载、退锚、更换，是安装过程的逆过程。平行钢绞线拉索安装过程为单根束牵引张拉，由若干根单股钢绞线束组装形成。

⑦ 拉索的造价。对于索长短于300m、索重轻于15000kg的拉索来说，两种型号拉索的总体费用相差不大；对于超过上述长度与重量的拉索来说，受加工场地、运输、吊装的影响，平行钢丝拉索的总体费用要超过平行钢绞线拉索。

2）拉索挂设。抗索的挂设可分为刚性索和柔性索两种情况。刚性索挂设过程：设置牵引系统、安装梁端与塔柱端锚具、安装外套管、安装钢绞线安装。柔性索挂设不需要安装外套管，其余的与刚性索挂设相同。

安装斜拉索前应计算出克服索自重所需的拖曳力，以便选择卷扬机、吊机及滑轮组配置方式。

① 设置牵引系统。牵引系统是由卷扬机和循环钢丝绳、牵引绳和连接器、塔顶钢支架、塔内钢支架、塔外工作平台、梁底平台车等所组成，其中梁底平台车随主梁一起移动。

② 安装梁端与塔柱端锚具。钢绞线锚具为夹片式群锚，该锚具为自锚体系，不需设顶锚装置。梁端利用吊机或手拉葫芦等小型吊装机具吊运至梁端锚箱位置，人工辅助对中就位；塔端利用塔吊或塔顶提升卷扬机提升至待安装位置，人工辅助对中就位。锚环就位后，进行临时固定，以防止掉落、移位。

③ 安装外套管。

④ 钢绞线安装。

第1、2根钢绞线已经随同斜拉索外套HDPE管一同起吊至塔外。首先塔外操作人员分别将第1、2根钢绞线与塔腔内的卷扬机钢丝绳连接，并操作卷扬机牵引进入塔内。与此同时，桥面操作人员也将钢绞线按计算长度与编号从索盘放索后，安装进桥面的锚具内。其次，使用吨位较小的拉索专用千斤顶，按照预先计算得到的张拉索力，分别将钢绞线张拉到规定的应力。

标准段钢绞线的安装方法为：

a. 从塔顶将卷扬机的牵引钢丝绳沿塔柱内腔自由放下，牵引钢丝绳达到所需锚具位置处；安装与高强钢丝相连接的连接器；把钢丝绳插入锚具按安装顺序规定的锚孔内，并继续向下放出钢丝绳。

b. 桥面工作平台上拖动已准备好的钢绞线绕过定位导向轮，将钢绞线与穿索板连接牢固；钢绞线通过高强钢丝，与牵引钢丝绳联成一条线。

c. 操作塔顶卷扬机回拉钢丝绳，并连同钢绞线一起牵引到塔外工作位置。当钢绞线露出塔端斜拉索外套口后，塔外操作人员分别将两根钢绞线与塔内的卷扬机钢丝绳通过连接器连接，并操作卷扬机将钢绞线牵进塔内，把钢绞线拉入锚具。

d. 当钢绞线拉出锚环面后，调整钢绞线两端长度，检查单根钢绞线外层PE防护套剥除长度是否准确，然后在张拉端和固定端对应的钢绞线锚孔内安装夹片。

e. 将千斤顶、压力传感器装到刚穿好的钢绞线上，并张拉至预先计算的应力。重复以上步骤，直至完成全部钢绞线的安装。

3）拉索张拉。钢绞线拉索的张拉采用两阶段张拉法，先化整为零、逐股安装、逐股张拉，再集零为整。当每根拉索各股钢绞线全部安装初张拉后，再一次性整体张拉到位。

张拉端锚具

① 单股束分束张拉。单股束张拉为拉丝式，即千斤顶张拉力宜直接传递给钢绞线丝的一种张拉方式。采用“等值张拉法”，即每股束的张拉力均相等，以满足每股拉索平均受力的要求。

② 整体张拉。在单根钢绞线张拉完毕并经紧索、索箍及减振器安装后，还需对初步形成的索股进行整体张拉，以检验是否达到设计要求的索力。在全部钢绞线张拉完成，整体张拉开始之前，对所有锚固夹片进行预压，保证工作夹片锚固的平整度。整体张拉的方法为拉锚式，即采用大吨位、短行程、穿心式双作用千斤顶，在张拉端通过张拉可调式锚具，从而达到整体张拉索股的目的。

张拉千斤顶

整体张拉时，千斤顶先空载运行 3～5cm，再安装工具锚及其夹片，当油压表指针初动时油表读数对应的张拉力作为整体张拉的初张力。以初始张力作为起点，进行整体分级张拉，当索力达到设计要求时，旋紧锚具锚固，稳压 3min 后，千斤顶回油，锚固完成。

斜拉索施工工艺流程图

斜拉桥拉索施工过程控制是以整体线形（控制标高）为主，索力调整为辅，当主梁安装至某一段，出现控制标高反常与设计值不相符时，或同一梁段两根索股索力相差过大的情况时，可配合采用整体张拉的方法来调整索力。

# 第十一章　地　下　工　程

## 教　学　目　标

### （一） 总体目标

通过本章的学习，使学生熟悉地下工程的施工特点，了解地下建筑、隧道、管涵等的结构施工工程施工工艺及方法，熟悉逆作法施工技术的概念，掌握逆作法的工艺原理与优缺点，熟悉逆作法施工技术。掌握盾构法施工工艺和施工要点，熟悉盾构机械类型及构造，了解盾构施工的准备工作，熟悉盾构的开挖和推进，了解盾构衬砌施工，衬砌防水和向衬砌背后压浆。掌握地下工程的顶管法，掌握顶管施工的分类及特点，了解顶管法的基本设备构成，根据顶管法施工的基本原理，了解顶管法的顶力计算，进而熟悉顶管法施工技术。通过体会和学习地下工程，使学生了解行业特色，掌握专业知识，建立学生严谨思考、扎实基础、持续创新建造方法的理念。

### （二） 具体目标

**1. 专业知识目标**

（1）熟悉逆作法的工艺原理与优缺点；

（2）掌握逆作法施工技术，了解逆作法施工实例；

（3）掌握盾构法施工，了解盾构机械类型及构造，熟悉盾构施工前的准备工作以及盾构的开挖和推进方式；

（4）熟悉盾构衬砌施工，衬砌防水以及向衬砌背后压浆的方法，解决好防水问题，保证隧道在运营期间有良好的工作环境；

（5）熟悉地下工程顶管法，了解顶管施工的分类及特点，掌握顶管法的基本设备构成，学会顶管法的顶力计算；

（6）掌握顶管法施工的基本原理。

**2. 综合能力目标**

（1）能够结合逆作法施工实例，充分掌握逆作法的工艺原理，依据逆作法施工原理，掌握逆作法的施工特点；

（2）做好施工前的准备工作，编制好施工方案，合理选择逆作法施工形式，确保逆作法施工的顺利进行；

（3）重点掌握盾构法施工的具体流程，熟悉盾构机械的类型及构造，做好盾构施工的准备工作；

（4）熟悉盾构施工前的准备工作。

**3. 综合素质目标**

（1）能够分析逆作法施工实例；

（2）学会顶管法的顶力计算。

## 教学重点和难点

### （一）重点

（1）逆作法施工的优缺点和特点；

（2）逆作法施工原理；

（3）盾构机械的类型和构造；

（4）盾构施工的具体流程。

### （二）难点

（1）盾构的开挖和掘进；

（2）顶管施工的特点和分类；

（3）顶管法的顶力计算。

## 教学策略

本章是土木工程施工课程的第十一章，涵盖逆作法施工、盾构法施工和地下工程的顶管法等知识点，知识量大、计算多，教学内容涉及面广，专业性较强，需要查阅大量的规范，对本书学习有重要的引领作用。逆作法施工的优缺点和特点、逆作法施工原理、顶管施工的特点和分类、顶管法的顶力计算是本章教学的重点和难点。为帮助学生更好地学习本章知识，采取“了解课序—复习土力学和基础工程知识—知识学习—施工现场实训—课后习题—计算和设计训练—课后思考题”的教学策略。

（1）课前引导：提前介入学生学习过程，要求学生复习土力学和地基基础课程中的地下工程部分，为课程学习进行知识储备。

（2）课中教学互动：课堂教学教师讲解中，以大量视频的形式，让学生直观和系统地了解盾构的开挖和掘进、盾构机械的类型和构造，以及盾构施工的具体流程，最后进行课后习题讲解和辅导，设计辅导等。

（3）技能训练：逆作法的施工实例。

（4）课后拓展：引导学生自主学习与本课程相关的规范，包括《建筑基坑支护技术规程》(JGJ 120—2012)、《建筑地基基础工程施工质量验收标准》(GB 50202—2018)、《建筑与市政工程地下水控制技术规范》(JGJ 111—2016)，引入有限元软件 MIDAS GTS，拓宽学生视野，增加学生的实践能力。

## 教学架构设计

### （一）教学准备

（1）情感准备：了解学情，提醒学生预习前置课程，增进感情，提前和学生谈心谈话。

（2）知识准备：

1）复习：土力学和地基基础课程中的地下工程部分；

2）预习："雨课堂"分布的预习内容和地下工程的视频。

(3) 授课准备：学生分组，要求学生了解盾构机械构造。

(4) 资源准备：授课课件、数字资源库等。

### （二）教学架构

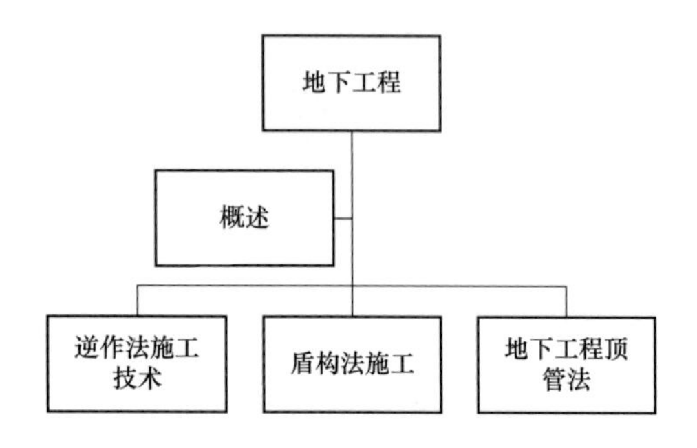


### （三）实操训练

掌握逆作法施工实例，了解顶管法施工技术的工程应用实例。

### （四）思政教育

根据授课内容，本章主要在专业知识获得感、技术能力获得感、宏大国家基建工程三个方面开展思政教育。

### （五）效果评价

采用注重学生全方位能力评价的"五位一体评价法"，即自我评价（20%）＋团队评价（20%）＋课堂表现（20%）＋教师评价（20%）＋自我反馈（20%）评价法。同时引导学生自我纠错、自主成长并进行学习激励，激发学生学习的主观能动性。

### （六）学时建议

6/56（本章建议学时/课程总学时）。

## 第一节 逆作法施工技术

### 一、逆作法的工艺原理与优缺点

对于深度大的多层地下室结构，传统的方法是开敞式自下而上施工，即放坡开挖或支护结构围护后垂直开挖，挖土至设计标高后，浇筑混凝土底板，然后自下而上逐层施工各层地下室结构，出地面后再逐层进行地上结构施工。逆作法则是利用地下室的梁、板、柱结构，取代内支撑体系去支撑围护结构，所以此时的地下室梁板结构就要随着基坑由地面向下开挖而由上往下逐层浇筑，直到地下室底板封底。

大的建筑，总是由一木一石叠起来的，我们何妨做这一木一石呢？我时常做些零碎事，就是为此。——鲁迅

逆作法的工艺原理是：在土方开挖之前，先沿建筑物地下室轴线（适用于两墙合一情况）或建筑物周围（地下连续墙只用作支护结构）浇筑地下连续墙，作为地下室的边墙或基坑支护结构的围护墙，同时在建筑物内部的相关位置(多为地下室结构的柱子或隔墙处，根据需要经计算确定)浇筑或打下中间

支承柱（亦称中柱桩）；然后开挖土方至地下一层顶面底标高处，浇筑该层的楼盖结构（留有部分工作孔），这样已完成的地下一层顶面楼盖结构即用作周围地下连续墙刚度很大的支撑；然后人和设备通过工作孔下去逐层向下施工各层地下室结构。

逆作法

与此同时，由于地下一层的顶面楼盖结构已完成，为进行上部结构施工，创造了条件，所以在向下施工各层地下室结构时可同时向上逐层施工地上结构，这样地面上、下同时进行施工，直至工程结束。但是在地下室浇筑混凝土底板之前，上部结构允许施工的层数要经计算确定。

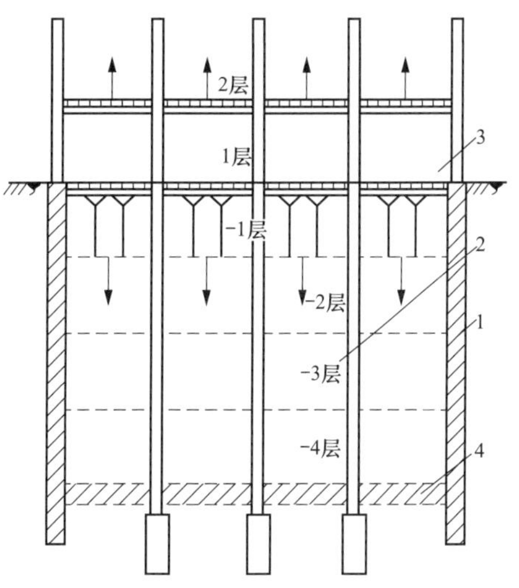


图 11-1　逆作法的工艺原理

1—地下连续墙；2—中间支撑柱；3—建筑物地面；4—底板

逆作法的工艺原理见图 11-1。

逆作法施工，根据地下一层的顶板结构封闭还是敞开，分为封闭式逆作法和敞开式逆作法。前者在地下一层的顶板结构完成后，上部结构和地下结构可以同时进行施工，有利于缩短总工期；后者上部结构和地下结构不能同时进行施工，只是地下结构自上而下的逆向逐层施工。

逆作法施工

还有一种方法称为半逆作法，又称局部逆作法。其施工特点是：开挖基坑时，先放坡开挖基坑中心部位的土体，靠近围护墙处留土以平衡坑外的土压力，待基坑中心部位开挖至坑底后，由下而上顺作施工基坑中心部位地下结构至地下一层顶，然后同时浇筑留土处和基坑中心部位地下一层的顶板，用作围护墙的水平支撑，而后进行周边地下结构的逆作施工，上部结构亦可同时施工。

根据上述逆作法的施工工艺原理，可以看出逆作法具有下述特点：

（1）缩短工程施工的总工期。具有多层地下室的高层建筑，如采用传统方法施工，其总工期为地下结构工期加地上结构工期，再加装修等所占工期。用封闭式逆作法施工，一般情况下只有地下一层占部分绝对工期，而其他各层地下室可与地上结构同时施工，不占绝对工期，因此，可以缩短工程的总工期。地下结构层数愈多，工期缩短愈显著。

（2）基坑变形小，减少深基坑施工对周围环境的影响。采用逆作法施工，是利用地下室的楼盖结构作为支护结构地下连续墙的水平支撑体系，其刚度比临时支撑的刚度大得多，而且没有拆撑、换撑工序，因而可减少围护墙在侧压力作用下的侧向变形。

此外，挖土期间用作围护墙的地下连续墙，在地下结构逐层向下施工的过程中，成为地下结构的一部分，而且与柱（或隔墙）、楼盖结构共同作用，可减少地下连续墙的沉降，即减少了竖向变形。这一切都使逆作法施工可以最大限度地减少对周围相邻建筑物、道路和地下管线的影响，在施工期间可保证其正常使用。

（3）简化基坑的支护结构，有明显的经济效益。采用逆作法施工，一般地下室外墙与基坑围护墙采用两墙合一的形式，一方面省去了单独设立的围护墙，另一方面可在工程用地范围内最大限度扩大地下室面积，增加有效使用面积。

此外，围护墙的支撑体系由地下室楼盖结构代替，省去大量支撑费用。而且，楼盖结构即支撑体系，还可以解决特殊平面形状建筑或局部楼盖缺失所带来的布置支撑的困难，并使受力更加合理。由于上述原因，再加上总工期的缩短，因而在软土地区对于具有多层地下室的高层建筑，采用逆作法施工具有明显的经济效益。

（4）施工方案与工程设计密切有关。按逆作法进行施工，中间支承柱位置及数量的确定、施工过程中结构受力状态、地下连续墙和中间支承柱的承载力以及结构节点构造、软土地区上部结构施工层数控制等，都与工程设计密切相关，需要施工单位与设计单位密切配合研究解决。

逆作法工艺流程

（5）施工期间楼面恒载和施工荷载等通过中间支承柱传入基坑底部，压缩土体，可减少土方开挖后的基坑隆起。同时，中间支承柱作为底板的支点，使底板内力减小，而且无抗浮问题存在，使底板设计更趋合理。

对于具有多层地下室的高层建筑采用逆作法施工虽有上述一系列优点，但逆作法施工和传统的顺作法相比，亦存在一些问题，主要表现在以下几方面：

（1）由于挖土是在顶部封闭状态下进行，基坑中还分布有一定数量的中间支承柱（亦称中柱桩）和降水用井点管，使挖土的难度增大，在目前尚缺乏小型、灵活、高效的小型挖土机械情况下，多利用人工开挖和运输，虽然费用并不高，但机械化程度较低。

（2）逆作法用地下室楼盖作为水平支撑，支撑位置受地下室层高的限制，无法调整。如遇较大层高的地下室，有时需另设临时水平支撑或加大围护墙的断面及配筋。

逆作法优点

（3）逆作法施工需设中间支承柱，作为地下室楼盖的中间支承点，承受结构自重和施工荷载，如数量过多施工不便。在软土地区由于单桩承载力低，数量少会使底板封底之前上部结构允许施工的高度受限制，不能有力地缩短总工期，如加设临时钢立柱，则会提高施工费用。

（4）对地下连续墙、中间支承柱与底板和楼盖的连接节点需进行特殊处理，在设计方面尚需研究减少地下连续墙（其下无桩）和底板（软土地区其下皆有桩）的沉降差异。

（5）在地下封闭的工作面内施工，安全上要求使用低于36V的低电压，为此则需要特殊机械。有时还需增设一些垂直运输土方和材料设备的专用设备。还需增设地下施工需要的通风、照明设备。

二、逆作法施工技术

## （一）施工前准备工作

### 1. 编制施工方案

在编制施工方案时，根据逆作法的特点，要选择逆作施工形式、布置施工孔洞、布置上人口、布置通风口、确定降水方法、拟定中间支承柱施工方法、土方开挖方法以及地下结构混凝土浇筑方法等。

### 2. 选择逆作法施工形式

逆作法分为封闭式逆作法、开敞式逆作法和半逆作法三种施工形式。从理论上讲，封闭式逆作法由于地上、地下同时交叉施工，可以大幅度缩短工期。但由于地下工程在封闭状态下施工，给施工带来一定不便：通风、照明要求高；中间支承柱（中柱桩）承受的荷载大，其数量相对增多、断面增大；增大了工程成本。因此．对于工期要求短，或经过综合比较经济效益显著的工程，在技术可行的条件下应优先选用封闭式逆作法。当地下室结构复杂、工期要求不紧、技术力量相对不足时，应考虑开敞式逆作法或半逆作法，半逆作法多用于地下结构面积较大的工程。

封闭式逆作法可以地面上、下同时进行施工。

开敞式逆作法上部结构不能与地下结构同时进行施工，只是地下结构自上而下逐层施工。

### 3. 施工孔洞布置

逆作法施工是在顶部楼盖封闭条件下进行，在进行各层地下室结构施工时，需进行施工设备、土方、模板、钢筋、混凝土、施工人员等的上下运输，所以需预留一个或几个上下贯通的垂宜运输通道。为此，在设计时就要在适当部位预留一些从地面直通地下室底层的施工孔洞。亦可利用楼梯间或无楼板处作为垂直运输孔洞。

## （二）中间支承柱施工

中间支承柱的作用，是在逆作法施工期间，于地下室底板未浇筑之前与地下连续墙一起承受地下和地上各层的结构自重和施工荷载；在地下室底板浇筑后，与底板连接成整体，作为地下室结构的一部分，将上部结构及承受的荷载传递给地基。

中间支承柱的位置和数量，要根据地下室的结构布置和制定的施工方案详细考虑后经计算确定，一般布置在柱子位置或纵、横墙相交处。中间支承柱所承受的最大荷载是地下室已修筑至最下一层、而地面上已修筑至规定的最高层数时的荷载。因此，中间支承柱的直径一般比设计的较大。由于底板以下的中间支承柱要与底板结合成整体，多做成灌注桩形式，其长度亦不能太长，否则影响底板的受力形式，与设计的计算假定不一致。有的采用预制桩（钢管桩等）作为中间支承柱。采用灌注桩时，底板以上的中间支承柱的柱身，多为钢筋混凝土柱或 H 型钢柱，断面小而承载能力大，而且也便于与地下室的梁、柱、墙、板等连接。

由于中间支承柱上部多为钢柱，下部为混凝土柱，所以，多采用灌注桩方法进行施工，成孔方法视土质和地下水位而定。

钢管立柱

在泥浆护壁用反循环或正循环潜水电钻钻孔时，顶部要放护筒。钻孔后吊放钢管，钢管的位置要十分准确，否则与上部柱子不在同一垂线上对受力不

泥浆护壁就是在充满水和膨润土以及CMC等其他外加剂的混合液的情况下，对于地下连续墙成槽、钻孔灌注桩钻孔等工程，可以有效地防止槽、孔壁坍塌。

利。因此钢管吊放后要用定位装置调整其位置，钢管的壁厚按其承受的荷载计算确定。利用导管浇筑混凝土，钢管的内径要比导管接头处的直径大50～100mm。而当钢管内的导管浇筑混凝土时，钢管底端埋入混凝土不可能很深。

在泥浆护壁下用反循环或正循环潜水电钻钻孔时，顶部要放护筒。泥浆护壁用反循环钻孔灌注桩施工方法浇筑中间支承柱见图11-2。钻孔后吊放钢管，钢管的位置要十分准确，否则与上部柱子不在同一垂线上对受力不利，因此钢管吊放后要用定位装置调整其位置。钢管的壁厚按其承受的荷载计算确定。利用导管浇筑混凝土，钢管的内径要比导管接头处的直径大50～100mm。而用钢管内的导管浇筑混凝土时，超压力不可能将混凝土压上很高，所以钢管底端埋入混凝土不可能很深，一般为1m左右。为使钢管下部与现浇混凝土柱能较好地结合，可在钢管下端加焊竖向分布的钢筋。混凝土柱的顶端一般高出底板30mm左右，高出部分在浇筑底板时将其凿除，以保证底板与中间支承柱连成一体。混凝土浇筑完毕吊出导管。由于钢管外面不浇筑混凝土，钻孔上段中的泥浆需进行固化处理，以便在清除开挖的土方时，防止泥浆到处流淌，恶化施工环境。泥浆的固化处理方法，是在泥浆中掺入水泥形成自凝泥浆，使其固化。水泥掺量约10%，可直接投入钻孔内，用空气压缩机通过软管进行压缩空气吹拌，使水泥与泥浆很好地拌合。

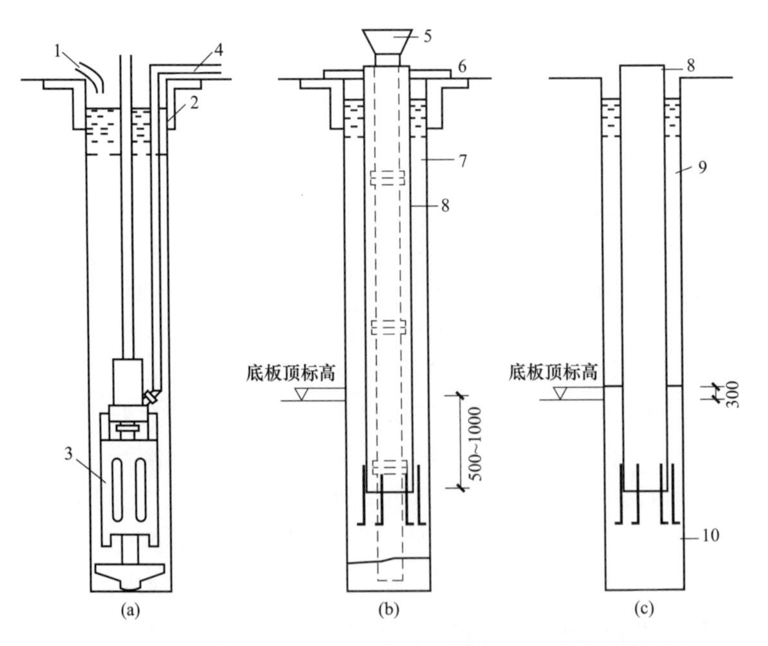


图11-2 泥浆护壁用反循环钻孔灌注桩施工方法浇筑中间支承柱

（a）泥浆反循环钻孔；（b）吊放钢管、浇筑混凝土；（c）形成自凝泥浆

1—补浆管；2—护筒；3—潜水电钻；4—排浆管；5—混凝土导管；6—定位装置；7—泥浆；8—钢管；9—自凝泥浆；10—混凝土桩

中间支承柱亦可用套管式灌注桩成孔方法，它是边下套管、边用抓斗挖孔。中间支承柱用大直径套管式灌注桩施工见图11-3。由于有钢套管护壁，可

用串筒浇筑混凝土，亦可用导管法浇筑，要边浇筑混凝土边上拔钢套管。支承柱上部用 H 型钢或钢管，下部浇筑成扩大的桩头，混凝土柱浇至底板标高处，套管与 H 型钢间的空隙用砂或土填满，以增加上部钢柱的稳定性。

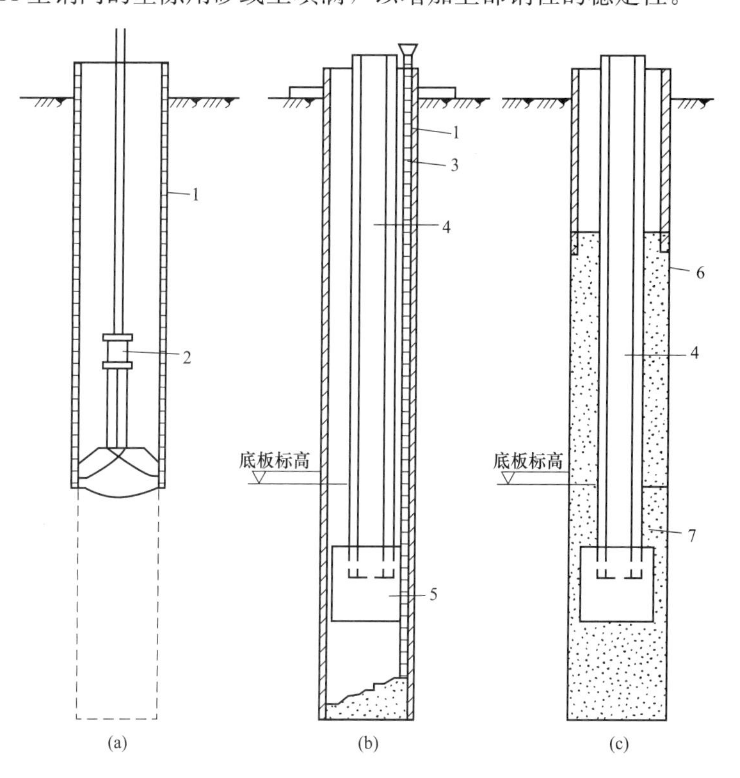

中间支承柱

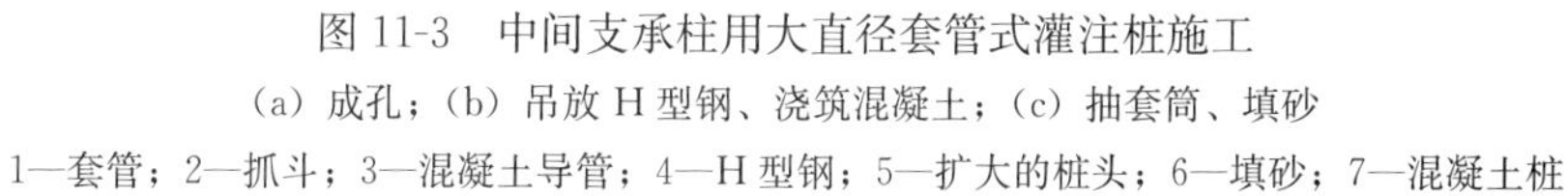
图 11-3　中间支承柱用大直径套管式灌注桩施工

（a）成孔；（b）吊放 H 型钢、浇筑混凝土；（c）抽套筒、填砂

1—套管；2—抓斗；3—混凝土导管；4—H 型钢；5—扩大的桩头；6—填砂；7—混凝土桩

在施工期间要注意观察中间支承柱的沉降和升抬的数值。由于上部结构的不断加荷，会引起中间支承柱的沉降；基础土方的开挖，其卸载作用又会引起坑底土体的回弹，使中间支承柱升抬。要求事先精确地计算确定中间支承柱最终是沉降还是升抬，以及沉降或升抬的数值，目前还有一定的困难。

有时中间支承柱用预制打入桩（多数为钢管桩），则要求打入桩的位置十分准确，以便处于地下结构柱、墙的位置，且要便于与水平结构的连接。

### （三）降低地下水

降低地下水位法是在基坑槽开挖前，预先在基坑四周埋设一定数量的滤水管和离心水泵，利用真空原理，通过抽水设备不断地抽出地下水，使地下水位降低到坑底以下，使所挖的土始终保持较干燥状态。

在软土地区进行逆作法施工，降低地下水位是必不可少的。通过降低地下水位，使土壤产生固结，可便于封闭状态下挖土和运土。可减少地下连续墙的变形，更便于地下室各层楼盖利用土模进行浇筑，防止底模沉陷过大，引起质量事故。

## （四）地下室土方开挖

地下室挖土与楼盖浇筑是交替进行，每挖土至楼板底标高，即进行楼盖浇筑，然后再开挖下一层的土方。

## （五）地下室结构施工

根据逆作法的施工特点，地下室结构不论是哪种结构形式都是由上而下分层浇筑的。地下室结构的浇筑方法有两种：

### 1. 利用土模浇筑梁

对于地面梁板或地下各层梁板，挖至其设计标高后，将土面整平夯实，浇筑一层厚约 50mm 的素混凝土（地质好抹一层砂浆亦可），然后刷一层隔离层，即成楼板模板。对于梁模板，如土质好可用土胎模，按梁断面挖出槽穴，土质较差可用模板搭设梁模板。

施工缝处的浇筑方法，国内外常用的方法有三种：直接法、填充法和注浆法。

直接法［图 11-4(a)］即在施工缝下部继续浇筑混凝土时，仍然浇筑相同的混凝土，有时添加一些铝粉以减少收缩。为浇筑密实可做一假牛腿，混凝土硬化后可凿去。

充填法［图 11-4(b)］即在施工缝处留出充填接缝，待混凝土面处理后，再于接缝处充填膨胀混凝土或无浮浆混凝土。

注浆法［图 11-4(c)］即在施工缝处留出缝隙，待后浇混凝土硬化后用压力压入水泥浆充填。

施工缝

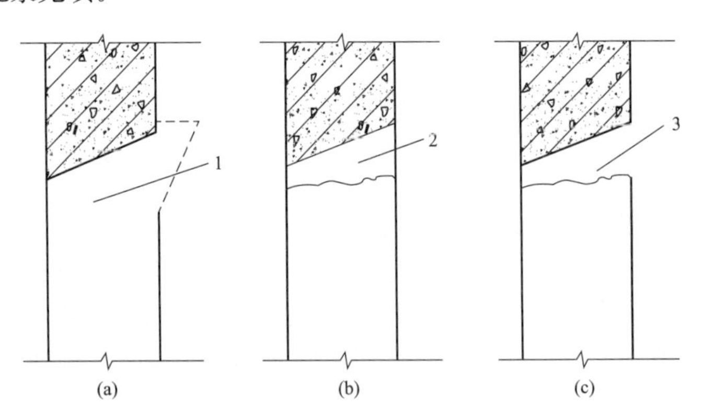


图 11-4 施工缝处的浇筑方法

(a) 直接法；(b) 充填法；(c) 注浆法

1—浇筑混凝土；2—充填无浮浆混凝土；3—压入水泥浆

在上述三种方法中，直接法施工最简单，成本亦最低。施工时可对接缝处混凝土进行二次振捣，以进一步排除混凝土中的气泡，确保混凝土密实和减少收缩。

### 2. 利用支模方式浇筑梁板

用此法施工时，先挖去地下结构一层高的土层，然后按常规方法搭设梁板模板，浇筑梁板混凝土，再向下延伸竖向结构（柱或墙板）。为此，需解决两个问题：一个是设法减少梁板支撑的沉降和结构的变形；另一个是解决竖向构件的上、下连接和混凝土浇筑。

支模

为了减少楼板支撑的沉降和结构变形，施工时需对土层采取措施进行临时加固。加固的方法：可以浇筑一层素混凝土，以提高土层的承载能力和减少沉降，待墙、梁浇筑完毕，开挖下层土方时随土一同挖去，这就要额外耗费一些混凝土；另一种加固方法是铺设砂垫层，上铺枕木以扩大支承面积，这样上层柱子或墙的钢筋可插入砂垫层，以便与下层后浇筑结构的钢筋连接。有时还可用其他吊模板的措施来解决模板的支撑问题。

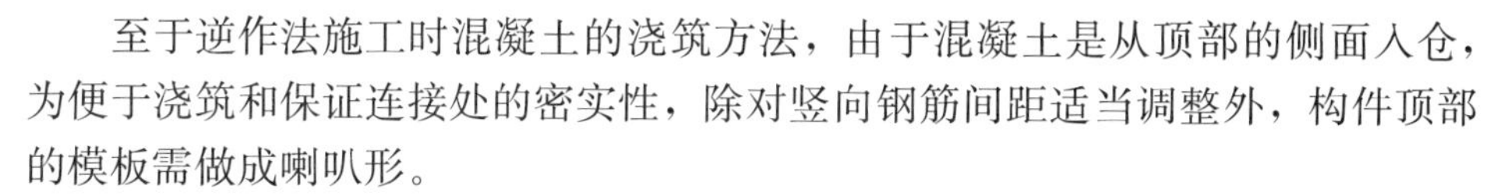

至于逆作法施工时混凝土的浇筑方法，由于混凝土是从顶部的侧面入仓，为便于浇筑和保证连接处的密实性，除对竖向钢筋间距适当调整外，构件顶部的模板需做成喇叭形。

由于上、下层构件的结合面在上层构件的底部，再加上地面土的沉降和刚浇筑混凝土的收缩，在结合面处易出现缝隙。为此，宜在结合面处的模板上预留若干压浆孔，以便用压力灌浆消除缝隙，保证构件连接处的密实性。

### 三、逆作法施工实例

上海基础工程科研楼的逆作法施工是我国第一个按封闭式逆作法施工的工程。该建筑物地下两层，地上五层（塔楼为六层），平面轴线尺寸为 39.85m×13.8m，地上部分为框架结构、钢管柱和预制梁板。地下室是由地下连续墙作外墙，墙厚为 500，墙深 13.5～15.5m，开挖深度 6m，局部 10m。中间支承柱为直径 900mm 的钻孔灌注桩，上部为直径 400mm 的钢管，桩长 27m。

该工程的施工程序是：

（1）施工地下连续墙和中间支承柱钻孔灌注桩。

（2）开挖地下一层土方，构筑顶部圈梁、杯口、腰圈梁、纵横支撑梁和吊装地下一层楼板。

（3）吊装地上 1～3 层的柱、梁、板结构，同时交叉进行地下 2 层的土方开挖。土方完成后，进行底板垫层、钢筋混凝土底板的浇筑。因为经过计算，在底板未完成之前，地下连续墙和中间支承柱只能承受地面上三层的荷载。

逆作法挖土

（4）待底板养护期满，吊装地上 4～5 层的柱、梁、板结构。地下平行地完成内部隔墙等结构工程。

（5）地上、地下同时进行装修和水电等工程。

## 第二节　盾构法施工

### 一、概述

盾构法施工是以盾构掘进机在地下掘进，边稳定开挖面（掘削面）边在机内安全地进行开挖和衬砌作业，从而构筑隧道（地下工程）的施工方法。盾构掘进机通常是指用于土层的隧道掘进机，简称盾构，在实际工程中，隧道掘进机和盾构的称呼并不严格区分。隧道掘进机是指在金属外壳的掩护下进行岩土层开挖或切割、岩土体排运、管片拼装或衬砌现浇、整机推进和衬砌壁后灌浆的隧道挖掘机械系统。它是一个既可以支承地层压力又可以在地层中推进的活动钢筒结构。盾构法施工工艺见图 11-5。

盾构施工优点

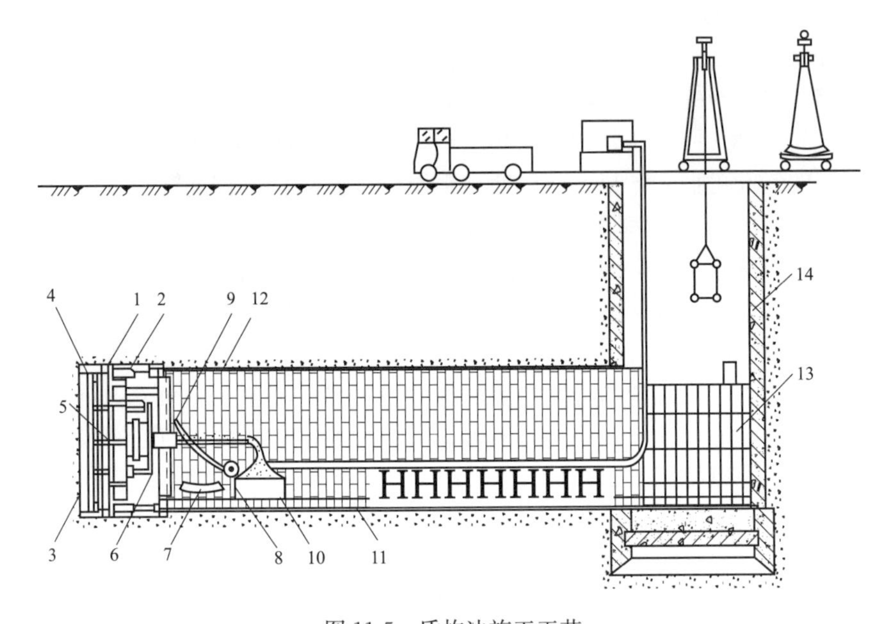


图 11-5　盾构法施工工艺

1—盾构；2—盾构千斤顶；3—盾构正面网格；4—出土转盘；5—出土皮带运输机；6—管片拼装机；7—管片；8—压浆泵；9—压浆孔；10—出土机；11—管片衬砌；12—盾尾空隙中的压浆；13—后盾管片；14—竖井

盾构法施工的大致过程如下：

(1) 建造竖井。

(2) 把盾构主机和配件分批吊入始发竖井中，并在预定始发掘进位置上组装成整机，随后调试其性能使之达到设计要求。

盾构施工缺点

(3) 盾构从始发竖井的墙壁上开孔处出发，沿设计轴线掘进。盾构机的掘进是靠盾构前部的旋转掘削刀盘掘削土体，掘削土体过程中必须始终维持开挖面的稳定（即保证开挖面土体不出现坍塌）。为满足这个要求必须保证刀盘后面土舱内上体对地层的反作用压力（称为被动土压）大于或等于地层的土压（称为主动土压）；靠舱内的出土器械（螺旋杆传送系统或者吸泥泵）出土；靠中部的推进千斤顶推进盾构前进；由后部的举重臂和形状保持器拼装管环（也称隧道衬砌）及保持形状；随后再由尾部的背后注浆系统向衬砌与地层间的缝隙中注入填充浆液，以使防止隧道和地面的下沉。

盾构施工步骤

(4) 盾构掘进到达预定终点的竖井（接收竖井）时盾构进入该竖井，掘进结束。随后检修盾构或解体盾构运出。

上述施工过程中保证开挖面稳定的措施、盾构沿设计路线的高精度推进（盾构的方向、姿态控制）、衬砌作业的顺利进行这三项工作最为关键，有人将其称为盾构工法的三大要素。

## 二、盾构机械类型及构造

盾构机，全名叫盾构隧道掘进机，是一种隧道掘进的专用工程机械，现代盾构掘进机集光、机、电、液、传感、信息技术于一体，具有开挖切削土体、输送土渣、拼装隧道衬砌、测量导向纠偏等功能，涉及地质、土木、机械、力学、液压、电气、控制、测量等多门学科技术，而且要按照不同的地质进行“量体裁衣”式的设计制造，可靠性要求极高。盾构掘进机已广泛用于地铁、铁路、公路、市政、水电等隧道工程。

### （一）盾构机械分类及其适用性

盾构的分类方法较多，从不同的角度有不同的分类。

#### 1. 按挖掘方式分类

按挖掘方式分为：手工挖掘式、半机械挖掘式和机械挖掘式三种。按掘削面的挡土形式，盾构可分为开放式、部分开放式、封闭式三种。

（1）开放式：不设隔板，掘削面敞开，并可直接看到掘削面的掘削方式。

（2）部分开放式：掘削面不完全敞开，而是部分敞开的掘削方式。隔板上开有取出掘削土砂出口的盾构，即网格式盾构也称挤压式盾构。

（3）封闭式：一种设置封闭隔板的机械式盾构。掘削面封闭不能直接看到掘削面，而是靠各种装置间接地掌握掘削面的方式。

盾构机是一种使用盾构法的隧道掘进机。盾构的施工法是掘进机在掘进的同时构建（铺设）隧道之“盾”（指支撑性管片），它区别于敞开式施工法。

#### 2. 按加压稳定掘削面形式分类

按加压稳定掘削面的形式，盾构可分为压气式、泥水加压式、削土加压式、加水式、泥浆式、加泥式六种。

（1）压气式：即向掘削面施加压缩空气，用该气压稳定掘削面。

（2）泥水加压式：即用外加泥水向掘削面加压稳定掘削面。

（3）削土加压式（也称土压平衡式）：即用掘削下来的土体的土压稳定掘削面。

（4）加水式：即向掘削面注入高压水，通过该水压稳定掘削面。

（5）泥浆式：即向掘削面注入高浓度泥浆靠泥浆压力稳定掘削面。

（6）加泥式：即向掘削面注入润滑性泥土，使之与掘削下来的砂卵土层混合，由该混合泥土对掘削面加压稳定掘削面。

#### 3. 按盾构切削面形状分类

按盾构切削断面形状分为圆形、非圆形两大类。圆形又可分为单圆形、半圆形、双圆搭接形、三圆搭接形。非圆形又分为马蹄形、矩形（长方形、正方形、凹矩形、凸矩形）、椭圆形（纵向椭圆形、横向椭圆形）。

### （二）盾构机械的基本构造

盾构由通用机械（外壳、掘削机构、挡土机构、推进机构、管片组装机构、附属机构等部件）和专用机构组成。专用机构因机种的不同而不同，如对土压盾构，专用机构即为排土机构、搅拌机构、添加材注入装置；对泥水盾构而言，专用机构系指送、排土机构，搅拌机构。

由中国铁建重工自主研制的全断面双护盾岩石隧道掘进机（TBM）自带双护盾，集开挖、支护、出渣于一体，可以实现隧道的一次成型。

#### 1. 泥水加压盾构

泥水加压盾构以机械盾构为基础，由盾壳、开挖机构、推进机构、送排泥浆机构、拼装机构、附属机构等组成。

（1）盾壳。盾壳为钢板焊成的圆形壳体，由切口环、支承环和盾尾三部分组成。

切口环位于盾构的前部，前端设有刃口，施工时可以切入土中。刃口大都采用耐磨钢材焊成，切口环为平直式，环口呈内锥形切口。

（2）开挖机构。开挖机构由切削刀盘、泥水室、泥水搅拌装置、刀盘支承密封系统、刀盘驱动系统等部分组成。

盾构机

（3）推进机构、拼装机构、真圆保持器。推进机构主要由盾构千斤顶和液压设备组成。盾构千斤顶沿支承环圆周均匀分布，千斤顶的台数和每个千斤顶推力要根据盾构外径、总推力大小、衬砌构造、隧道断面形状等条件而定。推进机构的液压设备主要由液压泵、驱动马达、操作控制装置、油冷却装置和输油管路组成。

（4）送排泥机构。送、排泥机构由送泥水管、排泥浆管、闸门、碎石机、泥浆泵、驱动机构、流量监控机构等组成。该机构大部分设备都安装在盾构后端的后续台车上。

（5）附属机构。泥水加压盾构的附属机构由操作控制设备、动力变电设备、后续台车设备、泥水处理设备等组成。

泥水加压盾构施工的工作过程为：开启刀盘驱动液压马达，驱动转鼓并带动切削刀盘转动。开启送泥泵，将一定浓度的泥浆泵入送泥管压入泥水室中，再开启盾构千斤顶，使盾构向前推进。此时切削刀盘上的切削刀便切入上层，切下的土渣与地下水顺着刀槽流入泥水室中，土渣经刀盘与搅拌器的搅拌而成为浓度更大的泥浆。随着盾构不断地推进，土渣量不断地增加，泥水室内的泥浆压力逐渐增大，当泥水室的泥浆压力足以抵抗开挖面的土压力与地下水压力时，开挖面就能保持相对稳定而不致坍塌。

土压平衡盾构原理

**2. 土压平衡盾构**

土压平衡盾构是在总结泥水加压盾构和其他类型盾构优缺点的基础上发展起来的一种新型盾构，在结构和原理上与泥水加压盾构有很多相似之处。

**3. 复合式盾构**

复合式盾构是一种不同于一般盾构的新型盾构，其主要特点是具有一机三模式和复合刀盘，即：一台盾构可以分别采用土压平衡、敞开式或半敞开式（局部气压）三种掘进模式掘进；刀盘既可以单独安装掘进硬岩的滚刀或掘进软土的齿刀，也可以两种掘进刀具混装。

因此，复合式盾构既适用于较高强度的岩石地层和软流塑地层施工，也适用于软硬不均匀地层的施工，并能根据地层条件及周边环境条件需要采用适当的掘进模式掘进，确保开挖面地层稳定，控制地表沉降，保护建（构）筑物。在盾构穿过地层为软便不均匀且复杂变化的复合地层时，应根据地层软硬情况、地下水状况、地表沉降控制要求等选择合适的掘进模式。

复合式盾构机

当地层软弱、地下水丰富且地表沉降要求高时，应采用土压平衡模式掘进；当地层较硬且稳定可采用敞开模式掘进；当地层软硬土均匀时，则可采用半敞开模式或土压平衡模式掘进。

复合式盾构的上压平衡、敞开式和半敞开式三种掘进模式在掘进中可以相互转换。在掘进模式转换过程中，特别是土压平衡和敞开模式相互转换时，采用半敞开模式来逐步过渡并在地层条件较好、稳定性较高的地层中完成掘进模式转换。有利于防止在掘迎模式转换中发生涌水、地层过大沉降或塌陷，确保施工安全不同的刀具其破岩（土）机理不同。相同的刀具对不同地层掘进效果差异大。

因此，在掘进前，应针对盾构掘进通过的地层在隧道纵向和横断面的分布情况来确定具体的掘进刀具的组合布置方式和更换刀具的计划。如：全断面为岩石地层应采用盘形滚刀破岩；全断面为软土（岩）应采用齿刀掘进；断面内为岩、土软硬混合地层则应采用滚刀和齿刀混合布置。

地层的软硬不均匀会对刀具产生非正常的磨损（如弦磨、偏磨等）甚至损坏，因此，在软硬不均复杂地层的盾构掘进中，应通过对盾构掘进速率、参数和排出渣土等的变化状况观察分析或采取进仓观测等方法加强对刀具磨损的检测，据此及时调整或恰当实施换刀计划，以较少的刀具消耗实现较高的掘进效率。

### 三、盾构施工的准备工作

盾构施工的准备工作主要有盾构竖井的修建、盾构拼装的检查、盾构施工附属设施的准备。

#### （一）盾构竖井的修建

采用盾构法施工时，首先要在隧道的始端和终端开挖基坑或建造竖井，用作盾构及其设备的拼装井（室）和拆卸井（室），特别长的隧道，还应设置中间检修工作井（室）。拼装和拆卸用的工作井，其建筑尺寸应根据盾构装拆的施工要求来确定。

盾构施工是在地面（或河床）以下一定深度进行暗挖施工的，因而在盾构起始位置上要修建一竖井进行盾构的拼装，称为盾构拼装井。在盾构施工的终点位置还需拆卸盾构并将其吊出，也要修建竖井，这个竖井称盾构到达井或盾构拆卸井。此外，长隧道中段或隧道弯道半径较小的位置还应修建盾构中间井，以便盾构的检查和维修以及盾构转向。竖井一般都修建在隧道中线上，当不能在隧道中线上修建竖井时，也可在偏离隧道中线的地方建造竖井，然后用横通道或斜通道与竖井连接。盾构竖井的修建要结合隧道线路上的设施综合考虑，成为隧道线路上的通风井、设备井、排水泵房、地铁车站等永久结构，否则是不经济的。

盾构拼装井，是为吊入和组装盾构、运入衬砌材料和各种机具设备以及出渣、作业人员的进出而修建的。盾构拼装井的形式多为矩形，也有圆形。矩形断面拼装井的结构及有关尺寸要求见图 11-6。

盾构机拼装车

拼装井的长度要能满足盾构推进时初始阶段的出渣，运入衬砌材料、其他设备以及进行连续作业与盾构拼装检查所需的空间。一般拼装井长度 $A$ 为 $L+(0.5\sim1.0)$m 在满足初始作业要求的情况下，$A$ 值越小越好，拼装井的宽度 $B$ 一般取：$D+(1.6\sim2)$m。

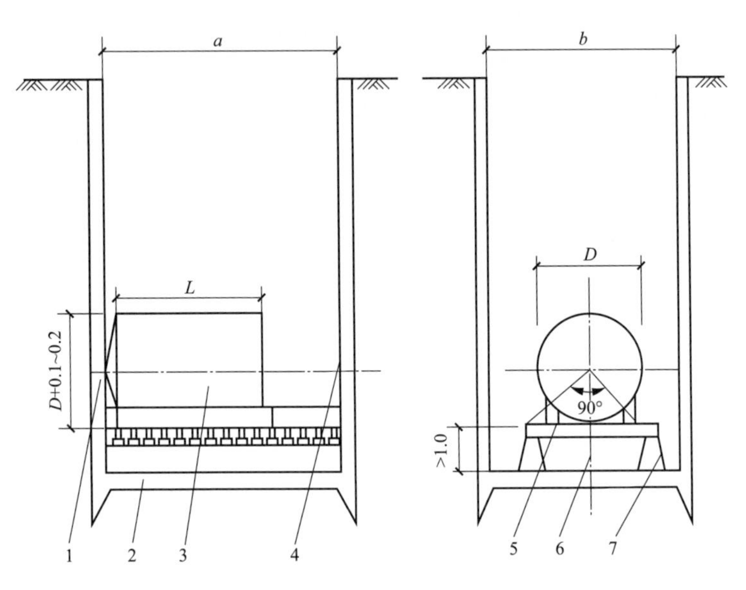


图 11-6 盾构拼装井

1—盾构进口；2—竖井；3—盾构；4—后背；5—导轨；6—横梁；7—拼装台基础

$D$—盾构直径；$L$—盾构长度；$a$—拼装井长度；$b$—拼装井宽度

管片拼装

管片拼装缝隙检查

盾构拼装井内设置盾构拼装台，盾构拼装台一般为钢结构或钢筋混凝土结构。台上设有导轨，承受盾构自重和盾构移动时的其他荷载，支承盾构的两根导轨，应能保证盾构向前推进时，方向准确而不发生摆动，且易于推进。两根导轨的间距，取决于盾构直径的大小。

### （二） 盾构拼装的检查

盾构的拼装一般在拼装井底部的拼装台上进行，小型盾构也是在地面拼好后整体吊入井内。拼装必须遵照盾构安装说明书进行，拼装完毕的盾构，都应做如下项目的技术检查，检查合格后方可投入使用。

#### 1. 外观检查

检查盾构外表有无与设计图不相符的部件、错件和错位件与内部相通的孔眼是否畅通；检查盾构内部所有零部件是否齐全，位置是否准确，固定是否牢靠；检查防锈涂层是否完好。

#### 2. 主要尺寸检查

盾构的圆度与不直度误差的大小，对推进过程中的蛇行量影响很大，因此，在圆度和直度偏差方面，应满足相关要求。

#### 3. 液压设备检查

（1）耐压试验：以液压设备允许的最高压力，在规定的时间里，进行加压，检查各设备、管路、阀门、千斤顶等有无异常。

（2）在额定压力下，检查液压设备的动作性能是否良好。

4. 无负荷运转试验检查

（1）盾构千斤顶的动作试验检查；

（2）拼装机构的动作试验检查；

（3）刀盘的回转试验检查；

（4）螺旋输送机的运转试验检查；

（5）真圆保持器的运转试验检查；

（6）泵组和其他设备的运转试验检查。

5. 电器绝缘性能检查

检查各用电设备的绝缘阻抗值是否在有关说明规定之内。

6. 焊接检查

检查盾构各焊接处的焊缝有否脱、裂现象，必要时进行补焊。具体规定可参见有关焊接规范。

组装调试流程图

### （三）盾构施工附属设备的准备

盾构施工所需的附属设备，随盾构类型、地质条件、隧道条件不同而异。一般来说，盾构施工设备分为洞内设备和洞外设备两部分。

1. 洞内设备

洞内设备是指除盾构外从竖井井底到开挖面之间所安装的设备。

（1）排水设备。隧道内的排水设备主要是排除开挖面的涌水，洞内漏水和施工作业后的废水，常用的有水泵、水管、闸阀等。这些设备最好能随开挖面移动，以便迅速、及时地清除开挖面积水。

（2）装渣设备。人工挖掘盾构是人工装渣；半机械化盾构由机械装渣；除泥水加压盾构用排泥泵出渣外，其余盾构的装渣设备一般都与皮带运输机配合使用。

（3）运输设备。盾构法的洞内运输，大多采用电力机车有轨运输方式。在进行配套时应考虑开挖土量、衬砌构件、压浆材料、临时设备、各类机械设备的运输情况和运送的循环时间，一般有：电瓶机车、装渣斗车、平板车、轨道设备等。

2. 洞外设备

在洞外必须设置所需的容量足够的设备，并确保设备用地。

（1）低压空气设备。采用气压法施工时，需提供干净、适宜的湿度及温度、气压和气量符合要求的空气。这些设备有：低压空气压缩机、鼓风机及相应的气体输送管道、阀门、消声除尘器、净化装置等辅助设备。

（2）高压空气设备。主要为开挖面的风动设备提供所需高压空气，这类设备有：高压空气压缩机及相应辅助设备。

（3）土渣运输设备。包括洞内运至地面的设备、运至弃渣场的设备两部分。

1）从洞内向地面运输应配的设备由运输和提升方法确定，一般为：渣斗

盾构开挖推进

的提升起重设备；转运土渣的渣仓或漏斗，皮带运输机其他垂直运输设备。

2）运至弃渣场的设备，根据土渣的物理性状与状态确定运输方式后再作选择。

## 四、盾构的开挖和推进

### 1. 盾构的开挖

盾构的开挖分敞胸（口）式、闭胸式和网格式开挖三种方式。无论采取什么开挖方式，在盾构开挖之前，必须确保出发竖井的盾构进口封门拆除后地层暴露面的稳定性，必要时应对竖井周围和进出口区域的地层预先进行加固。拆除封门的开挖工作要特别慎重，对敞胸式开挖的盾构要先从封门顶部开始拆除，拆一块立即用盾构内的支护挡板进行支护，防止暴露面坍塌。对于挤压开挖和闭胸切削开挖的盾构，一般由下而上拆除封门，每拆除一块就立即用土砂充填，以抵抗土层压力。盾构通过临时封门后应用混凝土将管片后座与竖井井壁四周的间隙填实，防止土砂流入，并使盾构推进时的推力均匀传给井壁。有时还要立即压浆防止土层松动、沉陷。

### 2. 盾构推进和纠偏

盾构进入地层后，随着工作面不断开挖，盾构也不断向前推进。盾构推进过程中应保证盾构中心线与隧道设计中心线的偏差在规定范围内。导致盾构偏离隧道中线的因素很多，如土层不均匀，地层中有孤石等障碍物造成开挖面四周阻力不一致，盾构千斤顶的顶力不一致，盾构重心偏于一侧，闭胸挤压式盾构上浮，盾构下部土体流失过多造成盾构叩头下沉等，这些因素将使盾构轨迹变成蛇行。因此，在盾构推进过程中要随时测量，了解偏差，及时纠偏。

## 五、盾构衬砌施工，衬砌防水和向衬砌背后压浆

### （一）盾构衬砌施工

盾构法修建隧道常用的衬砌类型有：预制的管片衬砌、现浇混凝土衬砌、挤压式现浇混凝土衬砌以及先安装预制管片外衬后再现浇混凝土内衬的复合式衬砌。其中，以管片衬砌最为常见。下面对这几种常用的衬砌的施工简单介绍一下。

#### 1. 预制的管片衬砌施工

管片衬砌就是采用预制管片，随着盾构的推进在盾尾依次拼装衬砌环，由衬砌环纵向依次连接而成的衬砌结构。

预制管片的种类很多，按预制材料分有：铸铁管片、钢管片、钢筋混凝土管片、钢与钢筋混凝土组合管片。按结构形式分有：平板形管片，箱形管片。

管片接头一般可用螺栓连接，但有的平板形管片不用螺栓连接，而采用榫槽式接头或球铰式接头，这种不用螺栓连接的管片也称砌块。

管片衬砌环一般分标准管片、封顶管片和邻接管片三种，转弯时将增加楔形管片。

混凝土浇筑

#### 2. 混凝土衬砌施工

采用现浇混凝土进行盾构隧道衬砌施工可以改善衬砌受力状况，减少地表沉陷，同时可节省预制管片的模板及省去管片预制工作和管片运输工作。

### 3. 挤压式现浇混凝土衬砌施工

目前挤压式现浇混凝土衬砌施工是盾构隧道衬砌施工的发展新趋势。这种方法采用自动化程度较高的泵送混凝土通过管道输送到盾尾衬砌施工作业面，经盾构后部专设的千斤顶对衬砌混凝土进行挤压施工，在施工中必须恰如其分地掌握好盾构前进速度与盾尾内现浇混凝土的施工速度及衬砌混凝土凝固的快慢关系。采用挤压混凝土衬砌施工时要求围岩在施工时保持稳定，不能在挤压时变形。挤压式现浇混凝土衬砌施工见图 11-7。

在盾构开挖隧道过程中，用一套衬砌施工设备在盾尾同步灌注的混凝土或钢筋混凝土整体式衬砌，因其灌注后即承受盾构千斤顶推力的挤压作用，故称为挤压混凝土衬砌。

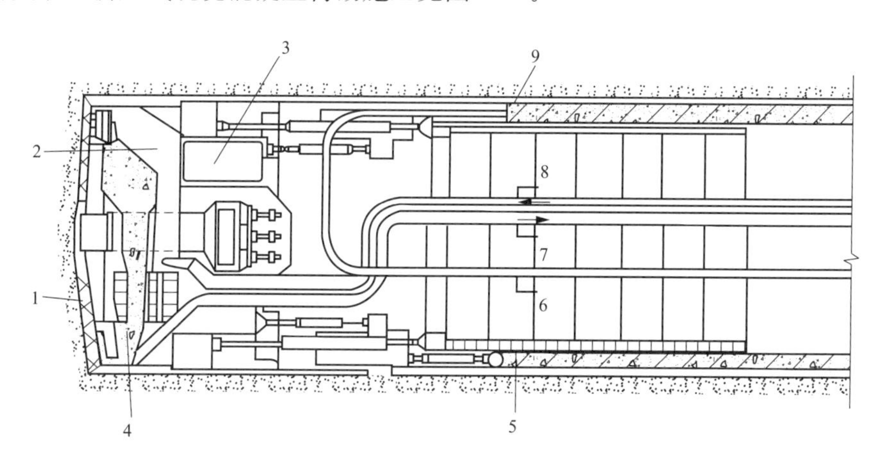


图 11-7　挤压式现浇混凝土衬砌施工

1—护壁支撑面；2—空气缓冲器；3—空气闸；4—碎石土渣；5—混凝土模板；6—混凝土输送管；7—土渣运输管；8—送料管；9—结束端模板

## （二）衬砌防水

隧道衬砌除应满足结构强度和刚度要求外，还应解决好防水问题，以保证隧道在运营期间有良好的工作环境，否则会因为衬砌漏水而导致结构破坏、设备锈蚀、照明减弱，危害行车安全和影响外观。此外，在盾构施工期间也应防止泥、水从衬砌接缝中流入隧道，引起隧道不均匀沉降和横向变形而造成事故。

隧道衬砌防水施工主要解决管片本身的防水和管片接缝防水问题。

衬砌指的是为防止围岩变形或坍塌，沿隧道洞身周边用钢筋混凝土等材料修建的永久性支护结构。

### 1. 管片本身防水

管片本身防水施工主要满足管片混凝土的抗渗要求和管片预制精度要求。管片尺寸见图 11-8。

### 2. 管片接缝防水

前述确保管片制作精度的目的主要使管片接缝接头的接触面密贴，使其不产生较大的初始缝隙。但接触面再密贴，不采取接缝防水措施仍不能保证接缝不漏水。目前，管片接缝防水措施主要有密封垫防水、嵌缝防水、螺栓孔防水、二次衬砌防水等。

管片接缝防水

（1）密封垫防水。管片接缝分环缝和纵缝两种。采用密封垫防水是接缝防水的主要措施。如果防水效果良好，可以省去嵌缝防水工序或只进行部分嵌缝。密封垫要有足够的承压能力（纵缝密封垫比环缝稍低）、弹性复原力和黏着力，使密封垫在盾构千斤顶顶力的往复作用下仍能保持良好的弹性变形性能。因此，密封垫一般采用弹性密封垫。弹性密封防水主要是利用接缝弹性材料的挤密来达到防水目的。弹性密封垫有未定型和定型制品两种。未定型制品有现场浇涂的液状或膏状材料，如焦油聚氨酯弹性体。定型制品通常使用的材料是各种不同硬度的固体氯丁橡胶、丁基橡胶或天然橡胶、乙丙胶改性的橡胶及遇水膨胀防水橡胶等加工制成的各种不同断面的带形制品，其断面形式有抓斗形、齿槽形（梳形）等品种。

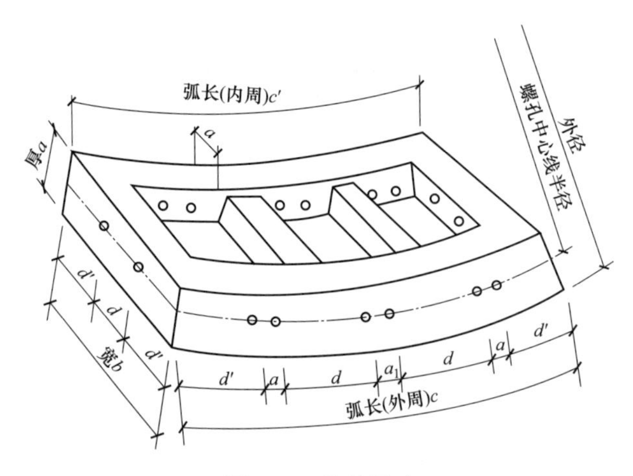


图 11-8　管片尺寸

嵌缝防水要求

（2）嵌缝防水。嵌缝防水是以接缝密封垫防水作为主要防水措施的补充措施。即在管片环缝、纵缝中沿管片内侧设置嵌缝槽，用止水材料在槽内填嵌密实来达到防水目的，而不是靠弹性压密防水。

（3）螺栓孔防水。管片拼装完之后，若在管片接缝螺栓孔外侧的防水密封垫止水效果好，一般就不会再从螺栓孔发生渗漏，但在密封垫失效和管片拼装精度差的部位上的螺栓孔处会发生漏水，因此必须对螺栓孔进行专门防水处理。

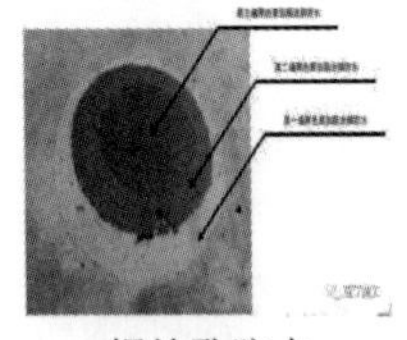
螺栓孔防水

#### （三）向衬砌背后压浆

在盾构隧道施工过程中，为了防止隧道周围土体变形，防止地表沉降和地层压力增长等，应及时对盾尾和管片衬砌之间的建筑空隙进行充填压浆，压浆还可以改善隧道衬砌的受力状态，使衬砌与周围土层共同变形，减小衬砌在自重及拼装荷载作用下的椭圆率。用螺栓连接管片组成的衬砌环，接头处活动性很大，故管片衬砌属几何可变结构。此外，在隧道周围形成一种水泥连接起来的地层壳体，能增强衬砌的防水效能。因此只有在那些能立即填满衬砌背后空隙的地层中施工时，才可以不进行压浆工作，如在淤泥地层中闭胸挤压施工。

## 第三节　地下工程顶管法

### 一、概述

顶管法施工是继盾构施工之后发展起来的地下管道施工方法，最早于 1896

年美国北太平洋铁路铺设工程中应用，已有百年历史。20 世纪 60 年代在世界各国推广应用。近 20 年，日本研究开发土压平衡、水压平衡顶管机等先进顶管机头和工法。中国创造钢管顶管世界纪录：一次最大顶进距离为 1743m，1997 年上海黄浦江上游引水工程的长桥支线顶管，钢管直径 3.5m。

顶管法施工

顶管法又称顶进法，是将预先造好的管道，按设计要求分节用液压千斤顶支承于后墩上，将管道逐渐压入土层中去，同时，将管内工作面前的泥土，在管内开挖、运输的一种现代化的管道敷设施工技术。顶管施工是继盾构施工之后而发展起来的一种地下管道施工方法，它不需要开挖面层，并且能够穿越公路、铁道、河川、地面建筑物、地下构筑物以及各种地下管线等，是一种短距离、小管径类地下管线工程施工方法，在许多国家被广泛采用。可以应用于水利水电工程、市政、供水、公路、铁路、电力和电信等部门，顶管材料可以是混凝土预制管、钢管、现代工程塑料管等，也可以是有压管、无压管。

顶管法施工受到地质条件的限制，顶进时顶进管既承受很大的推进力又承受使用时的荷载，应力非常复杂，为了保证正常使用寿命，施工前必须了解管路所通过的土层及管路承受的荷载，土层的性质对顶管设备组成、挖土和运土方式、力学计算条件以及推顶方法都起决定作用。顶管法施工技术主要适用于土层，在软岩和其他松软地层中也有使用。

## 二、顶管施工的分类及特点

顶管施工的分类方法很多，而且每一种分类方法都只是从某一个侧面强调某一方面，不能也无法概全，所以，每一种分类方法都有其局限性。

按照前方挖土方式的不同，顶管可分为三种：

（1）普通顶管。管前用人工挖土，设备简单，能适应不同的土质，但工效较低。

（2）机械化顶管。工作面采用机械挖土，工效高，但对土质变化的适应性较差，该方法又分为全面挖掘式和螺旋钻进式两种，亦可与人工挖土相结合。

（3）水射顶管。使用水力射流破碎土层，工作面要求密闭，破碎的土块与水混合成泥浆，用水力运输机械运出管外，多用于穿越河流的顶管，现场要求有供水源和排水道，这种顶管的机头是密封的。

顶管法施工就是在工作坑内借助于顶进设备产生的顶力，克服管道与周围土壤的摩擦力，将管道按设计的坡度顶入土中，并将土方运走。

在特殊地层和地表环境下施工，顶管法具有很多优点。与明挖管方法相比，其主要优点在于：

（1）减少土方工程的开挖量，可以减少对路面、绿化等设施的破坏，减少建筑垃圾集中搬运的污染；

（2）节约沟管基座材料，可以减少水泥、砂石料的用量；

（3）不干扰地面交通，对穿越交叉路口、铁路道口、河堤尤为显著；

（4）不必搬迁地面建（构）筑物，顶管法可穿越地面和地下建筑；

（5）施工场地少，有利于市区建筑密集地段新管道的铺设和旧管道的维修；

（6）施工噪声小，减少对沿线环境的影响；

顶管施工工艺

（7）直接在松软土层或富水松软地层中敷设中、小型管道，无须挖槽或开挖土方，可避免为疏干和固结土体而采用降低水位等辅助措施，从而大大加快了施工进度。

与明挖管方法相比，顶管法的不足之处在于：

（1）曲率半径小而且多种曲线组合在一起时，施工就非常困难；

（2）在软土层中容易发生偏差，而且纠正这种偏差又比较困难，管道容易产生不均匀下沉；

（3）推进过程中如果遇到障碍物时处理这些障碍物则非常困难；

（4）在覆土浅的条件下显得不很经济。

与盾构施工相比，顶管法主要优点在于：

（1）推进完了不需要进行衬砌，节省材料，同时也可缩短工期；

（2）工作坑和接收坑占用面积小，公害少；

（3）挖掘断面小，渣土处理量少；

（4）作业人员少；

（5）造价比盾构施工低；

（6）地面沉降小。

与盾构施工相比，顶管法的缺点是：

（1）超长距离顶进比较困难，曲率半径变化大时施工也比较困难；

（2）在转折多的复杂条件下施工则工作坑和接收坑都会增加。

## 三、顶管法的基本设备构成

顶管法主要由顶进设备、工具管、中继环、工程管及吸泥设备等构成。下面分别介绍各部分的功能。

顶进设备

### 1. 顶进设备

顶进设备主要包括后座立油缸、顶铁和导轨等，后座设置在主油缸与反力墙之间，其作用是将油缸的集中力分散传递给反力墙。通常采用分离式，即每个主油缸后各设置一块后座。

### 2. 工具管（又称顶管机头）

顶管机头

工具管安装于管道前端，是控制顶管方向、出泥和防止塌方等多功能装置。外形与管道相似，它由普通顶管中的刃口演变而来，可以重复使用。目前常用三段双校型工具管。前段与中段之间设置一对水平铰链，通过上下纠偏油缸，可使前段绕水平铰上下转动；同样，垂直铰链通过左右纠偏油缸可实现（由中段带动）前段绕垂直铰链作左右转动，由此实现顶进过程的纠偏。

工具管的前段与铰座之间用螺栓固定，可方便拆卸，这样根据土质条件可更换不同类型的前段。为了防止地下水和泥砂由段间缝隙进入，段间连接处内、外设置两道止水圈（它能承受地下水头压力），以保证工具管纠偏过程在密封条件下进行。

工具管内部分冲泥舱、操作室和控制室三部分。冲泥舱前端是尺脚及格栅，其作用是切土和挤土，并加强管口刚度，防止切土时变形，冲泥舱后是操作室，由胸板隔开，工人在操作室内操纵冲泥设备。泥砂从格栅被挤入冲泥舱，冲泥设备将其破碎成泥浆，泥浆通过吸泥口、吸泥管和清理阴井被水力吸泥机排放到管外。工具管的后部为控制室，是顶管施工的控制中心，用以了解顶管过程、操纵纠偏机械、发出顶管指令等。

3. 中继环

长距离顶管，采用中继环接力顶进技术是十分有效的措施，中继环是长距离顶管中继接力的必需设备。随顶进距离增大显然，将长距离顶管分成若干段，在段与段之间设置中继环，接力顶进设备可使后续段只克服顶进管段侧面摩擦力即可，按自前至后顺序开动中继环油缸，顶进管道可实现长距离顶进。中继环油缸工作时，后面的管段成了后座，将前面相邻管段推向前方，分段克服侧面摩擦力。

中继环

其实质是将长距离顶管分成若干段，在段与段之间设置中继接力顶进设备（中继环），以增大顶进长度，中继环内成环形布置有若干中继油缸，中继油缸工作时，后面的管段成了后座，前面的管段被推向前方。这样可以分段克服摩擦阻力，使每段管道的顶力降低到允许顶力范围内，见图 11-9。

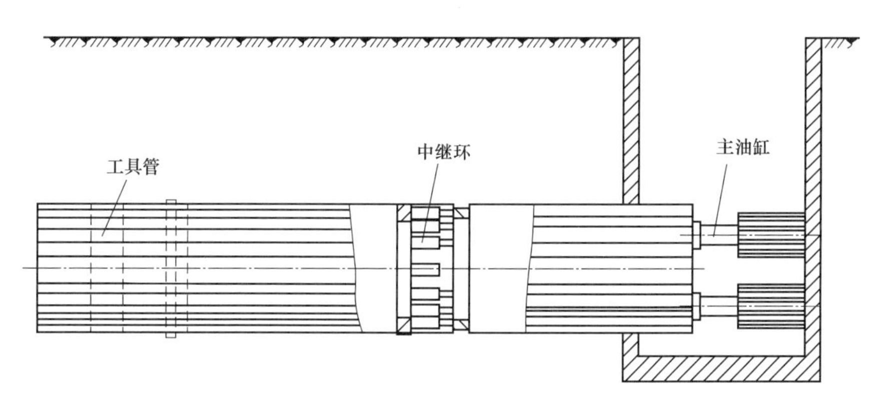

图 11-9 中继环示意

## 四、顶管法的基本原理

顶管施工就是借助于主顶油缸及管道间中继间等的推力，把工具管或掘进机从工作坑内穿过土层一直推到接收坑内吊起。与此同时，也就把紧随工具管或掘进机后的管道埋设在两坑之间，这是一种非开挖的敷设地下管道的施工方法。

顶管施工最突出的特点就是适应性。针对不同的地质情况、施工条件和设计要求，选用与之适应的顶管施工方式，对于顶管施工来说将是非常关键的。

一个比较完整的顶管施工大体包括以下 16 大部分：

（1）工作坑——工作坑也称基坑，是安放所有顶进设备的场所，也是顶管掘进机的始发场所。

（2）洞口止水圈——洞口止水圈是安装在工作坑的出洞洞口和接收坑的进洞洞口，具有防止地下水和泥砂流到工作坑和接收坑的功能。

（3）掘进机——掘进机是顶管用的机器，它总是安放在所顶管道的最前端，它有各种形式，是决定顶管成败的关键所在。

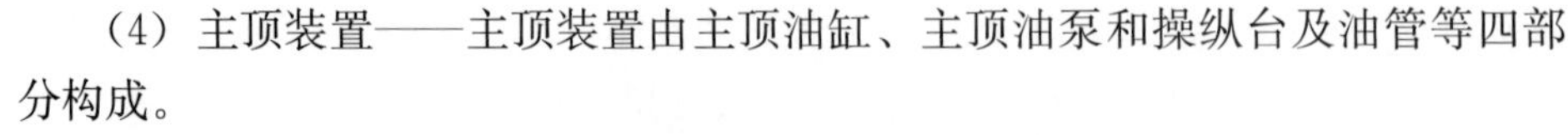

（4）主顶装置——主顶装置由主顶油缸、主顶油泵和操纵台及油管等四部分构成。

（5）顶铁——顶铁有环形顶铁和弧形或马蹄形顶铁之分。

（6）基坑导轨——基坑导轨是由两根平行的箱形钢结构焊接在轨枕上制成。

（7）后座墙——后座墙是把主顶油缸推力的反力传递到工作坑后部土体中去的墙体。它的构造会因工作坑的构筑方式不同而不同。

顶管施工流程图

（8）推进用管及接口——推进用管分为多管节和单一管节两大类。

（9）输土装置——输土装置会因不同的推进方式而不同。

（10）地面起吊设备——地面起吊设备最常用的是门式行车，它操作简便、工作可靠，不同口径的管子应配不同吨位的行车，其缺点是转移过程中拆装比较困难。

（11）测量装置——通常用得最普遍的测量装置就是置于基坑后部的经纬仪和水准仪。

（12）注浆系统——注浆系统由拌浆、注浆和管道三部分组成。

（13）中继站——中继站亦称中继间，它是长距离顶管中不可缺少的设备。

（14）辅助施工——顶管施工有时离不开一些辅助的施工方法，如手掘式顶中常用的井点降水、注剂等，又如进出洞口加固时常用的高压旋喷施工和搅拌桩施工等。

顶进设备布置图

（15）供电及照明——一般照明光源的电源电压应采用220V。1500W及以上的高强度气体放电灯的电源电压宜采用380V（由灯的额定电压确定）。当电力设备有大功率冲击性负荷时，照明宜与冲击性负荷接自不同变压器；如条件不允许，需接自同一变压器时，照明应由专用馈电线供电。

（16）通风与换气——通风与换气是长距离顶管中不可缺少的一环，不然的话，则可能发生缺氧或气体中毒现象，千万不能大意。

# 第十二章 脚手架工程

## 教学目标

### （一）总体目标

通过本章的学习，使学生熟悉双排扣件式落地钢管脚手架的构造要求、施工方法；型钢悬挑钢管脚手架的设计与施工；高处作业吊篮的安装与使用；脚手架工程的安全管理；脚手架工程的概念。通过体会和学习现代脚手架的设计与施工，激发学生对土木工程施工技术的专业热爱和学习激情，建立学生扎实基础、持续发展的理念，增强学生扎根祖国、建设祖国的爱国热情。

### （二）具体目标

#### 1. 专业知识目标

（1）熟悉脚手架的分类、选型、构造组成；

（2）熟悉脚手架的搭设及拆除的基本要求；

（3）熟悉双排扣件式落地钢管脚手架的构造要求；

（4）熟悉双排扣件式落地钢管脚手架的施工方法；

（5）掌握型钢悬挑钢管脚手架的设计；

（6）掌握型钢悬挑钢管脚手架的施工；

（7）熟悉高处作业吊篮的安装；

（8）熟悉高处作业吊篮的使用；

（9）掌握脚手架工程的安全管理。

#### 2. 综合能力目标

（1）能明确任务要求，完成对该任务的要求；

（2）能够理解各类脚手架的施工工艺；

（3）结合国家建筑标准，理解脚手架的安装及拆卸要求。

#### 3. 综合素质目标

（1）激发学生对土木工程施工的学习激情，建立学生对土木工程施工技术进一步创新的愿望，提升学生专业认同感；

（2）增强学生扎根祖国、建设祖国的爱国热情。

## 教学重点和难点

### （一）重点

（1）几种常见脚手架的基本构造及材质要求；

（2）掌握各类脚手架的搭设及拆除的基本要求；

（3）掌握型钢悬挑钢管脚手架的设计；
（4）掌握型钢悬挑钢管脚手架的施工；
（5）脚手架工程的安全管理。

### （二）难点

（1）各种脚手架的安装及拆除的安全技术要求；
（2）型钢悬挑钢管脚手架的设计；
（3）型钢悬挑钢管脚手架的施工。

## 教 学 策 略

本章是土木工程施工课程的第六章，对《建筑施工扣件式钢管脚手架安全技术规范》（JGJ 130—2011）中脚手架安装及拆除的安全技术要求部分如何在施工中实现起到重要的引领作用，教学内容涉及面广，专业性较强。各类脚手架的搭设及拆除的基本要求、脚手架工程的安全管理是本章教学的重点和难点。为帮助学生更好地学习本章知识，采取“课前知识回顾——课中教学互动——技能训练——课后拓展”的教学策略。

（1）课前引导：提前介入学生学习过程，要求学生了解本专业相关规范中的知识点，为课程学习进行知识储备。

（2）课中教学互动：课堂教学教师讲解中，以大量现场案例图片和视频的形式，让学生直观和系统地了解、理解整个脚手架工程。

（3）技能训练：结合实际工程现场，进行实际工程案例的设计和计算。

（4）课后拓展：引导学生自主学习与本课程相关的规范，包括《建筑施工扣件式钢管脚手架安全技术规范》（JGJ/T 130—2011）、《建筑施工门式钢管脚手架安全技术标准》（JGJ/T 128—2010）、《建筑施工工具式脚手架安全技术规范》（JGJ 202—2010）、《直缝电焊钢管》（GB/T 13793—2016）、《碳素结构钢》（GB/T 700—2006）、《钢管脚手架扣件》（GB 15831—2006），拓宽学生视野，增加学生的实践能力。

## 教 学 架 构 设 计

### （一）教学准备

（1）情感准备：和学生沟通，了解学情，鼓励学生，增进感情。
（2）知识准备：
1）学习：《建筑施工扣件式钢管脚手架安全技术规范》（JGJ 130—2011）中第26页的相关知识点；
2）预习：“雨课堂”分布的预习内容和脚手架工程的视频。
（3）授课准备：学生分组，要求学生带问题进课堂。
（4）资源准备：授课课件、数字资源库等。

### （二）教学架构

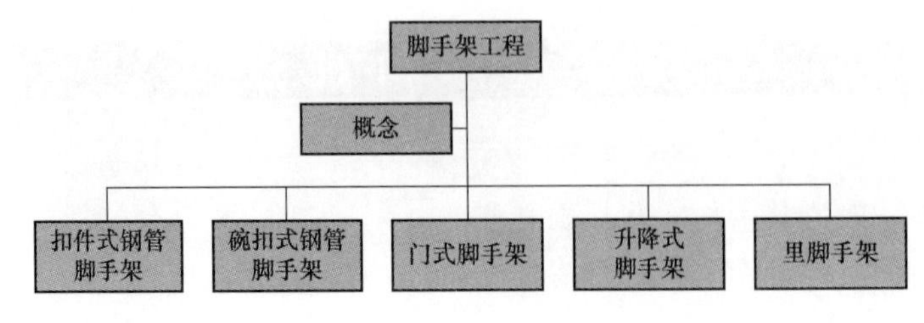

### （三）实操训练

完成《脚手架工程之我的理解》小视频并上传到课程 QQ 群。

### （四）思政教育

根据授课内容，本章主要在专业认同感、持续创新、热爱祖国三个方面开展思政教育。

### （五）效果评价

采用注重学生全方位能力评价的“五位一体评价法”，即自我评价（20%）+团队评价（20%）+课堂表现（20%）+教师评价（20%）+自我反馈（20%）评价法。同时引导学生自我纠错、自主成长并进行学习激励，激发学生学习的主观能动性。

### （六）学时建议

4/56（本章建议学时/课程总学时）。

脚手架是土木工程施工必备的重要设施，它是为保证高处作业安全、顺利进行施工而搭设的工作平台或作业通道。

我国的脚手架由主要利用竹、木材料发展出现了钢管扣件式脚手架以及各种钢制工具式脚手架，到 20 世纪 80 年代以后，随着土木工程的发展，又开发出一系列新型脚手架，如升降式脚手架等。

双排落地式钢管脚手架

脚手架的种类很多，按其搭设位置分为外脚手架和里脚手架两大类；按其所用材料分为竹脚手架与金属脚手架；按其构造形式分为多立杆式、门式、悬挑（挂）式、升降式等。目前脚手架的发展趋势是采用高强度金属材料制作、具有多种功用的组合式脚手架，可以适用不同情况作业的要求。

对脚手架的基本要求是：工作面满足工人操作、材料堆置和运输的需要；结构有足够的承载能力和稳定性，变形满足要求；装拆简便，便于周转使用。

外脚手架按搭设安装的方式有四种基本形式，即落地式脚手架、悬挑式脚手架、悬挂式脚手架及升降式脚手架（图 12-1）。搭设高度不大的里脚手架一般用小型工具式的脚手架，如搭设高度较大时可用移动式里脚手架或满堂搭设的脚手架。

悬挑式双排脚手架

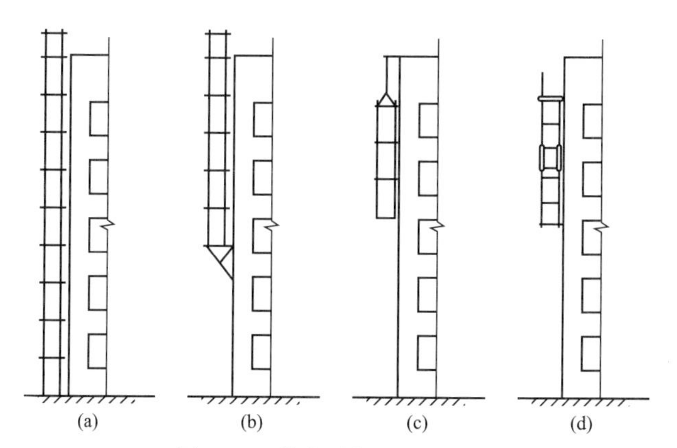

图 12-1　外脚手架的几种形式

（a）落地式；（b）悬挑式；（c）悬挂式；（d）升降式

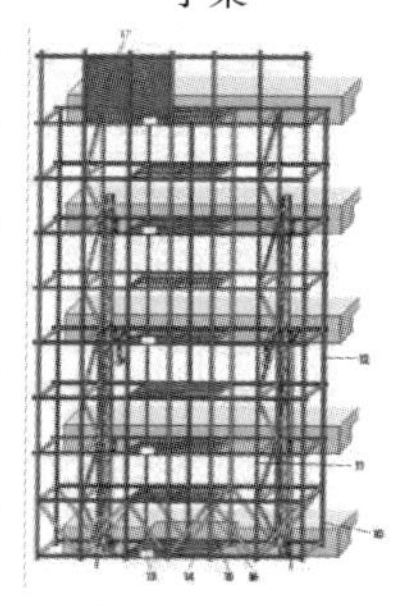
升降式脚手架

## 第一节 扣件式钢管脚手架

扣件式钢管外脚手架

扣件式钢管脚手架由立杆、纵向水平杆、横向水平杆、剪刀撑、脚手板等组成。它可用于外脚手架（图 12-2），也可作内部的满堂脚手架和模板支架，是目前常用的一种脚手架。

扣件式钢管脚手架的特点是通用性强；搭设高度大；装卸方便；坚固耐用。

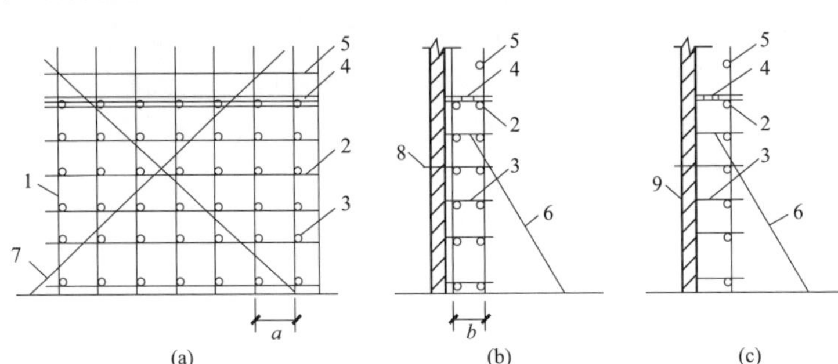

图 12-2 扣件式钢管外脚手架

（a）立面；（b）侧面（双排）；（c）侧面（单排）

1—立杆；2—纵向水平杆；3—横向水平杆；4—脚手板；

5—栏杆；6—剪刀撑；7—抛撑；8—连墙件；9—墙体

### 一、基本构造

扣件式脚手架是由标准钢管杆件（立杆、横杆、斜杆）和特制扣件组成的脚手架框架与脚手板、防护构件、连墙件等组成的。

#### （一）钢管杆件

脚手架钢管外形要求

钢管杆件一般采用外径 48mm、壁厚 3.5mm 的焊接钢管或无缝钢管。用立杆、纵向水平杆、剪刀杆的钢管最大长度不宜超过 6.5m，最大重量不宜超过 250N，以便适合人工搬运。用于横向水平杆的钢管长度应适应脚手板的宽度。

#### （二）扣件

扣件用可锻铸铁铸造或用钢板压制，其基本形式有两种（图 12-3）：供两根成垂直相交钢管连接用固定的直角扣件、供两根呈任意角度相交钢管连接用的回转扣件和供两根对接钢管连接用的对接扣件。

回转扣件的连接

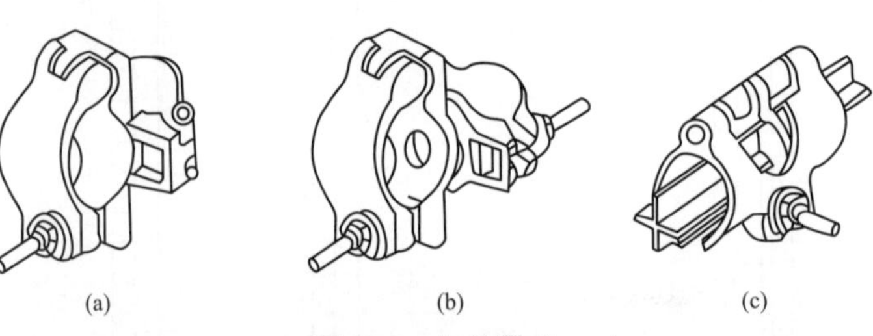

图 12-3 扣件形式

（a）直角扣件；（b）回转扣件；（c）对接扣件

在使用中，虽然回转扣件可连接任意角度的相交钢管，但对直角相交的钢管应用直角扣件连接，而不应用回转扣件连接。

### （三） 脚手板

钢板脚手板

脚手板有两种形式，一种是钢、木制成的长形脚手板，如冲压钢脚手板（一般用厚 2mm 的钢板冲压而成，长度 2～4m，宽 250mm，表面设有防滑措施），又如厚度不小于 50mm 的杉木板或松木板长度 3～5m，宽度 250～300mm，另一种是竹脚手板，它采用毛竹或楠竹制作成竹串片板或竹笆板。

竹笆脚手板

### （四） 连墙件

当扣件式钢管脚手架用于外脚手架时，必须设置连墙件。连墙件将立杆与主体结构连接在一起，可有效地防止脚手架的失稳与倾覆，但都必须同时满足派受拉力和压力的要求，常用的连接形式有刚性连接与柔性连接两种。

刚性连接一般通过连墙杆、扣件和墙体上的预埋件连接（图 12-4），这种连接方式具有较大的刚度，其既能受拉，又能受压，在荷载作用下变形较小。

柔性连接则通过钢丝或小直径的钢筋、顶撑、木楔等与墙体上的预埋件连接，其刚度较小（图 12-4），只能用于高度 24m 以下的脚手架。

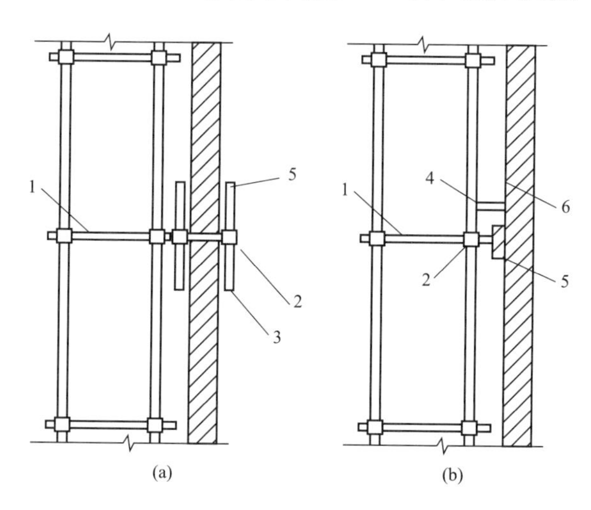

图 12-4 连墙件

（a）刚性连接；（b）柔性连接

1—连墙杆；2—扣件；3—刚性钢管；4—钢丝；5—木楔；6—预埋件

抱混凝土柱别杆连墙件

窗口水平别杆连墙件

### （五） 底座

底座一般采用厚 8mm，边长 150～200mm 的钢板作底板，上焊 150mm 高的钢管。底座形式有内插式和外套式两种（图 12-5），内插式的外径 $D_1$ 比立杆内径小 2mm，外套式的内径 $D_2$ 比立杆外径大 2mm。

## 二、搭设的基本要求

钢管扣件脚手架搭设中应注意地基平整坚实，底部设置底座和垫板，并有可靠的排水措施，以防止积水浸泡地基。

双排脚手架立杆横距 1.05～1.55m，纵距 1.2～2.0m，单排脚手架的横距 1.2～1.4m，纵距 1.2～2.0m。脚手架的步距 1.5～1.8mm。脚手架立杆的纵、横距及步距根据荷载大小确定。单排脚手架横向水平杆伸入墙内的长度不应小于 180mm。

立杆横距：脚手架立杆轴线的横向间距，单排脚手架为外立杆轴线至墙面的距离。

立杆纵距：脚手架纵向相邻立杆之间的轴线距离。

水平杆步距：与主节点相连的上下水平杆轴线间的距离。

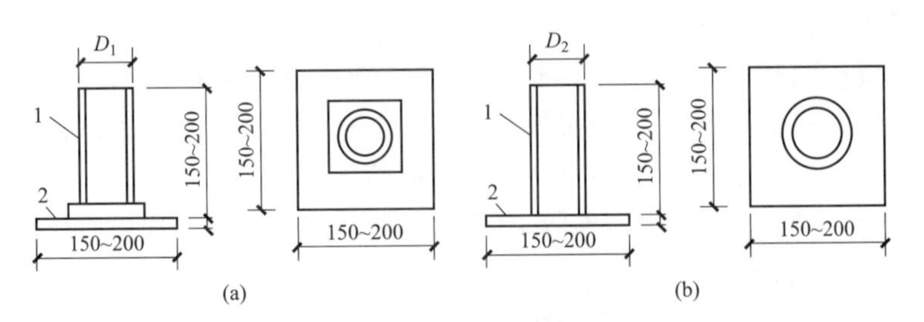


图 12-5 扣件钢管架底座

(a) 内插式底座；(b) 外套式底座

1—承插钢管；2—钢板底座

单排脚手架的搭设高度不大于 24m；双排脚手架的搭设高度不大于 50m。高度大于 50m 的双排脚手架应采用分段搭设的措施。

纵向水平杆位于立杆的内侧

纵向水平杆应设置于立杆的内侧，其接长可采用对接扣件或搭接连接，主节点处必须设置一根横向水平杆，用直角扣件扣接并严禁拆除。立杆的接长除顶层顶步外，必须采用对接扣件连接。

剪刀撑与地面的夹角宜在 45°～60°范围内。交叉的两根剪刀撑分别通过回转扣件扣在立杆及小横杆的伸出部分上，以避免两根剪刀撑相交时把钢管别弯。剪刀撑的长度较大，因此除两端扣紧外，中间尚需增加 2～4 个扣接点。

剪刀撑

连墙件设置需从底部第一根纵向水平杆处开始，布置应均匀，设置位置应靠近脚手架杆件的节点处，与结构的连接应牢固。

开口形脚手架的两端必须设置连墙件，其垂直间距不应大于建筑物的层高，并不应大于 4m。

## 第二节 碗扣式钢管脚手架

碗扣式钢管脚管架是一种多功能脚手架，可用于里、外脚手架。其杆件节点处采用碗扣承插连接，由于碗扣是固定在钢管上的，构件全部轴向连接，力学性能好，其连接可靠，组成的脚手架整体性好，不存在扣件丢失问题。在我国近年来发展较快，现已广泛用于房屋、桥梁、涵洞、隧道、烟囱、水塔、大坝、大跨度棚架等多种工程施工中。

### 一、基本构造

碗扣式钢管脚手架由钢管立杆、横杆、碗扣接头等组成，其基本构造和搭设要求与扣件式钢管脚手架类似，不同之处主要在于碗扣接头。

碗扣式扣件

碗扣接头（图 12-6）是由上碗扣、下碗扣、横杆接头和碗扣的限位销等组成。在立杆上焊有下碗扣和上碗扣的限位销，将上碗扣套入立杆内。在横杆和斜杆上焊有插头，组装时，将横杆和斜杆插入下碗扣内，压紧和旋转上碗扣，利用限位销固定上碗扣。碗扣间距 600mm，碗扣处可同时连接 9 根横杆，可以互相垂直或偏转一定角度，可组成直线形、曲线形、直角交叉等多种形式。

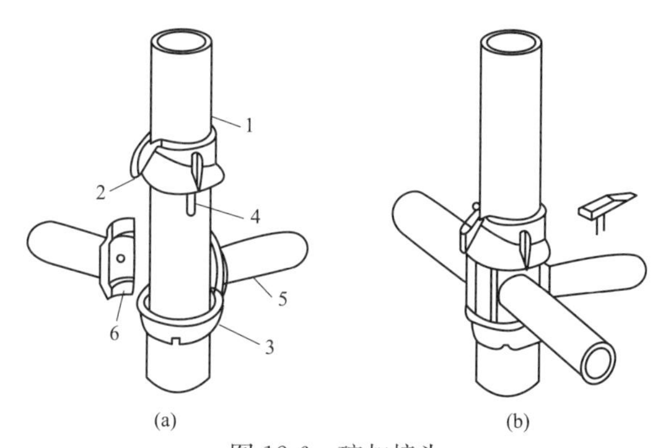


图 12-6　碗扣接头

（a）连接前；（b）连接后

1—立杆；2—上碗扣；3—下碗扣；4—限位销；5—横杆；6—横杆插头

### 二、搭设要求

碗扣式钢管脚手架立柱横距为 0.9～1.2m，纵距根据脚手架荷载可为 1.2～1.5m，步架高为 1.6～2.0m。脚手架垂直度对搭设高度在 30m 以下应控制在 1/500 以内，高度在 30m 以上的应控制在 1/1000 以内；总高垂直度偏差应不大于 100mm。

碗扣式脚手架的连墙件应均匀布置。对高度在 30m 以下的脚手架，脚手架每 $40m^2$ 竖向面积应设置 1 个；对高层或荷载较大的脚手架每 $20\sim25m^2$，竖向面积应设置 1 个。连墙件应尽可能设置在碗扣接头内。

## 第三节　门 式 脚 手 架

门式脚手架是一种工厂生产、现场组拼的脚手架，是当今国际上应用最普遍的脚手架之一。它不仅可作为外脚手架，也可作为移动式里脚手架或满堂脚手架。门式脚手架因其几何尺寸标准化，结构合理、受力性能好，施工中装拆容易，安全可靠、经济实用等特点，广泛应用于建筑、桥梁、隧道、地铁等工程施工若在门架下部安放轮子，也可以作为机电安装、油漆粉刷、设备维修、广告制作的活动工作平台。

门式脚手架的搭设高度应满足设计计算条件，并且对落地、密目式安全网全封闭不应超过 40～55m；对悬挑、密目式安全立网全封闭不应超过18～24m。

### 一、基本构造

门式脚手架基本单元是由门架、交叉撑、水平加固杆和连接棒组合而成(图 12-7)。若干基本单元通过连接器在竖向叠加，组成一个多层框架。在水平方向，用加固杆和水平梁架使相邻单元连成整体，加上斜梯、栏杆柱和横杆组成上下步相通的外脚手架。

门架

### 二、搭设要求

门式脚手架的搭设顺序为：铺放垫木→安放底座→设立门架→安装交叉支撑→安装扫地杆→安装梯子→安装水平加固杆→安装连墙杆→……→逐层向上→……→安装剪刀撑。

连接棒

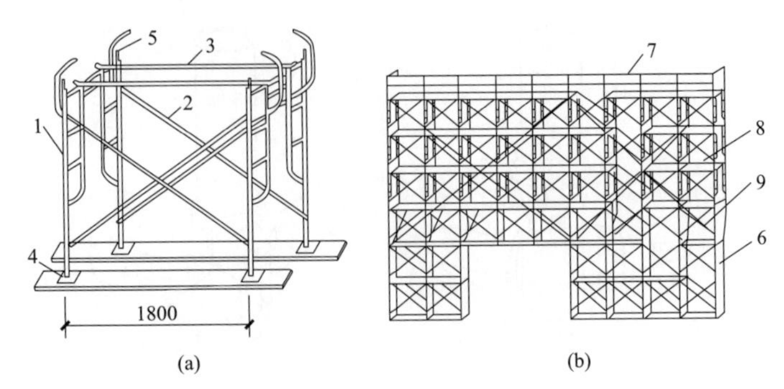


图 12-7 门式脚手架

(a) 基本单元；(b) 门式外脚手架

1—门架；2—交叉支撑；3—水平加固杆；4—调节螺栓；

5—连接棒；6—梯子；7—栏杆；8—脚手板；9—剪刀撑

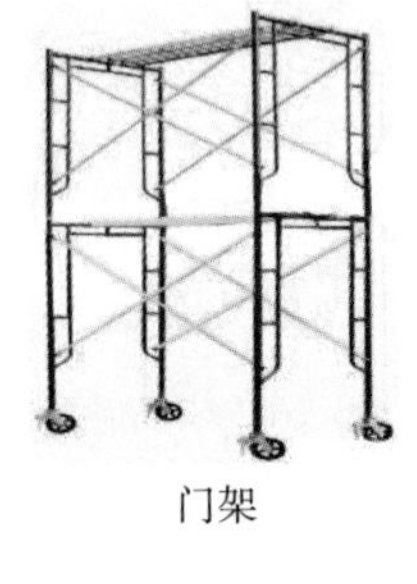

门架

在门式脚手架的顶层、连墙件设置层必须设置纵向水平加固杆。在搭设高度范围内，党搭设高度小于或等于 40m 时，至少每 2 步门架应设置 1 道水平加固杆；当搭设高度达 40m 时，每步门架应设置 1 道。水平加固杆在层面上应连续设置。此外，在脚手架的转角处、开口型脚手架端部以及悬挑脚手架每步门架应设置 1 道。

门式脚手架剪刀撑的设置必须符合下列规定：

(1) 当门式脚手架搭设高度在 24m 及以下时，在脚手架的转角处、两端及中间间隔不超过 15m 的外侧立面必须各设置一道剪刀撑并应由底至顶连续设置；

(2) 当脚手架搭设高度超过 24m 时，在脚手架全外侧立面上必须设置连续剪刀撑，对于悬挑脚手架，在脚手架全外侧立面上必须设置连续剪刀撑。

连墙件的设置应满足计算要求，根据搭设高度，竖向间距控制在 $2h \sim 3h$（$h$ 为步距），水平间距为 $2l \sim 3l$（$l$ 为跨距）。在转角处或开口型脚手架端部，必须增设连墙件，连墙件的垂直间距不应大于建筑物的层高，且不应大于 4.0m。

## 第四节 升降式脚手架

升降式脚手架是沿结构外表面搭设的脚手架，它通过脚手架构件之间或脚手架与墙体之间互为支承、相互提升，可随结构施工逐渐提升，用于结构施工；在结构完成后，又可逐渐下降，作为装饰施工脚手架。近年来在高层建筑及筒仓、竖井、桥墩等施工中发展了多种形式的升降式脚手架，其中常用的有自升降式、互升降式、整体升降式三种类型。

升降式脚手架主要优点有：①脚手架不需沿建（构）筑物全高搭设（一般搭设 3～4 层高）；②脚手架不落地，不占施工场地；③可用于结构与装饰施工。

升降式脚手架一次性投资较大，因此设计时应使其具有通用性，以便在不同的结构施工中周转使用。

## 一、自升降式脚手架

自升降脚手架由一个脚手架全高的固定架与一个 2m 左右高度的活动架组成，它们均可独立附墙，而两者之间又可相互上下运动。固定架及活动架的升降是通过手动或电动倒链来实现的。在结构或装饰施工时，活动架和固定架用附墙螺栓与墙体锚固；当脚手架需要升降时，活动架与固定架中的一个架子仍然锚固在墙体上，另一个架子则放松附墙螺栓，以固定在墙上的架子为支承，用倒链对另一个架子进行升降。通过活动架和固定架交替附墙，互相升降，脚手架即可沿着墙体上逐层升降（图 12-8）。

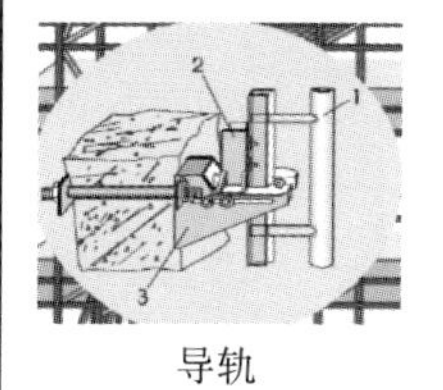

导轨

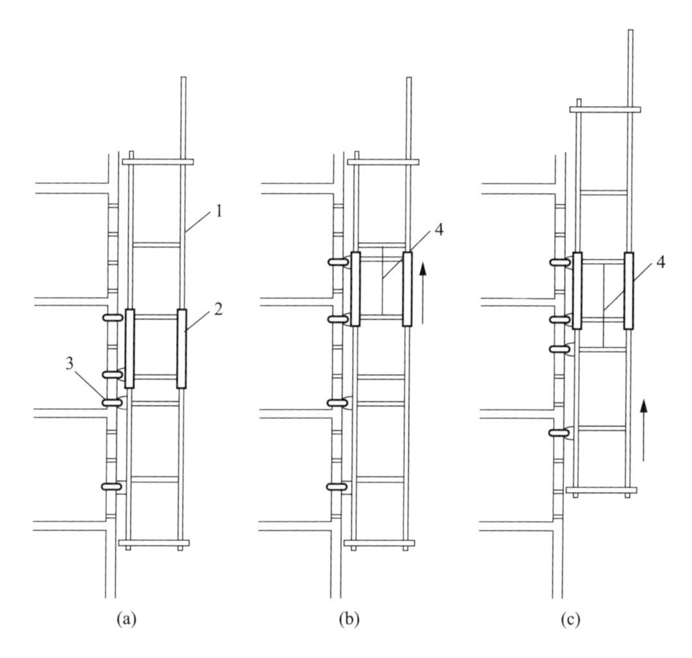


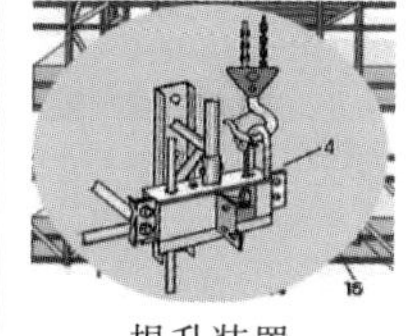

提升装置

图 12-8　自升降式脚手架爬升过程

（a）爬升前的位置；（b）活动架爬升（半个层高）；（c）固定架爬升（半个层高）

1—固定架；2—活动架；3—附墙螺栓；4—倒链

自升降脚手架的优点是脚手架可单片独立升降，可用于局部结构的施工。

自升式脚手架刚度较小，提升活动架时固定架上端悬臂高度较大，稳定性较差；此外，在升降过程中操作人员位于被升降的架体上，安全性较差。

## 二、互升降式脚手架

互升降式脚手架分为甲、乙两种单元，通过倒链交替对甲、乙两单元进行升降，有时也可用塔式起重机提升。在结构或装饰施工时，甲单元与乙单元均用附墙螺栓与墙体锚固，两架之间无相对运动；当脚手架需要升降时甲（或乙）单元锚固在墙体上，将相邻的乙（或甲）单元与墙体分离，使用倒链对其升降。通过甲、乙构单元交替附墙，相互升降脚手架即可沿着墙体逐层升降（图 12-9）。

与自升降式脚手架相比，互升降式脚手架优点是：结构简单、刚度大；提升时操作人员位于固定在墙体上的单元上，易于操作、安全性好。但其使用必须沿结构四周全部布置，对局部的结构部位无法使用。

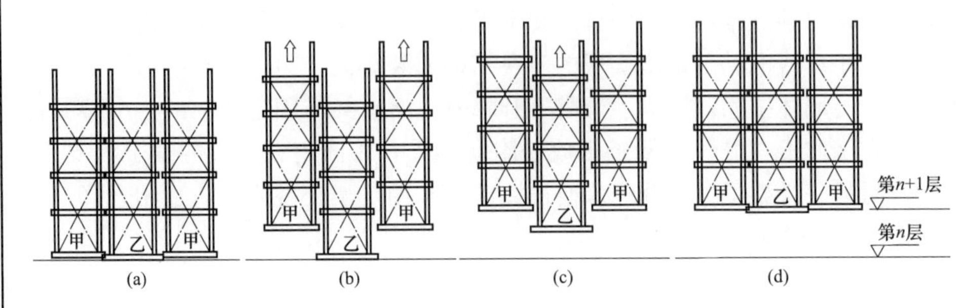


图 12-9 互升降式脚手架爬升过程

(a) 第 $n$ 层作业；(b) 提升甲单元；(c) 提升乙单元；(d) 第 $n+1$ 层作业

## 三、整体升降式脚手架

整体升降模板（1）

整体升降模板（2）

在超高的建筑或构筑物的结构施工中，整体升降式脚手架有明显的优越性，它结构整体好、升降快捷方便、机械化程度高、经济效益显著，是一种很有推广价值的外脚手架。

整体升降式外脚手架（图 12-10）一般以电动升降机为提升动力，使整个外脚手架沿建筑物外墙或柱整体向上爬升。搭设高度依结构施工层的层高而定，一般取 4 个层高加上安全栏的高度为架体的总高度。脚手架宽以 0.8～1m 为宜。

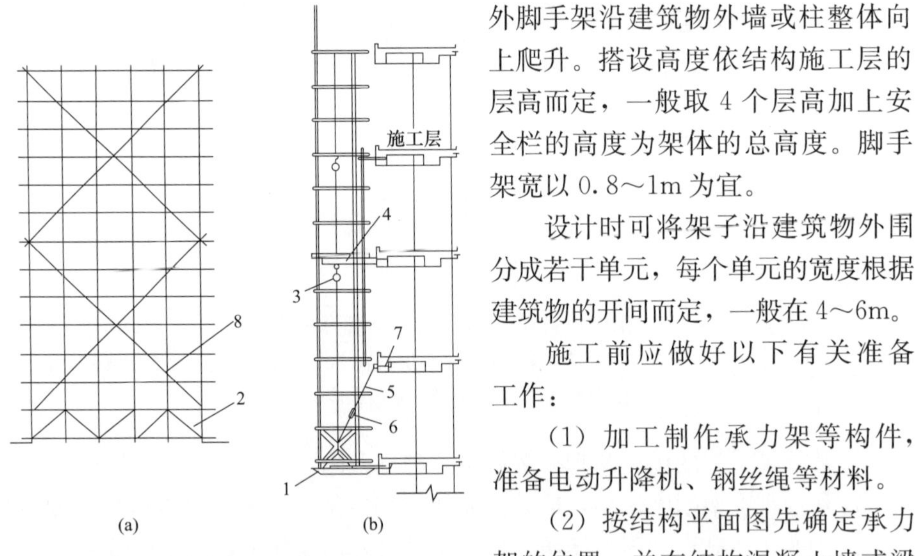


图 12-10 整体升降式外脚手架

(a) 立面图；(b) 侧面图

1—承力架；2—加固桁架；3—电动提升机；4—挑梁；5—斜拉杆；6—调节螺栓；7—附墙螺栓；8—剪刀撑

设计时可将架子沿建筑物外围分成若干单元，每个单元的宽度根据建筑物的开间而定，一般在 4～6m。

施工前应做好以下有关准备工作：

（1）加工制作承力架等构件，准备电动升降机、钢丝绳等材料。

（2）按结构平面图先确定承力架的位置，并在结构混凝土墙或梁内预埋螺栓或预定或预留螺栓孔。

（3）承力架通过 M25～M30 的螺栓与混凝土结构固定，承力架外侧用斜拉杆与上层结构拉结固定。在承力架上面搭设下层脚手架，再逐步搭向上整个架体，随搭随设置拉结点并设剪刀撑。

安装工字钢挑梁，将电动升降机挂在挑梁下，开动电动升降机便可开始爬升。爬升到位后，先将承力架与结构固定。检查符合安全要求后，脚手架可开始使用。

与爬升操作顺序相反，利用电动升降机可使脚手架逐层下降，此时，应注意把留在结构中的上预留孔修补完毕。

另有一种液压提升整体式的脚手架-模板组合体系（图 12-11），亦称整体提升钢平台体系。它通过设在建（构）筑内部的支承立柱及立柱顶部的平台桁架，利用液压设备进行脚手架的升降，同时也可升降结构的混凝土的模板。这种体系在超高层建筑中普遍使用。

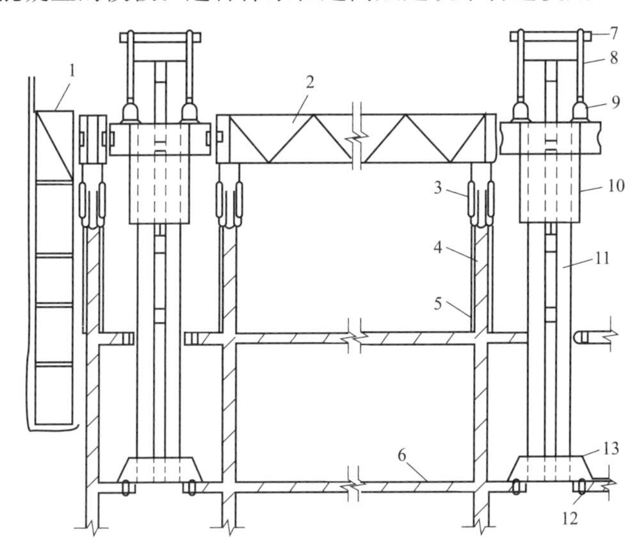


图 12-11　液压整体提升大模板

1—吊脚手；2—平台桁架；3—模板提升倒链；4—墙板；5—大模板；6—楼板；7—支承挑架；8—提升支承杆；9—千斤顶；10—提升导向架；11—支承立柱；12—固定螺栓；13—底座

## 第五节　里　脚　手　架

里脚手架搭设于建（构）筑物内部，其使用过程中装拆较频繁，故要求轻便灵活，装拆方便。通常将其做成工具式的，结构形式有折叠式、支柱式和门架式。

图 12-12 所示为角钢折叠式里脚手架，其架设间距，砌墙时不超过 2m，粉刷时不超过 2.5m。根据施工层高，沿高度可以搭设两步脚手，第一步高约 1m，第二步高约 1.65m。

图 12-13 所示为套管式支柱，它是支柱式里脚手架的一种，将插管插入立管中，以销孔间距调

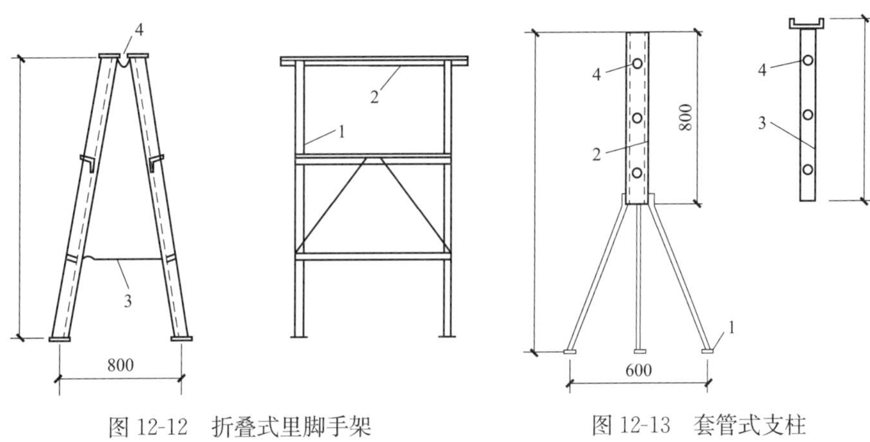


图 12-12　折叠式里脚手架

1—立柱；2 -横楞；3—挂钩；4—铰链

图 12-13　套管式支柱

1—支脚；2—立管；3—插管；4—销孔

节高度，在插管顶端的凹形支托内搁置方木横杆，横杆上铺设脚手架，架设高度为 1.5～2.1m。

门架式里脚手架由两片 A 形支架与门架组成（图 12-14）。其架设高度为 1.5～2.4m，两片 A 形支架间距 2.2～2.5m。

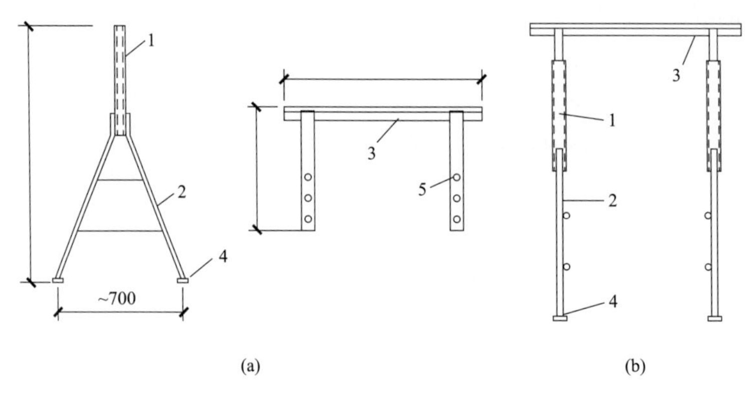


图 12-14 门架式里脚手架

（a）A 形支架与门架；（b）安装示意

1—立管；2—支脚；3—门架；4—垫板；5—销孔

对高度较高的结构内部施工，如建筑的顶棚等可利用移动式里脚手架（图 12-15），如作业面大、工程量大，则常常在施工区内搭设满堂脚手架，材料可用扣件式钢管、碗扣式钢管或用毛竹等。

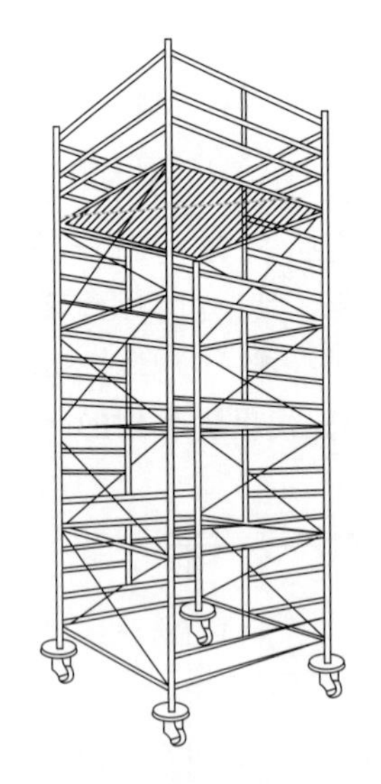

图 12-15 移动式里脚手架

# 第十三章 防 水 工 程

## 教 学 目 标

### （一） 总体目标

通过本章的学习，了解常用防水材料的类型、性能及使用，掌握卷材防水、涂料防水和细石混凝土防水屋面的施工要点及质量控制措施；了解地下工程防水方案；掌握卷材防水、涂料防水、水泥砂浆防水和自防水混凝土的构造及施工要点。通过体会和学习防水工程，使学生了解行业特色，掌握专业知识，建立学生严谨思考、扎实基础、持续创新建造方法的理念。

### （二） 具体目标

1. 专业知识目标

（1） 了解防水材料的种类；

（2） 熟悉卷材防水屋面的构造和施工工艺；

（3） 熟悉涂膜防水屋面的构造和施工工艺；

（4） 了解刚性防水屋面的构造；

（5） 熟悉地下工程的防水方案以及混凝土结构自防水、卷材防水和涂膜防水施工要点。

2. 综合能力目标

（1） 能明确任务要求，完成对该任务的要求；

（2） 能够理解各类防水屋面的施工工艺；

（3） 结合国家建筑标准，理解工程防水要求；

（4） 熟悉多种地基处理方式，掌握基坑验收流程、标准和参与各方。

3. 综合素质目标

（1） 激发学生对土木工程施工的学习激情，建立学生对土木工程施工技术进一步创新的愿望，提升学生专业认同感；

（2） 增强学生扎根祖国、建设祖国的爱国热情。

## 教 学 重 点 和 难 点

### （一） 重点

（1） 卷材防水屋面的施工要点；

（2） 涂膜防水屋面的施工要点；

（3） 刚性防水屋面的施工要点；

（4） 地下室卷材防水、水泥砂浆防水、涂膜防水等施工要点。

### （二）难点

卷材防水屋面、地下室防水的施工工艺及质量控制方法。

## 教 学 策 略

本章是土木工程施工课程的第十三章，对屋面及地下防水工程施工的安全技术要求部分如何在施工中实现起到重要的引领作用，教学内容涉及面广，专业性较强。各类防水屋面的施工工艺及质量控制方法是本章的重点和难点。为帮助学生更好地学习本章知识，采取“了解课序——复习土力学和基础工程知识——知识学习——施工现场实训——课后习题——计算和设计训练——课后有限元计算拓展”的教学策略。

(1) 课前引导：提前介入学生学习过程，要求学生了解本专业相关规范中的知识点，为课程学习进行知识储备。

(2) 课中教学互动：课堂教学教师讲解中，以大量视频的形式，让学生直观和系统地了解整个防水工程。

(3) 技能训练：采用课内、课外交叉教学，在用1个学时的时间来实验室认识各类防水材料，了解防水材料性能，用2个学时实操各类防水工程的施工模拟。

(4) 课后拓展：引导学生自主学习与本课程相关的规范和图集，包括《地下防水工程质量验收规范》(GB 50208—2011)、《住宅室内防水工程技术规范》(JGJ 298—2013)、《屋面工程技术规范》(GB 50345—2004)，拓宽学生视野，增加学生的实践能力。

## 教 学 架 构 设 计

### （一）教学准备

(1) 情感准备：了解学情，提醒学生预习前置课程，增进感情，提前和学生谈心谈话。

(2) 知识准备：

1) 学习：预习教材防水工程施工工艺和施工要点；

2) 预习：“雨课堂”发布的预习内容和防水工程的视频。

(3) 授课准备：学生分组，要求学生带认识实习的场地平整和基坑部分问题进课堂。

(4) 资源准备：授课课件、数字资源库等。

### （二）教学架构

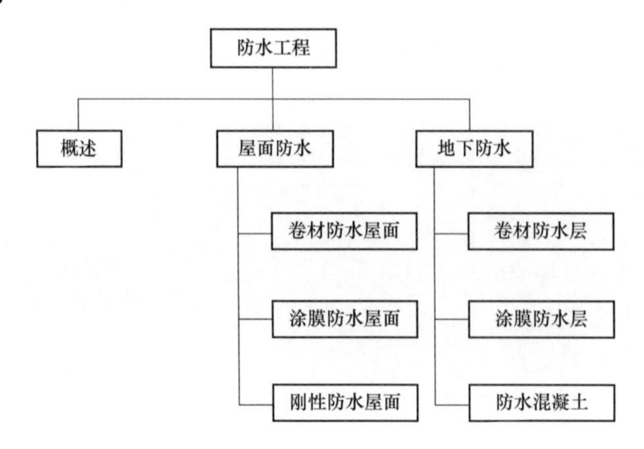

### （三）实操训练

学习：学习下发资料中一级建造师考试关于防水的相关相关知识点。

### （四）思政教育

根据授课内容，本章主要在专业知识获得感、技术能力获得感、宏大国家基建工程三个方面开展思政教育。

### （五）效果评价

采用注重学生全方位能力评价的“五位一体评价法”，即自我评价（20%）＋团队评价（20%）＋课堂表现（20%）＋教师评价（20%）＋自我反馈（20%）评价法。同时引导学生自我纠错、自主成长并进行学习激励，激发学生学习的主观能动性。

### （六）学时建议

6/56（本章建议学时/课程总学时）。

## 第一节　概　　述

防水工程是房屋建筑一项十分重要的部分，不仅关系到建筑物的使用寿命，而且直接影响到生产活动和人民生活。其质量的优劣，涉及材料、设计、施工和使用保养等各方面，所以，在防水工程施工中，必须严格把好质量关，以保证结构的耐久性和正常使用。

根据防水使用的部位不同，防水工程包括屋面（楼地面）防水工程和地下防水工程。屋面（楼地面）防水工程主要是防止雨雪对屋面或生活用水对楼地面的间歇性浸透作用。地下防水工程主要是防止地下水对建筑物（构筑物）的经常性浸透作用。

根据防水的工作方式，防水工程分为材料防水和构造防水两大类。材料防水是靠建筑材料阻断水的通路，以达到防水的目的或增加抗渗漏的能，如卷材防水、涂膜防水、混凝土及水泥砂浆刚性防水以及黏土、灰土类防水等。构造防水则是利用混凝土的密实度或采取合适的构造形式，阻断水的通路，以达到防水的目的，如止水带和空腔构造等。主要应用领域包括房屋建筑的屋面、地下、外墙、室内以及道路桥梁、地下空间等市政工程。

建筑防水工程的分类，可依据设防的部位、设防的方法和所采用的设防材料性能、品种来行分类。

防水材料品种繁多，按其主要原料分为4类：①沥青类防水材料；②橡胶塑料类防水材料；③水泥类防水材料；④金属类防水材料。

金属类防水材料

根据防水工程使用材料的性状不同分为两大类：①柔性防水；②刚性防水。

根据建筑物的类别、重要程度、使用功能要求等，我国规范将建筑物的地下防水和屋面防水均划分为四个等级，根据防水等级、防水层耐用年限来选用防水材料和进行构造设计。

防水等级和设防要求

目前主要使用的防水工程规范及技术规程包括：《地下防水工程质量验收规范》（GB 50208—2011）、《屋面工程技术规范》（GB 50345—2004）、《屋面工程质量验收规范》（GB 50207—2012）、《种植屋面工程技术规程》（JGJ 155—

2013)、《住宅室内防水工程技术规范》(JGJ 298—2013)、《建筑外墙防水工程技术规程》(JGJ/T 235)、《聚合物水泥、渗透结晶型防水材料应用技术规程》(CECS 195—2006)、《房屋渗漏修缮技术规程》(JGJ/T 53—2011)、《地下工程渗漏治理技术规程》(JGJ/T 212—2010) 等。

## 第二节 屋面防水工程

### 一、卷材防水屋面

卷材防水屋面是目前屋面防水的一种主要方法，尤其是在重要的工业与民用建筑中，应用十分广泛。卷材防水屋面通常是采用胶结材料将沥青防水卷材、高聚物改性沥青防水卷材、合成高分子防水卷材等柔性防水材料粘成一整片能防水的屋面覆盖层。胶结材料取决于卷材的种类，若采用沥青卷材则以沥青胶结材料做粘贴层，一般为热铺；若采用高聚物改性沥青防水卷材或合成高分子防水卷材，则以特制的胶黏剂做粘贴层一般为冷铺。

#### （一）卷材防水屋面的构造

卷材防水屋面一般由结构层、隔气层、保温层、找平层、防水层和保护层组成（图 13-1）。其中隔气层和保温层在一定的气温条件和使用条件下不可设。

屋面防水施工

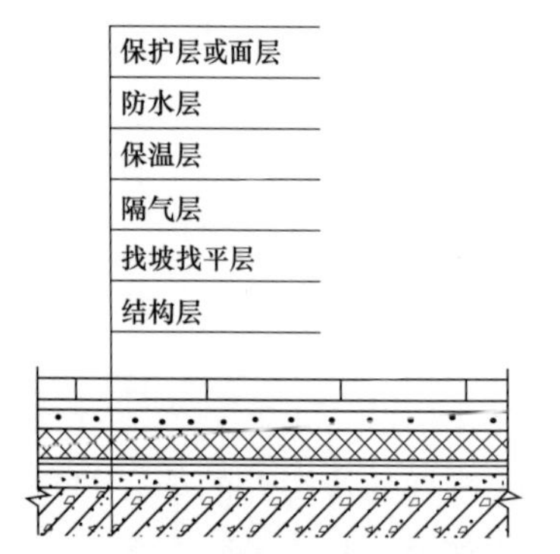


图 13-1 卷材防水屋面构造示意

卷材防水屋面属柔性防水屋面，其优点是：质量轻，防水性能较好，尤其是防水层具有良好的柔韧性，能适应一定程度的结构振动和胀缩变形。缺点是：造价高，特别是沥青卷材易老化、起鼓、耐久性差，施工工序多，工效低，维修工作量大，产生渗漏时修补找漏困难等。

#### （二）卷材防水屋面的材料

##### 1. 沥青

沥青是一种有机胶凝材料。在土木工程中，目前常用的是石油沥青。石油沥青按其用途可分为建筑石油沥青、道路石油沥青和普通石油沥青三种。建筑石油沥青黏性较高，多用于建筑物的屋面及地下工程防水；道路石油沥青则用于拌制沥青混凝土和沥青砂浆或道路工程；普通石油沥青因其温度稳定性差，黏性较低，在建筑工程中一般不单独使用，而是与建筑石油沥青掺配经氧化处理后使用。

针入度、延伸度和软化点是划分沥青牌号的依据。工程上通常根据针入度指标确定牌号，每个牌号则应保证相应的延伸度和软化点。例如，建筑石油沥青按针入度指标划分为 10 号、30 号乙、30 号甲三种。在同品种的石油沥青中，其牌号增大时，则针入度和延伸度增大，而软化点则减小。沥青牌号的选用，应根据当地的气温及屋面坡度情况综合考虑，气温高、坡度大，则选用小牌号，以防止流淌；气温低、坡度小，要选用大牌号，以减小脆性断裂。石油沥青牌号及主要技术质量标准见表 13-1。

沥青贮存时，应按不同品种、牌号分别存放，避免雨水、阳光也接淋晒，并要远离火源。

**表 13-1　　石油沥青牌号及主要技术标准**

| 石油沥青牌号 | 针入度 25℃ | 延伸度（mm）25℃ | 软化点（℃）≥ | 石油沥青牌号 | 针入度 25℃ | 延伸度（mm）25℃ | 软化点（℃）≥ |
|---|---|---|---|---|---|---|---|
| 60 甲 | 41～80 | 600 | 45 | 30 乙 | 21～40 | 30 | 60 |
| 60 乙 | 41～50 | 400 | 45 | 10 | 5～20 | 10 | 95 |
| 30 甲 | 21～80 | 30 | 70 | | | | |

## 2. 卷材

（1）沥青卷材。按制造方法的不同可分为浸渍（有胎）和辊压（无胎）两种。沥青卷材又称油毡和油纸。油毡是用高软化点的石油沥青涂盖油纸的两面，再撒上一层滑石粉或云母片而成。油纸是用低软化点的石油沥青浸渍原纸而成的。建筑工程中常用的有石油沥青油毡和石油沥青油纸两种。根据每平方米原纸质量（克），石油沥青有 200 号、350 号和 500 号三种标号，油纸有 200 号和 350 号两种标号。卷材防水屋面工程用油毡一般应采用标号不低于 350 号的石油沥青油毡。油毡和油纸在运输、堆放时应竖直搁置，高度不超过两层；应贮存在阴凉通风的室内，避免日晒雨淋及高温高热。

（2）高聚物改性沥青卷材。高聚物改性沥青防水卷材是以合成高分子聚合物改性沥青为涂盖层，纤维织物或纤维毡为胎体，粉状、粒状、片状或薄膜材料为覆盖材料制成可卷状的片状材料。目前，我国所使用的 SBS 改性沥青柔性卷材、APP 改性沥青卷材、铝箔塑胶卷材、化纤胎改性沥青卷材、废胶粉改性沥青耐低温卷材等。高聚物改性沥青防水卷材的规格见表 13-2，其物理性能见表 13-3。

**表 13-2　　高聚物改性沥青防水卷材规格**

| 厚度（mm） | 宽度（mm） | 每卷长度（m） | 厚度（mm） | 宽度（mm） | 每卷长度（m） |
|---|---|---|---|---|---|
| 2.0 | ≥1000 | 15.0～20.0 | 4.0 | ≥1000 | 7.5 |
| 3.0 | ≥1000 | 10.0 | 5.0 | ≥1000 | 5.0 |

**表 13-3　　高聚物改性沥青防水卷材的物理性能**

| 项目 | | 性能要求 | | | |
|---|---|---|---|---|---|
| | | Ⅰ类 | Ⅱ类 | Ⅲ类 | Ⅵ类 |
| 拉伸性能 | 拉力 | ≥400N | ≥400N | ≥50N | ≥200N |
| | 延伸率 | ≥30% | ≥5% | ≥200% | ≥3% |
| 耐热度（85℃±2℃，2h） | | 不流淌，无集中性气泡 | | | |
| 柔性（－5～－25℃） | | 绕规定直径圆棒无裂纹 | | | |
| 不透水性 | 压力 | ≥0.2MPa | | | |
| | 保持时间 | ≥30min | | | |

注：1. Ⅰ类指聚酯毡胎体，Ⅱ类指麻布胎体，Ⅲ类指聚乙烯胎体，Ⅵ类指玻纤毡胎体。
2. 表中柔性的温度范围系指不同档次产品的低温性能。

（3）合成高分子卷材。合成高分子防水卷材是以合成橡胶、合成塑脂或二者的共混体为基料，加入适量的化学助剂和填充料等，经不同工序加工而成可卷曲的片状防水材料；或把上述材料与合成纤维等复合形成两层或两层以上的可卷曲的片状防水材料。目前，常用的有三元乙丙橡胶防水卷材、氯化聚乙烯防水卷材、氯化聚乙烯-橡胶共混体防水卷材、氯硫化聚乙烯防水卷材等。合成高分子防水卷材其外观质量是必须满足以下要求；折痕每卷不超过 2 处，总长度不超过 20mm；不允许出现粒径大于 0.5mm 的杂质颗粒；胶块每卷不超过 6 处，每处面积不大于 4mm；缺胶每卷不超过 6 处，每处不大于 7mm，深度不超过本身厚度的 30%。其规格见表 13-4，物理性能见表 13-5。

**表 13-4　　合成高分子防水卷材规格**

| 厚度（mm） | 宽度（mm） | 每卷长度（m） | 厚度（mm） | 宽度（mm） | 每卷长度（m） |
|---|---|---|---|---|---|
| 1.0 | ≥1000 | 20.0 | 1.5 | ≥1000 | 20.0 |
| 1.2 | ≥1000 | 20.0 | 2.0 | ≥1000 | 10.0 |

**表 13-5　　合成高分子防水卷材的物理性能**

| 项目 | | 性能要求 | | |
|---|---|---|---|---|
| | | Ⅰ类 | Ⅱ类 | Ⅲ类 |
| 拉伸能力 | | ≥7MPa | ≥2MPa | ≥9MPa |
| 断裂伸长率 | | ≥450% | ≥100% | ≥10% |
| 低温弯折率 | | −40℃ | −20℃ | −20℃ |
| | | 无裂缝 | | |
| 不透水性 | 压力 | ≥0.3MPa | ≥0.2MPa | ≥0.3MPa |
| | 保持时间 | ≥30mm | | |
| 热老化保持率（±2℃，168h） | 拉伸强度 | ≥80% | | |
| | 断裂伸长率 | ≥70% | | |

注：Ⅰ类指弹性体卷材，Ⅱ类指塑性体卷材，Ⅲ类指加合成纤维的卷材。

### 3. 冷底子油

冷底子油是用 10 号或 30 号石油沥青加入挥发性溶剂配制而成的溶液。石油沥青与轻柴油或煤油以 4∶6 的配合比调制而成的冷底子油为慢挥发性冷底子油，涂喷后 12～45h 干燥；石油沥青与汽油或苯以 3∶7 的配合比调制而成的冷底子油为快挥发性冷底子油，涂喷后 5～10h 干燥。调制时先将熬好的沥青倒入料桶中，再加入溶剂，并不停地搅拌至沥青全部溶化为止。

### 4. 沥青胶结材料

沥青胶是用石油沥青按一定配合量掺入填充料（粉状或纤维状矿物质）混合熬制而成。用于粘贴油毡做防水层或作为沥青防水涂层以及接头填缝之用。

在沥青胶结材料中加入填充料的作用是：提高耐热度、增加韧性、增强抗老化能力。填充料的掺量：采用粉状填充料（滑石粉等）时，掺入量为沥青质量的 10%～25%，采用纤维状填充料（石棉粉等），掺入量为沥青质量的 5%～10%。填充料的含水率不宜大于 3%。

刷涂冷底子油

沥青胶结材料的主要技术性能指标是耐热度、柔韧性和黏结力。其标号用耐热度表示，标号由S-60～S-85。使用时，如屋面坡度大且当地历年室外极端最高气温高时，应选用标号较高的胶结材料，反之，则应选用标号较低的胶结材料。其标号的具体选用见表13-6。

**表13-6　　沥青胶标号选用表**

| 屋面坡度 | 历年室外极端最高温度 | 沥青标号 |
|---|---|---|
| 1%～3% | <38<br>38～41<br>41～45 | S-60<br>S-65<br>S-70 |
| 3%～5% | <38<br>38～41<br>41～45 | S-65<br>S-70<br>S-75 |
| 15%～25% | <38<br>38～41<br>41～45 | S-75<br>S-80<br>S-85 |

熬制沥青胶时，应先将沥青破碎成80～100mm块状料再放入锅中加热熔化，使其完全脱水至不再起泡沫时，除去杂物，再将预热过的填充料缓慢加入，同时不停地搅拌，直至达到规定的熬制温度（表13-7），除去浮石杂质即熬制完成。沥青胶结材料的加热温度和时间，对其质量有极大的影响。温度必须按规定严格控制，熬制时间以3～4h为宜。若熬制温度过高，时间过长，则沥青质增多，油分减少，韧性差，黏结力降低，易老化，这对施工操作、工程质量及耐久性都有不良影响。

沥青胶结材料是采用沥青、高分子树脂、矿物填料等物质制成。它具有气密性、防水性、防冻性、不易开裂老化、常温下可以冷施工等特点，是与泡沫玻璃或聚氨酯硬质泡沫塑料配套使用的外保护层！是防水、防潮的厚浆型黑色涂料！

**表13-7　　沥青胶结材料的加热温度和使用温度**

| 类别 | 加热温度（℃） | 使用温度（℃） |
|---|---|---|
| 普通石油沥青或掺建筑石油沥青的普通石油沥青胶结材料 | 不应高于280 | 不宜低于240 |
| 建筑石油沥青胶结材料 | 不应高于240 | 不应高于190 |

#### 5. 胶黏剂

胶黏剂是高聚物改性沥青卷材和合成高分子卷材的粘贴材料。高聚物改性沥青卷材的胶黏剂主要有氯丁橡胶改性沥青胶黏剂、CCTP抗腐耐水冷胶料等。前者由氯丁橡胶加入沥青和助剂以及溶剂等配制而成，外观为黑色液体，主要用于卷材与基层、卷材与卷材的黏结，其黏结剪切强度大于或等于$5N/cm^2$，黏结剥离强度大于或等于$8N/cm^2$；后者是由煤沥青经氯化聚烯烃改性而制成的一种溶剂型胶黏剂，具有良好的抗腐蚀、耐酸碱、防水和耐低温等性能。合成高分子卷材的胶黏剂主要有氯丁系胶黏剂（404胶）、丁基胶黏剂、BX-12胶黏剂、BX-12乙组份、XY-409胶等。

### （三）卷材防水屋面的施工

#### 1. 沥青卷材防水屋面的施工

（1）基层的处理。基层处理得好坏，直接影响屋面的施工质量。要求基层要有足够的强度和刚度，承受荷载时不产生显著变形，一般采用水泥砂浆、沥青砂浆和细石混凝土找平层作基层。水泥砂浆配合比（体积比）1∶2.5～1∶3，水泥强度等级不低于32.5级；沥青砂浆配合比（质量比）1∶8；细石混凝土强度等级为C15，找平层厚度为15～35mm。为防止由于温差及混凝土构件收缩而使卷材防水层开裂，找平层应留分格缝，缝宽为20mm，其留设位置应在预制板支承端的拼缝处，其纵横向最大间距，当找平层为水泥砂浆或细石混凝土时，不宜大于6m；当找平层为沥青砂浆时，则不宜大于4m，并于分格缝口上加铺200～300mm宽的油毡条，用沥青胶结材料单边点贴，以防结构变形将防水层拉裂。在突出屋面结构的连接处以及基层转角处，均应做成边长为100mm的钝角或半径为100～150mm的圆弧。找平层应平整坚实，无松动、翻砂和起壳现象。

（2）卷材铺贴。卷材铺贴前应先熬制好沥青胶和清除卷材表面的撒料。沥青胶的沥青成分应与卷材中沥青成分相同。卷材铺贴层数一般为2～3层，沥青胶铺贴厚度一般在1～1.5mm之间，最厚不得超过2mm。

卷材的铺贴方向应根据屋面坡度或是否受振动荷载而确定。当屋面坡度小于3%时，宜平行于屋脊铺贴；屋面坡度大于15%或屋面受振动时，应垂直于屋脊铺贴；屋面坡度在3%～15%之间时，可平行或垂直于屋脊铺贴。卷材防水屋面的坡度不宜超过25%，否则应在短边搭接处将卷材用钉子钉入找平层内固定，以防卷材下滑。此外，在铺贴卷材时，上下层卷材不得相互垂直铺贴。

平行于屋脊铺贴时，由檐口开始，各层卷材的排列如图13-1(a）所示。两幅卷材的长边搭接（又称压边)，应顺水流方向；短边搭接（又称接头)，应顺主导风向。平行于屋脊铺贴效率高，材料损耗少。此外，由于卷材的横向抗拉强度远比纵向抗拉强度高，因此，此方法可以防止卷材因基层变形而产生裂缝。

垂直于屋脊铺贴时，应从屋脊开始向檐口进行，以免出现沥青胶超厚而铺贴不平等现象。各层卷材的排列如图13-2(b）所示。压边应顺主导风向，接头应顺水流方向。同时，屋脊处不能留设搭接缝，必须使卷材相互越过屋脊交错搭接以增强屋脊的防水性和耐久性。

卷材铺贴示意图

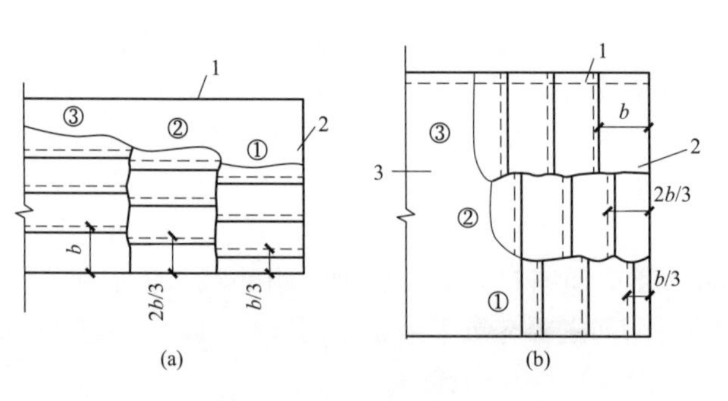


图13-2　卷材铺贴方向

（a）平行于屋脊铺贴；（b）垂直于屋脊铺贴

①②③—卷材层次；b—卷材幅宽；1—屋脊；2—山墙；3—主导风向

当铺贴连续多跨或高低跨房屋屋面时，应按先高跨后低跨，先远后近的顺序进行。对同一坡面，则应先铺好水落口天沟女儿墙和沉降缝等地方，特别应做好泛水处，然后顺序铺贴大屋面的卷材。

为防止卷材接缝处漏水，卷材间应具有一定的搭接宽度，通常各层卷材的搭接宽度，长边不应小于70mm，短边不应小于100mm，上下两层及相邻两幅卷材的搭接缝均应错开，搭接缝处必须用沥青胶结材料仔细封严。

卷材铺贴烧油法

卷材的铺贴方法有浇油法、刷油法、刮油法和撒油法等四种。

沥青卷材防水层最容易产生的质量问题是：防水层起鼓、开裂、沥青流淌、老化、屋面漏水等。为防止起鼓要求基层干燥，其含水率在6%以内避免雨、雾、霜天气施工，隔气层良好；防止卷材受潮；保证基层平整，卷材铺贴涂油均匀、封闭严密，各层卷材粘贴密实，以免水分蒸发空气残留形成气囊而使防水层产生起鼓现象。在潮湿环境下解决防水层起鼓的有效方式是将屋面做成排气屋面，即在铺贴第一层卷材时，采用条铺、花铺等方法使卷材与基层间留有纵横相互贯通的排气道（图13-3），并在屋面或屋脊上设置一定的排气孔与大气相通，使潮湿基层中的水分能及时排走，从而避免卷材起鼓。

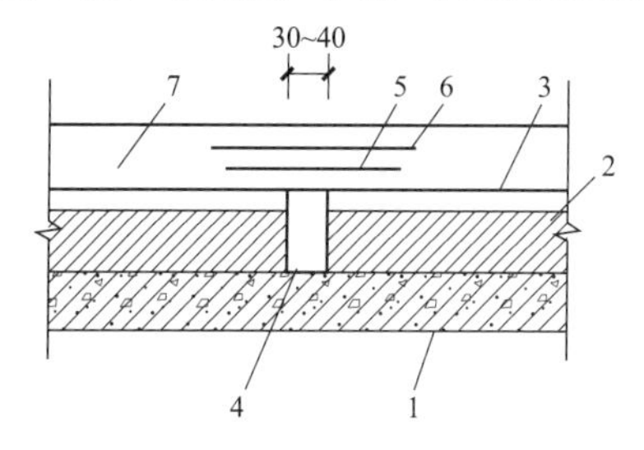

图13-3 排气物面（尺寸单位：mm）
1—屋面板；2—保温层；3—找平层；
4—排气道；5—卷材条点贴；
6—卷材条加固层；7—防水层

卷材铺贴刮油法

为防止沥青胶流淌，要求沥青胶有足够的耐热度，较高的软化点，涂刷均匀，其厚度不得超过2mm，且屋面坡度不宜过大。

防水层破裂的主要原因是：结构层变形、找平层开裂；屋面刚度不够，建筑物不均匀下沉；沥青胶流淌，卷材接头错动；防水层温度收缩，沥青胶变硬、变脆而拉裂；防水层起鼓后内部气体受热膨胀等。

此外，沥青在热能阳光空气等的长期作用下，内部成分将逐渐老化，为延长防水层的使用寿命，通常设置保护层是一项重要措施，保护层材料有绿豆砂、云母、蛭石、水泥砂浆、细石混凝土和块体材料等。

**2. 高聚物改性沥青卷材防水屋面施工**

（1）基层处理。高聚物改性沥青卷材防水屋面可用水泥砂浆、沥青砂浆和细石混凝土找平层作基层。要求找平层抹平压光，坡度符合设计要求，不允许有起砂、掉灰和凹凸不平等缺陷存在，其含水率一般不宜大于9%，找平层不应有局部积水现象。找平层与突起物（如女儿墙、烟囱、通气孔、变形缝等）相连接的阴角，应做成均匀光滑的小圆角；找平层与檐口、排水口、沟脊等相连接的转角，应抹成光滑一致的圆弧形。

（2）施工要点。高聚物改性沥青卷材施工方法有冷粘剂粘贴法和火焰热熔法两种。冷粘法施工的卷材主要是指SBS改性沥青卷材、APP改性沥青卷材、铝箔面改性沥青卷材等。施工前应清除基层表面的突起物，并将尘土杂物等扫除干净，随后用基层处理剂进行基层处理，基层处理剂系由汽油等溶剂稀释胶黏剂制成，涂刷时要均匀一致。待基层处理剂干燥后，可先对排水口、管根等容易发生渗漏的薄弱部位，在其中心 200mm 范围内，用均匀涂刷一层胶黏剂，涂刷厚度以 1mm 左右为宜。干燥后即可形成一层无接缝和弹塑性的整体增强层。铺贴卷材时，应根据卷材的配置方案（一般坡度小于 3%时，卷材应平行于屋脊配置；坡度大于 15%时，卷材应垂直于屋脊配置；坡度在 3%～15%之间时，可据现场条件自由选定），在流水坡度的下坡开始弹出基准线，边涂刷胶黏剂边向前滚铺卷材，并及时辊压压实。用毛刷涂刷时，蘸胶液应饱满，涂刷要均匀。滚铺卷材不要卷入空气和异物。平面与立面相连接处的卷材，应由下向上压缝铺贴，并使卷材紧贴阴角，不允许有明显的空鼓现象存在。当立面卷材超过 300mm 时，应用氯丁系胶黏剂（404 胶）进行粘贴或用木砖钉木压条与粘贴并用的方法处理，以达到粘贴牢固和封闭严密的目的。卷材纵横搭接宽度为 100mm，一般接缝用胶黏剂黏合，也可采用汽油喷灯进行加热熔接，其中，以后者效果更为理想。对卷材搭接缝的边缘以及末端收头部位，应刮抹膏状胶黏剂进行黏合封闭处理，其宽度不应小于 10mm。必要时，也可在经过密封处理的末端收头处，再用掺入水泥质量 20%的 108 胶水泥砂浆进行压缝处理。

热熔法施工

冷粘法、自粘法施工的环境气温不宜低于 5℃，热熔法、焊接法施工的环境气温不宜低于 －10℃。

热熔法施工的卷材主要以便 APP 改性沥青卷材较为适宜。采用热熔法施工可节省冷粘剂，降低防水工程造价，特别是当气温较低时或屋面基层略有湿气时尤其适合。基层处理时，必须待涂刷基层处理剂 8h 以上方能进行施工作业。火焰加热器的喷嘴距卷材面的距离应适中，一般为 0.5m 左右，幅宽内加热应均匀。以卷材表面熔融至光亮黑色为度，不得过分加热或烧穿卷材。卷材表面热熔后应立即铺贴，滚铺时应排除卷材下面的空气，使之平展不得有折皱，并辊压粘贴牢固。搭接部位经热风焊枪加热后粘贴牢固，溢出的自粘胶刮平封口。

**3. 合成高分子卷材防水屋面施工**

（1）基层处理。合成高分子卷材防水屋面应以水泥砂浆找平层作为基层，其配合比为 1∶3（体积比），厚度为 15～30mm，其平整度用 2m 长直尺检查最大空隙不应超过 5mm，空隙仅允许平缓变化。如预制构件（无保温层时）接头部位高低不齐或凹坑较大时，可用掺水泥量 15%108 胶的 1∶2.5～1∶3 水泥砂浆找平，基层与突出屋面结构相连的阴角，应抹成均匀一致和平整光滑的圆角，而基层与檐口、天沟、排水口等相连接的转角则应做成半径为 100～200mm 的光滑圆弧。基层必须干燥，其含水率一般不应大于 9%。

（2）施工要点。待基层表面清理干净后，即可涂布基层处理剂，一般是将聚氨酯涂膜防水材料的甲料、乙料、二甲苯按 1∶1.5∶3 的配合比搅拌均匀，然后将其均匀涂布在基层表面上，干燥 4h 以上，即可进行后续工序的施工。在铺贴卷材前需有聚氨酯甲料和乙料按 1∶1.5 的配合比搅拌均匀后，涂刷在阴角、排水口和通气孔根部周围作增强处理。其涂刷宽度为距离中心 200mm 以上，厚度以 1.5mm 左右为宜，固化时间应大于 24h。

待上述工序均完成后，将卷材展开摊铺在平整干净的基层上，用滚刷蘸满氯丁系胶黏剂（404 胶等），均匀涂布在卷材上，涂布厚度要均匀，不得漏涂，但沿搭接缝部位 100mm 处不得涂胶。涂胶黏剂后静置 10～20min，待胶黏剂结膜干燥到不粘手指时，将卷材用纸筒芯卷好，然后再将胶黏剂均匀涂布在基层处理剂已基本干燥的洁净基层上，经过 10～20min 干燥，接触时不粘手指，即可铺贴卷材。卷材铺贴的一般原则是铺设多跨或高低跨屋面时，应先高跨后低跨、先远后近的顺序进行；铺设同一跨屋面时，应先铺设排水比较集中的部位，按标高由低向高进行。卷材应顺长方向进行配制，并使卷材长方向与水流坡度垂直，其长边搭接应顺流水坡度方向。卷材的铺贴应根据配制方案，沿先弹出的基准线，将已涂布胶黏剂的卷材圆筒从流水下坡开始展铺，卷材不得有折皱，也不得用力拉伸卷材，并应排除卷材下面的空气，辊压粘贴牢固。卷材铺好后，应将搭接部位的结合面清扫干净，采用与卷材配套的接缝专用胶黏剂（如氯丁系胶黏剂），在搭接缝结合面上均匀涂刷，待其干燥不粘指后，辊压粘牢。除此之外，接缝口应采用密封材料封严，其宽度不应小于 10mm。

合成高分子卷材防水屋面保护层施工与高聚物改性沥青卷材防水屋面保护施工要求相同。

## 二、涂膜防水屋面

涂膜防水是指以高分子合成材料为主体的防水涂料，涂布在结构物表面结成坚韧防水膜。它适用于各种混凝土屋面的防水，其中以装配式钢筋混凝土施工中应用较为普遍。

### （一）防水材料

#### 1. 防水涂料

防水涂料是指以液体高分子合成材料为主体，在常温下呈无定型状态，涂刷在结构物的表面能形成具有一定弹性的防水膜物料。防水涂料有以下优点：防止板面风化，延伸性好，质量轻，能形成无接缝的完整防水膜，施工简单，维修方便等。

防水涂料品种很多，技术性能不尽相同，质量相差悬殊，因此，使用时必须选择耐久性、延伸性、黏结性、不透水性和耐热度较高的且便于施工的优质防水涂料，以确保屋面防水的质量。常用的板面防水涂料有如下几种：

（1）沥青基防水涂料。沥青基防水涂料主要包括石棉乳化沥青涂料和石灰膏乳化沥青涂料等乳化沥青涂料。乳化沥青涂料是一种冷施工防水涂料，系由石油沥青在乳化剂（肥皂、松香、石灰膏、石棉等）水溶液作用下，经过乳化机的强烈搅拌分散，沥青被分散成 1～6μm 的细颗粒，被乳化剂包裹起来形成乳化液，涂刷在板面上。水分蒸发后，沥青颗粒聚成膜，形成均匀稳定、黏结良好的防水层。其灰膏乳化沥青配合比见表 13-8。

**表 13-8　石灰膏乳化沥青配合比**

| 石油沥青 | 石灰膏（干石灰质量） | 石棉绒 | 水 |
|---|---|---|---|
| 30～35 | 14～18 | 3～5 | 45～50 |

（2）高聚物改性沥青防水涂料。高聚物改性沥青防水涂料又称橡胶沥青类防水涂料，其成膜

物质中的胶黏材料是沥青和橡胶（再生橡胶或合成橡胶）。该类涂料有水乳型和溶剂型两种，是以橡胶对沥青进行改性作为基础，用再生橡胶进行改性，以减少沥青的感温性，增加弹性，改善低温下的脆性和抗裂性；用氯丁橡胶进行改性，使沥青的气密性、耐化学腐蚀性、耐光性等显著改善。目前，我国使用较多的溶剂型橡胶沥青防水涂料有：氯丁橡胶沥青防水涂料（表 13-9）、再生橡胶沥青防水涂料、丁基橡胶沥青防水涂料等。水乳型橡胶沥青防水涂料有：水乳型再生橡胶沥青防水涂料、水乳型氯丁橡胶沥青防水涂料等。溶剂型涂料具有如下特点：能在各种复杂表面形成无接缝的防水膜，具有较好韧性和耐久性，涂料成膜较快，同时具备良好的耐水性和抗腐蚀剂，能在常温或较低温度下冷施工，但一次成膜较薄。

**表 13-9　　溶剂型氯丁橡胶沥青防水涂料技术性能**

| 项次 | 项目 | 性能指标 |
|---|---|---|
| 1 | 外观 | 黑色黏稠液体 |
| 2 | 耐热性（85℃，5h） | 无变化 |
| 3 | 黏结力 | >0.25N/mm |
| 4 | 低温柔韧性（−40℃，1h，绕 $\phi$5mm 圆棒弯曲） | 无裂纹 |
| 5 | 不透水性（动水压 0.2MPa，3h） | 不透水 |
| 6 | 耐烈性（基层裂缝≤0.8mm） | 涂膜不裂 |

合成高分子防水涂料

（3）合成高分子防水涂料。合成高分子防水涂料是以合成橡胶或合成树脂为主要成膜物质，配制成的单组分或多组分的防水涂料，最常用的有聚氨酯防水涂料和丙烯酸酯防水涂料等。

聚氨酯防水涂料是双组分化学反应固化型的高弹性防水涂料，涂刷在基层表面上，经过常温交联固化，能形成一层橡胶状的整体弹性涂膜，可以阻挡水对基层的渗透而起到防水作用。聚氨酯涂膜具有弹性好、延伸能力强，对基层的伸缩或开裂适应性强，温度适应性好，耐油、耐化学药品腐蚀性能好，涂膜无接缝，适用于高层建筑屋面结构复杂的设有刚性保护层的上人屋面，施工方便，应用广泛。

丙烯酸酯防水涂料是一种丙烯酸酯类共聚树脂乳液为主体配制而成的水乳型涂料，可与水乳型氯丁橡胶沥青防水涂料和水乳型再生橡胶沥青防水涂料等配合使用，使防水层具有浅色外观。该涂料形成的涂膜成橡胶状，柔韧性、弹性好，能抵抗基层龟裂时产生的应力，可以冷施工，可涂刷、刮涂和喷涂，施工方便。

（4）水泥基防水涂料。新型聚合物水泥基防水材料分为通用型 GS 防水材料和柔韧性 JS 防水材料两种。

通用型防水材料是由丙烯酸乳液和助剂组成的液料与由特种水泥、级配砂

涂膜防水施工的一般工艺流程：

基层表面清理、修理→喷涂基层处理剂→特殊部位附加增强处理→涂布防水涂料及铺贴胎体增强材料→清理与检查修理→保护层施工。

及矿物质粉末组成的粉料按特定比例组合而成双组分防水材料。两种材料混合后发生化学反应，既形成表面涂层防水，又能渗透到底材内部形成结晶体所阻遏水的通过，达到双重防水效果。产品突出黏结性能，适用于室内地面、墙面的防水。

柔韧型防水材料是由丙烯酸乳液及助剂（液料）和水泥、级配砂及胶粉（粉料）按比例组成的双组分、强韧塑胶改性聚合物水泥基防水浆料。将粉料和液料混合后涂刷，形成一层坚韧的高弹性防水膜，该膜对混凝土和水泥砂浆有良好的黏附性，与基面结合牢固，从而达到防水效果。产品突出柔韧性能，能够抵御轻微的震动及一定程度的位移，主要适应于土建工程施工环境。

2. 密封材料

土木工程用的密封材料，系指充填于建筑物及构筑物的接缝、门窗框四周、玻璃镶嵌部位以及裂缝处，能起到水密、气密性作用的材料。目前，我国常用的屋面密封材料包括改性沥青密封材料和合成高分子密封材料两大类。

（1）改性沥青密封材料。改性沥青密封材料是以沥青为基料，用合成高分子聚合物进行改性，加入填充料和其他化学助剂配制而成的膏状密封材料，主要有改性沥青基嵌缝油膏等。改性沥青基嵌缝油膏是以石油沥青为基料，掺以少量废橡胶粉、树脂或油脂类材料以及填充料和助剂制成的膏状体，适于钢筋混凝土屋面板板缝嵌填，具有炎夏不流淌，寒冬不脆性断裂，黏结力强，延伸性、耐久性、弹塑性好及常温下可冷施工等特点。

（2）合成高分子密封材料。合成高分子密封材料是以合成高分子材料为主体，加入适量的化学助剂、填充料和着色剂，经过特定的生产工艺加工而成的膏状密封材料，主要有聚氯乙烯胶泥、水乳型丙烯酸防密封膏、聚氨酯弹性密封膏等。聚氯乙烯胶泥是以聚氯乙烯树脂和煤焦油为基料，按一定比例加改性材料及填充料，在温度为130～140℃下塑化而成的热灌嵌缝防水材料。这种材料具有良好的耐热性、黏结性、弹塑性、防水性以及较好的耐寒、耐腐蚀性和抗老化能力，不但可用于屋面嵌缝，还可用于屋面满涂，且价格适中。聚氯乙烯胶泥的技术指标和配合比分别见表13-10和表13-11。

**表13-10　聚氯乙烯胶泥技术指标**

| 名称 | 拉伸强度（20±3）℃ | 黏结强度（20±3）℃ | 延伸度（20±3）℃ | 耐热度 |
|---|---|---|---|---|
| 单位 | MPa | MPa | % | ℃ |
| 指标 | >0.05 | >0.1 | >200 | ≥80 |

**表13-11　聚氯乙烯胶泥配合比**

| 成分 | 名称 | 单位 | 数量 |
|---|---|---|---|
| 主剂 | 煤胶油 | 份 | 100 |
| | 聚氯乙烯树脂 | 份 | 10～15 |
| 增塑剂 | 苯二甲酸二辛酯或苯二甲酸二丁酯 | 份 | 8～15 |
| 稳定剂 | 三盐基硫酸铅或硬脂酸钙、硬脂酸盐类 | 份 | 0.2～1 |
| 填充剂 | 滑石粉、粉煤灰、石英粉 | 份 | 10～30 |

## （二）涂膜防水屋面施工

### 1. 自防水屋面板的制作要求

自防水屋面板应按自防水构件的要求进行设计与施工，以保证其具有足够的密实性、抗渗性和抗裂性，同时，还必须做好附加层，以满足防水的要求。制作屋面板时，混凝土宜用不低于 42.5 级的普通硅酸盐水泥；粗骨料的最大粒径不超过板厚的 1/3，一般为不超过 15mm，细骨料宜采用中砂或粗砂，粗细骨料含泥量应分别不超过 1% 和 2%，以减少混凝土的干缩；每立方米混凝土中水泥的最小用量不少于 330k，水灰比不大于 0.55，为改善混凝土的和易性，还可掺入适量的外加剂。浇筑混凝土时，宜采用高频低振幅的小型平板振动器振捣密实，混凝土收水后应再次压实抹光，自然养护时间不得少于 14d。尤其重要的是自防水构件在制作、运输及安装过程中，必须采取有效措施，确保不出现裂缝，从而保证屋面的防水质量。

### 2. 板缝嵌缝施工

（1）板缝要求。当屋面结构采用装配式钢筋混凝土板时，板缝上口的宽度，应调整为 20～40mm，当板缝宽度大于 40mm 或上窄下宽时，板缝应设构造钢筋，以防止灌缝混凝土脱落开裂而导致嵌缝材料流坠。板缝下部应用不低于 C20 的细石混凝土浇筑并捣固密实，且预留嵌缝深度，可取接缝深度的 0.5～0.7 倍（图 13-4）。板缝在浇混凝土之前，应充分浇水湿润，冲洗干净。在浇筑混凝土时，必须随浇随清除接缝处构件表面的水泥浆。混凝土养护要充分，接触嵌缝材料的混凝土表面必须平整、密实，不得有蜂窝、露筋、起皮、起砂和松动现象。板缝必须干燥。

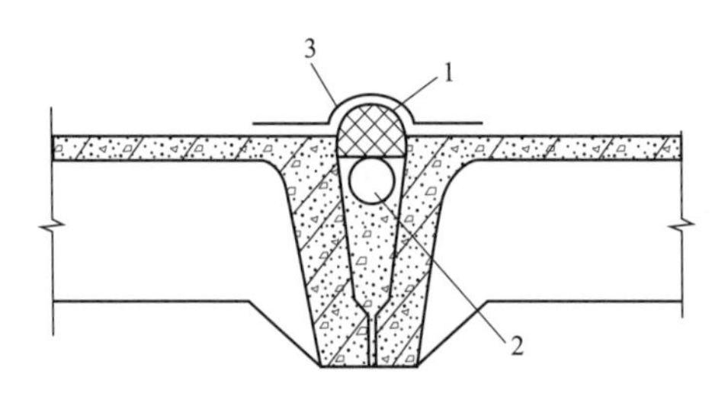


图 13-4　板缝密封防水处理

1—密封材料；2—背衬材料；3—保护层

防水屋面密封处理

嵌缝材料

板缝嵌缝施工

（2）嵌缝材料防水施工。在嵌缝前，必须先用刷缝机或钢丝刷清除板缝两侧表面浮灰、杂物并吹净。随即用基层处理剂涂刷，涂刷宜在铺放背衬材料后进行，涂刷应均匀，不得漏涂。待其干燥后，及时热灌或冷嵌密封材料。当采用改性沥青密封材料热灌施工时，应由下向上进行，尽量减少接头数量，一般应先灌垂直于屋脊的板缝，后灌平行于屋脊的板缝，同时，在纵横交叉处宜沿平行于屋脊的两侧板缝各延伸浇灌 150mm，并留成斜槎；当采用改性沥青密封材料冷嵌法施工时，应先用少量密封材料批刮在缝槽两侧，分次将密封材料嵌填在缝内，用力压嵌密实，并与缝壁黏结牢固。嵌填时，密封材料与缝壁不得留有空隙，并防止裹入空气，接头应采用斜槎。当采用合成高分子密封材料施工时，单组分密封材料可直接使用，多组分密封材料应根据规定的比例准确计量，拌合均匀。每次拌合量、拌合量、拌合时间和拌合温度应按所用密封材料的要求严格控制。密封材料可使用挤出枪或腻子刀嵌填。嵌填应饱满，防止形成气泡和孔洞。若采用挤出枪施工，应根据接缝的宽度选用口径合适的挤出嘴，均匀挤出密封材料嵌填，并由底部逐渐充满整个接缝。多组分密封材料拌合后应按规定的时间用完，未混合的多组分密封材料和未用完的单组分密封材料应密封存放。密封材料严禁在雨天或雪天施工，并且当风力在五级及以上不得施工。此外，还应考虑密封材料施工的气温环境。

3. 板面防水涂膜施工

板面防水涂膜施工

涂膜防水施工前，必须根据设计要求的涂膜厚度及涂料的含固量确定（计算）每平方米涂料用量及每道涂刷的用量以及需要涂刷的遍数。

（1）板面防水涂膜施工应在嵌缝完毕后进行，一般采用手工抹压、涂刷或喷涂等方法。

防水涂膜应分层分遍涂布。待先涂的涂层干燥成膜后，方可涂布后一层涂料。

当采用涂刷方法时，上下层应交错涂刷，接茬宜在板缝处，每层涂刷厚度应均匀一致。

涂膜防水层的厚度：沥青基防水涂膜在Ⅲ级防水屋面单独使用时不应小于8mm，在Ⅳ防水屋面或复合使用时不小于4mm；高聚物改性沥青防水涂膜应不小于3mm，在Ⅲ级防水屋面上复合使用时不小于1.5mm；合成高分子防水涂膜不小于2mm，在Ⅲ级防水屋面上复合使用时不小于1mm。

防水涂膜施工，需铺设胎体增强材料，当屋面坡度小于15%时，则可平行于屋脊铺设；屋面坡度大于15%时，则应垂直于屋脊铺设，并由屋面最低处向上操作。胎体长边搭接宽度不得小于50mm；短边搭接宽度不得小于70mm。若采用两层胎体增强材料时，上下层不得互相垂直铺设，搭接缝应错开，其间距不应小于幅宽的1/3。在天沟、檐口、檐沟、泛水等部位，均加铺有胎体增强材料的附加层。水落口周围与屋面交接处，应作密封处理，并加铺两层有胎体增强材料的附加层。

（2）沥青基防水涂膜施工时，施工顺序为先做节点、附加层，再进行大面积涂布；涂层中夹铺胎体增强材料时，应边涂边铺胎体，胎体应刮平排除气泡，并与涂料粘牢；屋面转角活立面涂层，应涂布多遍，不得流淌、堆积。用细砂、云母、蛭石等撒布材料作保护层时，应筛去粉砂，在涂刷最后一遍涂料时，边涂边撒布均匀，不得露底。待涂料干燥后，清除多余的撒布材料，施工气温宜为5～35℃。

（3）在高聚物改性沥青防水涂膜施工时，屋面基层的干燥程度应根据涂料的特性而定，若采用溶剂型涂料，则基层应干燥，基层处理剂应充分搅拌，涂刷均匀，覆盖完整，干燥后方可进行涂膜施工。其最上层涂层的涂刷不应少于两遍，其厚度不应小于1mm。若用水乳型涂料，以撒布料作保护层，则在撒布后应进行辊压粘牢，溶剂型涂料施工环境气温宜为5～35℃，水乳型涂料施工环境气温宜为5～35℃。

（4）在合成高分子防水涂膜施工时，应待屋面基层干燥后涂布基层处理剂，以隔断基层潮气，防止防水涂膜起鼓。涂布要均匀，不得过厚或过薄，不允许见底，在底胶涂布后干燥固化24h以上，才能进行防水涂膜施工。防水涂料可用涂刮或喷涂方法进行涂布。当采用涂刮时，每遍涂刮的方向宜与前一方向垂直，重涂的时间间隔应以前遍涂膜干燥的时间来确定，如聚氨酯涂膜宜为21～72h。多组分涂料应按配合比准确计量，搅拌均匀，配制后应及时使用。配料时可加入适量的缓凝剂或促凝剂来调节固化时间，缓凝剂有磷酸、苯磺酸氯等，促凝剂有二丁基烯等。在涂层中夹铺胎体增强材料时，位于胎体下面的涂层厚度不宜小于1mm，最上面的涂层不应少于两遍。当保护层为撒布材料（细砂、云母或蛭石），应在涂刷最后一遍涂层后，在涂层尚未固化前，再将撒布材料撒在涂层上；当保护层为块材（马赛克、饰面砖等），应在涂膜完全固化后，再进行块材铺贴，并按规范要求留设分格缝，分格面积不宜大于100m，分格缝宽度不宜小于20mm。

（5）水泥基防水涂料的施工是先搅拌再涂刷，然后养护，最后检查。

搅拌：将液料倒入容器中，再将粉料慢慢加入，同时充分搅拌3～5min至形成无生粉团和颗粒的均匀浆料即可使用（最好使用搅拌器）。

涂刷：用毛刷或滚刷直接涂刷在基面上，力度使用均匀，不时漏刷；一般需涂刷2遍（根据使用要求而定），且每遍刷厚度不超过1mm；前一遍微干固后再进行后一遍刷（刚好不粘手，一般间隔1～2h），前后垂直十字交叉涂刷，涂刷总厚度一般为1～2mm；如果涂层已经固化，涂刷另一层时先用清水湿润。

养护：施工24h后建议用湿布覆盖涂层或喷雾洒水对涂层进行养护。

检查（闭水试验）：卫生间、水池等部位请在防水层干固后（夏天至少21h，冬天至少48h）储满水48h以检查防水施工是否合格，轻质墙体须做淋水试验。

## 三、刚性防水屋面

根据防水层所用材料的不同，刚性防水屋面可分为普通细石混凝土防水屋面、补偿收缩混凝土防水屋面及块体刚性防水屋面。刚性防水屋面的结构层宜为整体现浇的钢筋混凝土或装配式钢筋混凝土板。现重点介绍细石混凝土刚性防水屋面。

刚性防水屋面构造

刚性防水屋面构造层次

### 1. 屋面构造

细石混凝土刚性防水屋面，一般是在屋面板上浇筑一层厚度不小于40mm的细石混凝土，作为屋面防水层（图13-5）。刚性防水屋面的坡度宜为2%～3%，并应采用结构找坡，其混凝土不得低于C20，水灰比不大于0.55，每立方米水泥最小用量不应小于330kg，灰砂比为1∶2～1∶2.5。为使其受力均匀，有良好的抗裂和抗渗能力，在混凝土中应配置直径为$\phi4$～$\phi6$，间距为100～200mm的双向钢筋网片，且钢筋网片在分格缝处应断开，其保护层厚度不小于10mm。细石混凝土防水层宜用普通硅酸盐水泥，当采用矿渣硅酸盐水泥时应采取减小泌水性措施；水泥强度等级不低于42.5级，防水层的细石混凝土和砂浆中，粗骨料的最大粒径不宜大于15mm，含泥量不应大于1%；细骨料应采用中砂或粗砂，含泥量不应大于2%，拌合水应采用不含有害物质的洁净水。

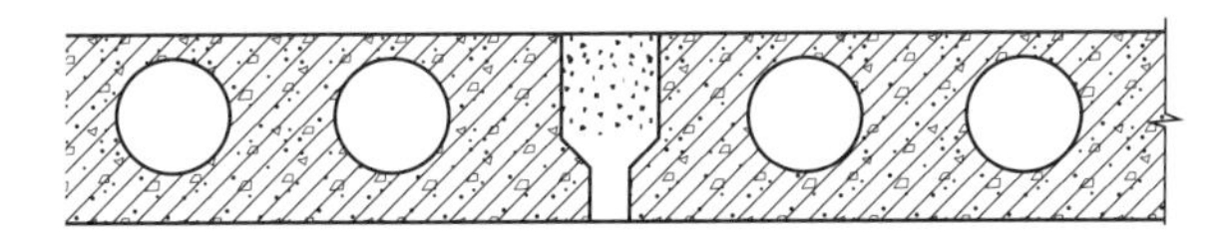

图 13-5　细石混凝土刚性防水屋面

2. 施工工艺

分隔缝构造

（1）分格缝设置。为了防止大面积的细石混凝土屋面防水层由于温度变化等的影响而产生裂缝，对防水层必须设置分格缝。分格缝的位置应按设计要求确定，一般应留在结构应力变化较大的部位，如设置在装配式屋面结构的支承端、屋面转折处、防水层与突出屋面板的交接处，并应与板缝对齐，其纵横间距不宜大于 6m。一般情况下，屋面板支承端每个开间应留横向缝，屋脊应留纵向缝，分格的面积以 20m 左右为宜。

（2）细石混凝土防水层施工。在浇筑防水层细石混凝土前，为减少结构变形对防水层的不利影响，宜在防水层与基层间设置隔离层。隔离层可采用纸筋灰或麻刀灰、低强度等级砂浆、干铺卷材等。在隔离层做好后，便在其上定好分格缝位置，再用分格木条隔开作为分格缝，一个分格缝范围内的混凝土必须一次浇筑完毕，不得留施工缝。浇筑混凝土时应保证双向钢筋网片设置于防水层中部，防水层混凝土应采用机械捣实，表面泛浆后抹平，收水后再次压光。待混凝土初凝后，将分格木条取出，分格缝处必须有防水措施，通常采用油膏嵌缝，有的在缝口上再做覆盖保护层。

细石混凝土防水层施工时，屋面泛水与屋面防水层应一次做成，否则会因混凝土或砂浆不同收缩和结合不良造成渗漏水，泛水高度不应低于 250mm（图 13-6），以防止雨水倒灌或爬水现象引起渗漏水。

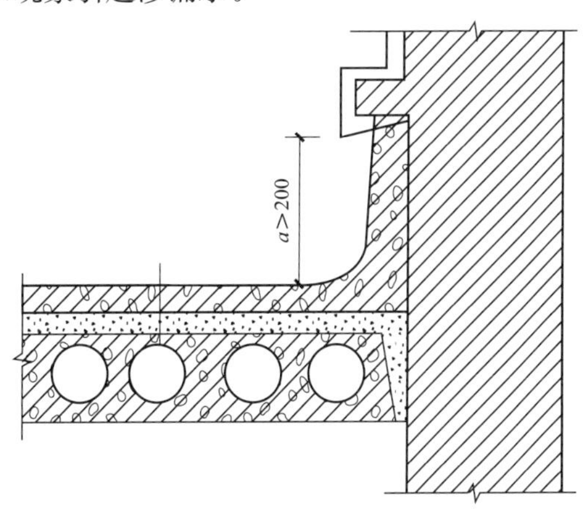


图 13-6　泛水施工

细石混凝土防水层，由于其收缩弹性很小，对地基不均匀沉降、外荷载等引起的位移和变形，对温差和混凝土收缩、徐变引起的应力变形等敏感性大，容易产生开裂，因此，这种屋面多用于结构刚度好、无保温层的钢筋混凝土屋盖上。只要设计合理，施工措施得当，防水效果是可以得到保证的。此外，在施工中还应注意：防水层细石混凝土所用水泥的品种、最小用量、水灰比，以及粗细骨料规格和级配等应符合规范的要求；混凝土防水层的施工气温宜为 5～35℃，不得在负温和烈日暴晒下施工；防水层混凝土浇筑后，应及时养护，并保持湿润，补偿收缩混凝土防水层宜采用水养护，养护时间不得少于 14d。

## 第三节　地下防水工程

地下工程的防水方案，大致可分为以下三类：防水混凝土结构、卷材防水层、涂膜防水层。

### 一、防水混凝土

防水混凝土是以调整混凝土配合比或掺外加剂等方法，来提高混凝土本身的密实性和抗渗性，使其具有一定防水能力的特殊混凝土。防水混凝土具有取材容易、施工简便、工期较短、耐久性好、工程造价低等优点。因此，在地下工程中防水混凝土得到了广泛使用。目前，常用的防水混凝土主要有普通防水混凝土、外加剂防水混凝土等。

#### （一）防水混凝土的性能及配制方法

**1. 普通防水混凝土**

（1）普通防水混凝土即是在普通混凝土骨料级配的基础上，通过调整和控制配合比的方法，提高自身密实度和抗渗性的一种混凝土。它不仅要满足结构的强度要求，还要满足结构的抗渗要求。

水泥强度等级不低于 42.5 级，在不受侵蚀介质和冻融作用时，宜采用普通硅酸盐水泥、火山灰硅酸盐水泥和粉煤灰硅酸盐水泥。如掺外加剂，也可采用矿渣硅酸盐水泥。在受冻融作用时，宜采用普通硅酸盐水泥；在受硫酸盐侵蚀作用时，可采用火山灰硅酸盐水泥、粉煤灰硅酸盐水泥。普通防水混凝土的骨料级配要好，一般可采用碎石、卵石和碎矿渣，石子含泥量不大于 1%针状、片状颗粒不大于 15%，最大粒径不宜大于 40mm，吸水率不大于 1.5%。砂宜采用含泥量不大于 3%的中、粗砂，平均粒径为 0.4mm 左右。普通防水混凝土所用的水应为不含有害物质的洁净水。

（2）普通防水混凝土的配制方法。配制普通防水混凝土通常以控制水灰比，适当增加砂率和水泥用量的方法，来提高混凝土的密实性和抗渗性。水灰比一般不大于 0.6，每立方米混凝土水泥用量不少于 320kg，砂率以 35%～40%为宜，灰砂比为 1∶2～1∶2.5，普通防水混凝土的坍落度以 3～5cm 为宜，当采用泵送工艺时，混凝土坍落度不受此限制。在防水混凝土的成分配合中，砂石级配、含砂率、灰砂比、水泥用量与水灰比之间存在着相互制约关系，防水混凝土配制的最优方案，应根据这些相互制约因素确定。除此之外，还应考虑设计对抗渗的要求，通过初步配合比计算、试配和调整，最后确定出施工配合比，该配合比既要满足地下防水工程抗渗等级等各项技术的要求，又要符合经济的原则。普通防水混凝土配合比设计，一般采用绝对体积法进行。但必须注意，在实验室试配时，考虑实验室条件与实际施工条件的差别，应将设计的抗渗标准提高 0.2MPa 来选定配合比。实验室固然可以配制出满足各种抗渗等级的防水混凝土，但在实际工程中由于各种因素的制约往往难以做到，所以，更多的是采用掺外加剂的方法来满足防水的要求。

**2. 外加剂防水混凝土**

外加剂防水混凝土是在混凝土中加入一定量的有机或无机物，以改善混凝土的性能和结构组成，提高其密实性和抗渗性，达到防水要求。外加剂防水混凝土的种类很多，下面仅对常用的加气剂防水混凝土、减水剂防水混凝土和三乙醇胺防水混凝土作简单介绍。

防水混凝土施工

1）加气剂防水混凝土。加气剂防水混凝土是在普通混凝土中掺入微量的加气剂配制而成的。目前常用的加气剂有松香酸钠、松香热聚物、烷基磺酸钠和烷基苯磺酸钠等。在混凝土中加入加气剂后，会产生大量微小而均匀的气泡，使其黏滞性增大不易松散离析，显著地改善了混凝土的和易性，同时抑制了沉降离析和泌水作用，减少混凝土的结构缺陷。由于大量气泡存在，使毛细管性质改变，提高了混凝土的抗渗性。我国对加气混凝土含气量要求控制在3%～5%范围；松香酸钠掺量为水泥质量的0.03%；松香热聚物掺量为水泥质量的0.005%～0.015%；水灰比宜控制在0.5～0.6之间；水泥用量为250～300kg，砂率为28%～35%。砂石级配、坍落度与普通混凝土要求相同。

2）减水剂防水混凝土。减水剂防水混凝土是在混凝土中掺入适量的减水剂配制而成。减水剂的种类很多，目前常用的有：木质素磺酸钙、MF（次甲基萘磺酸钠）、NNO（亚甲基二萘磺酸钠）、糖蜜等。减水剂具有强烈的分散作用，能使水泥成为细小的单个粒子，均匀分散于水中。同时，还能使水泥微粒表面形成一层稳定的水膜，借助于水的润滑作用，水泥颗粒之间，只要有少量的水即可将其拌合均匀而使混凝土的和易性显著增加。因此，混凝土掺入减水剂后，在满足施工和易性的条件下，可大大降低拌合用水量，使混凝土硬化后的毛细孔减少，从而提高了混凝土的抗渗性。采用木质素磺酸钙，其掺量为水泥质量的0.15%～0.3%；采用MF、NNO其掺量为水泥质量的0.5%～1.0%；采用糖蜜，其掺量为水泥质量的0.2%～0.35%。减水剂防水混凝土，在保持混凝土和易性不变的情况下，可使混凝土用水量减少10%～20%，混凝土强度等级提高10%～30%，抗渗性可提高一倍以上。减水剂防水混凝土适用于一般防水工程及对施工工艺有特殊要求的防水工程。

常用减水剂

3）三乙醇胺防水混凝土。三乙醇胺防水混凝土是在混凝土中随拌合水掺入一定量的三乙醇胺防水剂配制而成。三乙醇胺加入混凝土后，能增强水泥颗粒的吸附分散与化学分散作用，加速水泥的水化，水化生成物增多，水泥石结晶变细，结构密实，因此提高了混凝土的抗渗性。在冬季施工时，除了掺入占水泥质量0.05%的三乙醇胺以外，再加入0.5%的氯化钠及1%的亚硝酸钠，其防水效果会更好。三乙醇胺防水混凝土，抗渗性好，质量稳定，施工简便。特别适合工期紧、要求早强及抗渗的地下防水工程。

### （二）防水混凝土工程施工

防水混凝土工程质量的优劣，除了取决于设计材料及配合成分等因素以外，还取决于施工质量。通过大量的地下工程渗漏水事故分析表明，施工质量差是造成防水工程渗漏水的主要原因之一。因此，对施工中的各主要环节，如混凝土的搅拌、运输、浇筑、振捣、养护等，均应严格遵循施工验收规范和操作规程的规定进行施工，以保证防水混凝土工程质量。

#### 1. 施工要点

防水混凝土施工要点如下：

（1）防水混凝土工程的模板应平整且拼缝严密不漏浆，模板构造应牢固稳定，通常固定模板的螺栓或铁丝不宜穿过防水混凝土结构，以免水沿缝隙渗入，当墙较高需要对拉螺栓固定模板时，应在预埋套管或螺栓上加焊止水环，阻止渗水通路。

（2）绑扎钢筋时，应按设计要求留足保护层，不得有负误差。留设保护层应以相同配合比的细石混凝土或水泥砂浆制成垫块，严禁钢筋垫钢筋或将钢筋用铁钉、铅丝直接固定在模板上，以防止水沿钢筋侵入。

（3）防水混凝土应采用机械搅拌，搅拌时间不应少于 2min。对掺外加剂的混凝土，应根据外加剂的技术要求确定搅拌时间，如加气剂防水混凝土搅拌时间约为 2～3min。

（4）防水混凝土应分层浇筑，每层厚度不宜超过 30～40cm，相邻两层浇筑时间间隔不应超过 2h，夏季可适当缩短。浇筑混凝土的自由下落高度不得超过 1.5m，否则应使用串筒、溜槽等工具进行浇筑。防水混凝土应采用机械振捣，严格控制振捣时间（以 10～30s 为宜），并不得漏振、欠振和超振。当掺有加气剂或减水剂时，应采用高频插入振捣器振捣，以保证防水混凝土的抗渗性。

（5）防水混凝土的养护对其抗渗性能影响极大，因此，必须加强养护。一般混凝土进入终凝（浇筑后 4～6h）即应进行覆盖，浇水湿润养护不少于 14d。防水混凝土不宜采用电热养护和蒸气养护。

**2. 施工缝**

为了保证地下结构的防水效果，施工时应尽可能不留或少留施工缝，尤其是不得留设垂直施工缝。在墙体中留设水平施工缝，其处理方法根据施工缝的断面形式有凸缝、凹缝及钢板止水片等几种（图 13-7）。

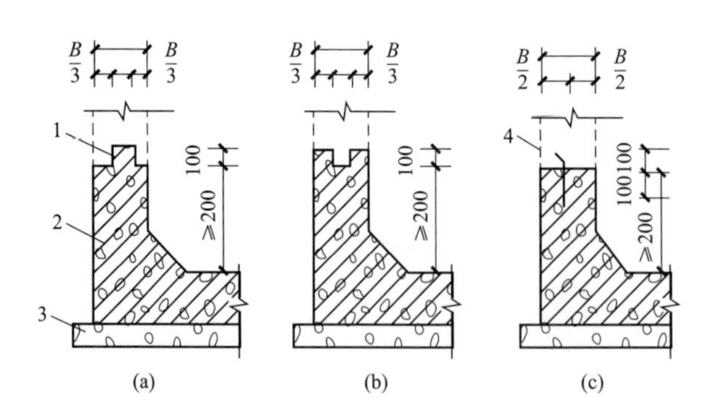


图 13-7 施工缝断面形式（单位：mm）

（a）凸缝；（b）凹缝；（c）钢板止水片

1—施工缝；2—构筑物；3—垫层；4—钢板止水片

施工缝是防水的薄弱环节之一，施工中应尽量不带或少留。底板的混凝土应连续浇筑，墙体不得留垂直施工缝。墙体水平施工缝不应留在剪力或弯矩最大处，也不宜留在底板与墙体交接处，最低水平施工缝距底板面不少于 200mm，距穿墙孔洞边缘不少于 300mm。如必须留设垂直施工缝时，应留在结构变形缝处。

在施工缝上继续浇筑混凝土时，应将施工缝处的混凝土表面凿毛，清除浮渣并用水冲洗干净保持湿润，再铺上一层厚 20～50mm 的水泥砂浆，其材料和灰砂比应与混凝土相同。

## 二、卷材防水层

地下卷材防水层是一种柔性防水层，是用沥青胶将几层卷材粘贴在地下结构基层的表面上而形成的多层防水层，它具有较好的防水性和良好的韧性，能适应结构振动和微小变形，并能抵抗酸、碱、盐溶液的侵蚀，但卷材吸水率大，机械强度低，耐久性差，发生渗漏后难以修补。因此，卷材防水层只适应于形式简单的整体钢筋混凝土结构基层和以水泥砂浆、沥青砂浆或沥青混凝土为找平层的基层。

防水卷材搭接宽度

### 1. 卷材及胶结材料的选择

地下卷材防水层宜采用耐腐蚀的卷材和玛琋脂，如胶油沥青卷材、沥青玻璃布卷材、再生胶卷材等。耐酸玛琋脂应采用角闪石棉、辉绿岩粉、石英粉或其他耐酸的矿物质粉为填充料；耐碱玛琋脂应采用滑石粉、温石棉、石灰石粉、白云石粉或其他耐碱的矿物质粉为填充料。铺贴石油沥青卷材必须用石油沥青胶结材料，铺贴胶油沥青卷材必须用胶油沥青胶结材料。防水层所用的沥青，其软化点应比基层及防水层周围介质可能达到的最高温度高出 20～25℃，且不低于 40℃。沥青胶结材料的加热温度、使用温度及冷底子油的配制方法参见屋面防水部分。

平面到立面的防水过渡方法：外防外贴法实例

### 2. 卷材的铺贴方案

将卷材防水层铺贴在地下需防水结构的外表面时，称为外防水。此种施工方法，可以借助土压力压紧，并可与承重结构一起抵抗有压地下水的渗透和侵蚀作用，防水效果好。外防水的卷材防水层铺贴方式，按其与防水结构施工的先后顺序，可分为外防外贴法和外防内贴法两种。

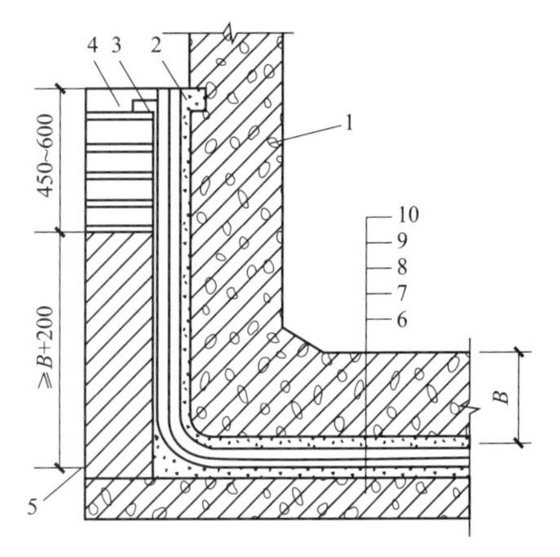


图 13-8　外防外贴法（单位：mm）
1—需防水结构墙体；2—永久性木条；3—临时性木条；4—临时性保护墙；5—永久性保护墙；6—垫层；7—找平层；8—卷材防水层；9—保护层；10—底板

梁式筏板基础地下室底板防水

桩基础地下室底板防水

（1）外防外贴法。外防外贴法是在垫层上先铺贴好底板卷材防水层，进行地下需防水结构的混凝土底板与墙体施工，待墙体侧模拆除后，再将卷材防水层直接铺贴在墙面上，然后砌筑保护墙（图 13-8）。外防外贴法的施工顺序是先在混凝土底板垫层上做 1∶3 的水泥砂浆找平层，待其干燥后，再铺贴底板卷材防水层，并在四周伸出与墙身卷材防水层搭接。保护墙分为两部分，下部为永久性保护墙，高度不小于 B+200mm（*B* 为底板厚度）；上部为临时保护墙，高度一般为 450～600mm，用石灰砂浆砌筑，以便切除。保护墙砌筑完毕后，再将伸出的卷材搭接接头临时贴在保护墙上，然后进行混凝土底板与墙身施工。墙体拆模后，在墙面上抹水泥砂浆找平层并刷冷底子油，再将临时保护墙拆除，找出各层卷材搭接接头，并将其表面清理干净。此处卷材应错茬缝（图 13-9），依次逐层铺贴，最后砌筑永久性保护墙。

平面到立面的防水过渡方法：外防内贴法

（2）外防内贴法。外防内贴法是在垫层四周先砌筑保护墙，然后将卷材防水层铺贴在垫层与保护墙上，最后进行地下需防水结构的混凝土底板与墙体施工（图 13-10）。外防内贴法的施工是先在混凝土底板垫层四周永久性砌筑保护墙，在垫层表面上及保护墙内表面上抹 1∶3 水泥砂浆找平层，待其基本干燥并满涂冷底子油后，沿保护墙及底板铺贴防水卷材。铺贴完毕后，在立面上，应在涂刷防水层最后一道沥青胶时，趁热粘上干净的热砂或散麻丝，待其冷却后，立即抹一层 10～20mm 厚的 1∶3 水泥砂浆保护层；在平面上铺设一层 30～50mm 厚的 1∶3 水泥砂浆或细石混凝土保护层，最后再进行需防水结构的混凝土底板和墙体施工。

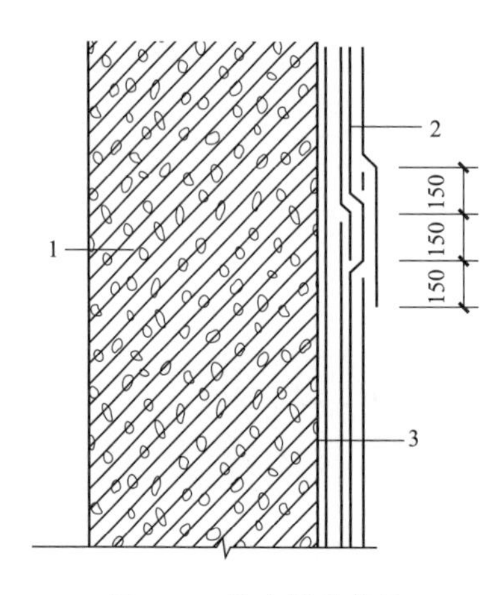


图 13-9　防水错茬接缝

1—需防水结构；

2—防水层；

3—找平层

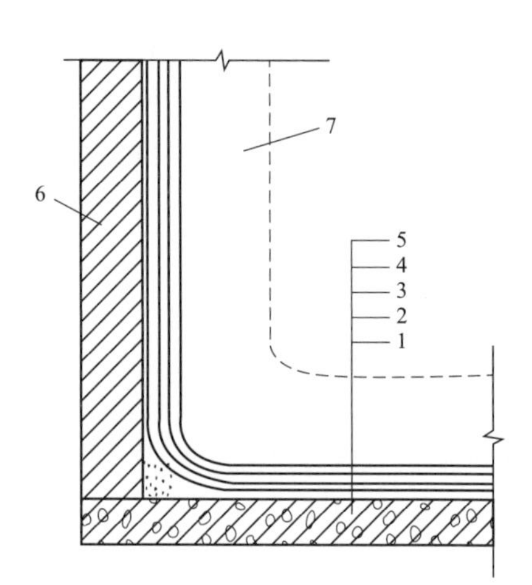


图 13-10　外防内贴法（单位 mm）

1—垫层；2—找平层；3—卷材防水层；

4—保护层；5—底板；6—保护墙；

7—需防水结构墙体

### 3. 卷材防水层的施工

铺贴卷材的基层必须牢固，无松动现象，基层表面应平整洁净，阴阳角处均应做成圆弧形或钝角。卷材铺贴前，宜使基层表面干燥，在平面上铺贴卷材时，若基层表面干燥有困难，则第一层卷材可用沥青胶结材料铺贴在潮湿的基层上，但应使卷材与基层贴紧。必要时卷材层数应比设计增加一层。在立面上铺贴卷材时，为提高卷材与基层的黏结，基层表面应涂满冷底子油，待冷底子油干燥后再铺贴。铺贴卷材时，每层沥青胶涂刷应均匀，其厚度一般为 1.5～2.5mm。外贴法铺贴卷材应先铺平面，后铺立面，平立面交接处应交叉搭接；内贴法宜先铺立面，后铺平面。铺贴立面卷材时，应先铺转角后铺大面。卷材的搭接长度要求，长边不应小于 100mm，短边不应小于 150mm。上下两层和相邻两幅卷材的接缝应相互错开 1/3 幅宽，并不得相互垂直铺贴。在平面与立面的转角处，卷材的接缝应留在平面上距离立面不小于 600mm 处。所有转角处均应铺贴附加层。附加层可用两层同样的卷材或一层抗拉强度较高的卷材。附加层应按加固处的形状仔细粘贴紧密，卷材与基层和各层卷材间必须粘贴紧密，多余的沥青胶接材料应挤出，搭接缝必。须用沥青胶仔细封严。最后一层卷材铺贴好后，应在其表面上均匀地涂刷一层厚为1～1.5mm的热沥青胶结材料。

## 三、涂膜防水层

地下工程常用的防水涂料主要是沥青基防水涂料和高聚物改性沥青防水涂料等。这里以水乳型再生橡胶沥青防水涂料为例作介绍。

水乳型再生橡胶沥青防水涂料是以沥青、橡胶和水为主要材料，掺入适量的增塑剂及抗老化剂，采用乳化工艺制成。其黏结、柔韧、耐寒、耐热、防水、抗老化能力等均优于纯沥青和沥青胶，并具有质量轻、无毒、无味、不易燃烧、冷施工等特点，而且操作简便，不污染环境，经济效益好，与一般卷材防水层相比可节约造价30%，还可在较潮湿的基层上施工。

水乳型再生橡胶沥青防水涂料由水乳型A液和B液组成，A液为再生胶乳液，呈漆黑色，细腻均匀，稠度大，黏性强，密度约1.1g/cm。B液为液化沥青，呈浅黑黄色，水分较多，黏性较差，密度约1.04g/cm。当两种溶液按不同配合比（质量比）混合时，其混合料的性能各不相同。若混合料中沥青成分居多时，则可减少橡胶与沥青之间的内聚力，其黏结性、涂刷性和浸透性能良好，此时施工配合比可按A液∶B液=1∶2；若混合料中橡胶成分居多时，则具有较高的抗裂性和抗老化能力，此时施工配合比可按A液∶B液=1∶1。所以在配料时，应根据防水层的不同要求，采用不同的施工配合比。水乳型再生橡胶沥青防水涂料既可单独涂布形成防水层，也可衬贴玻璃丝布作为防水层。当地下水压不大时做防水层或地下水压较大时做加强层，可采用二布三油一砂做法；当在地下水位以上做防水层或防潮层，可采用一布二油一砂做法，铺贴顺序为先铺附加层和立面，再铺平面；先铺贴细部，再铺贴大面，其施工方法与卷材防水层相类似。适用于屋面、墙体、地面、地下室等部位及设备管道防水防潮、嵌缝补漏、防渗防腐工程。

# 第十四章　装饰装修工程

## 教学目标

### （一）总体目标

通过本章的学习，使学生熟悉装饰装修工程的概念意义以及了解装饰装修工程包括哪些方面，了解装饰装修工程的特点。掌握抹灰工程的施工工艺、一般抹灰的分类组成，了解装饰抹灰的底层作法，掌握常用的几种装饰抹灰的施工工艺。了解饰面板工程中饰面板的常用材料及相应材料的施工工艺、要求。了解涂饰工程包含内容、施工工艺，熟悉建筑幕墙工程的作法及要求。理解裱糊工程的含义，掌握常用材料的特点。激发学生对土木工程施工技术的专业热爱和学习激情，建立学生扎实基础、持续发展的理念，增强学生扎根祖国、建设祖国的爱国热情。

### （二）具体目标

**1. 专业知识目标**

（1）熟悉装饰装修工程的概念意义；

（2）了解装饰装修工程的特点；

（3）了解饰面板工程中饰面板的施工工艺、要求；

（4）了解涂饰工程包含内容、施工工艺；

（5）熟悉建筑幕墙工程的作法及要求；

（6）理解裱糊工程的含义，掌握常用材料的特点。

**2. 综合能力目标**

（1）能明确任务要求，完成对该任务的要求；

（2）能够理解装饰装修工程的各部分内容；

（3）结合国家建筑标准，理解装饰装修工程的作法、要求。

**3. 综合素质目标**

（1）激发学生对土木工程施工的学习激情，建立学生对土木工程施工技术进一步创新的愿望，提升学生专业认同感；

（2）增强学生扎根祖国、建设祖国的爱国热情。

## 教学重点和难点

### （一）重点

（1）抹灰工程的施工工艺、一般抹灰的分类组成；

（2）掌握各种类装饰抹灰的作法；

（3）掌握饰面板（砖）工程中各类材料的特点及要求；

(4) 掌握涂饰工程的作用；
(5) 掌握建筑幕墙工程的施工特点及不同材料幕墙的施工工序；
(6) 掌握裱糊工程常用各类材料粘贴施工要点及质量要求。

### （二） 难点

(1) 一般抹灰的主要工序及质量要求；
(2) 各类装饰抹灰的特点、作法及要求；
(3) 饰面板砖工程的施工工艺；
(4) 涂饰工程的作法要求。

## 教 学 策 略

本章是土木工程施工课程的第十四章，对《建筑装饰装修工程质量验收规范》(GB 50210—2018) 中房屋各建筑部位作法、施工工序、要求等内容如何在施工中实现起到重要的引领作用，教学内容涉及面广、工程量大、施工工期长、专业性较强。各类装饰装修材料的特点、施工工序及施工的基本要求是本章教学的重点和难点。为帮助学生更好地学习本章知识，采取“课前知识回顾——课中教学互动——技能训练——课后拓展”的教学策略。

(1) 课前引导：提前介入学生学习过程，要求学生了解本专业相关规范中的知识点，为课程学习进行知识储备。

(2) 课中教学互动：课堂教学教师讲解中，以大量现场案例图片和视频的形式，让学生直观和系统地了解、理解整个装饰装修工程。

(3) 技能训练：采用课内、课外交叉教学，在用 1 个学时的时间来学习实训室认识各类装饰装修材料。

(4) 课后拓展：引导学生自主学习与本课程相关的规范，包括《建筑装饰装修工程质量验收标准》(GB 50210—2018)、《工程建设标准强制性条文》(建设部建标〔2002〕219 号文)(房屋建筑部分)、《建筑工程施工质量验收统一标准》(GB 50300—2013)，拓宽学生视野，增加学生的实践能力。

## 教 学 架 构 设 计

### （一） 教学准备

(1) 情感准备：和学生沟通，了解学情，鼓励学生，增进感情。
(2) 知识准备：
1) 学习：《建筑装饰装修工程质量验收标准》(GB 50210—2018) 中相关知识点；
2) 预习：“雨课堂”分布的预习内容和装饰装修工程的视频。
(3) 授课准备：学生分组，要求学生带问题进课堂。
(4) 资源准备：授课课件、数字资源库等。

### （二） 教学架构

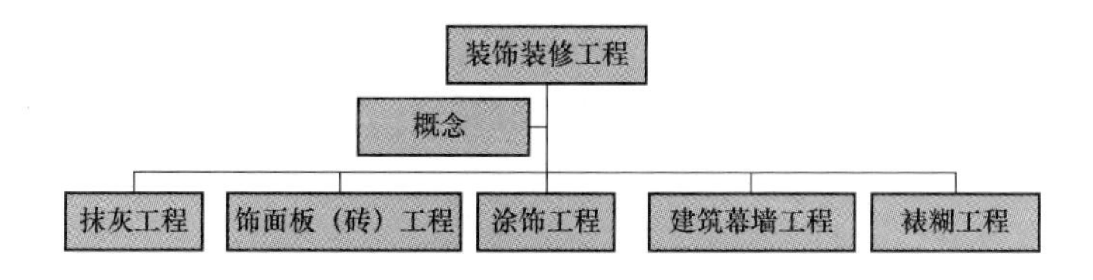

### （三） 实操训练

完成《装饰装修工程之我的理解》小视频并上传到课程QQ群。

### （四） 思政教育

根据授课内容，本章主要在专业认同感、持续创新、热爱祖国三个方面开展思政教育。

### （五） 效果评价

采用注重学生全方位能力评价的“五位一体评价法”，即自我评价（20%）+团队评价（20%）+课堂表现（20%）+教师评价（20%）+自我反馈（20%）评价法。同时引导学生自我纠错、自主成长并进行学习激励，激发学生学习的主观能动性。

### （六） 学时建议

4/56（本章建议学时/课程总学时）。

建筑装饰装修工程是指为保护建筑物的主体结构、完善建筑物的使用功能和美化建筑物，采用装饰装修材料或饰物对建筑物的内外表面及空间进行的各种处理过程。装饰装修工程包括抹灰、门窗、玻璃、吊顶、隔断、饰面、涂饰、裱糊、刷浆和花饰等内容。

装饰装修工程项目繁多，涉及面广，工程量大，施工工期长，耗用的劳动量多。为了加快施工进度、降低工程成本、满足装饰功能、增强装饰效果，应该进一步提高装饰装修工程工业化施工水平，实现结构与装饰合一，大力发展新型装饰材料，优化施工工艺。

## 第一节 抹 灰 工 程

抹灰工程分类

抹灰工程按使用材料和装饰效果不同，可分为一般抹灰和装饰抹灰两大类。

### 一、一般抹灰

一般抹灰系指采用石灰砂浆、水泥砂浆、水泥混合砂浆、聚合物水泥砂浆、麻刀石灰、纸筋石灰、石膏灰等抹灰材料进行的涂抹施工。

### （一） 一般抹灰的分类及组成

按使用要求、质量标准和操作工序不同，一般抹灰有高级抹灰和普通抹灰两级。高级抹灰适用于大型公共建筑物、纪念性建筑物（剧院、礼堂、展览馆等）以及有特殊要求的高级建筑等。普通抹灰适用于一般居住、公用和工业建筑（住宅、宿舍、教学楼等）以及建筑物中的附属用房（车库、仓库等）。

一般抹灰做法要求

其组成、主要工序及质量要求如下：

高级抹灰：一层底层，数层中层，一层面层，多遍成活。主要工序为阴阳角找方，设置标筋，分层赶平、修整，表面压光。要求抹灰表面光滑、洁净、颜色均匀、无抹纹，线角和灰线平直方正，清晰美观。

普通抹灰：一层底层、一层中层、一层面层（或一层底层、一层面层）。

主要工序为阳角找方、设置标筋、分层赶平、修整和表面压光。要求表面洁净，接茬平整，线角顺直、清晰。

为了保证抹灰质量，做到表面平整、避免裂缝，一般抹灰工程施工是分层进行的。抹灰的组成如图14-1所示。

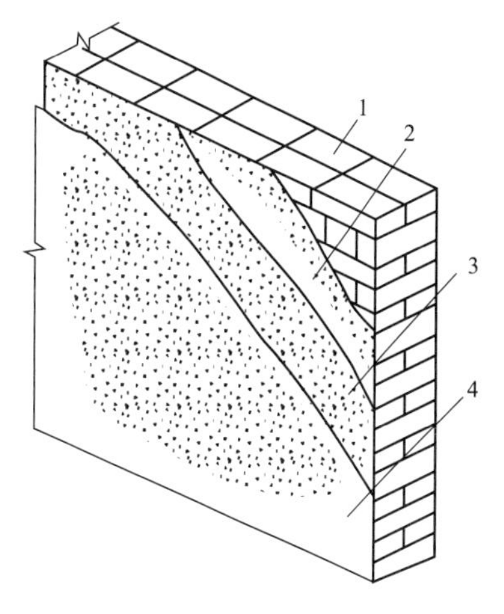


图14-1　抹灰层的组成

1—基层；2—底层；3—中层；4—面层

底层主要起与基层黏结的作用，所用材料应根据基层的不同而异。基层为砌体时，由于黏土砖、砌块与砂浆的黏结力较好，又有灰缝存在，一般采用水泥砂浆打底；基层为混凝土时，为了保证黏结牢固，一般应采用混合砂浆或水泥砂浆打底；基层为木板条、苇箔、钢丝网时，由于这些材料与砂浆的黏结力较低，特别是木板条容易吸水膨胀，干燥后收缩，导致抹灰层脱落，因此，底层砂浆中应掺入适量的麻刀等材料，并在操作时将砂浆挤入基层缝隙内，使之拉结牢固。

中层主要起找平作用，根据质量要求不同，可一次或几次涂抹。所用材料基本与底层相同。

面层亦称罩面，主要起装饰作用，必须仔细操作，确保表面平整、光滑、无裂痕。各抹灰层厚度应根据基层材料、砂浆种类、墙面平整度、抹灰质量以及气候、温度条件而定。抹灰层平均总厚度应根据基层材料和抹灰部位而定，均应符合规范要求。

### （二）材料质量要求

为了保证抹灰工程质量，应对抹灰材料的品种、质量严格要求。

石灰膏应用块状生石灰淋制，淋制时必须用孔径不大于3mm×3mm的筛过滤，并贮存在沉淀池中。熟化时间，常温下一般不少于15d；用于罩面时，不应少于30d。在沉淀池中的石灰膏应加以保护防止其干燥、冻结和污染。使用时，石灰膏内不得含有未熟化的颗粒和其他杂质。抹灰用的石灰膏可用磨细生石灰粉代替，其细度应通过4900孔/$cm^2$筛。

抹灰用的砂子应过筛，不得含有杂物。装饰抹灰用的集料（石粒、砾石等），应耐光坚硬，使用前必须冲洗干净。干粘石用的石粒应干燥。

抹灰用的纸筋应浸透、捣烂、洁净；罩面纸筋宜机碾磨细，稻草、麦秸、麻刀应坚韧干燥，不含杂质，其长度不得大于30mm。稻草、麦秸应经石灰浆浸泡处理。

掺入装饰砂浆中的颜料，应耐碱、耐光。

### （三）一般抹灰施工

#### 1. 基层处理

抹灰前必须对基层予以处理，如砖墙灰缝剔成凹槽，混凝土墙面凿毛或刮108胶水泥腻子，板条间应有8～10mm间隙（图14-2），应清除基层表面的灰尘、污垢，填平脚手架孔洞、管线沟槽、门窗框缝隙并洒水湿润。在不同结构基层的交接处（如板条墙、砖墙、混凝土墙的连接处）应先铺钉一层金属网（图14-3），其与相交基层的搭接宽度应各不小于100mm，以防抹灰层因基层温度变化胀缩不一而产生裂缝。在门口、墙、柱易受碰撞的阳角处，宜用1∶3的水泥砂浆抹出不低于1.5m高的护角图（14-4），对于砖砌体的基层，应待砌体充分沉降后，方能进行底层抹灰，以防砌体沉降拉裂抹灰层。

一般抹灰施工工艺流程图

基体表面处理汇总

不同材料基体交接处的处理

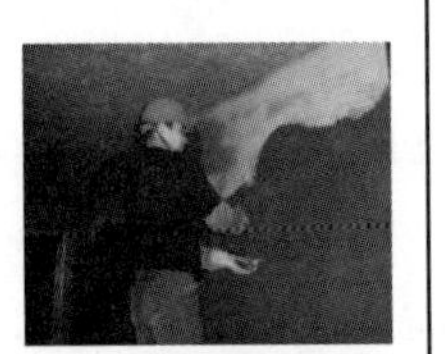

工人抹灰施工
抹灰要求：每层抹灰厚度5～8mm

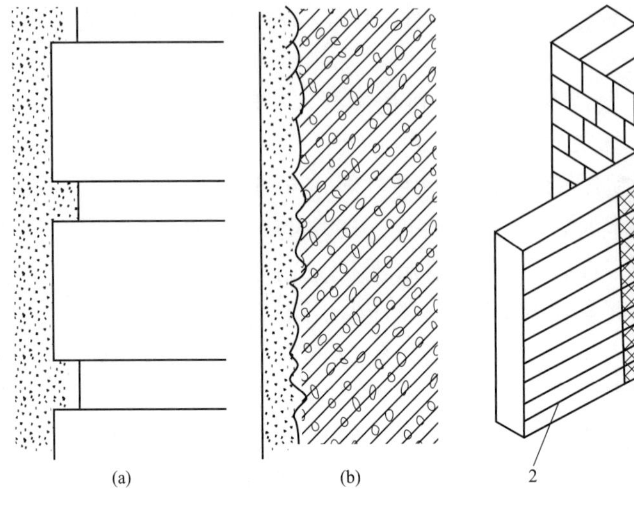


图 14-2 抹灰基层处理
（a）砖基层；（b）混凝土基层

图 14-3 不同基层接缝处理
1—砖墙；2—板条墙；3—钢丝网

为了控制抹灰层的厚度和平整度，在抹灰前还必须先找好规矩，即四角规方，横线找平，竖线吊宜，弹出准线和墙裙、踢脚板线，并在墙面做出标志（灰饼）和标筋（冲筋），以便找平。图 14-5 所示为抹灰操作中灰饼与冲筋的作法。

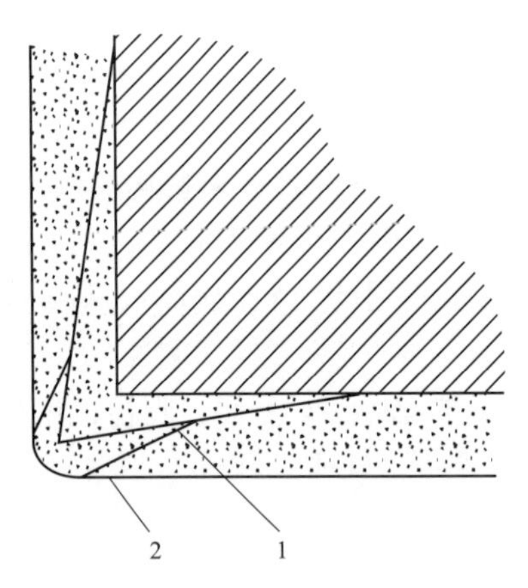


图 14-4 墙柱阳角包角抹灰
1—1：1：4 水泥门灰砂浆；2—1：2 水泥砂浆

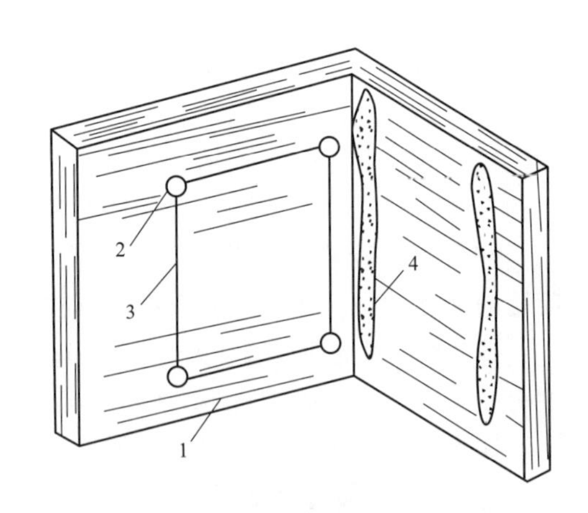


图 14-5 抹灰操作中灰饼与冲筋作法
1—基层；2—灰饼；3—引线；4—冲筋

### 2. 抹灰施工

一般房屋建筑中，室内抹灰应在上、下水、燃气管道等安装完毕后进行抹灰前必须将管道穿越的墙洞和楼板洞填嵌密实。散热器密集管道等背后的墙而抹灰，宜在散热器和管道安装前进行，抹灰而接茬应顺平。室外抹灰工程应安装好门窗框、阳台栏杆、预埋件，并将施工洞门堵塞密实后进行。

抹灰层施工采用分层涂抹，多遍成活。分层涂抹时，应使底层水分蒸发、充分干燥后再涂抹下一层。中层砂浆抹灰凝固前，应在层面上每隔一定距离交叉划出斜痕，以增强与面层的黏结力。各种砂浆的抹灰层，在凝结前，应防止快干、水冲、撞击和振动；凝结后，应采取措施防止玷污和损坏。水泥砂浆的抹灰层应在湿润的条件下养护。

纸筋或麻刀灰罩面，应待石灰砂浆浆或混合砂浆底灰 7～8 成干后进行。若底灰过干应浇水湿润，罩面灰一般用铁皮抹子或塑料抹子分两遍抹成，要求抹平压光。

石灰膏罩面是在石灰砂浆或混合砂浆底灰尚潮湿的情况下刮抹石灰膏。刮抹后约 2h 待石灰膏尚未干时压实赶平，使表面光滑不裂。

石膏罩面时．先将底层灰［1∶(2.5～3) 石灰砂浆或 1∶2∶9 混合砂浆］表面用木抹子带水搓细，待底层灰 6～7 成干时罩面。罩面用 6∶4 或 5∶5 石膏石灰膏灰浆，用小桶随拌随用，灰浆稠度 80mm 为宜。

3. 机械喷涂抹灰

抹灰施工可采取手工抹灰和机械化抹灰两种方法。手工抹灰指人工用抹子涂抹砂浆。手工抹灰劳动强度大、施工效率低，但工艺性较强。

机械化抹灰可提高功效，减轻劳动强度和保证工程质量，是抹灰施工的发展方向。目前应用较广的为机械喷涂抹灰，它的工艺流程如图 14-6 所示。其工作原理是利用灰浆泵和空气压缩机把灰浆和压缩空气送入喷枪，在喷嘴前造成灰浆射流，将灰浆喷涂在基层上。

机械喷涂抹灰做法是工人使用喷枪将灰浆喷于墙上

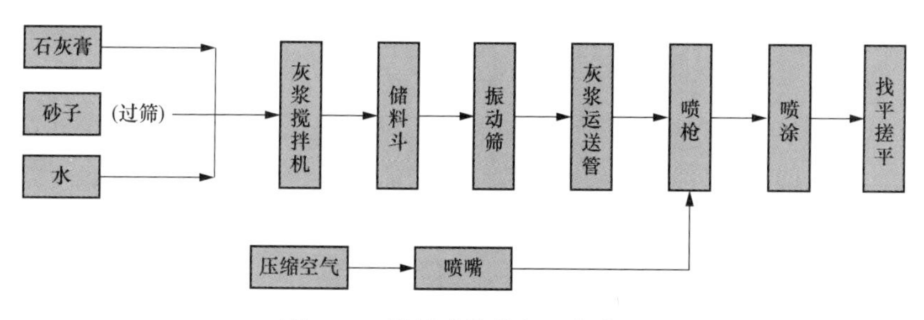


图 14-6　机械喷涂抹灰工艺流程

## 二、装饰抹灰

装饰抹灰的种类很多，但底层的作法基本相同（均为 1∶3 水泥砂浆打底），仅面层的作法不同。现将常用的装饰抹灰简述如下。

### （一）水刷石

水刷石是一种饰面人造石材，美观、效果好、施工方便。

作法：先将 1∶3 水泥砂浆底层湿润，再薄刮厚为 1mm 水泥浆一层，随即抹厚为 8～12mm、稠度为 50～70mm、配合比为 1∶1.25 的水泥石渣，并注意抹平压实，待其达到一定强度（用手指按无指痕）时，用刷子刷掉面层水泥浆，使石子表面全部外露，然后用水冲洗干净。水刷石可以现场操作，也可以工厂预制。

### （二）水磨石

水磨石花纹美观、润滑细腻。

装饰抹灰指在建筑物墙面涂抹水砂石、斩假石、干粘石、假面砖等。砂浆装饰抹灰根据使用材料、施工方法和装饰效果不同，分为拉毛灰、甩毛灰、搓毛灰、扫毛灰、拉条抹灰、装饰线条毛灰、假面砖、人造大理石以及外墙喷涂、滚涂、弹涂和机喷石屑等装饰抹灰。石碴装饰抹灰根据使用材料、施工方法、装饰效果不同，分为刷石、假石、磨石、粘石和机喷石粒、干粘瓷粒及玻璃球等装饰抹灰。

作法：在1∶3水泥砂浆底层上洒水湿润，刮水泥浆一层（厚1～1.5mm）作为黏结层，找平后按设计要求布置并固定分格嵌条（铜条、铝条、玻璃条），随后将不同色彩的水泥石子浆［水泥∶石子＝1∶(1～1.25)］填入分格中，厚为8mm（比嵌条高出1～2mm），并抹平压实。待罩面灰半凝固（1～2d）后，用磨石机浇水开磨，磨至光滑发亮为止。每次磨光后，用同色水泥浆填补砂眼，每隔3～5d再按同法磨第二遍或第三遍。最后，有的工程还要求用草酸擦洗和进行打蜡。水磨石可以现场制作，也可以工厂预制，二者工序基本相同，只是在预制时要按设计规定的尺寸、形状制成模框，并在底层中加入钢筋。

### （三）干粘石

干粘石施工方便、造价较低，且美观、效果好。

作法：先在已经硬化的厚为12mm的1∶3水泥砂浆底层上浇水湿润，再抹上一层厚为6mm的1∶2～2.5的水泥砂浆中层，随即抹厚为2mm的1∶0.5水泥石灰膏浆黏结层，同时将配有不同颜色的（或同色的）小八厘石渣略掺石屑后甩粘拍平压实在黏结层上。拍平压实石子时，不得把灰浆拍出，以免影响美观，待有一定强度后洒水养护。有时可用喷枪将石子均匀有力地喷射于黏结层上，用铁抹子轻轻压一遍，使表面搓平。如在黏结砂浆中掺入108胶，可使黏结层砂浆抹得更薄，石子粘得更牢。

### （四）斩假石（剁斧石）

斩假石又称剁斧石。一种人造石料。将掺入石屑及石粉的水泥砂浆，涂抹在建筑物表面，在硬化后，用斩凿方法使成为有纹路的石面样式。

斩假石（剁斧石）又称人造假石，是一种由凝固后的水泥石屑浆经斩琢加工而成的人造假有饰面。斩假石施工时，先用1∶2～1∶2.5水泥砂浆打底，待24h后浇水养护，硬化后在表面洒水湿润，刮素水泥浆一道，随即用1∶1.25水泥石渣（内掺30%石屑）浆罩面，厚为10mm，抹完后要注意防止日晒或冰冻，并养护2～3d（强度达60%～70%），然后用剁斧将面层斩毛。剁斧要经常保持锋利，剁的方向要一致，剁纹深浅和间距要均匀，一般两遍成活，以达到石材细琢而的质感。

### （五）拉毛灰和洒毛灰

拉毛灰施工时，先将底层用水湿透，抹上1∶(0.05～0.3)∶(0.5～1)水泥石灰罩面砂浆，随即用硬棕刷或铁抹子进行拉毛。棕刷拉毛时，用刷蘸砂浆往墙上连续垂直拍拉，拉出毛头。铁抹子拉毛时，则不蘸砂浆，只用抹子黏结在墙面随即抽回，要做到快慢一致，拉得均匀整齐，色泽一致，不露底，在一个平面上要一次成活，避免中断留茬。

洒毛灰，又称撒云片，施工时用茅草小帚蘸1∶1水泥砂浆或1∶1∶4水泥石灰砂浆，由上往下洒在湿润的底层上。洒出的云朵须错乱多变、大小相称、空隙均匀。亦可在未干的底层上刷上颜色，然后不均匀地洒上罩面灰，并用抹子轻轻压平，部分露出带色的底子灰，使洒出的云朵具有浮动感。

### （六）喷涂饰面

喷涂饰面是用喷枪将聚合物砂浆均匀喷涂在底层上形成面层装饰效果。此种砂浆掺加有108胶或二元乳液等聚合物，具有良好的抗冻性及和易性，能提高装饰面层的表面强度与黏结强度。通过调整砂浆的稠度和喷射压力的大小，可喷成砂浆饱满、波纹起伏的“波面”，或表面不出浆而满布细碎颗粒的“粒状”，亦可在表面涂层上再喷以不同色调的砂浆点，形成“花点套色”。

分层作法：10～13mm 厚 1∶3 水泥砂浆打底，木抹搓平。采用滑升、大模板工艺的混凝土墙体，可以不抹底层砂浆，只作局部找平，但表面必须平整。在喷涂前，先喷刷 1∶3（胶∶水）108 胶水溶液一道，以保证涂层黏结牢固。3～4 厚喷涂饰面层，要求三遍成活。饰面层收水后，在分格缝处用铁皮刮子沿着靠尺刮去面层，露出基层，做成分格缝，缝内可涂刷聚合物水泥浆。面层干燥后，喷罩甲基硅醇钠憎水剂，以提高涂层的耐久性和减少对饰面的污染。

建筑工地装饰抹灰样板

近年来还广泛采用塑料涂料（如水性或油性丙烯树脂、聚氨酯等）作喷涂的饰面材料。实践证明，外墙喷塑是今后建筑装饰的一个发展方向防潮、耐酸、耐碱，面层色彩可任意选定，对气候的适应性强，施工方便，工期短等优点。

**（七）滚涂饰面**

滚涂饰面施工时，先将带颜色的聚合物砂浆均匀涂抹在底层上，随即用平面或带有拉毛、刻有花纹的橡胶、泡沫塑料滚子，滚出所需的图案和花纹。

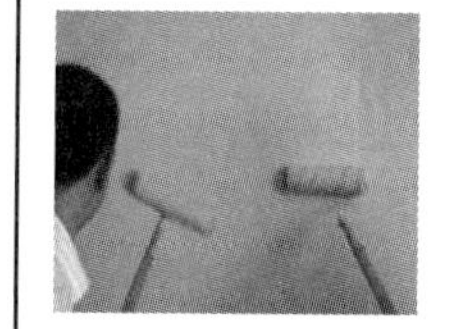
滚涂饰面施工

分层作法：①10～13mm 厚水泥砂浆打底，木抹搓平；②粘贴分格条（施工前在分格处先刮一层聚合物水泥浆，滚涂前用涂有 108 胶水溶液的电工胶布贴上，等饰面砂浆收水后揭下胶布）；③3mm 厚色浆罩面，随抹随用子滚出各种花纹；④待面层干燥后，喷涂有机硅水溶液。

**（八）弹涂饰面**

彩色弹涂饰面，是用电动弹力器将水泥色浆弹到墙面上，形成 1～3mm 左右的圆状色点。由于色浆一般由 2～3 种颜色组成，不同色点在墙面上相互交错、相互衬托，犹如水刷石、干粘石；亦可做成单色光面、细麻面、小拉毛拍平等多种形式。实践证明，这种工艺既可在墙面上做底灰，再作弹涂饰面；也可直接弹涂在基层较平整的混凝土板、加气板、石膏板、水泥石棉板等板材上。

弹涂饰面压平效果

施工流程：基层找平修正或做砂浆底灰→调配色浆刷底色→弹力器做头道色点→弹力器做二道色点→弹力器局部找均匀→树脂罩面防护层。

## 第二节　饰面板（砖）工程

饰面板（砖）的种类很多，常用的有天然石（大理石、花岗石）饰面板、人造石（大理石、水磨石、水刷石）饰面板、饰面砖（釉面瓷砖、面砖、陶瓷锦砖）和饰面墙板、金属饰面板等。

### 一、常用材料及要求

#### 1. 天然石饰面板

内墙饰面砖的选用要求

常用的天然石饰面板有大理石和花岗石饰面板，要求表面平整、边缘整齐、棱角不得损坏，表面不得有隐伤、风化等缺陷，并应具有产品合格证。选材时应使饰面色调和谐，纹理自然、对称、均匀，做到浑然一体，并注意把纹理、色彩最好的饰面板用于主要的部位，以提高装饰效果。

2. 人造石饰面板

人造石饰面板主要有预制水磨石、水刷石饰面板、人造大理石饰面板。要求几何尺寸准确，表面平整、边缘整齐、棱角不得有损坏，面层石粒均匀、色彩协调，无气孔、裂纹、刻痕和露筋等缺陷。

3. 饰面砖

常用的饰面砖有釉面瓷砖、面砖等。要求表面光洁、质地坚固，尺寸、色泽一致，不得有暗痕和裂纹，性能指标均应符合现行国家标准的规定。

釉面瓷砖有白色、彩色、印花、图案等多个品种。面砖有毛面和釉面两种，颜色有米黄、深黄、乳白、淡蓝等多种。

4. 饰面墙板

外墙饰面砖的选用要求

随着建筑工业化的发展，结构与装饰合一也是装饰装修工程的发展方向。饰面墙板就是将墙板制作与饰面结合，一次成型，从而进一步扩大了装饰装修工程的内容，加速了装饰装修工程的进度。

5. 金属饰面板

金属饰面板有铝合金板、镀锌板、彩色压型钢板、不锈钢板和铜板等多种。金属板饰面典雅庄重，质感丰富，尤其是铝合金板墙面价格便宜，易于加工成型，具有高强、轻质，经久耐用，便于运输和施工，表面光亮，可反射太阳光及防火、防潮、耐腐蚀的特点，是一种高档的建筑装饰，装饰效果别具一格，应用较广。

## 二、饰面板（砖）施工

饰面砖粘贴施工

饰面板（砖）可采用胶黏剂粘贴和传统的镶贴、安装方法进行施工。

### （一）饰面板（砖）胶黏法施工

胶粘法施工即利用胶黏剂将饰面板（砖）直接粘贴于基层上。此种施工方法具有工艺简单、操作方便、黏结力强、耐久性好、施工速度快等优点，是实现装饰装修工程干法施工的有效措施。

### （二）饰面板（砖）传统法施工

1. 小规格板材施工

对于边长小于400mm的小规格的饰面板一般采用镶贴法施工。施工时先用1∶3水泥砂浆打底划毛，待底子灰凝固后找规矩，并弹出分格线，然后按镶贴顺序，将已湿润的板材背面抹上厚度为2～3mm的素水泥浆进行粘贴，用木槌轻敲，并注意随时用靠尺找平找直。

2. 大规格板材施工

对于边长大于400mm或安装高度超过1m的饰面板，多采用安装法施工。安装的工艺有湿法工艺、干法工艺和GPC工艺。

（1）湿法工艺。按照设计要求在基层表面绑扎钢筋骨架，并在饰面板材周边侧面钻孔，以便与钢筋骨架连接（见图14-7）。板材安装前，应对基层抄平并进行预排。安装时由下往上，每层从中间或从一端开始依次将饰面板用铜丝或铅丝与钢筋骨架绑扎固定。板材与基层间的缝隙（即灌浆厚度），一般为

20～50mm，灌浆前，应先在竖缝内填塞15～20mm深的麻丝或泡沫塑料条以防漏浆，然后用1∶2.5水泥砂浆分层灌缝，待下层初凝后再灌上层，直到距上口50～100mm处为止，待安装好上一层板后再继续灌缝处理，依次逐层往上操作。每日安装固定后，需将饰面清理干净，如饰面层光泽受到影响，可以重新打蜡出光。要注意采取措施保护棱角。

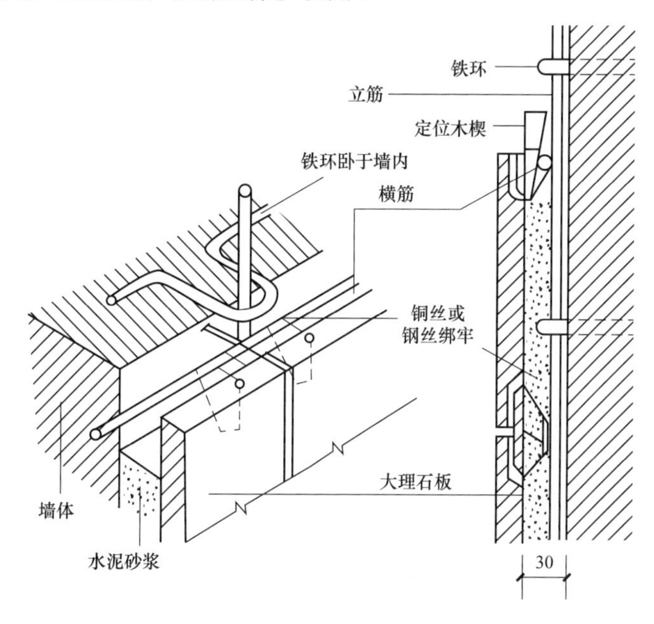


图14-7　湿法工艺

（2）干法工艺。干法工艺是直接在板上打孔，然后用不锈钢连接器与埋在混凝土墙体内的膨胀螺栓相连，板与墙体间形成80～90mm空气层（图14-8）。此种工艺一般多用于30m以下的钢筋混凝结构，不适用于砖墙或加气混凝土基层。

（3）GPC工艺。GPC工艺是干法工艺的发展，它是把以钢筋混凝土作衬板、石材作面板（两者用不锈钢连接环连接，并浇筑成整体）的复合板，通过连接器具悬挂到钢筋混凝土结构或钢结构上的作法，见图14-9。

GPC工艺是国外的工艺名称，实际是干挂法施工工艺的发展，是把由花岗石薄板与钢筋细石混凝土作加强衬板制成的磨光花岗石复合板作为吊挂件，通过连接器具将其吊挂到结构的钢骨架上成为一体，并且在复合板与结构之间组成一个空腔的安装工艺。

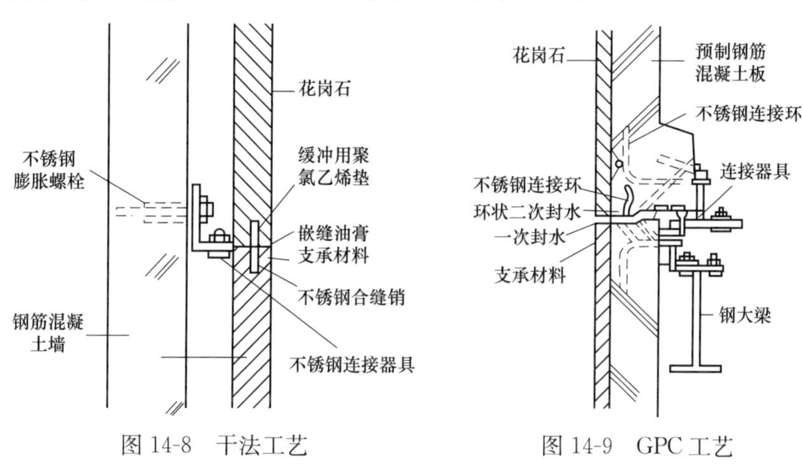


图14-8　干法工艺　　　　图14-9　GPC工艺

3. 面砖或釉面瓷砖的镶贴

镶贴面砖或釉面瓷砖的主要工序：基层处理、湿润基体表面→水泥砂浆打底→选砖、预排→浸砖→镶贴面砖→勾缝→清洁面层。

基层应平整而粗糙，镶贴前应清理干净并加以湿润。底子灰抹后一般养护1～2d，方可进行镶贴。

墙面镶贴时，要注意以下要点：

（1）镶贴前要找好规矩，用水平尺找平，校核方正，算好纵横皮数和镶贴块数，划出皮数杆，定出水平标准，进行预排。瓷砖墙面常见的排砖法见图 14-10。

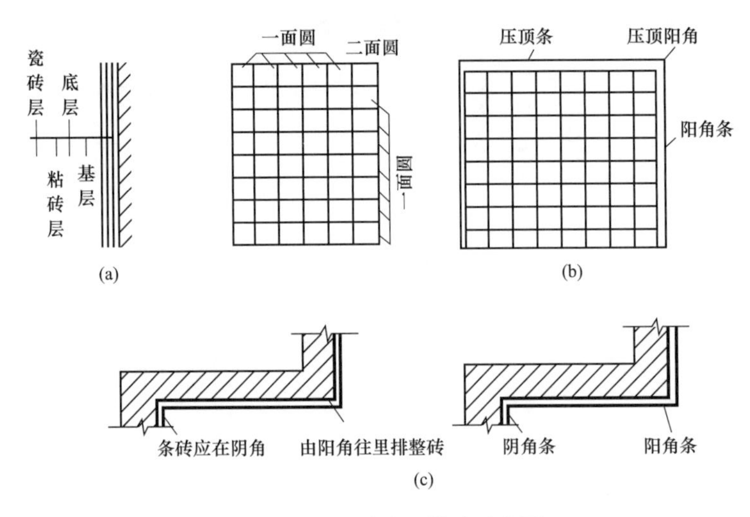


图 14-10　瓷砖墙面排砖示意图

（2）在有脸盆镜箱的墙面，应按脸盆下水管部位分中，往两边排砖。肥皂盒可按预定尺寸和砖数排砖。

（3）先用废瓷砖按黏结层厚度用混合砂浆贴灰饼。贴灰饼时，将砖的楞角翘出，以楞间作为标准，上下用托线板挂直，横向用长的靠尺板或小线拉平。灰饼间距 1.5m 左右。

（4）铺贴釉面瓷砖时，先浇水湿润墙面，再根据已弹好的水平线（或皮数杆），在最下面一皮砖的下口放好垫尺板（平尺板），并注意地漏标高和位置，然后用水平尺检捡，作为贴第一皮砖的依据。贴时一般由下往上逐层粘贴。

（5）除采用掺 108 胶水泥浆作黏结层，可以抹一行（或数行）贴一行（或数行）外，其他均将黏结砂浆满铺在瓷砖背面，逐块进行粘贴。108 胶水泥浆要随调随用。在 15℃环境下操作时，从涂抹 108 胶水泥浆到镶贴瓷砖和修整缝隙止，全部工作宜在 3h 内完成。要注意随时用棉丝或干布将缝中挤出的浆液擦净。

（6）镶贴后的每块瓷砖，当采用混合砂浆黏结层时，可用小铲把轻轻敲击；当采用 108 胶水泥浆黏结层时，可用手轻压，并用橡皮锤轻轻敲击，使其与基层黏结密实牢固。并要用靠尺随时检查平正方直情况，修正缝隙。凡遇黏结不密实缺灰情况时，应取下瓷砖重新粘贴，不得在砖口处塞灰，防止空鼓。

釉面砖示例

（7）贴时一般从阳角开始，使不成整块的砖留在阴角。先贴阳角大面，后贴阴角、凹槽等难度较大的部位。

（8）贴到上口须成一线，每层砖缝须横平竖直。

（9）瓷砖镶贴完毕后，用清水或布、棉丝清洗干净，用同色水泥浆擦缝。全部工程完成后要根据不同污染情况，用棉丝、砂纸清理或用稀盐酸刷洗，并用清水紧跟冲刷。

## 第三节　涂　饰　工　程

涂饰工程包括油漆涂饰和涂料涂饰，它是将胶体的溶液涂敷在物体表面、使之与基层黏结，并形成一层完整而坚韧的保护薄膜，借此达到装饰、美化和保护基层免受外界侵蚀的目的。

### 一、油漆涂饰

### （一）建筑工程中常用的油漆种类及主要特征

#### 1. 清油

清油又称鱼油、熟油，干燥后漆膜柔软，易发黏。多用于调稀厚漆、红丹防锈漆以及打底及调配腻子，也可单独涂刷于金属、木材表面。

#### 2. 厚漆

厚漆又称铅油，有红、白、黄、绿、灰、黑等色。使用时需加清油、松香水等稀释。漆膜柔软，与面漆黏结性能好，但干燥慢，光亮度、坚硬性较差。可用于各种涂层打底或单独作表面涂层，亦可用来调配色油和腻子。

#### 3. 调合漆

调合漆有油性和磁性两类。油性调合漆的漆膜附着力强，有较高的弹性，不易粉化、脱落及龟裂，经久耐用，但漆膜较软，干燥缓慢，光泽差，适用于室外面层涂刷。磁性调合漆常用的有脂胶调合漆和酚醛调合漆等，漆膜较硬，颜色鲜明，光亮平滑，能耐水洗，但耐气候性差，易失光、龟裂和粉化，故仅用于室内面层涂刷。磁性调和漆有大红色、奶油色、白色、绿色、灰色、黑色等色，不需调配，使用时只需调匀或配色，稠度过大时可用松节油或200号溶剂汽油稀释。

#### 4. 清漆

以树脂为主要成膜物质，分油质清漆和挥发性清漆两类。油质清漆又称凡立水，常用的有酯胶清漆、酚醛清漆、钙酯清漆和醇酸清漆等。漆膜干燥快，光泽透明，适用于木门窗、板壁及金属表面罩光。挥发性清漆又称泡立水，常用的有漆片，漆膜干燥快、坚硬光亮，但耐水、耐热、耐气候性差，易失光，多用于室内木材面层的油漆或家具罩面。

清漆室内效果图

此外，还有磁漆、大漆、硝基纤维漆（即蜡克）、耐热漆、耐火漆、防锈漆及防腐漆等。

### （二）油漆涂饰施工

油漆工程施工包括基层处理、打底子、抹腻子和涂刷油漆等工序。

1. 基层处理

为了使油漆和基层表面黏结牢固，节省材料，必须对涂刷的木料、金属、抹灰层和混凝土等基层表面进行处理。木材基层表面油漆前，要求将表面的灰尘、污垢清除干净，表面上的缝隙、毛刺、节疤和脂囊修整后，用腻子填补。抹腻子时对于宽缝、深洞要深入压实，抹平刮光。磨砂纸时要打磨光滑，不能磨穿油底，不可磨损棱角。

金属基层表面油漆前，应清除表面锈斑、尘土、油渍、焊渣等杂物。

抹灰层和混凝土基层表面油漆前，要求表面干燥、洁净，不得有起皮和松散处等，粗糙的表面应磨光，缝隙和小孔应用腻子刮平。

2. 打底子

在处理好的基层表面上刷底子油一遍（可适当加色），并使其厚薄均匀一致，以保证整个油漆面色泽均匀。

3. 抹腻子

腻子是由油料加上填料（石膏粉、大白粉）、水或松香水拌制成的膏状物。抹腻子的目的是使表面平整。对于高级油漆施工，需在基层上全部抹一层腻子，待其干后用砂纸打磨，然后再抹腻子，再打磨，直到表面平整光滑为止，有时，还要和涂刷油漆交替进行。腻子磨光后，清理干净表面，再涂刷一道清油，以便节约油漆。

4. 涂刷油漆

油漆施工按质量要求不同分为普通油漆、中级油漆和高级油漆等。一般松软木材面、金属面多采用普通或中级油漆；硬质木材面、抹灰面则采用中级或高级油漆。涂饰的方法有刷涂、喷涂、擦涂、揩涂及滚涂等多种。

### （三） 油漆工程的安全技术

油漆材料、所用设备必须有专人保管，且设置在专用库房内，各类储油原料的桶必须有封盖。

在油漆材料库房内，严禁吸烟，且应有消防设备，其周围有火源时，应按防火安全规定，隔绝火源。

油漆原料间照明，应有防爆装置，且开关应设在门外。

使用喷灯，加油不得加满，打气不应过足，使用时间不宜过长，点火时，灯嘴不准对人。

操作者应做好人体保护工作，坚持穿戴安全防护用具。

使用溶剂时（如甲苯等有毒物质）时，应防护好眼睛、皮肤等，且随时注意中毒现象。

熬胶、烧油桶应离开建筑物 10m 以外，熬炼桐油时，应距建筑物 30～50m。在喷涂硝基漆或其他挥发性、易燃性溶剂稀释的涂料时不准使用明火。为了避免静电集聚引起事故，对罐体涂漆应有接地线装置。

## 二、涂料涂饰

建筑涂料的品种很多，分类方法也各不相同，按成膜物质分为有机系涂料

涂料：中国涂料界比较权威的《涂料工艺》一书是这样定义的：“涂料是一种材料，这种材料可以用不同的施工工艺涂覆在物件表面，形成粘附牢固、具有一定强度、连续的固态薄膜。这样形成的膜通称涂膜，又称漆膜或涂层。”

（如丙烯酸树脂及其乳液涂料）、无机系涂料（如硅酸盐涂料）、有机无机复合涂料（如丙烯酸-硅溶胶复合乳液涂料）；按其分散介质分类有溶剂型涂料（如丙烯酸酯溶液涂料）、水溶性涂料（如聚乙烯醇水玻璃内墙涂料）、水乳型涂料（如苯乙烯丙烯酸乳液涂料）；按涂料功能分类有装饰涂料、防火涂料、防水涂料、防腐涂料、防霉涂料及防结露涂料等；按涂层质感分类有薄质涂料、厚质涂料和复层建筑涂料等；按在建筑的使用部位分类有内墙涂料、外墙涂料、地面涂料、顶棚涂料及屋面防水涂料等。本书仅以乳胶漆为例介绍。

乳胶漆属乳液型涂料，是以合成树脂乳液为主要成膜物，加入颜料、填料以及保护胶体、增塑剂、耐湿剂、防冻剂、消泡剂、防霉剂等辅助材料，经过研磨或分散处理而制成的涂料。其种类很多，通常以合成树脂乳液来命名，如醋酸乙烯乳胶漆、丙烯酸酯乳胶漆、苯-丙乳胶漆、乙-丙乳胶漆、聚氨酯乳胶漆等。乳胶漆作为墙涂料可以洗刷，易于保持清洁，因而很适宜作内墙面装饰。

乳胶漆具有以下特点：

（1）安全无毒。乳胶漆以水为分散介质，随水分的蒸发而干燥成膜，施工时无有机溶剂逸出，不污染空气，不危害人体，且不浪费溶剂。

（2）涂膜透气性好。乳胶漆形成的涂膜是多孔而透气的，可避免因涂膜内外湿度差而引起鼓泡或结露。

（3）操作方便。乳胶漆可采用刷涂、滚涂、喷涂等施工方法，施工后的容器和工具可以用水洗刷，而且涂膜干燥较快，施工时两遍之间的间歇只需几小时，这有利于连续作业和加快施工进度。

（4）涂膜耐碱性好。该漆具有良好的耐碱性，可在初步干燥、返白的墙面上涂刷，基层内的少量水分则可通过涂膜向外散发，而不致顶坏涂膜。

乳胶漆适宜于混凝土、水泥砂浆、石棉水泥板、纸面石膏板等基层，要求基层有足够的强度，无粉化、起砂或掉皮现象。新墙面可用乳胶加老粉作腻子嵌平，磨光后涂刷。旧墙面应先除去风化物、旧涂层，用水清洗干净后方能涂刷。

涂料涂刷施工

喷涂时空气压缩机的压力应控制在0.5～0.8MPa。手握喷斗要稳，出料口与墙面垂直，喷嘴距墙面500mm左右。先喷涂门、窗口，然后横向来回旋喷墙面，防止漏喷和流坠。顶棚和墙面一般喷两遍成活，两遍间隔约2h。顶棚与墙面喷涂不同颜色的涂料时，应先喷涂顶棚，后喷涂墙面。喷涂前用纸或塑料布将不喷涂的部位，如门窗扇及其他装饰体遮盖住，以免污染。

刷涂时，可用排笔，先刷门、窗口，然后竖向、横向涂刷两遍，其间隔时间为2h。要求接头严密，颜色均匀一致。

## 第四节　建 筑 幕 墙 工 程

建筑幕墙是由金属构件与玻璃、铝板、石材等面板材料组成的建筑外围护结构。它大片连续，不承受主体结构的荷载，装饰效果好、自重小、安装速度快，是建筑外墙轻型化、装配化较为理想的形式，因此，在现代建筑中得到广泛的应用。

幕墙结构的主要部分如图 14-11 所示，由面板构成的幕墙构件连接在横梁上，横梁连接在立柱上，立柱悬挂在主体结构上。为了使立柱在温度变化和主体结构侧移时有变形的余地，立柱上下由活动接头连接，使立柱各段可以上下相对移动。

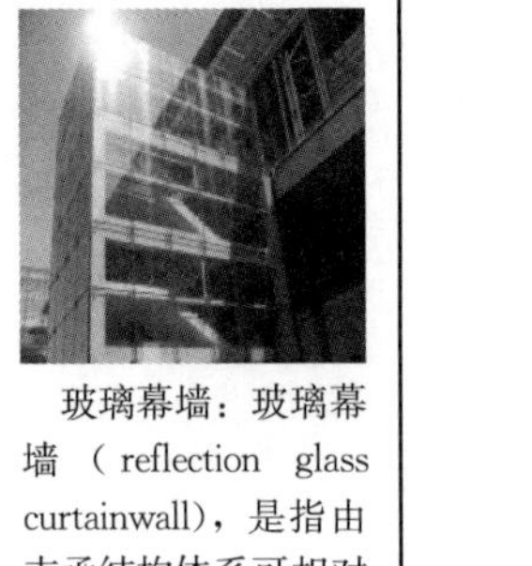

玻璃幕墙：玻璃幕墙（reflection glass curtainwall），是指由支承结构体系可相对主体结构有一定位移能力、不分担主体结构所受作用的建筑外围护结构或装饰结构。墙体有单层和双层玻璃两种。玻璃幕墙是一种美观新颖的建筑墙体装饰方法，是现代主义高层建筑时代的显著特征。

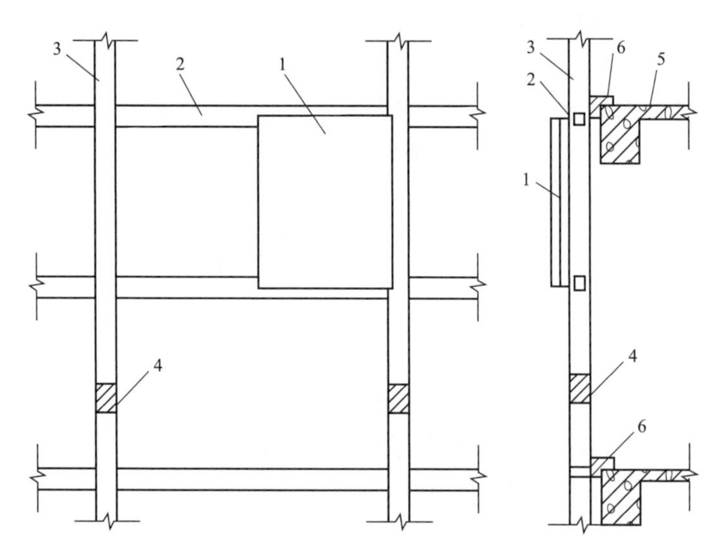


图 14-11 幕墙组成示意

1—幕墙构件；2—横梁；3—立柱；4—立柱活动接头；5—主体结构；6—立柱悬挂点

建筑幕墙按面板材料可分为玻璃幕墙、铝板幕墙、石材幕墙、钢板幕墙、预制彩色混凝土板幕墙、塑料幕墙、建筑陶瓷幕墙和铜质面板幕墙等。

## 一、玻璃幕墙

### （一）玻璃幕墙分类

由于结构及构造形式不同，玻璃幕墙可分为明框玻璃幕墙、隐框玻璃幕墙、半隐框玻璃幕墙和全玻璃幕墙等；根据施工方法不同，又可分为现场组合的分件式玻璃幕墙和工厂预制后再在现场安装的单元式玻璃幕墙。

明框玻璃幕墙的玻璃板镶嵌在铝框内，形成四边都有铝框固定的幕墙构件。幕墙构件又连接在横梁上，形成横梁、立柱均外露，铝框分隔明显的立面。明框玻璃幕墙是最传统的形式，工作性能可靠，相对于隐框玻璃幕墙更容易满足施工技术水平的要求，应用广泛。

隐框玻璃幕墙一般是将玻璃用硅酮结构密封胶（也称结构胶）黏结在铝框上，大多数情况下，不再加金属构件，铝框全部隐蔽在玻璃后面，形成大面积全玻璃镜面。这种幕墙，玻璃与铝框之间完全靠结构胶黏结，结构胶要承受玻璃的自重、玻璃面板所承受的风荷载和地震荷载，还有温度变化等作用，因此，结构胶是保证隐框玻璃幕墙安全性的最关键因素。

将玻璃两对边镶嵌在铝框内，另外两对边用结构胶黏结在铝框上，则形成半隐框玻璃幕墙，其中，立柱外露、横梁隐蔽的称竖框横隐玻璃幕墙；横梁外露、立柱隐蔽的称竖隐框玻璃幕墙。

为游览观光需要，建筑物底层、顶层及旋转餐厅的外墙，有时使用大面积玻璃板，而且支撑结构也都采用玻璃肋，称之为全玻璃幕墙。高度不超过 4.5m 的全玻璃幕墙，可以直接以下部为支撑；超过 4.5m 的全玻璃幕墙，宜采用上部悬挂以防失稳问题发生。

### （二） 玻璃幕墙常用材料

玻璃幕墙所使用的材料，概括起来，有骨架材料、面板材料、密封填缝材料、黏结材料和其他小材料五大类型。幕墙材料应符合国家现行产业标准的规定，并应有出厂合格证。幕墙作为建筑物的外围护结构，经常受自然环境不利因素的影响。因此，要求幕墙材料要有足够的耐候性和耐久性，具备防风雨、防日晒、防盗、防撞击、保温隔热等功能。

幕墙无论在加工制作、安装施工中，还是交付使用后，防火都是十分重要的。因此，应尽量采用不燃材料或难燃材料。目前国内外都有少量材料还是不防火的，如双面胶带、填充棒等。因此，在设计及安装施工中都要加倍注意，并采取防火措施。

隐框和半隐框幕墙所使用的结构硅酮密封胶，必须有性能和与接触材料相容性试验合格报告。接触材料包括铝合金型材、玻璃、双面胶带和耐候硅酮密封胶等。所谓相容性是指结构硅酮密封胶与这些材料接触时，只起黏结作用而不发生影响黏结性能的任何化学变化。

玻璃是玻璃幕墙的主要材料之一，它直接制约幕墙的各项性能，同时也是幕墙艺术风格的主要体现者。幕墙所采用的玻璃通常有：钢化玻璃、热反射玻璃、吸热玻璃、夹层玻璃、夹丝（网）玻璃和中空玻璃等。使用时应注意选择。

### （三） 玻璃幕墙安装施工

玻璃幕墙现场安装施工有单元式和分件式两种方式。单元式施工是将立柱、横梁和玻璃板材在工厂已拼装为一个安装单元（一般为一层楼高度），然后在现场整体吊装就位。分件式安装施工是最一般的方法，它将立柱、横梁、玻璃板材等材料分别运到工地，现场逐件进行安装，其主要工序如下。

#### 1. 放线定位

将骨架的位置弹到主体结构上。放线工作应根据土建单位提供的中心线及标高控制点进行。对于由横梁、立柱组成的幕墙骨架，一般先弹出立柱的位置，然后再将立柱的锚固点确定。待立柱通长布置完毕，再将横梁弹到立柱上。如果是全玻璃安装，则应首先将玻璃的位置弹到地面上，再根据外缘尺寸确定锚固点。放线是玻璃幕墙施工中技术难度较大的一项工作，要求充分掌握设计意图，并需具备丰富的工作经验。

#### 2. 预埋件检查

为了保证幕墙与主体结构连接可靠，幕墙与主体结构连接的预埋件应在主体结构施工时，按设计要求的数量、位置和方法进行埋设。施工安装前，应检查各连接位置预埋件是否齐全，位置是否符合设计要求。预埋件遗漏、位置偏差过大、倾斜时，要会同设计单位采取补救措施。

#### 3. 骨架安装施工

依据放线的位置，进行骨架安装常采用连接件将骨架与主体结构相连连接件与主体结构可以通过预埋件或后埋锚栓固定，但当采用后埋锚栓固定时，应通过试验确定其承载力。骨架安装一

玻璃幕墙安装实例

般先安装立柱（因为立柱与主体结构相连），再安装横梁。横梁与立柱的连接依据其材料不同，可以采用焊接、螺栓连接、穿插件连接或用角铝连接等方法。

#### 4. 玻璃安装

玻璃的安装，因玻璃幕墙的类型不同，固定玻璃的方法也不相同。钢骨架，因型钢没有镶嵌玻璃的凹槽，多用窗框过渡，将玻璃安装在铝合金窗框上，再将窗框与骨架相连。

铝合金型材的幕墙框架，在成型时，已经将固定玻璃的凹槽随同整个断面一次挤压成型，可以直接安装玻璃。玻璃与硬性金属之间，应避免直接接触，要用封缝材料过渡。对隐框玻璃幕墙，在玻璃框安装前应对玻璃及四周的铝框进行必要的清洁，保证嵌缝耐候胶能可靠黏结，安装前玻璃的镀膜面应粘贴保护膜加以保护，交工前再全部揭去。

#### 5. 密封处理

玻璃或玻璃组件安装完毕后，必须及时用耐候密封胶嵌缝密封，以保证玻璃幕墙的气密性、水密性等性能。

#### 6. 清洁维护

玻璃幕墙安装完成后，应从上到下用中性清洁剂对幕墙表面及外露构件进行清洁，清洁剂使用前应进行腐蚀性检验，证明对铝合金和玻璃无腐蚀作用后方可使用。

铝板幕墙铝板幕墙特点：

（1）铝板幕墙刚性好、重量轻、强度高。铝单板幕墙板耐腐蚀性能好，氟碳漆可达 25 年不褪色。

（2）铝板幕墙工艺性好。采用先加工后喷漆工艺，铝板可加工成平面、弧型和球面等各种复杂几何形状。

（3）铝板幕墙不易玷污，便于清洁保养。氟涂料膜的非粘着性，使表面很难附着污染物，更具有良好向洁性。

（4）铝板幕墙安装施工方便快捷。铝板在工厂成型，施工现场不需裁切只需简单固定。

### 二、铝板幕墙

铝板幕墙强度高，质量轻，易于加工成型，质量精度高，生产周期短，防火、防腐性能好，装饰效果典雅庄重、质感丰富，是一种高档次的建筑外墙装饰，但铝板幕墙节点构造复杂、施工精度要求高，必须有完备的工具和经过培训有经验的工人才能操作完成。

铝板幕墙主要由铝合金板和骨架组成，骨架的立柱、横梁通过连接件与主体结构固定。铝合金板可选用已生产的各种定型产品，也可根据设计要求，与铝合金型材生产厂家协商定做。常见断面如图 14-12 所示。承重骨架由立柱和横梁拼成，多为铝合金型材或型钢制作。铝板与骨架用连接件连成整体，根据铝板的截面类型，连接件可以采用螺钉，也可采用特制的卡具。

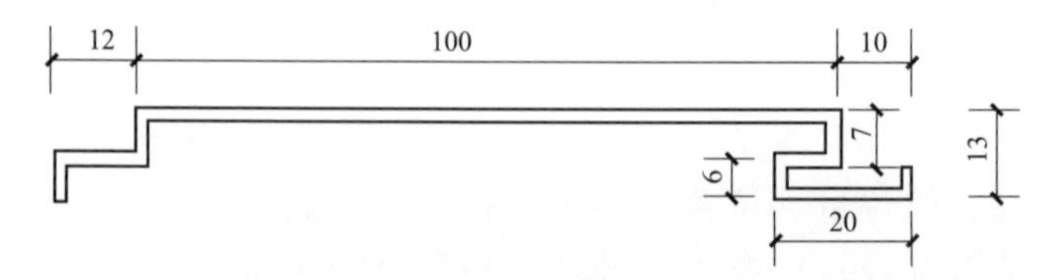


图 14-12　铝板断面示意

铝板幕墙的主要施工工序为：放线定位→连接件安装→骨架安装→铝板安装→收口处理。

铝板幕墙安装要求控制好安装高度、铝板与墙面的距离、铝板表面垂直度。施工后的幕墙表面应做到表面平整、连接可靠，无翘起、卷边等现象。

## 第五节　裱　糊　工　程

### 一、常用材料及质量要求

#### （一）常用材料

壁纸是室内装饰中常用的一种装饰材料，广泛用于墙面、柱面及顶棚的裱糊装饰。裱糊工程常用的材料有塑料壁纸、墙布、金属壁纸、草席壁纸和胶黏剂等。

**1. 塑料壁纸**

塑料壁纸是目前应用较为广泛的壁纸。塑料壁纸主要以聚氯乙烯（PVC）为原料生产。塑料壁纸大致可分为三类，即普通壁纸、发泡壁纸和特种壁纸。

壁纸、墙布的裱糊

普通壁纸是以木浆纸作为基材，表面再涂以高分子乳液，经印花、压花而成。这种壁纸花色品种多，适用面广，价格低廉，耐光、耐老化、耐水擦洗，便于维护、耐用，广泛用于一般住房及公共建筑的内墙、柱面、顶棚的装饰。

发泡壁纸，亦称浮雕壁纸，是以纸作基材，涂塑掺有发泡剂的聚氯乙烯糊状料，印花后，再经加热发泡而成。壁纸表面呈凹凸花纹，立体感强，装饰效果好，并富有弹性。这类壁纸又有高发泡印花、低发泡印花、压花等品种。其中，高发泡纸发泡率较大，表面呈比较突出的、富有弹性的凹凸花纹，是一种装饰、吸声多功能壁纸，适用于影剧院、会议室、讲演厅、住宅顶棚等装饰。低发泡纸是在发泡平面印有图案的品种，适用于室内墙裙、客厅和内廊的装饰。

特种壁纸，是指具有特殊功能的塑料面层壁纸，如耐水壁纸、防火壁纸、抗腐蚀壁纸、抗静电壁纸、健康壁纸、吸声壁纸等。

**2. 墙布**

墙布没有底纸，为便于粘贴施工，要有一定的厚度，才能比较挺括上墙。墙布的基材有玻璃纤维织物、合成纤维无纺布等，表面以树脂乳液涂覆后再印刷。由于这类织物表面粗糙，印刷的图案也比较粗糙，装饰效果较差。

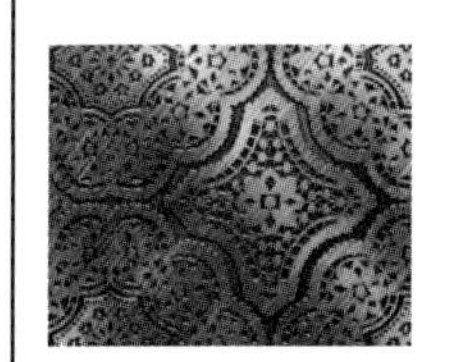
金属壁纸样图

**3. 金属壁纸**

金属壁纸面层为铝箔，由胶黏剂与底层贴合。金属壁纸有金属光泽，金属感强，表面可以压花或印花。其特点是强度高、不易破损、不会老化、耐擦洗、玷污、是一种高档壁纸。

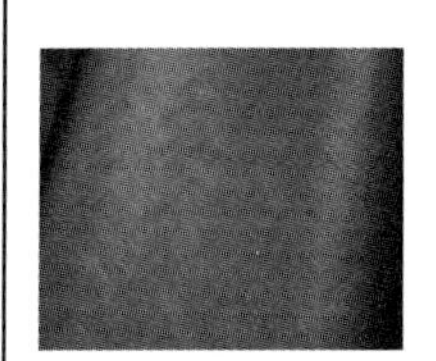
草席壁纸 3D 图

**4. 草席壁纸**

它以天然的草、席编织物作为面料。草席料预先染成不同的颜色和色调，不同的密度和排列编织，再与底纸贴合，可得到各种不同外观的草席面壁纸。这种壁纸形成的环境使人更贴近大自然，适应了人们返璞归真的趋势，并有温暖感。缺点是较易受机械损失，不能擦洗，保养要求高。

#### （二）质量要求

对壁纸的质量要求如下：

壁纸应整洁、图案清晰。印花壁纸的套色偏差不大于1mm，且无漏印。压花壁纸的压花深浅一致，不允许出现光面。此外，其褪色性、耐磨性、湿强度、施工性均应符合现行材料标准的有关规定。材料进场后经检验合格方可使用。运输和贮存时，所有壁纸均不得日晒雨淋；压延壁纸应平放；发泡壁纸和复合壁纸则应竖放。

各式各样的塑料壁纸

二、塑料壁纸的裱糊施工

**（一）材料选择**

塑料壁纸的选择包括选择壁纸的种类、色彩和图案花纹。选择时应考虑建筑物的用途、保养条件、有无特殊要求、造价等因素。

胶黏剂应有良好的黏结强度和耐老化性以及防潮、防霉和耐碱性，干燥后也要有一定的柔性，以适应基层和壁纸的伸缩。

商品壁纸胶黏剂有液状和粉状两种。液状的大多为聚乙烯醇溶液或其部分缩醛产物的溶液及其他配合剂。粉状的多以淀粉为主。液状的使用方便，可直接使用，粉状的则需按说明配制。胶黏剂用户也可自行配制。

**（二）基层处理**

基层处理好坏对整个壁纸粘贴质量有很大的影响。各种墙面抹灰层只要具有一定强度，表面平整光洁，不疏松掉面都可直接粘贴塑料壁纸，例如水泥白灰砂浆、白灰砂浆、石膏砂抹灰、纸筋灰、石膏板、石棉水泥板等。

塑料壁纸施工注意事项

对基层总的要求是表面坚实、平滑，无毛刺、砂粒、凸起物、剥落和起鼓、大的裂缝，否则应视具体情况做适当的基层处理。

视基层情况可局部批嵌，凸出物应铲平，并填平大的凹槽和裂缝；较差的基层则宜满批。干后用砂纸磨光磨平。批嵌用的腻子可自行配制。

为防止基层吸水过快，引起胶黏剂脱水而影响壁纸黏结，可在基层表面刷一道用水稀释的108胶作为底胶进行封闭处理。刷底胶时，应做到均匀、稀薄、不留刷痕。

**（三）粘贴施工要点**

**1. 弹垂直线**

为使壁纸粘贴的花纹、图案、线条纵横连贯，在底胶干后，应根据房间大小，门窗位置、壁纸宽度和花纹图案进行弹线，从墙的阴角开始，以壁纸宽度弹垂直线，作为裱糊时的操作准线。

**2. 裁纸**

裱糊用壁纸，纸幅必须垂直，以保证花纹、图案纵横连贯一致。裁纸应根据实际弹线尺寸统筹规划。纸幅要编号并按顺序粘贴。分幅拼花裁切时，要照顾主要墙面花纹对称完整。裁切的一边只能搭缝，不能对缝。裁边应平直整齐，不得有纸毛、飞刺等。

**3. 湿润**

以纸为底层的壁纸遇水会受潮膨胀，约5～10min后胀足，干燥后又会收缩。因此，施工前，壁纸应浸水湿润，充分膨胀后粘贴上墙，可以使壁纸贴得平整。

4. 刷胶

胶黏剂要求涂刷均匀、不漏刷。在基层表面涂刷胶黏剂应比壁纸刷宽 20～30mm，涂刷一段，裱糊一张。如用背面带胶的壁纸，则只需在基层表面涂刷胶黏剂。裱糊顶棚时，基层和壁纸背面均应涂刷胶黏剂。

5. 裱糊

裱糊施工时，应先贴长墙面，后贴短墙面，每个墙面从显眼的墙角以整幅纸开始，将窄条纸的现场裁切边留在不显眼的阴角处。裱糊第一幅壁纸前，应弹垂直线，作为裱糊时的准线。第二幅开始，先上后下，对缝裱糊对缝必须严密，不显接茬，花纹图案的对缝必须端正吻合，拼缝对齐后，再用刮板由上向下赶平压实。挤出的多余胶黏剂用湿棉丝及时揩擦干净，不得有气泡和斑污，每次裱糊 2～3 幅后，要吊线检查垂直度，以防造成累积误差，阳角转角处不得留拼缝，基层阴角若不垂直，一般不做对接缝，改为搭缝。裱糊过程中和干燥前，应防止穿堂风劲吹和温度的突然变化。冬期施工，应在采暖条件下进行。

6. 清理修整

整个房间贴好后，应进行全面细致的检查，对未贴好的局部进行清理修整，要求修整后不留痕迹。

# 参 考 文 献

[1] 重庆大学，同济大学，哈尔滨工业大学．土木工程施工［M］．北京：中国建筑工程出版社，2014.
[2] 李忠富，周智．土木工程施工［M］．北京：中国建筑工程出版社，2018.
[3] 魏翟霖，王春梅，王领军．建筑施工技术［M］．北京：清华大学大学出版社，2020.
[4] 张振华．建筑施工手册［M］．北京：中国建筑工业出版社，2020.
[5] 王利文．土木工程施工技术［M］．北京：中国建筑工业出版社，2014.
[6] 郭正兴．土木工程施工，2版［M］．南京：东南大学出版社，2012.
[7] 穆静波，王亮．建筑施工，2版［M］．北京：中国建筑工业出版社，2012.
[8] 应惠清．土木工程施工，3版［M］．北京：高等教育出版社，2016. 08.
[9] 杨惠忠．建筑节能施工工法汇编及技术应用［M］．北京：中国建筑工业出版社，2009.
[10] 陈宝春．钢管混凝土拱桥设计与施工［M］．北京：人民交通出版社，2000.
[11] 王武勤．大跨度桥梁施工技术［M］．北京：人民交通出版社，2008.
[12] 魏红一．桥梁施工及组织管理（上册），2版［M］．北京：人民交通出版社，2008.
[13] 徐伟．桥梁施工［M］．北京：人民交通出版社，2008.
[14] 郭彦林，田广宇．索结构体系、设计原理与施工控制［M］．北京：科学出版社，2014.
[15] 王修山，王波．道路与桥梁施工技术［M］．北京：机械工业出版社，2016.
[16] 江学良，杨慧．地下工程施工［M］．北京：北京大学出版社，2017.
[17] 北京城建集团有限责任公司．城市轨道交通工程关键施工技术［M］．北京：人民交通出版社，2015.
[18] 交通部第一公路工程总公司．公路施工手册桥涵（上、下册）［M］．北京：人民交通出社，2009.